国家重点研发计划资助，课题编号 2017YFC0405001

水利水电工程水下检测与修复研究进展

水利水电工程水下检测与修复技术论坛论文集

南水北调中线干线工程建设管理局　主编

主办单位：南水北调中线干线工程建设管理局
中国水利学会　中国水力发电工程学会

中国电力出版社
CHINA ELECTRIC POWER PRESS

图书在版编目（CIP）数据

水利水电工程水下检测与修复研究进展：水利水电工程水下检测与修复技术论坛论文集 / 南水北调中线干线工程建设管理局主编. —北京：中国电力出版社，2021.10

ISBN 978-7-5198-5874-2

Ⅰ. ①水… Ⅱ. ①南… Ⅲ. ①水利水电工程–水下施工–检测–文集②水利水电工程–水下施工–修复–文集 Ⅳ. ①TV552-53

中国版本图书馆 CIP 数据核字（2021）第 155536 号

出版发行：中国电力出版社
地　　址：北京市东城区北京站西街 19 号（邮政编码 100005）
网　　址：http://www.cepp.sgcc.com.cn
责任编辑：王晓蕾（010-63412610）
责任校对：黄　蓓　常燕昆　于　维
装帧设计：张俊霞
责任印制：杨晓东

印　　刷：三河市万龙印装有限公司
版　　次：2021 年 10 月第一版
印　　次：2021 年 10 月北京第一次印刷
开　　本：889 毫米×1194 毫米　16 开本
印　　张：22
字　　数：569 千字
定　　价：68.00 元

《水利水电工程水下检测与修复研究进展》

编　委　会

前　言

南水北调中线工程事关战略全局、事关长远发展、事关人民福祉，是党中央决策建设的重大战略性基础设施，是优化水资源配置、保障群众饮水安全、复苏河湖生态环境、畅通南北经济循环的生命线和大动脉，功在当代、利在千秋。中线工程输水线路长、工程种类多、建筑物结构复杂，流量大、流速大，加大设计流量420m^3/s。工程于2014年12月全线通水，通水6年多来，现已成为北京、天津、河南、河北四省市沿线地区主力生活水源，惠及沿线24个大中城市及130多个县。工程运行安全平稳，水质稳定达到Ⅱ类及以上标准，供水量逐年上升，截至2021年8月31日，累计供水394亿m^3，直接受益人口达7900万人。因沿线四省市供水实际需要，中线工程通水6年多始终处于长年365天供水状态，一直无法进行全线停水检修。中线工程作为国之重器，统筹好工程安全和供水安全，及时进行水下工程检测和隐患缺陷修复处理至关重要，随着供水时间推移，水下检测修复处理任务将越来越重。

一直以来，南水北调中线干线工程建设管理局（以下简称“南水北调中线建管局”）高度重视水下工程检测与修复技术的研究和应用工作，坚持问题导向，积极参加国家科技部重点研发计划项目，联合攻关，同时也自筹资金设立科研项目开展水下检测修复研究，攻克解决了很多技术难题，取得了较好的成果。为促进水利水电工程水下检测与修复领域技术创新融合和成果转化应用，指导帮助解决水下工程运行维护管理及应急抢险中面临的实际问题，为行业内外相关领域单位提供交流平台，南水北调中线建管局、中国水利学会和中国水力发电工程学会于2021年5月6～8日在河南省郑州市联合举办“水利水电工程水下检测与修复技术论坛”。本次技术论坛贯彻“创新、协调、绿色、开放、共享”的新发展理念，针对水利水电工程下水工程日常运行维修养护管理，以及自然灾害、事故灾难发生后水下工程受损应急抢险处置，围绕水工建筑物水下探测设备，水下工程检查维修、应急处置技术、材料、工艺和设备，水下隐患缺陷智能识别、信息化建设等领域，邀请行业内外知名院士专家、相关单位代表研讨分享学术经验、技术成果、新理论、新方法，旨在促进水利水电工程水下检测与修复领域学术交流、技术创新融合和成果转化应用，促进水利水电工程水下检测与修复领域技术的学术繁荣与学科发展，为推动南水北调工程事业和水利水电工程事业高质量发展贡献力量。

本次技术论坛论文征集通知发出后，得到了水利水电行业内外广大科技工作者的大力支持，共收到来自有关科研院所、水利水电设计、施工、管理等单位科技工作者的论文80余篇。为保证论文质量，南水北调中线建管局牵头组织相关领域专家对稿件进行了评审，共评选出53篇主题相符、质量较高的论文入选出版《水利水电工程水下检测与修复研究进展（论文集）》，其中优秀论文 8 篇（目录中论文题目带*者）。该论文集可为科研院所及设计、施工、管理等单位广大技术人员提供有益的借鉴和参考。

本论文集的编辑出版得到了中国电力出版社有限公司的大力支持和帮助，参与评审、编辑的专家和工作人员花费了大量时间，付出了很多，在此一并表示感谢。同时，对所有应征投稿的科技工作者表示感谢。论文集编辑出版工作任务重、时间紧，且编者水平有限，难免有错误或不当之处，敬请广大作者和读者批评指正。

南水北调中线干线工程建设管理局

2021 年 8 月

目　录

水下修复检测设备

水下修复材料工艺

水下检测修复技术

南水北调中线干线工程输水建筑物水下检查调度配合研究

李景刚[1]，陈　宁[1]，任亚鹏[1]，槐先锋[1]，徐艳军[2]

（1. 南水北调中线干线工程建设管理局，北京　100038；
2. 南水北调中线干线工程建设管理局河北分局，石家庄　050035）

摘　要：南水北调中线干线正式通水以来，社会效益日益凸显，已从补充水源逐步成为沿线城市生活用水的主力水源，渠道、建筑物基本不具备大范围停水排空检查的条件。为有效掌握水下工程运行状况，保证工程安全运行，在正常通水条件下开展南水北调中线干线工程水下机器人检查非常必要。为此，在2019年南水北调中线干线工程部分倒虹吸、暗渠等重点输水建筑物水下机器人检查过程中，为了给水下机器人创造近乎静水的作业条件，对在正常通水条件下的输水调度配合技术方案和管理流程等进行了研究，并给出了调度实施实例，从而为今后的南水北调中线干线工程输水建筑物水下检查等调度配合操作提供了有力参考和指导。

关键词：水下检查；调度配合；输水建筑物；南水北调中线干线

1　引言

南水北调中线作为缓解我国华北地区水资源短缺、实现我国水资源整体优化配置、改善生态环境的重大战略性基础设施工程[1,2]，自2014年12月12日正式通水以来，工程整体运行良好，供水量连年攀升，截至2020年底，已累计输水超过351亿m^3，极大改变了受水区供水格局，从补充水源逐步成为沿线城市生活用水的主力水源，使得北京、天津、石家庄等北方大中城市基本摆脱缺水制约，“南水”已成为京津冀地区诸多城市供水的生命线[3]。

南水北调中线干线工程正式通水后，渠道、输水建筑等水下部分的监测主要依赖预先埋设的固定监测仪器实施有限部位监测，如仪器损坏或工程其他部位出现变化，只能依靠潜水员入水检查或采取建筑物排空检测。其中，潜水员潜水检查通常效率低、不全面、可靠性较差，且长时间、大深度潜水存在较大的安全风险；而建筑物排空检查也存在费用高、工期长、不经济等诸多缺点[4,5]，而且当前中线干线不具备大范围停水排空检查的条件。

近年来，随着水下检测技术的快速发展，水利工程的水下检测也应运而生，相继开发出了先进的、高效能的水下检测设备。其中，水下机器人可搭载相关设备完成水下检测项目。同时，水下机器人检测具有检测工期短、速度快、数据采样率高、数字化等特点，操作灵活、检测费用低、对建筑物完全无损，可应用于定期年度检测和专项检测等[6,7]。自2018年开始，南水北调中线干线也逐步

作者简介：李景刚（1978.7—），男，博士，高级工程师。

将该技术引入到水下工程检查中。

2 水下检查项目概况

南水北调中线干线工程，沿线共有输水倒虹吸 127 座，输水暗渠 13 座，倒虹吸、暗渠长度在 75～2230m 不等。为有效掌握南水北调中线干线水下工程运行状况，保证工程安全运行，2019 年南水北调中线干线利用 1 台 400m 缆长水下机器人，对沿线长度 700m 以内的 34 座重点输水倒虹吸、暗渠进行了水下检查，其中倒虹吸 32 座，输水暗渠 2 座（见表 1），共涉及 5 个分局，15 座节制闸、19 座控制闸。按照设备操作技术规程[8]，该 400m 缆水下机器人适宜在渠道水流流速≤1m/s 的工况下操作，作业时渠道最大水流流速不得大于 1.5m/s（含加装 TMS 情况）。

表 1　水下检查输水倒虹吸、暗渠数目统计

序号	分局	倒虹吸数目		暗渠数目	
		节制闸	控制闸	节制闸	控制闸
1	渠首分局	2	1	—	—
2	河南分局	7	13	—	2
3	河北分局	4	2	—	—
4	北京分局	2	1	—	—
合计		15	17	0	2

本次水下检查内容主要包括建筑物水下缺陷情况（如管身不均匀沉降、混凝土裂缝、错台、渗漏、结构缝内聚硫密封胶开裂、脱落等问题），建筑物淤积情况，淡水壳菜和微生物生长情况等。检查过程中，为满足水下机器人作业要求，保证检查效果，需要在不影响正常供水前提下，采取有效调度措施，使得倒虹吸和暗渠内的水体能降低流速，处于静水或近乎静水状态。

3 调度配合技术方案

南水北调中线干线各输水倒虹吸、暗渠等，通常采用对称式过流布置，从南向北随着过流量的逐步减少，多为四孔、三孔或两孔的对称设计，因此在能满足正常过流需要前提下，可实施部分闸孔正常过流、部分闸孔断水检查[9]。但当渠道过流量较大，其余闸孔无法满足正常的过流需要时，则不宜对输水倒虹吸、暗渠等实施局部断水检查。

南水北调中线干线节制闸、控制闸均为弧形闸门，通常情况下节制闸参与运行，闸门入水处于节制状态，而控制闸不参与输水调度，闸门处于全开待命状态，根据运行需要，可以投入输水调度。因此，在水下检查过程中，调度配合的总体原则是通过节制闸、控制闸的工作闸门和检修闸门配合操作，实现工作闸门逐孔（单孔）退出运行，同时维持倒虹吸、暗渠当前的过闸流量基本不变，并保证闸门安全，从而为水下检查创造静水条件[9]。而主要调度方法是通过调整其他工作闸门开度维持当前过闸流量基本不变，同时保证检修闸门在静水中启闭。具体操作步骤为：

（1）第一孔工作闸门退出运行

1）均匀下调第一孔工作闸门开度至全关，可在不短于 1h 内，分至少三次完成；

2）同步增大其他正常运行的工作闸门开度，对于处于全开状态的控制闸，保持其他工作闸门开度全开，维持过闸流量基本不变；

3）落下对应进口检修闸闸门至全关；

4）按水下检查等工作要求，调整工作闸门开度，开展相关工作，若需完全开启至水面以上，则应在不少于1h内，至少分三次，逐步开启至水面以上。

（2）切换至第二孔工作闸门退出运行

1）均匀下调第一孔工作闸门至全关，可在1h内，分三次完成；

2）开启第一孔检修闸门；

3）均匀开启第一孔工作闸门，可在不短于1h内，至少分三次完成；

4）同步减小第二孔工作闸门至全关，维持过闸流量基本不变；

5）落下对应进口检修闸闸门至全关；

6）按水下检查等工作要求，调整第二孔工作闸门开度，开展相关工作，若需完全开启至水面以上，则应在不少于1h内，至少分三次，逐步开启至水面以上。

（3）恢复所有工作闸门至目标开度

1）关闭最后一个完成水下检查等工作的工作闸门，可在1h内，分三次均匀下调至完全关闭；

2）开启检修闸门；

3）均匀开启完成水下检查等工作的工作闸门至目标开度，可在不短于1h内，至少分三次完成；

4）同步减小其他工作闸门开度至目标开度，对于处于全开的控制闸，保持其他工作闸门开度全开，维持过闸流量基本不变。

至此，所有工作闸门均恢复至正常输水状态，闸门调整过程中，应注意闸前水位变化，及时调整闸门开度，维持闸前水位稳定及原过流量。在实际操作过程中，如现场水下机器人检查作业，只需要一近乎静水的工作条件，则各孔工作闸门可不完全关闭，对应进口检修闸也不需下落。

4 调度配合管理流程

南水北调中线干线工程输水调度的总原则为“统一调度、集中控制、分级管理”，全线共设有三级调度管理机构。其中，一级调度管理机构负责输水调度管理和实施，主要工作包括编定供水计划、编制制度标准、制定技术规程、分析沿线水情、下达调度指令并远程操控闸门，以及督导下级调度机构工作等；二级调度管理机构负责辖区内输水调度管理、组织现地闸门操作，以及复核操作调度相关信息，主要工作包括组织水量计量、复核分析辖区水情、转达调度指令并向上级反馈闸门动作情况，以及监督下级调度机构工作等；三级调度管理机构负责辖区内现场调度工作，主要工作包括水量计量确认、水情实时监测、跟踪远程操控时闸门的动作情况并反馈，以及特殊情况下的现地闸门操作等[9]。

在倒虹吸、暗渠等输水建筑物水下检查调度配合过程中，节制闸、控制闸等工作闸门操作虽涉水但可采取措施不影响正常过流，因此具体调度配合管理流程为：事先由三级调度管理机构提出申请，二级调度管理机构负责审批，并组织三级调度机构在现地操作模式下完成闸门操作，操作完成后恢复至原状态。不参与调度的控制闸闸门操作前、后均须电话报告二级调度管理机构；节制闸及参与调度的控制闸闸门操作前后均须逐级电话报告至一级调度管理机构[10]。

5 调度配合实施实例

南水北调中线京石段应急供水工程磁河倒虹吸管身段为三孔一联钢筋混凝土箱形结构，每孔净尺寸为 6.0m×6.1m，长度 575m。倒虹吸出口设有弧形节制闸一座，进口为平板检修门，设计流量 $165m^3/s$，加大流量 $190m^3/s$，设计水位 73.88m，加大水位 74.29m。2019 年 11 月 7～9 日期间，按照工作安排，河北分局分调度中心组织现地管理处在现地操作模式下开展相应调度配合操作，为水下机器人检查创造条件，具体闸门操作过程见表 2。

调度过程中，节制闸 1 号、2 号、3 号闸门依次调整至全关或近乎全关状态，闸前、闸后水位相对稳定，过闸流量基本维持在 $60～70m^3/s$，满足正常过流要求。而且按照要求，现地管理处中控室事先向分局分调度中心提出申请，并在闸门操作前后均逐级电话报告至总调度中心，以保障上下游调度安全。

表 2　磁河节制闸调度配合操作过程表

日期	时间	闸前水位/m	闸后水位/m	过闸流量/（m^3/s）	闸门开度/mm
2019-11-7	10:30	73.79	72.17	62.66	840/840/840
	11:00	73.78	72.17	65.26	440/1040/1040
	12:00	73.77	72.15	65.48	220/1150/1150
	13:00	73.76	72.15	57.66	100/1210/1210
2019-11-8	5:30	73.73	72.10	55.72	0/1240/1240
	6:30	73.73	72.11	67.84	100/1240/1240
	13:30	73.74	72.11	70.83	500/840/1240
	15:00	73.73	72.11	63.78	900/440/1240
	16:00	73.73	72.11	74.58	1240/100/1240
	19:30	73.72	72.11	65.21	1240/500/840
	21:00	73.71	72.11	67.88	1240/900/440
	22:00	73.70	72.10	64.71	1240/1100/240
	23:00	73.69	72.10	70.43	1240/1240/100
2019-11-9	14:30	73.70	72.11	74.97	1080/1080/420
	15:30	73.71	72.11	68.39	940/940/700
	16:00	73.72	72.12	60.84	860/860/860

6 结论和讨论

南水北调中线干线正式通水 6 年来，社会效益日益凸显，已从补充水源逐步成为沿线城市生活用水的主力水源，渠道、建筑物基本不具备大范围停水排空检查的条件。为此，为有效掌握水下工程运行状况，保证工程安全运行，在正常通水条件下开展水下机器人检查是非常必要的。而在此过程中，为了给水下检查创造近乎静水的作业条件，需要开展相应的调度配合操作。本文结合 2019 年南水北调中线干线工程输水建筑物水下检查工作开展，对输水调度配合技术方案和管理流程等进行了研究，并给出了调度实施实例，进而为今后南水北调中线干线工程输水建筑物水下检查调度配合操作提供有力参考和指导。

当前，南水北调中线仍处于运行初期，对于渠道、建筑物水下机器人检查调度配合操作，仍需结合各种工况开展深入研究。同时，根据研究结果，以对输水调度现行规程等做进一步的补充和完善，进而指导输水调度实践。另外，当前 400m 缆水下机器人只能对抗流速≤1m/s 的渠道水流，应用条件受限，尤其是南水北调中线干线年度大流量输水已日趋常态化。因此，为有效开展常年性、大流量输水条件下的水下机器人检查，仍需进一步研发运用可对抗更高渠道水流流速的水下机器人设备。

参考文献

［1］崔巍，陈文学，姚雄，等. 大型输水明渠运行控制模式研究［J］. 南水北调与水利科技，2009，7（5）：6－10，19.

［2］刘之平，吴一红，陈文学，等. 南水北调中线工程关键水力学问题研究［M］. 北京：中国水利水电出版社，2010.

［3］刘宪亮. 南水北调中线工程在华北地下水超采综合治理中的作用及建议［J］. 中国水利，2020，（13）：31－32.

［4］顾红鹰，董延朋，顾霄鹭. 有压隧洞水下检测技术研究［J］. 山东水利，2018，（2）：11－12.

［5］刘晓娜，窦常青，洪松. 南水北调东线穿黄河隧洞工程检测检修方案研究［J］. 水利技术监督，2019，（5）：24－26，70.

［6］朱新民，王铁海，刘亦兵，等. 长距离输水隧洞缺陷检测新技术［J］. 水利水电技术，2010，41（12）：78－81.

［7］吕骥，张洪星，陈浩. 水下机器人（ROV）在水库大坝检测作业的安全分析［J］. 水利规划与设计，2017，（10）：112－114.

［8］南水北调中线干线工程建设管理局. 400m 缆水下机器人探测设备操作技术规程（试行）［S］. 2020.

［9］南水北调中线干线工程建设管理局. 南水北调中线干线工程输水调度暂行规定（试行）［S］. 2018.

［10］南水北调中线干线工程建设管理局. 设备设施检修维护需调度配合事宜工作流程管理标准（2018 修订）［S］. 2018.

水下立面结构精细检测声呐技术在水下施工修复监测中的应用

冷超勤[1]，周梦樊[2]，黄　彬[1]，王　月[2]

（1. 雅砻江流域水电开发有限公司，四川 成都　610051；
2. 中国电建集团昆明勘测设计研究院有限公司，云南 昆明　650033）

摘　要：水工泄洪建筑物导流边墙运行情况会影响水电站的安全稳定运行。导墙常年受水流冲刷，其水下立面结构表观冲蚀、淘刷现状以往采用潜水员摄像的方式摸查，获知局部影像信息。近年来随着声呐技术的发展，通过声呐技术的组合使用及改进作业方案，实现了水下立面结构缺陷高精度检测，并在后续水下施工修复进程中及时获知结构三维体型变化情况，完成了水下施工修复全周期监测及施工效果佐证；通过检测成果的三维可视化、数字化展示及方量计算，为水电站水工建筑物监测、检测运维工作部署提供了有力的支撑依据。

关键词：立面结构；水下精细检测声呐技术；水下施工修复全周期监测；三维可视化

1　引言

掌握水工建筑物运行状况是保证水电站安全稳定运行的基础，水电站水工建筑物自投产运营后水下部分不易检查及维护[1]，各类建筑物常年由于地基沉降不均、渗流控制不当、混凝土结构老化、水流气蚀及磨损等因素都会出现结构病害问题[2]。近年，水下声呐技术、光学摄像技术已被应用至水利水电工程水工建筑物病害检测领域，水下激光技术由于受探测范围、内陆河流域水体能见度、浊度散射影响[3]，暂未被广泛应用。

泄洪建筑物长期受到水流的冲刷，其结构完好情况对水库安全稳定运行尤为重要。目前，常采用多波束测深技术[4]、侧扫声呐技术[5]、水下无人潜航器技术[3,6]、双目视觉技术[7]或传统的潜水员摸查对泄洪建筑物过流面进行表观缺陷检查，但测深声呐技术多用于反映水底冲淤情况，水下无人潜航器技术、双目视觉技术及潜水员摸查技术均多用于局部摄像观察且水域浊度会影响摄像可见度。此类结构物检测发现的缺陷常采用围堰、抽水干地施工[8]，机组停止发电造成经济损失大，修复成本高、周期长，且新浇筑部位与原结构的掏蚀边界容易在抽干、充水的过程中受到应力变化影响而再次损伤。

故对于水下立面结构表观检测需基于现有的检测手段，调整、改进作业方案，实现立面等垂直结构精细检测，并在不影响水电站发电运行的情况下，水下立模板导管浇筑混凝土、内部灌浆施工，通过检测新技术对此类结构施工进程中的修复情况进行指导，并对修复效果进行监测。

作者简介：冷超勤（1987.4—），男，工程师。

2 水下检测修复导墙工程概况

某重力坝水电站泄洪建筑物由河床泄洪闸及导流明渠泄洪闸坝段组成，两个泄洪闸坝段之间的导墙采用框格式混凝土连续墙加固，混凝土底板厚6～8m、墙厚6.2m，导墙自然河床段呈弧段，中部基岩处与一条F1断层带斜交。自投产发电后，汛期受水流冲刷，枯期常年受发电尾水回流的掏蚀。2015年，运行管理单位提出对明渠左导墙中段结构安全稳定情况每年汛后一检的需求。通过2015年汛后、2016年汛后对明渠左导墙河床段立面冲蚀形态及变化情况检测，发现冲蚀区域范围及深度有所扩大。2017年汛后再次对过流区域检测并对掏蚀区域定量，运行管理单位掌握数据信息后结合工程特点、施工条件、度汛要求制定了两期施工修复加固方案。在此期间，采用水下声呐传感器针对施工过程前后导墙立面结构变化情况制定了高精度精细检测的作业方案，对施工修复结构变化、量方及其稳定性进行了效果监测评估。该导墙立面掏蚀情况检测、施工修复工作部署见图1。

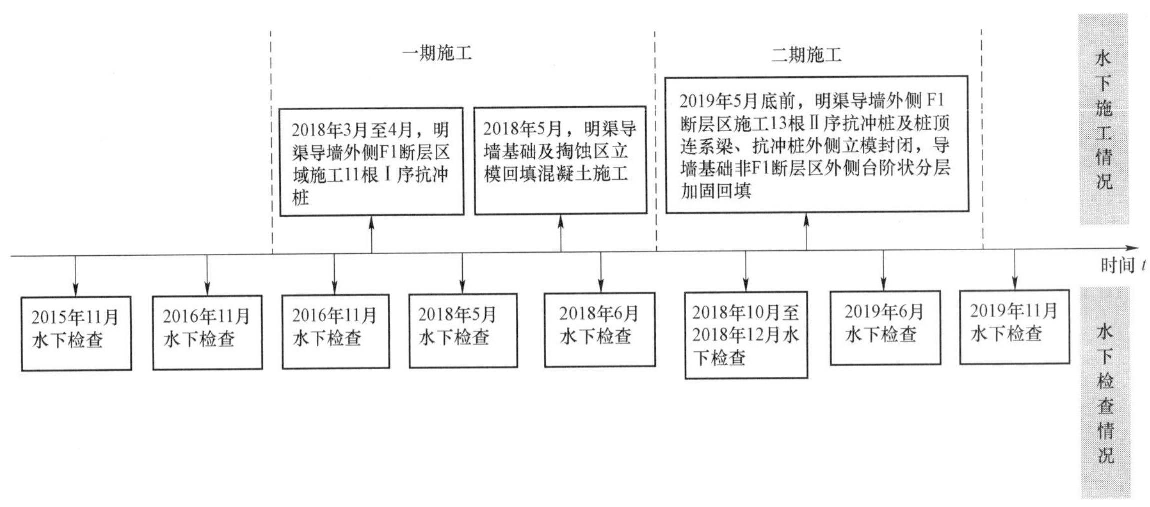

图1 明渠左导墙河床段立面掏蚀情况检测、施工修复工作部署图

3 声呐检测技术

3.1 技术选型

多波束测深技术、侧扫声呐技术被广泛用于海底、湖底、水底地形地貌探测，声呐阵列系统与水底被测物垂直并接收被测物表观散射信号，最终通过连续的水深条带覆盖获知水下三维地形特征，对被测物表面可实现高效、0.03m分辨率的高精度探测[1,5]，对于水下结构细部构造、声影遮挡区域成像不佳，地形起伏凹凸深度、高度仅能凭信号粗略估计[9]。

三维全景声呐技术常被应用于水下细部结构、遮挡物等复杂结构、水下基坑、河闸流道、管道等三维结构探测。该声呐把二维面阵多波束声呐探头集成在机械旋转云台上，获取水平、垂直、距离三个方向上的分辨率，再通过计算机生成3D结构数据，实现0.015m的高精度分辨率。但此检测

技术采用固定测站式，有效测程仅 30m，入射角度、入射距离、测区存在水下暗流或悬停致使不稳固等情况均会对其分辨率影响较大[10-14]。

水下成像声呐技术常被用于水下前视导航，可固定安装在测量船的支架上或者搭载在 ROV 上，通过声学透镜技术在浑水域实现高清晰度图像，实时显示水下物体实际尺寸信息。该技术探测灵活，但成像入射角度、探测距离会影响被测物的清晰度[15]。

综合以上声呐技术的优缺点，拟采用调整多波束声呐、侧扫声呐、水下成像声呐入射角度方向及探测距离，以实现水下立面结构精细检测。

3.2　水下立面结构精细检测声呐技术

立面结构精细检测声呐技术沿用全覆盖三维数字化技术及表观影像成像技术的优势，通过调转波束探头的方向与被测物的关系，使被测物表面（导墙立面）与探头平行，调整不同检测距离、探头入水深度、波束入射角度从而实现高精度的声呐检测全覆盖。

多波束声呐检测立面结构，通过调整发射、接收探头声呐入射角度朝向立面，调大增益；控制波束开角的方向及角度大小，来提高单条波束带的数据精度；根据探头距被测物的远近、入水深度的调整多条测线的覆盖来提高数据的整体精度。

侧扫声呐检测立面结构，需固定安装在工作船的侧弦，并调整声呐探头的入射角使其平行于导墙立面，通过贴近导墙立面扫测以获得最佳的立面检测数据，安装方式见图 2。

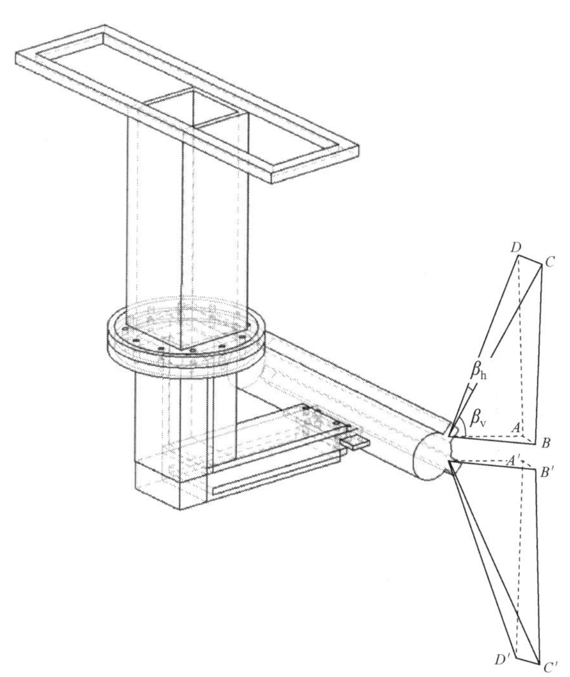

图 2　侧扫声呐检测立面结构安装方式图

二维图像声呐检测立面结构，需搭载在水下无人潜航器上，以侧视入射角平行导墙立面，先普查结构表观完整性，发现掏蚀区域；以平视或侧视入射角垂直导墙立面，查明掏蚀深度、各个高程或桩号处掏蚀边界及形态。其安装方式见图 3，可精细反映结构缝、裂缝、钢筋、模板桩的分布及形变情况。

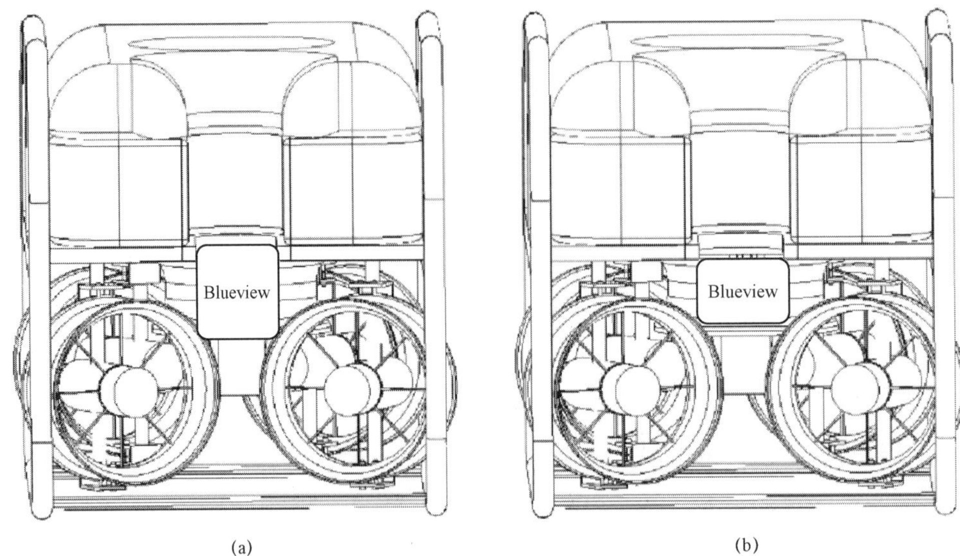

(a)　　　　(b)

图 3　二维图像声呐检测立面结构安装方式图

（a）声呐探头垂直安装；（b）声呐探头水平安装

4　水下施工修复效果监测应用

根据 2015 年运行管理单位提出的每年针对导墙中段冲刷部位进行水下检测的需求，采用常规的多波束声呐测深设备对明渠左导墙进行全覆盖扫描，扫描影像见图 4，掏蚀区域内因被上部导墙立面完好部分遮挡而局部缺失。

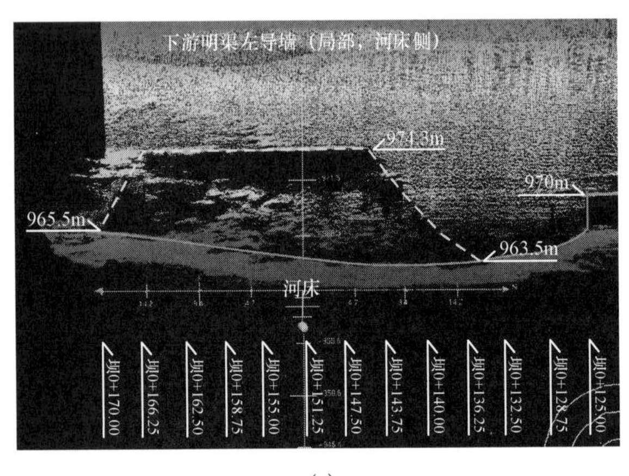

(a)

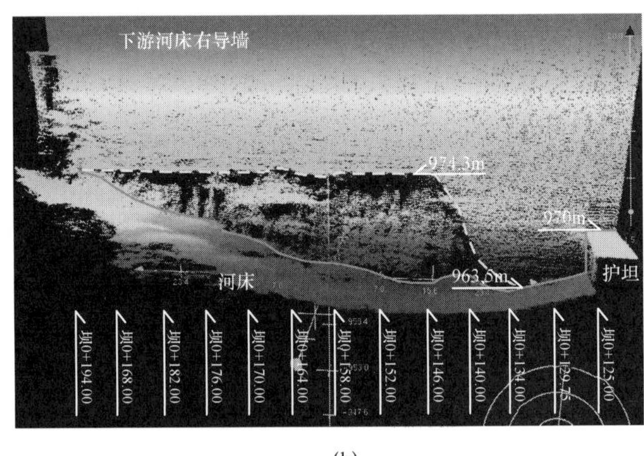

(b)

图 4　导墙立面发现掏蚀区域初期范围及形态影像图

（a）2015 年汛后水下检查；（b）2016 年汛后水下检查

2017 年汛后，通过采用水下立面结构精细检测声呐技术对掏蚀区域内部形态及边界进一步探测，成果影像见图 5，并与竣工形态对比计算了掏蚀方量。经运行管理单位研究决定，分 2018 年、2019 年两个枯水期对该泄洪闸导墙立面及基础进行维修加固，主要进行导墙基础局部淘刷区回填混凝土和 F1 断层区域导墙外侧抗冲桩加固施工，导墙掏蚀区加固施工示意图见图 6。一期于 2018 年汛前进行 F1 断层区域导墙立面外侧 Ⅰ 序抗冲桩施工，并对导墙基础及淘刷区在导墙立面立模板采用导管浇筑水下混凝土进行封闭回填施工，以满足度汛要求；二期于 2019 年汛前进行 F1 断层区导墙立面外

侧Ⅱ序抗冲桩施工（在Ⅰ序抗冲桩中间打桩加固）及桩顶连系梁施工，对导墙基础非F1断层区导墙外侧台阶状分层立模采用导管浇筑水下混凝土进行加固施工。

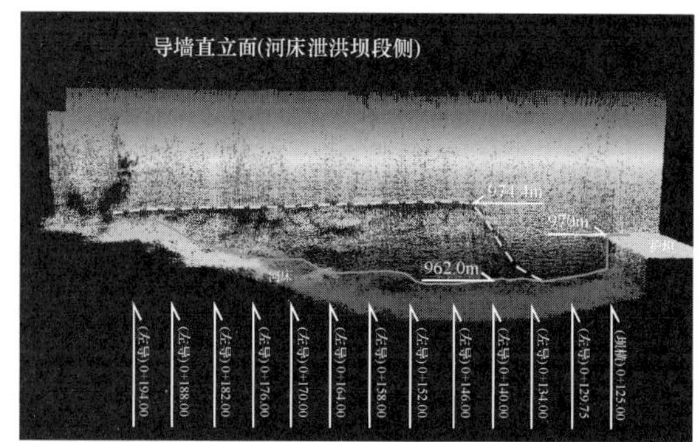

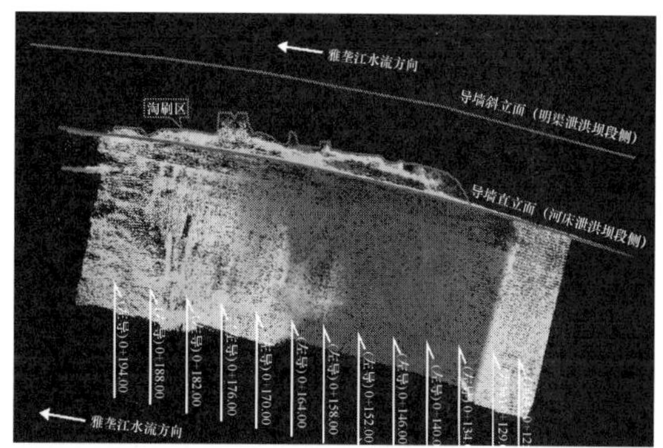

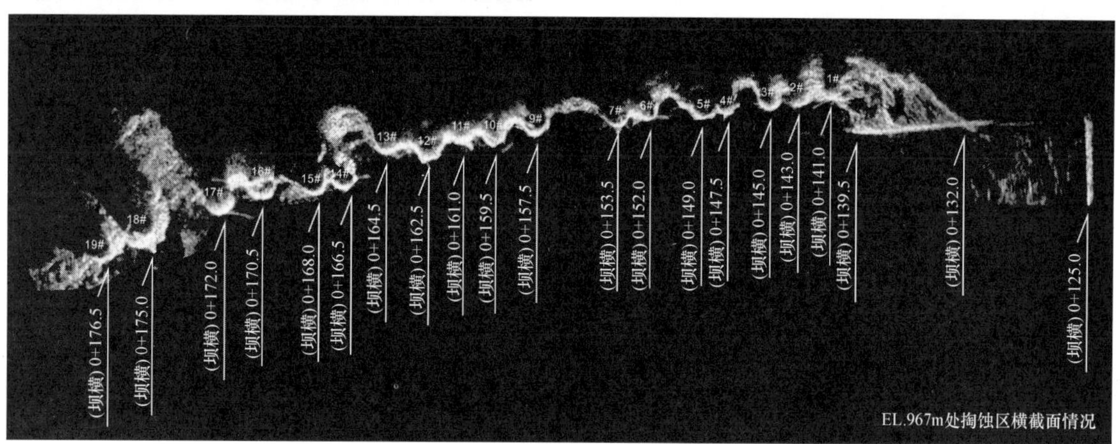

图5 水下立面结构精细检测技术检测导墙掏蚀区形态影像

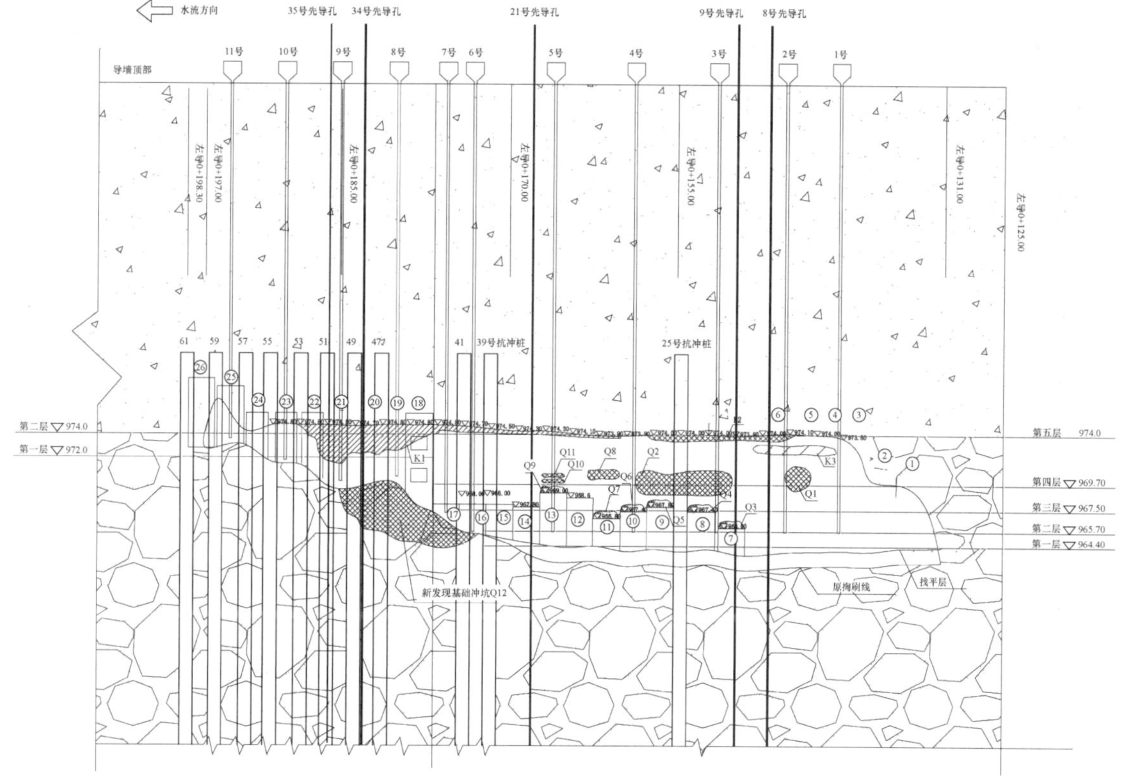

图6 导墙掏蚀区加固施工示意图

水下立面结构精细检测声呐技术对一期施工中的导墙立面表观采集了三维数字化信息，11 根直径 1m 的抗冲桩、局部立钢模板封闭回填区域均清晰可见，见图 7。

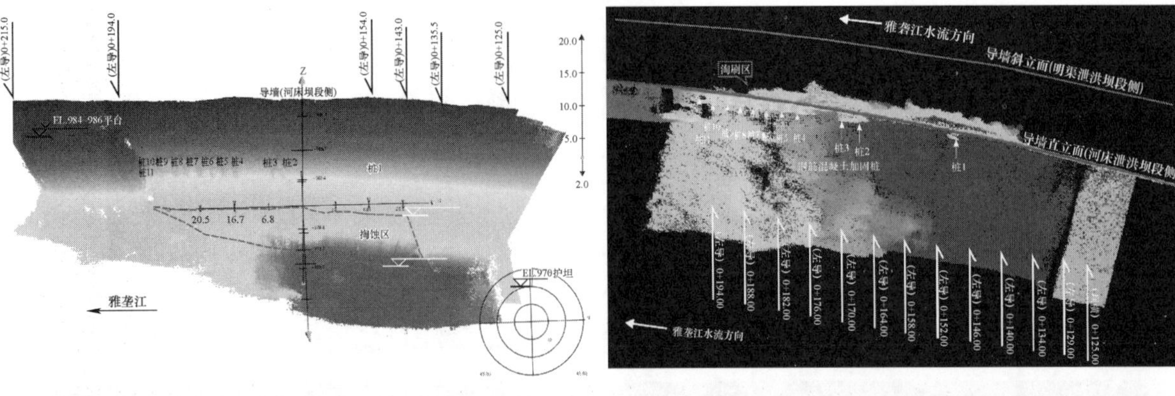

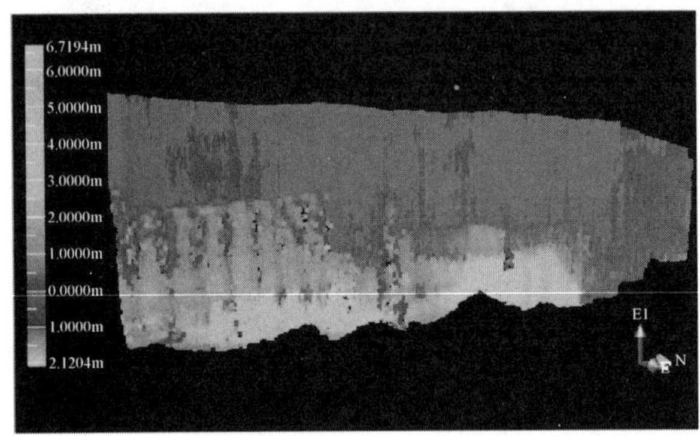

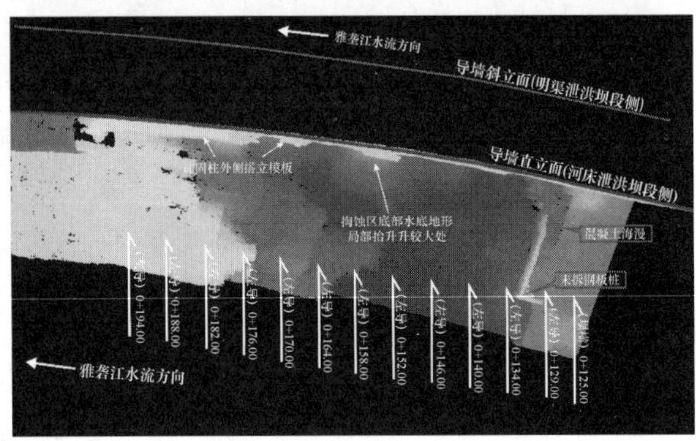

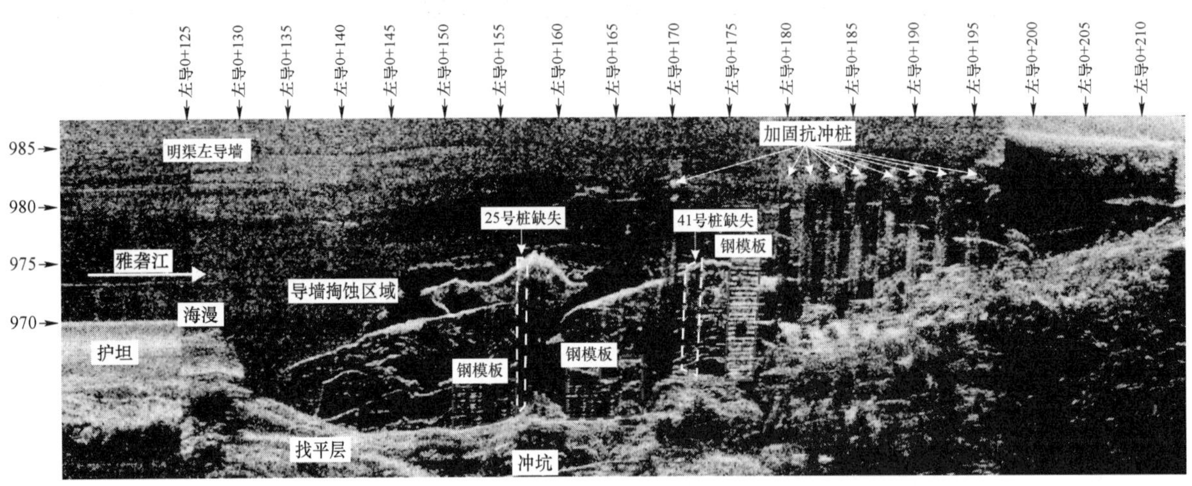

图 7　一期加固抗冲桩、立模回填施工前后导墙立面形态变化情况影像

经二期加固非 F1 断层区、桩顶联系梁区施工后，通过采用水下立面结构精细检测声呐技术探明：非 F1 断层施工区浇筑成台阶状，长约 34.2m（上下游方向），上下两层顶面高程高差约 2m，上层宽为 1.5～1.8m，顶面高程为 975.5～976.0m，下层宽为 0.5～1.5m，顶面高程为 972.5～973.5m，浇筑体量为 789m^3；桩顶连系梁施工区长约 28.8m（上下游方向），宽为 1.5～2.0m，连系梁浇筑顶面高程为 981.7～982.0m，浇筑体量为 442m^3。该两施工区通过体积积分法计算施工量方与实际浇筑量方基本一致，完成了现场佐证，立面结构精细检测施工效果见图 8。

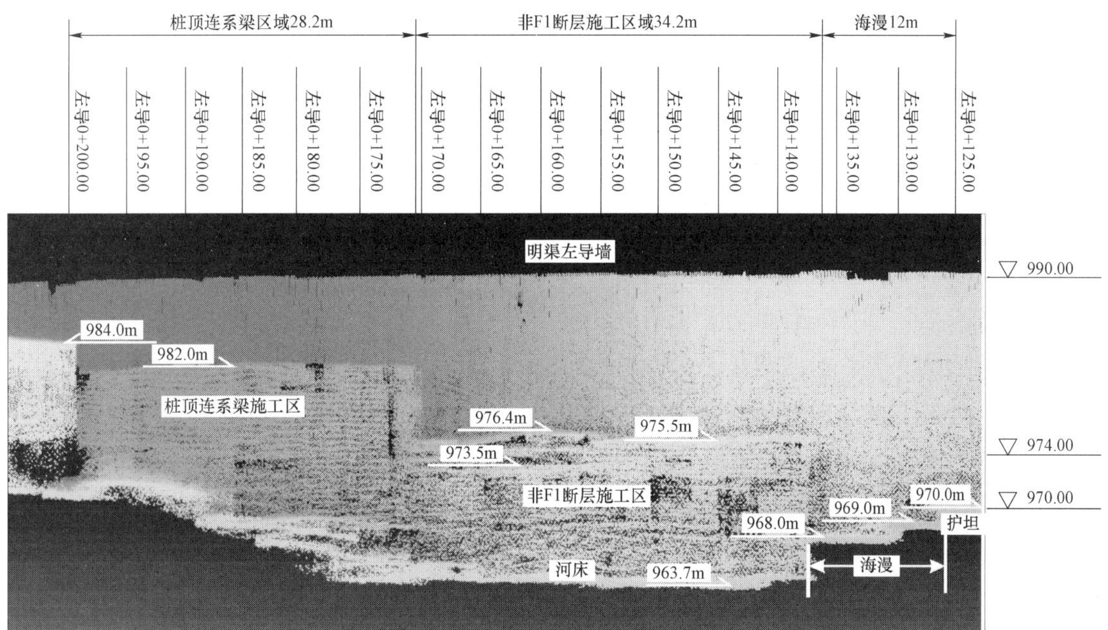

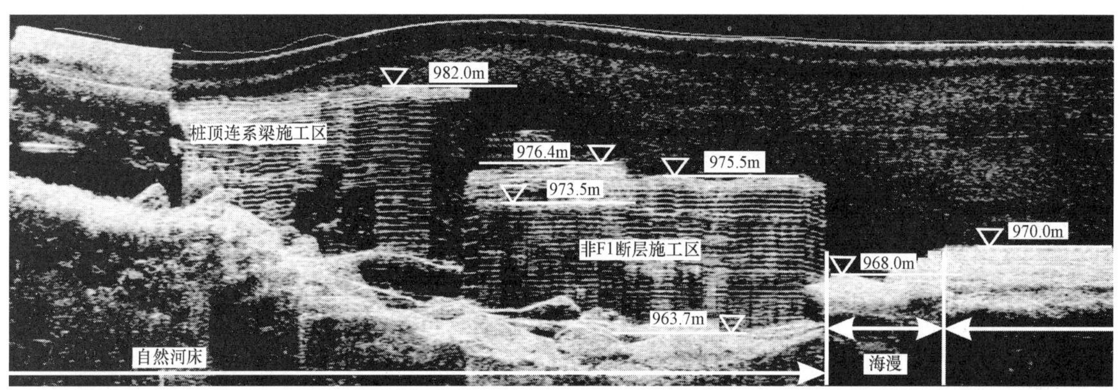

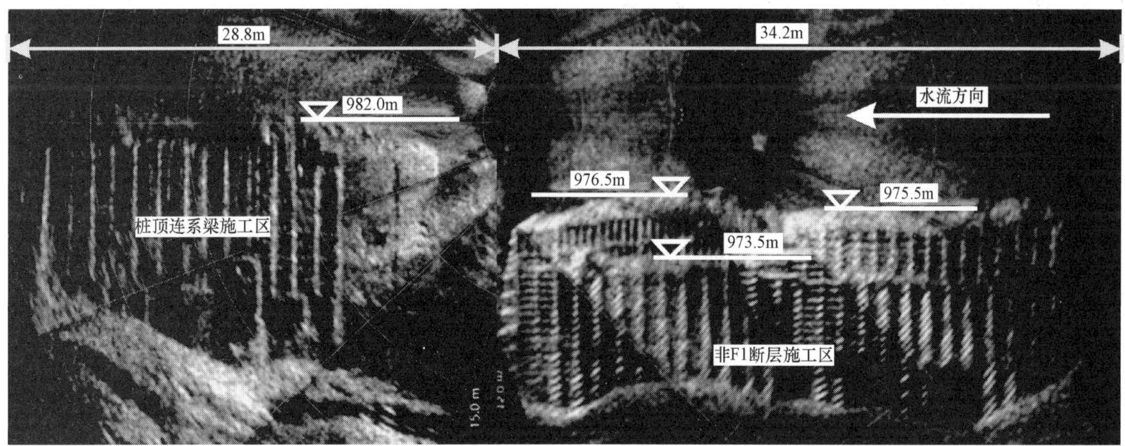

图 8　二期加固桩顶连系梁施工区、非 F1 施工区后立面结构精细检测施工效果影像图

历经一个度汛期，2019 年汛后对导墙立面施工效果进行立面结构精细检测，声呐技术复查影像见图 9，桩顶连系梁施工区无冲蚀、淘刷缺陷，两片施工区表层模板完好，尺寸与形态均与二期施工结束后保持一致。

5 结语

水下声呐技术在水下沉管、堤防护岸施工中已有初步应用[16-17]，但将水下声呐技术应用在立面结构精细检测与施工修复效果监测中当属首例。通过改良的水下结构精细检测技术，实现对导墙立面高精度三维数字信息采集，基于三维可视化的数据进行分析、结构安全评价及抗冲性能模拟设计计算，指导了施工各阶段的工作部署，通过高精度的声呐数字化技术完成了整个施工修复进程中导墙水下结构变化及施工效果的监测。

此水下立面结构高精度检测声呐技术，可为水电站安全运行管理提供高效率、高质量、高精度的辅助决策依据，在其他水利水电工程运维检测、施工修复监测中可推广应用。

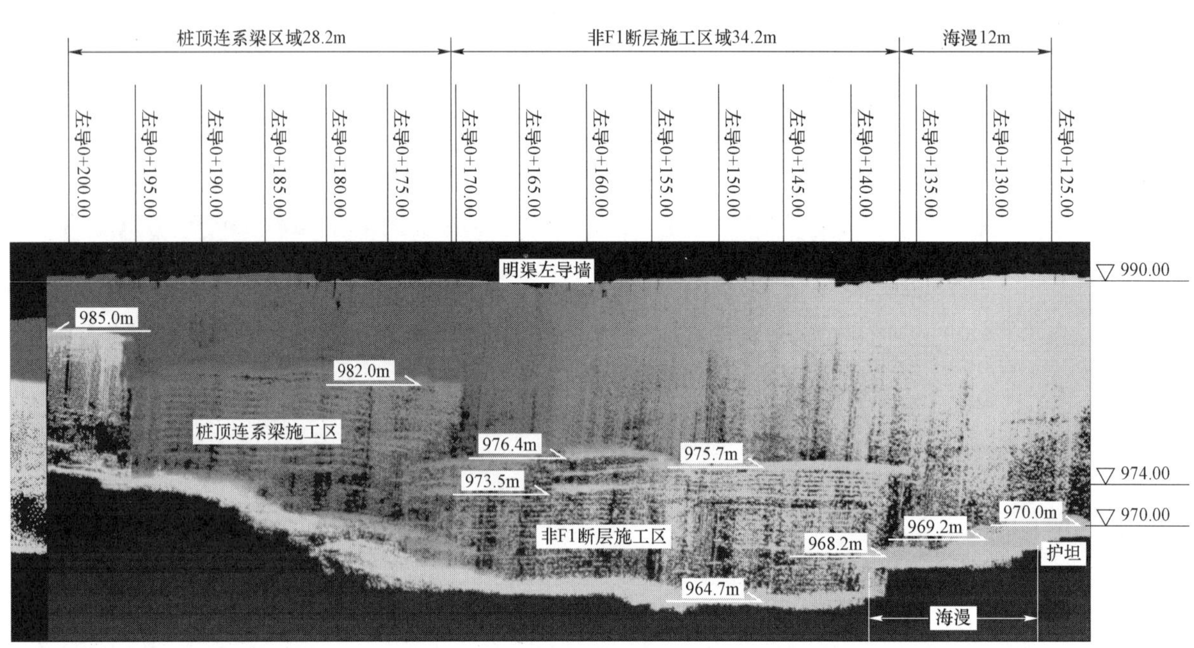

图9　2019年汛后立面结构精细检测技术复查施工效果成果影像图

参 考 文 献

[1] 普中勇，赵培双，石彪，等. 水工建筑物水下检测技术探索与实践［J］. 云南水力发电，2020，36（5）：30－33.

[2] 徐毅，赵钢，王茂枚，等. 双频识别声呐技术在水工建筑物水下外观病害检测中的应用［J］. 水利水电技术，2014，45（7）：103－106.

[3] 徐云乾，袁明道，张旭辉，等. 多波束成像声呐系统及水下机器人在水工建筑物水下结构检测中的应用［J］. 无损检测，2018，40（6）：58－61.

[4] 谭良，全小龙，张黎明. 多波束测深系统及其在水下工程监测中的应用［J］. 全球定位系统，2009，34（1）：38－42.

[5] 郑晖. 多波束与侧扫声呐在水下探测中的应用［J］. 中国新技术新产品，2020（10）：34－36.

[6] 唐力，肖长安，陈思宇，等. 多波束与水下无人潜航器联合检测技术在水工建筑物中的应用［J］. 大坝与安全，2016（4）：52－55.

[7] 钟永元．水中结构物表面缺陷摄像检测与识别技术［J］．珠江水运，2019（3）：76－77．

[8] 刘树国，李建会．泄洪闸修复工程中水下混凝土围堰施工技术［J］．云南水力发电，2020，36（8）：196－198＋207．

[9] 杨志，王建中，范红霞，等．三维全景成像声呐系统在水下细部结构检测中的应用［J］．水电能源科学，2015，33（6）：59－62＋47．

[10] 朱俊，张洪星．三维成像技术在大坝水下垂直结构面缺陷检测中的应用［J］．水利技术监督，2018（5）：47－50．

[11] 郭树华，张震．三维声呐系统在水工建筑物水下结构检测中的应用［J］．陕西水利，2020（4）：12－14．

[12] 李斌，金利军，洪佳，等．三维成像声呐技术在水下结构探测中的应用［J］．水资源与水工程学报，2015，26（3）：184－188＋192．

[13] 吴立柱，游斌，何超，等．水下三维声呐在锚碇沉井施工中的应用［J］．中国港湾建设，2018，38（11）：65－67＋78．

[14] 戴林军，郝晓伟，吴静，等．基于三维成像声呐技术的水下结构探测新方法［J］．浙江水利科技，2013，41（3）：62－65．

[15] 徐强．水下成像法在水下铺排施工动态监测中的应用研究［J］．河南科技，2018（1）：123－125．

[16] 奚笑舟．水下检测与监测技术在沉管隧道工程中的应用［J］．现代隧道技术，2015，52（6）：36－42．

[17] 邹双朝，皮凌华，甘孝清，等．基于水下多波束的长江堤防护岸工程监测技术研究［J］．长江科学院院报，2013，30（1）：93－98．

导流明渠水下检测技术应用

程保根，相昆山，张永清

（中国电建集团成都勘测设计研究院有限公司，四川 成都 610072）

摘 要：导流明渠作为水电工程主体结构施工期过流建筑物，其安全运行对工程建设安全、工期及投资等具有举足轻重作用。明渠汛期运行条件复杂，过流流量大，流速快，导致对其汛期运行情况检测较为困难。本文采用三维图像声呐技术和水下无人潜航器对某水电站导流明渠汛期水下结构进行检测，检测成果能够较好地查明明渠运行情况，指导现场及时掌握结构缺陷并做出响应，保证明渠运行期安全稳定。

关键词：导流明渠；水下检测；三维图像声呐技术；水下无人潜航器

1 概述

目前，国家对水工建筑物的维修与加固投资逐年加大，对水工建筑物，尤其是水下建筑物维修加固、改建或重建提出科学合理决策需要对水工结构进行安全检测并评价其安全类别[1]。水下检测技术发展及应用成为已建水工建筑物维修加固的关键。

近年来，在大力开发海洋自然资源进程中，水下检测技术得到了快速发展。水利水电工程的水下检测技术也应运而生，相继采用了先进、高效的水下检测设备，如水下摄像监视机、水下超声测厚仪、水下磁粉探伤仪、水下电位测量仪、水下摄影器材、水下无人遥控潜水器、水下无损探伤仪、浅层部面仪、彩色图像声呐、水下测量电视等[1-2]。水下机器人系统（ROV）和三维声呐技术在水闸检测中作为一种新的检测工具，正在水利工程检测中发挥着越来越大的作用。相对于传统的潜水员水下作业来说，水下机器人系统作业效率更高，数据直观性强，结果更可靠，技术优势明显[3-4]。

本文采用三维图像声呐技术和水下无人潜航器对某水电站导流明渠消力池汛期水下结构进行检测，检测成果能够较好地查明明渠运行情况，指导现场及时掌握缺陷情况并做出响应。

2 工程概况

某水电站导流明渠布置在河床右岸，明渠左导墙与水工消力池边墙结合。明渠进口底高程为

作者简介：程保根（1982.11—），男，高级工程师。

3204.0m，出口高程为 3200.0m，轴线长约 896.299m，底坡为 2.287‰，过水断面底宽 35m，度汛时 20 年一遇流量为 8920m^3/s。左导墙采用重力式混凝土结构，右侧为贴坡式混凝土结构。导流明渠分为上游段、过坝段、下游段和出口段。

汛期以来，导流明渠过流量较长时间维持在 7000m^3/s 左右，最大过流量约达 9500m^3/s。根据现场巡视，导流明渠进出口流态较好，但左导墙下游段 15 号块～16 号块高程 3201m 附近可以明显感受到水流冲击敲打导墙墙体的声音与导墙的振动；布置在导墙顶部的临时观测点观测数据显示，该部位存在 5～10mm 的振幅变形。根据导墙异响和振动幅度情况分析，该部位左导墙混凝土可能存在局部冲蚀淘刷情况。

针对以上情况对（左导）0+253.5～（左导）0+411 段进行了水下检测，检测范围见图 1。

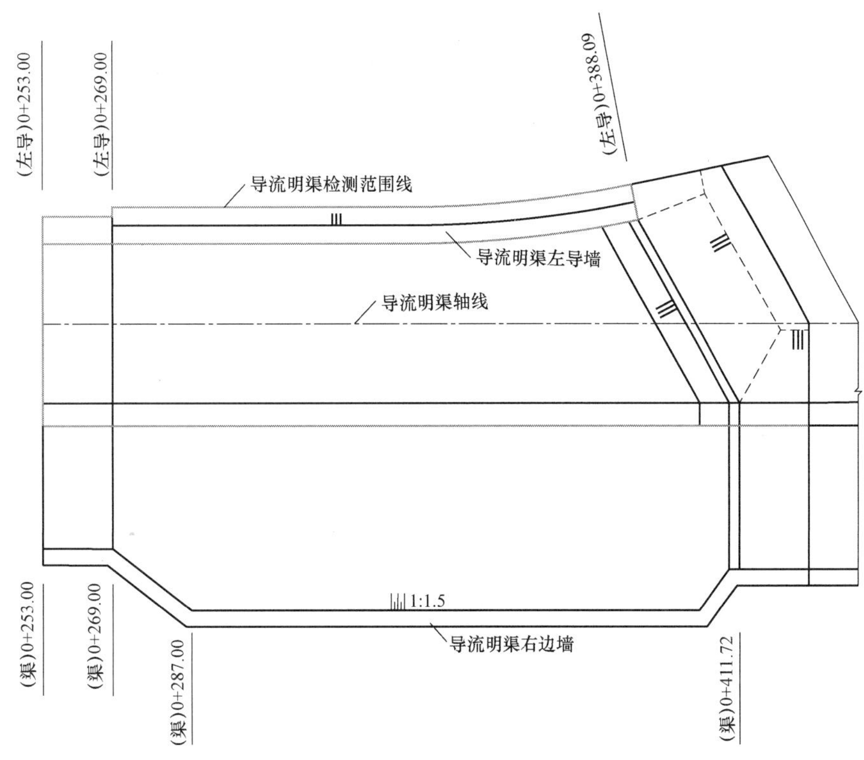

图 1　明渠水下检测范围示意图

3　检测技术与布置

3.1　检测目的及范围

为了查明导流明渠底板及侧墙水下部分度汛运行情况，本文对（左导）0+253～（左导）0+411 明渠消力池段底板、左导墙及右边坡水下部分进行了检测。

检测方法和内容与目的对应表见表 1。

表 1 检测方法和检测内容与目的对应表

序号	检测方法	检测范围	检测内容与目的
1	水下三维声呐检测技术	消力塘左导墙	水下部分混凝土结构表观完整性检查
2		右边坡	水下部分混凝土结构表观完整性检查
3		消力塘（水下部分）	过流面表观完整情况检查。淤积现状探测坝前淤积现状
4	水下无人潜器探查	消力塘左导墙	混凝土结构表面缺陷摄像
5		右边坡	混凝土结构表面缺陷摄像

3.2 检测方法与技术

本文通过三维图像声呐技术对消力池水下结构进行普查，根据检测结果划分出重点关注的区域，并对于重点疑似病害区域，通过水下无人潜航器进行确认。

（1）三维图像声呐检测技术

三维图像声呐系统又称水下三维全景成像声呐系统，为 Teledyne 公司的 Blue View 5000。该设备可生成水下地形、结构和目标物的高分辨图像[5]，声呐采用紧凑型低重量设计，便于在三脚架或 ROV 上进行安装，只需触动按钮，三维图像声呐就会生成水下景象的三维点云。扫描声呐头和集成的云台可以生成扇形扫描和球面扫描数据。Blue View 5000 三维声呐系统及检测原理见图 2。

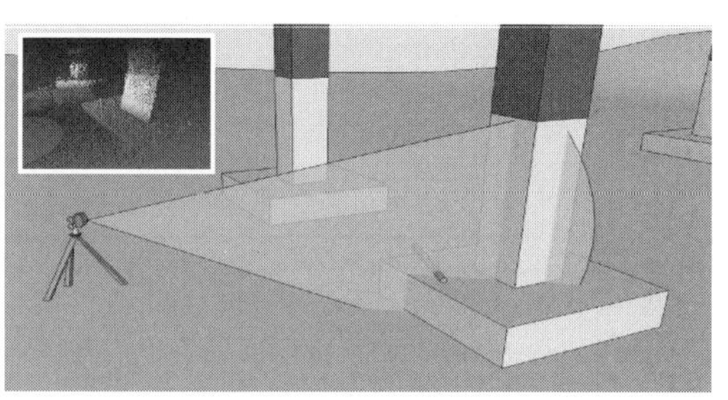

图 2　Blue View 5000 三维声呐系统及检测原理

（2）水下无人潜器检测

水下无人潜航器（Remotely Operated Vehicle，简称 ROV），也叫水下机器人，是能够在水下环境中长时间作业的高科技装备，尤其是在潜水员无法承担的高强度水下作业、潜水员不能到达的深度和危险条件下更显现出其明显的优势[6]。

ROV 作为水下作业平台，由于采用了可重组的开放式框架结构、数字传输的计算机控制方式、电力或液压动力的驱动形式，在其驱动功率和有效载荷允许的情况，几乎可以覆盖全部水下作业任务，针对不同的水下使命任务，在 ROV 上配置不同的仪器设备、作业工具和取样设备，即可准确、高效地完成各种调查、水下干预作业、勘探、观测与取样等作业任务。

投入本项目的 Blue ROV2 水下无人潜航器系统主要包括 ROV 潜器单元、地面控制单元和供电单元三部分，其中，地面控制单元包括计算机控制系统、DV 录像系统等部件。

3.3 检测布置

（1）三维图像声呐布置

三维图像声呐检测点覆盖了明渠消力池左导墙、右边坡水下部分及底板。两相邻测点扫测范围重合至少有 20%布设，测点尽量保持分布均匀，特殊情况下，对重点区域进行了多次复测，测点布置见图 3。

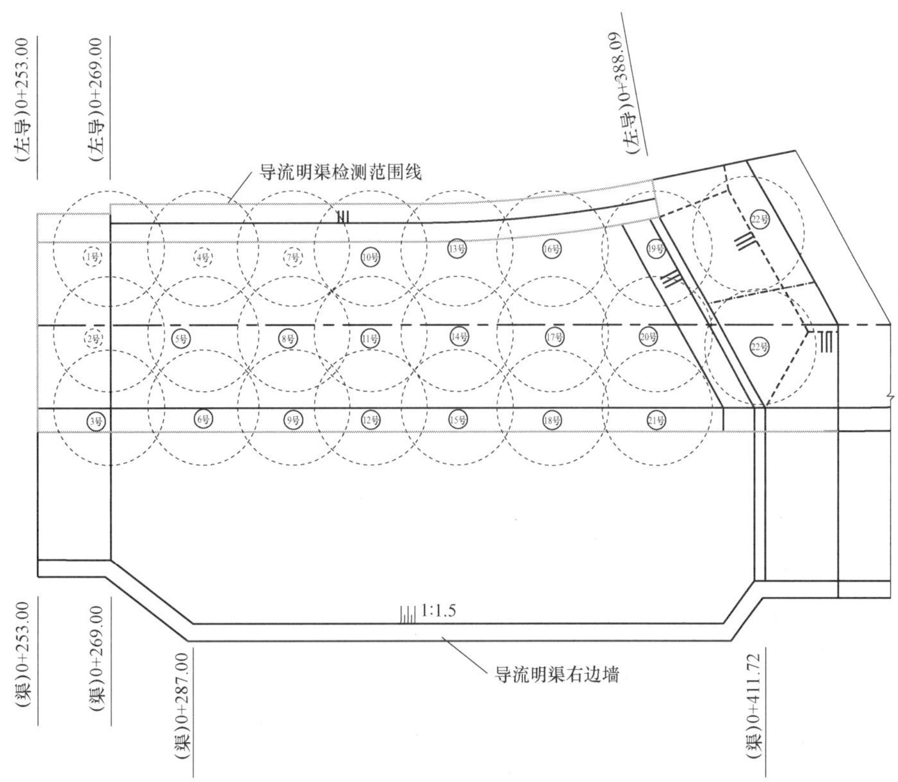

图 3　明渠消力池三维声呐布点示意图

（2）水下无人潜航器测线布置

水下无人潜航器水下探测测线覆盖了明渠消力池左导墙、右边坡水下部分及底板。探测测线以重点检查部位为原则进行布置，测线尽量保持铅直。测线布置见图 4。

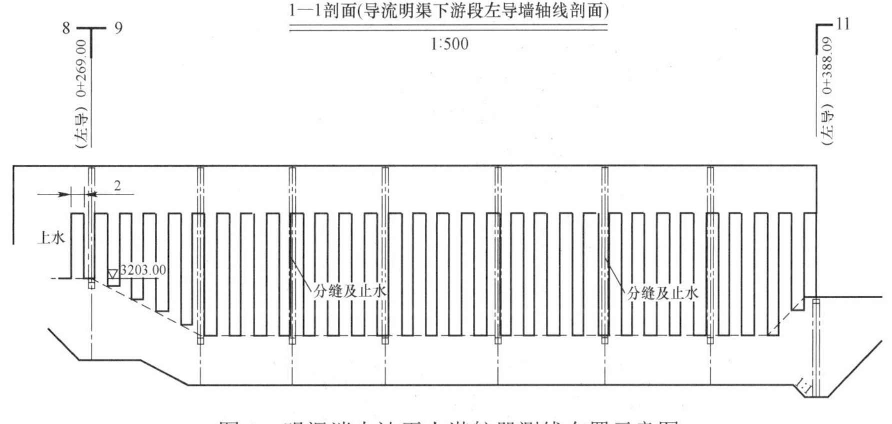

图 4　明渠消力池无人潜航器测线布置示意图

4　检测成果

本次检测主要采用水下声呐探测系统对明渠消力池两侧边墙及底板进行了全面检测，联合水下无人潜航器系统完成了消力池混凝土表观完整性详查，综合多种检测成果对比分析，确定缺陷的位置、尺寸以及淤积情况，为工程缺陷处理及加固提供依据。

4.1　淤积检测成果

1）水下声呐探测成果显示，消力池内无大面积淤积现象，左导墙、右边坡结构完整未见明显大规模混凝土掏蚀现象，左侧导墙与底板之间、右侧导墙与底板之间接缝良好。

2）（左导）0+302 断面处左导墙、右边坡与底板衔接处存在局部淤积，（左导）0+380 断面左导墙、右边坡与底板衔接处存在局部淤积。

水下声呐探测检测成果见图 5～图 9。

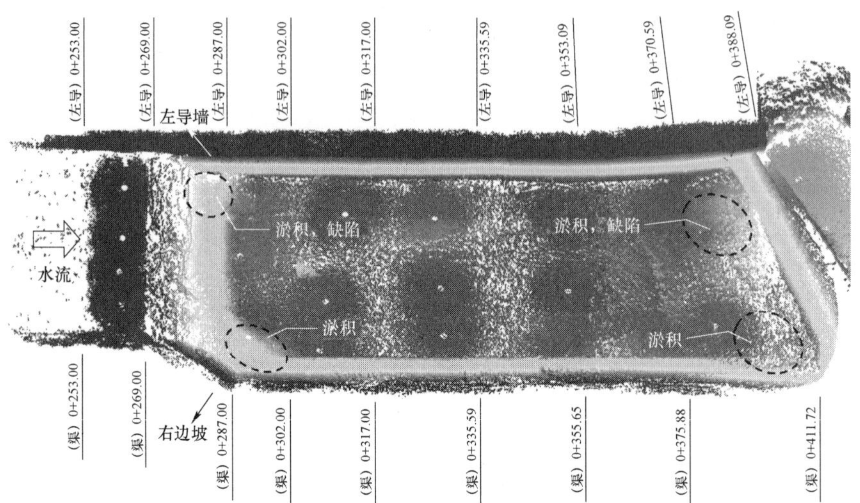

图 5　明渠消力池水下检测成果总图

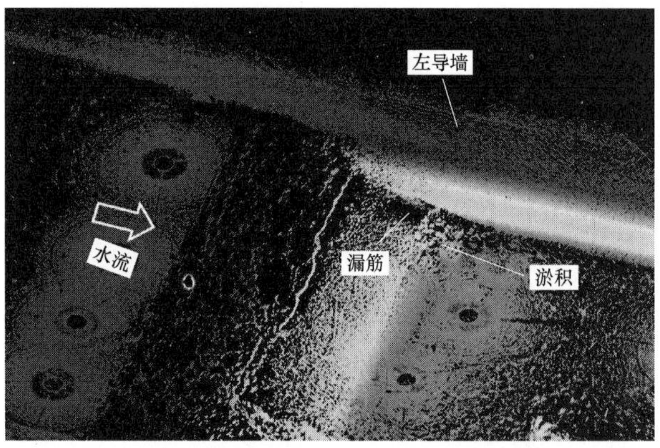

图 6　0+302 左导墙淤积情况检测成果

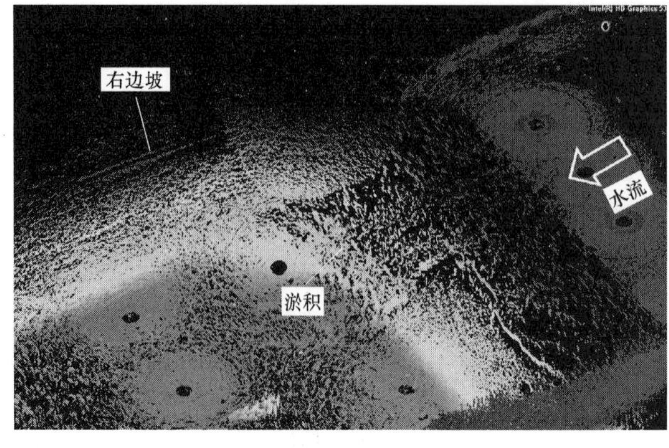

图 7　（左导）0+302 右边坡淤积情况检测成果

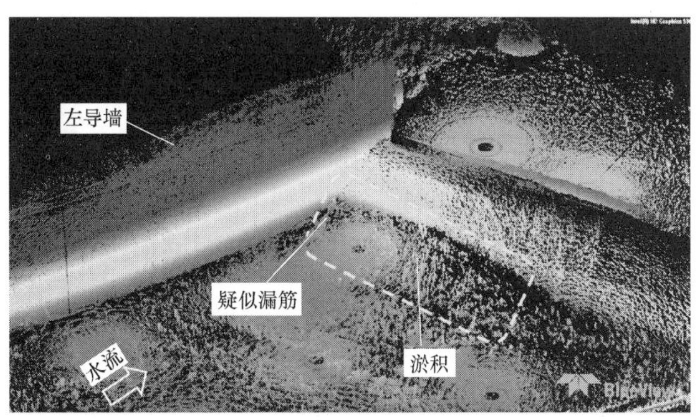

图 8 （左导）0+380 左导墙淤积情况检测成果

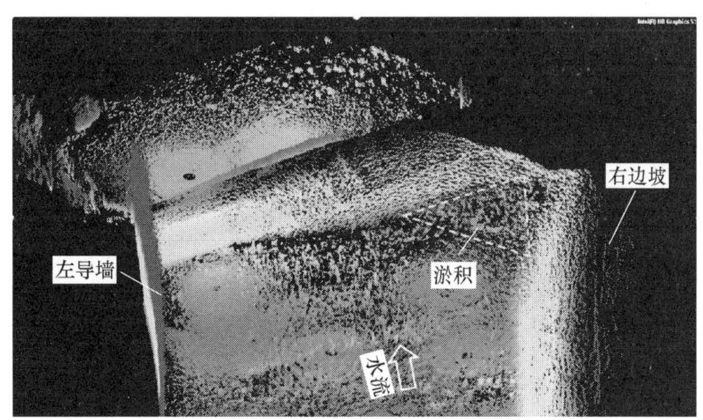

图 9 （左导）0+380 右边坡淤积情况检测成果

4.2 混凝土缺陷检测成果

1）（左导）0+302 断面、（左导）0+380 断面左导墙与池底接触附近均存在一定程度的混凝土露筋。

2）消力池水下部分各部位混凝土表面均出现不同程度的蜂窝麻面及骨料外露现象；消力池（左导）0+269 左导墙与底板接触附近上部存在横向、竖向各一处裂纹，裂缝长度约 10cm。

3）消力池水下墙体接缝处普遍存在宽度不一的缝隙，沿缝隙两侧混凝土存在剥落现象。

混凝土缺陷检测成果见图 10～图 14。

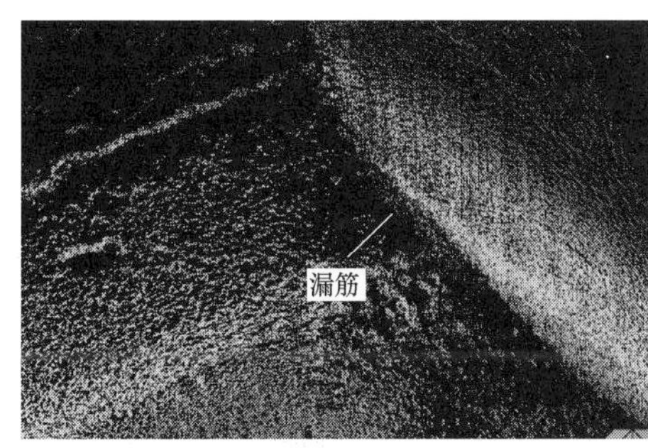

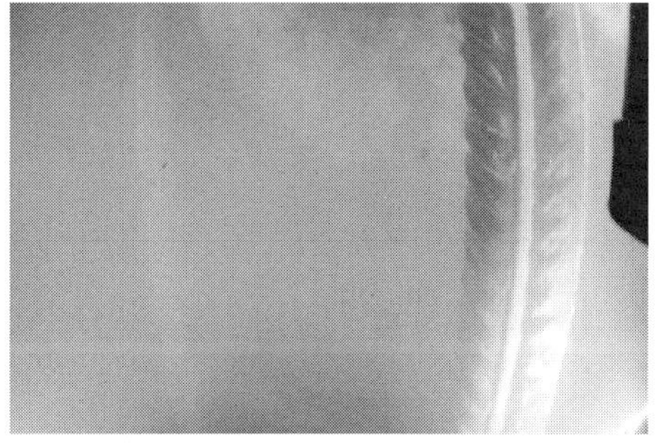

图 10 （左导）0+302 断面缺陷情况检测成果

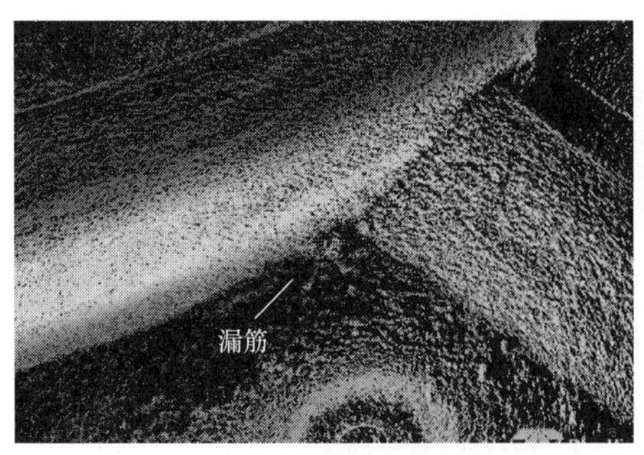

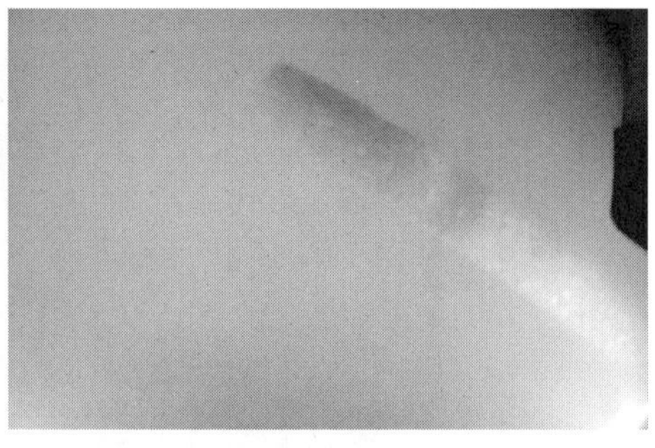

图 11 （左导）0+380 断面缺陷情况检测成果

图 12 混凝土蜂窝麻面检测成果

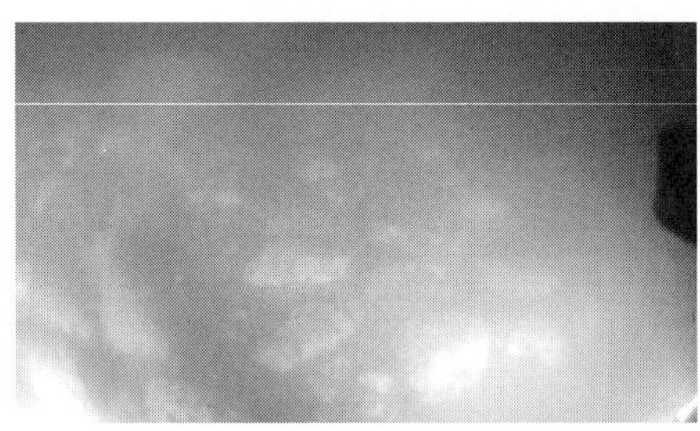
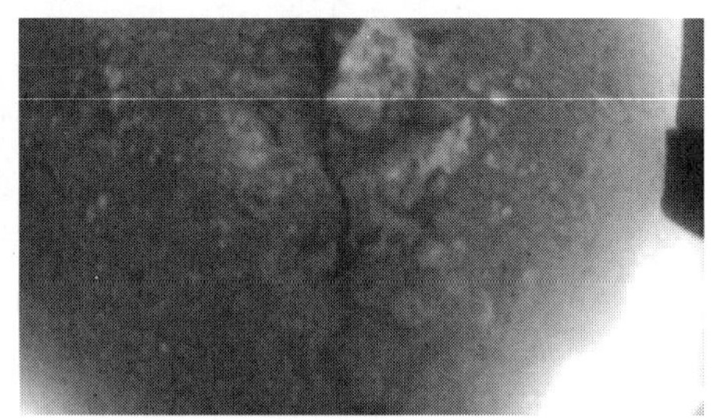

图 13 混凝土骨料外露及表面裂缝检测成果

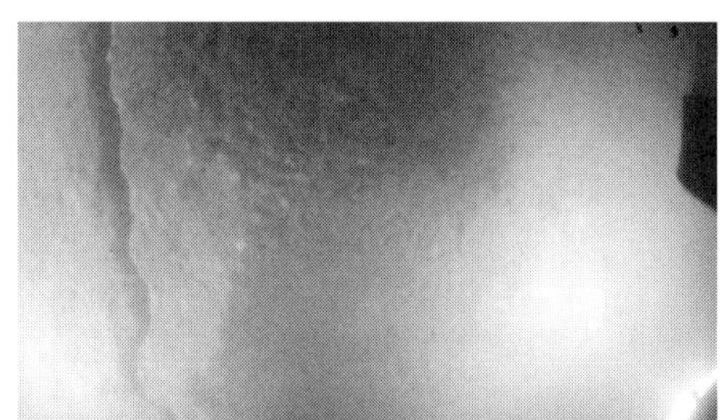

图 14 混凝土接缝处检测成果

5 结论及建议

1）采用水下声呐探测系统和水下无人潜航器检查相结合的方法可以较好地对汛期明渠水下部分淤积及混凝土缺陷情况进行检测，为水工结构水下检测提供了保障，有利于运行期缺陷及时处理，确保明渠运行安全稳定。

2）检测成果表明，导流明渠消力池内无大面积淤积现象，结构整体完整未见明显混凝土掏蚀现象。

3）消力池检测范围内发现了 3 处主要缺陷，其中两处露筋，一处 10cm 长裂缝，其余部分混凝

土表面良好，平整，施工缝良好，未发现淘空等破坏，消力池两侧边墙与底板衔接附近普遍发现粗骨料裸露现象。

4）建议以本次检测成果数据为基础，加强运行期检测，缺陷部位择机及时修复。

参 考 文 献

[1] 郭树华，张震．三维声呐系统在水工建筑物水下结构检测中的应用［J］．陕西水利，2020，4（4）：12－14.

[2] 顾红鹰，刘力真，陆经纬．水下检测技术在水工隧洞中的应用初探［J］．山东水利，2014，19（2）：19－20.

[3] 张洪星，朱俊．水闸水下结构检测新技术的发展和应用［J］．科技创新与应用，2019（1）：143－147.

[4] 左玲玲，张洪星．混凝土面板堆石坝表观及渗漏病害的水下检测［J］．科技创新与应用，2019（1）145－147.

[5] 高大水，陈艳，杜国平．声呐渗漏检测技术在闸坝检测中的应用［J］．山东水利，2014，19（2）19－20.

[6] 徐良玉，赖江波，邓亚新，等．水下机器人在隧洞工程水下检查中的应用［J］．黑龙江科技，2018，9（24）：88－89.

淤积环境下闸门淤堵影响模型试验研究

王义锋，宛良朋，李　华，潘洪月，姜　桥

［中国三峡建工（集团）有限公司，四川 成都　610041］

摘　要：淤积环境影响着水工闸门的启闭状态，而闸门的安全启闭直接关系到水工建筑物的运行稳定。基于此，本文通过自主研发的闸门淤堵模拟试验装置，研究不同材料在水下淤积环境下对闸门提拉的影响。开展了同高度单一淤堵物源对受堵物的影响试验，不同级配组成的物源（泥、细砂、小石、中石）淤堵对受堵物的影响试验，最大影响级配不同淤堵高度对受堵物影响试验，最大影响级配同一淤堵高度不同淤堵时间对受堵物影响试验。提出了考虑淤积环境的闸门拉拔力理论模型，并通过相似比关系对模型进行验证。研究结果表明：① 淤积尺寸，淤积时间等因素对闸门拉拔力影响明显，不同淤积物在配合比一定的情形下，闸门拉拔力随受淤积面积增大而增加，淤堵物淤积时间越长，拉拔力越大；② 随着相似比 n 的增大，拉拔力计算结果越接近目标值 n^2，说明理论模型是可靠的。本文研究成果可为深孔泥沙调度确保工程安全运行提供一定指导。

关键词：淤积环境；闸门；拉拔试验；试验装置；相似比

1　引言

据不完全统计，中国现已建成坝高 100m 以上高坝大库 200 余座[1]。为满足泄洪、冲砂等调度要求，这些高坝大库大多设有深孔建筑物，其进口一般设平板检修闸门，出口设弧形工作闸门。不过流时先通过关闭工作闸门挡水，然后再关闭检修闸门，防止发生洞内泥沙堆积甚至堵塞洞身。过流时先开启检修闸门，然后再开启工作闸门[2－3]。因深孔布置位置一般较低，且随着运行时间的推移，进口堆积物会不断增加，可能发生堆积物影响闸门正常启闭的事故，严重影响工程安全运行[4]。如三门峡水利枢纽泄流排沙钢管在汛后关闭检修闸门后，闸门前淤积面高程持续抬升，甚至完全淤没闸门，造成下一年汛前提升闸门时，闸门难以开启或开启后不能及时泄流。黄河万家寨水利枢纽 2014 年排沙期间，8 月 23 日 19 时 45 分 2 号排沙孔进口检修闸门全开，19 时 57 分出口工作闸门正常开启后 2 号排沙孔始终未过流泄水，排沙孔被泥沙完全淤堵（见图 1），后通过人工水下清理疏通[5]。

目前已有相关研究对深孔进口堆积物的来源、特性及影响进行了调查分析。相关研究[4]表明深孔进口堆积物主要有泥沙、碎石、建筑垃圾和冲积物等。范家骅[6]等对珠江口区代表性地段淤泥典型试样进行了基础试验，并对区内淤泥土的微观结构及其力学影响进行了分析和探讨。周杰[7]等采用一、二维嵌

基金项目：国家重点研发计划资助项目（2016YFC0401607）

作者简介：王义锋（1962—），男，博士，教授级高级工程师。

套数值模拟技术对鲁基厂电站水库泥沙淤积进行了预测分析计算，并通过三维水流数值模拟研究拉沙底孔排沙效果。在数值模拟的基础上分析了山区性引水式电站小水库泥沙淤积的特性及其影响。为了研究水下泥沙淤堵对闸门的影响，牛占[8]等采用仿真闸板进行闸门淤沙摩阻力试验，研究了多沙河渠闸门因泥沙淤积引起的启升摩阻力变化。徐国宾[9]等探讨了如何通过模型试验确定有泥沙淤积时闸门启门力，认为淤积在坝前的细颗粒泥沙多数情况下可当做宾汉体泥浆，根据坝前淤泥受力平衡条件，导出了淤泥相似准则，并论述了模拟试验方法。侯莹[10-11]等针对应用最广泛的连杆滚轮式水力自控翻板闸门，通过试验和数值模拟系统地研究了泥沙淤积对闸门开启过程、面板受力变形等产生的影响。吴培军[12]等研究了水力自控翻板闸门在多泥沙河流应用时淤沙压力对闸门开启的影响。

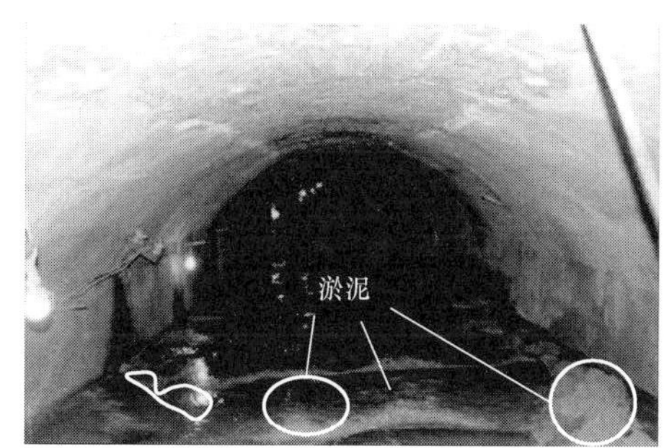

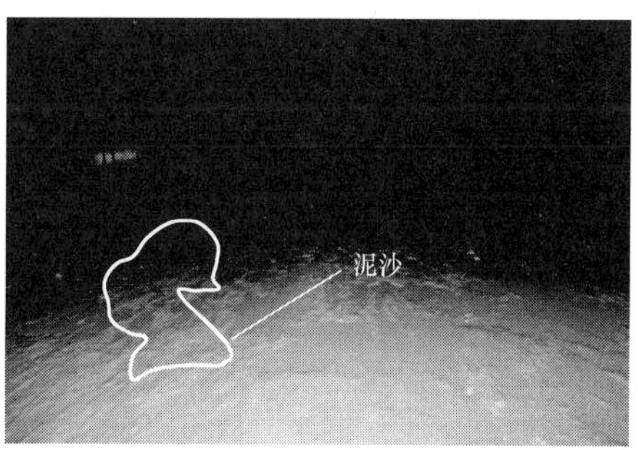

图 1　闸门内隧洞淤堵示意图

目前关于深孔进口堆积物的来源及其特性的研究不少，但鲜有对不同物源、不同边界条件下闸门堆积影响方面的研究。基于此，本文通过自主研发的闸门淤堵模拟试验装置，研究不同材料在水下淤积环境下对闸门提拉的影响，以期实现对深孔泥沙调度确保工程安全运行提供相应指导。

2　试验方案

2.1　试验仪器

通过自主研发的试验装置开展不同材料在水下淤积环境下受堵物提拉试验研究。该试验装置是利用压力罐作为试验容器，利用空压机对容器加压，模拟不同水深压力；通过关闭或开启置入水中的电机叶片，模拟静水或动水环境；然后通过测力计提拉淤泥中预设门体，根据不同环境作用下提拉力来量化研究泥沙淤堵对水下闸门的影响。其试验仪器示意图见图 2。

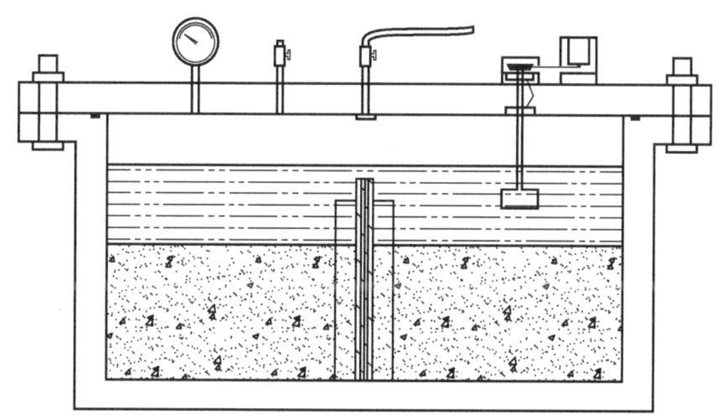

图 2　闸门淤堵影响模拟试验装备示意图

2.2 试验方案

试验主要目的是研究不同材料在水下淤积环境下对受堵物提拉的影响，设计几组试验方案进行一般规律分析。

试验对象中，采用 3 种不同宽度钢板、3 种不同直径钢筋作为受堵物进行模拟。其中，A1 钢板（800mm × 300mm × 10mm），A2 钢板（800mm × 200mm × 10mm），A3 钢板（800mm × 100mm × 10mm），B1 钢棒（ϕ25mm × 800mm），B2 钢棒（ϕ20mm × 800mm），B3 钢棒（ϕ16mm × 800mm）。

为寻求不同物源配比，不同淤积高度、不同淤积时间等因素对受堵物提拉的影响，设计四组试验：同高度单一淤堵物源对受堵物的影响；不同级配组成的物源（泥、细砂、小石、中石）淤堵对受堵物的影响；不同淤堵高度对受堵物的影响；同一淤堵高度不同淤堵时间对受堵物的影响。具体方案如下：

1）开展了同高度单一淤堵物源对受堵物的影响试验。具体见表 1。

表 1　单一淤堵物试验参数表

淤堵物源	水	泥	细砂	粗砂	砂卵石
淤堵物高（m）/总高（m）	0.7	0.4/0.7	0.4/0.7	0.4/0.7	0.4/0.7
时间/d	0	7	7	7	7

2）开展了不同级配组成的物源（泥、细砂、小石、中石）淤堵对受堵物的影响试验。具体见表 2。

表 2　不同级配物源淤堵物试验参数表

级配比	1∶1∶1∶1	2∶1∶1∶1	1∶2∶1∶1	1∶1∶2∶1	1∶1∶1∶2
淤堵物高（m）/总高（m）	0.4/0.7	0.4/0.7	0.4/0.7	0.4/0.7	0.4/0.7
时间/d	7	7	7	7	7

3）开展了基于上述试验中确定的淤堵影响最大物源比例的不同淤堵高度对受堵物的影响试验。具体见表 3。

表 3　不同淤堵高度试验参数表

淤堵物高（m）/总高（m）	0.1/0.7	0.2/0.7	0.3/0.7	0.4/0.7	0.5/0.7
时间/d	7	7	7	7	7

4）开展了基于上述试验中确定的淤堵影响最大物源比例的同一淤堵高度不同淤堵时间对受堵物的影响试验。具体见表 4。

表 4　不同淤堵时间试验参数表

淤堵物高（m）/总高（m）	0.5/0.7	0.5/0.7	0.5/0.7	0.5/0.7	0.5/0.7
时间/d	7	14	21	28	35

2.3 模型试验比尺

闸门淤堵试验中，需要模拟的初始物理量有闸门尺寸，闸门重量（通过厚度进行控制），淤堵物

配合比、含量，淤堵时间，淤堵高度，水位高度等。Fuglsang 和 Ovesen 给出了土工模型试验中常见的物理量的模型相似率，见表 5。

表 5　相关变量的相似率

物理量	符号	量纲	原型	模型
几何尺寸	d、h、l	L	1	1/n
密度	ρ	ML^{-3}	1	1
质量	m	M	1	$1/n^3$
力	F	MLT^{-2}	1	$1/n^2$
粗糙度	R_a	L	1	1

由上表可知对于大多数物理量，原型与模型间的比例关系是一定的，但对于时间而言，对应不同的物理现象就存在着不同的比例关系。

对于任何力，均有如下的关系式。

$$\frac{F_p}{F_m}=\frac{\sigma_p \cdot A_p}{\sigma_m \cdot A_m}=n^2 \tag{1}$$

式中：F_p、F_m 分别为原型及模型的力；A_p、A_m 为原型及模型的面积。

对于深水闸门淤堵模拟试验中，涉及水的介质影响，淤泥淤堵程度受渗透力、惯性力等外界因素控制。

1）考虑渗透力的模型试验时间比尺

在模型试验中，考虑渗透力为主要因素时，由于

$$F_p=i \cdot w \tag{2}$$

由达西定律知

$$v=k \cdot i \tag{3}$$

$$\frac{F_{sp}}{F_{sm}}=\frac{i_p w_p}{i_m w_m}=\frac{v_p}{v_m} \cdot \frac{k_m}{k_p} \cdot \frac{w_p}{w_m} \tag{4}$$

式中：i 为水力梯度；k 为渗透系数；v 为渗透速度；F_{sp} 为原型渗透力；F_{sm} 为模型渗透力。其中，渗透系数是常量，渗透速度与时间相关。

$$\frac{v_p}{v_m}=n \cdot \frac{t_m}{t_p} \tag{5}$$

$$\frac{w_p}{w_m}=n^3 \tag{6}$$

由表 5 及式（4）～式（6）可知：

$$\frac{t_p}{t_m}=n^2 \tag{7}$$

2）考虑惯性力的模型试验时间比尺

由物理学中的牛顿第二定律可以得到：

$$\frac{F_{tp}}{F_{tm}}=\frac{m_p}{m_m} \cdot \frac{a_p}{a_m}=n^3 \cdot \frac{a_p}{a_m} \tag{8}$$

$$\frac{a_{\mathrm{p}}}{a_{\mathrm{m}}}=\frac{L_{\mathrm{p}}}{L_{\mathrm{m}}}\bullet\frac{t_{\mathrm{m}}^{2}}{t_{\mathrm{p}}^{2}}=n\frac{t_{\mathrm{m}}^{2}}{t_{\mathrm{p}}^{2}} \tag{9}$$

同样的由表5及式（8）～式（9）可知

$$\frac{t_{\mathrm{p}}}{t_{\mathrm{m}}}=n \tag{10}$$

通过比较分析可知两种作用力下的时间比尺差异较大。据实际情况知，深水淤泥固结或者板结过程中，其始终处于饱水状态下，渗透力变化带来的影响相对于重力影响来说较小。在重力作用下，淤积物发生体积变化，进而与闸门间的挤压力增强，应主要考虑惯性力。故应选择式（10）作为时间比尺来考虑。

3 闸门提拉试验结果分析

钢棒与钢板在同一淤堵高度单一淤堵物下拉拔力影响曲线、不同级配淤堵物下拉拔力影响曲线、不同淤堵高度下受堵物影响曲线以及最大影响级配同一淤堵高度不同淤堵时间对受堵物影响试验曲线，如图3～图6所示。

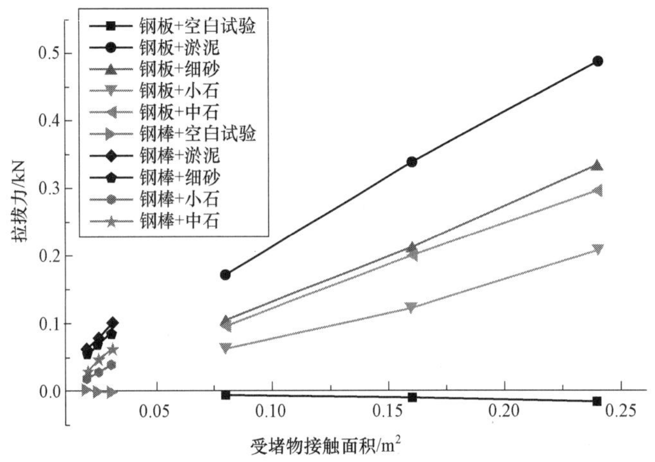

图3 钢棒与钢板在同一淤堵高度单一淤堵物下拉拔力影响曲线

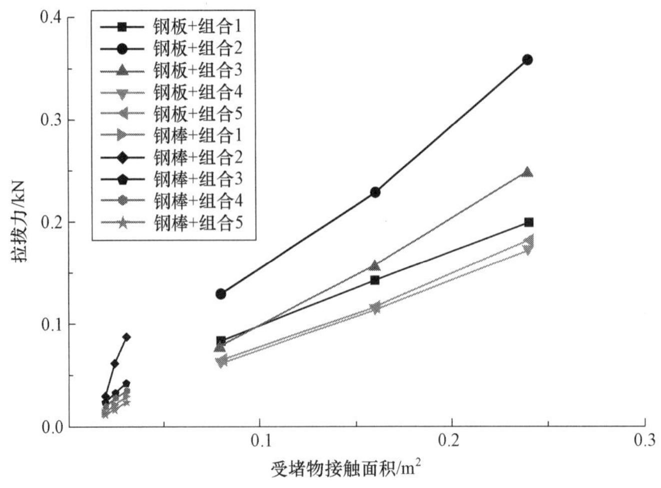

图4 钢棒与钢板在不同级配淤堵物下拉拔力影响曲线

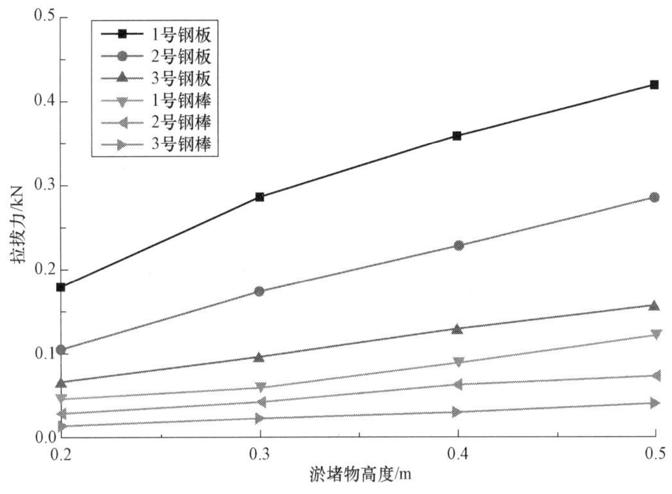

图 5　钢棒与钢板在不同淤堵高度条件下受堵物影响曲线

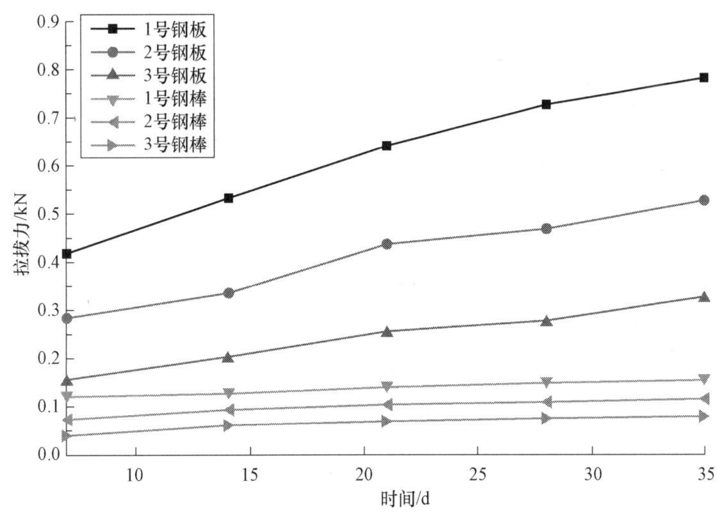

图 6　不同受堵物受淤堵时间影响拉拔力统计图

由图 3～图 6 可知：

1）不同受堵物在水下单一淤堵物作用条件下，其拉拔力随受堵物的面积增大而增加，不同淤堵物对受堵物拉拔力影响有所不同，其中在纯淤泥中的拉拔力最大，砂、中石、小石的拉拔力次之，如图 3 所示，可看出在细砂与中石之间存在影响最小的单一物源。

2）不同受堵物在水下混合淤堵物淤堵条件下，其拉拔力同样随受堵物的面积增大而增加，不同混合淤堵物的拉拔力有所不同，其中淤泥∶砂∶小石∶中石＝2∶1∶1∶1 拉拔力最大。

3）不同受堵物同一淤堵物配合比，在水下混合淤堵物的条件下，其拉拔力随受阻物的面积增大而增加，淤堵物越高，拉拔力越大。

4）不同受堵物同一淤堵物配合比，在水下混合淤堵物的条件下，其拉拔力随受阻物的面积增大而增加，淤堵物淤堵时间越长，拉拔力越大。

4　淤积环境下闸门拉拔力模型研究

通过对试验数据进行统计分析，并以钢板模型试验为例，建立淤积环境下淤积物拉拔力理论分析模型。

4.1 淤积环境下闸门拉拔力变化规律

具体试验结果见表6～表8，分析钢板宽度、淤堵高度、淤堵时间等对淤堵物拉拔力的影响规律（以淤泥为例）。

表6　板宽对水下（单一）淤堵物拉拔力影响表

受阻物	淤堵物拉拔力/kN	单位宽度淤堵物拉拔力/（kN/m）
	淤泥	淤泥
1号钢板	0.486	4.900
2号钢板	0.339	5.045
3号钢板	0.171	4.858
1号钢棒	0.100	7.963
2号钢棒	0.078	7.763
3号钢棒	0.061	7.588

表7　水下（混合）淤堵物高度对拉拔力影响表

受阻物	单宽拉拔力/（kN/m）				单宽拉拔力增量/（kN/m）			
	淤堵物高度/m				淤堵物高度/m			
	0.2	0.3	0.4	0.5	0.2	0.3	0.4	0.5
1号钢板	0.603	0.957	1.193	1.397	/	0.353	0.237	0.203
2号钢板	0.530	0.870	1.135	1.425	/	0.340	0.265	0.290
3号钢板	0.670	0.960	1.290	1.550	/	0.290	0.330	0.260
均值	0.601	0.929	1.206	1.457	/	0.328	0.277	0.251

表8　水下（混合）淤堵时间度对拉拔力影响表

受阻物	拉拔力实测值/kN					单宽拉拔力/（kN/m）				
	淤堵时间/d					淤堵时间/d				
	7	14	21	28	35	7	14	21	28	35
1号钢板	0.419	0.533	0.642	0.727	0.780	1.397	1.777	2.140	2.423	2.600
2号钢板	0.285	0.336	0.438	0.469	0.529	1.425	1.680	2.190	2.345	2.645
3号钢板	0.155	0.202	0.254	0.278	0.328	1.550	2.020	2.540	2.780	3.280
均值	/	/	/	/	/	1.457	1.826	2.290	2.516	2.842

从表6～表8可以看出：

1）在三种板宽、三种圆截面情况下，计算得到的单位板宽上的淤堵物拉拔力相差很小，这说明淤堵物拉拔力与钢板的宽度、圆截面尺寸关系不明显。可以将闸门淤堵影响问题简化为二维问题。比较不同构件的单位宽度淤堵物拉拔力可知，圆形截面构件的阻力明显大于薄板构件，近似为1.5倍的关系。

2）在三种钢板宽度情况下，不同淤堵物高度下单位宽度淤堵物拉拔力相差很小，说明了板宽对淤积物拉拔力的影响很小。

3）在三种钢板宽度情况下，不同淤堵时间下单位宽度淤堵物拉拔力总体相差较小，比较而言，

在钢板宽度为 0.1m 时，单位宽度淤堵物拉拔力相对较大，在钢板宽度增大到 0.2m 及以上时，单位宽度淤堵物拉拔力趋于稳定，说明钢板宽度较小时，宽度对拉拔力分布规律有一定影响，当宽度增大到 0.2m 以后，其影响逐渐消除。不同淤堵时间下单位宽度淤堵物拉拔力趋于稳定，说明在板宽不小于 0.2m 时，将其假定为二维问题是合理的。

4.2 闸门淤积物拉拔力模型研究

为了分析淤堵物高度对拉拔力的影响，以 0.2m 高淤堵物拉拔力基础上，对单位宽度每 0.1m 高度淤泥增量对应拉拔力增量进行了分析，研究表明，淤堵物拉拔力增量呈非线性递减，如图 7 所示。

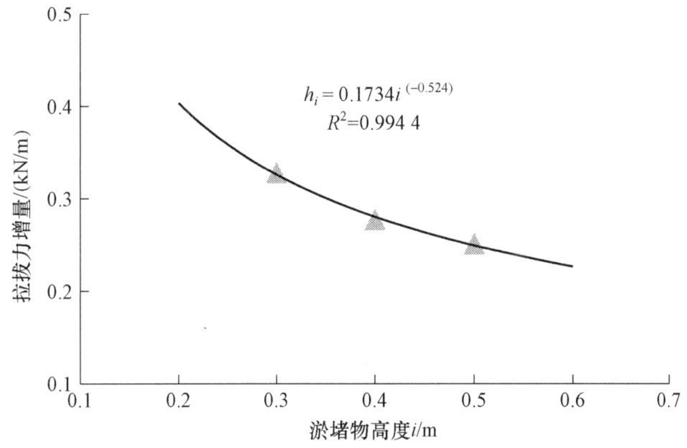

图 7　单位宽度 0.1m 高度淤泥增量对应拉拔力增量曲线

定义 h_i 为拉拔力增量分布系数，表示单位宽度每 0.1m 高度淤堵物增量对应拉拔力增量，得到相应计算公式如式（11）所示。

$$h_i=0.1734\cdot i^{-0.524} \tag{11}$$

式中：i 表示淤堵物的高度。

当淤堵物的高度很小时，淤堵物对钢板的约束很小，对应的拉拔力应该较小，只有当淤堵物高度增大到一定值后，对应的拉拔力变化规律才趋于稳定。由于试验没有进行淤堵物高度 0.2m 以下的试验，采用公式（11）对 0.2m 以下的淤拉拔力增量分布系数进行分析发现，i=0.1m 时，所得 $h_{0.1}$ 明显偏大。在保证 0.2m 淤堵物高度时总的拉拔力不变情况下，对 $h_{0.1}$ 进行修正得：$h_{0.1修}=h_{0.1}-0.401$。

由以上分析可知，钢板宽度对淤积物拉拔力的影响很小，而淤堵物高度对拉拔力的影响显著，基于此，可将淤堵物拉拔力简化为高度方向的二维问题考虑，进而得到淤堵物拉拔力计算公式，如式（12）所示。

$$F=\sum h_i\times b \tag{12}$$

式中：b 为钢板宽度。

对单位宽度钢板淤积物拉拔力进行归一化处理，得到其值随时间变化曲线如图 8 所示，其中定义 g_d 为考虑淤积物时间影响的修正系数。

$$g_d=0.4349\times t^{0.4171} \tag{13}$$

式中：t 为淤堵时间。

联立式（12）及式（13）便得到考虑淤积物固结时间后的拉拔力计算公式。

$$F_d=\sum h_i\times b\times g_d \tag{14}$$

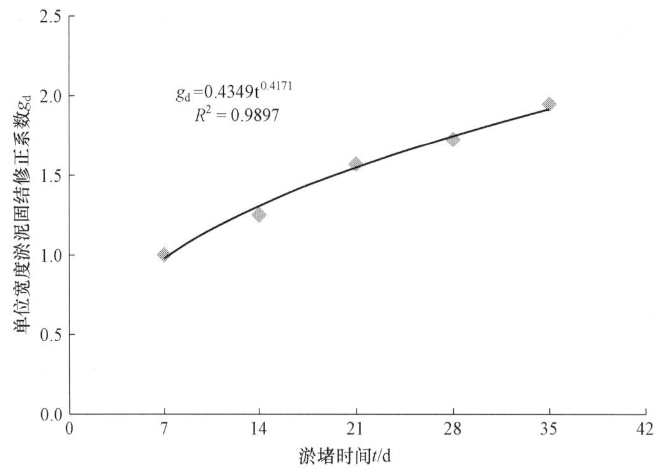

图 8　单位宽度钢板拉拔力（归一化）随时间变化曲线

将式（11）、式（12）及式（13）代入式（14）可得：

$$F_d = 0.4349 \times \sum (0.1734 i^{-0.5240}) \times b t^{0.4171} \tag{15}$$

公式（15）即为考虑淤堵物高度、淤堵时间、闸门厚度等因素的闸门淤积物拉拔力模型。

4.3　闸门淤积物拉拔力模型验证

以 1 号钢板，静置时间 7d，在组合在受砂环境淤堵为例，取比例尺 $n=10$，那么 $b=3\text{m}$，$i=5\text{m}$。当考虑渗透力影响下的时间比尺时，由式（7）得 $t=700\text{d}$，再由式（14）可得 $F_p=F_d=139.790\text{kN}$。由于 $n=1$ 时，$F_m=0.419\text{kN}$，故而 $F_p/F_m=333=18.2^2\neq10^2$。进一步说明本试验结果不适用考虑渗透力影响下的时间比尺关系。

当考虑惯性力影响下的时间比尺时，由式（10），得 $t=70\text{d}$，通过式（14）计算可得 $F_p=F_d=53.500\text{kN}$。由于 $n=1$ 时，$F_m=0.419\text{kN}$，故而 $F_p/F_m=127=10^{2.1}\approx10^2$。因此，考虑惯性力影响下的时间比尺，基本满足式（1）的比例尺条件。

通过不同相似比 n 进行拉拔力模拟结果与初始试验结果比值分析，基本满足公式（1）的比例尺条件，随着相似比 n 的取值越大，拉拔力计算结果更为接近目标值 n^2。说明在尺寸足够大时，模拟出的预测值越接近真实值，如图 9 所示。

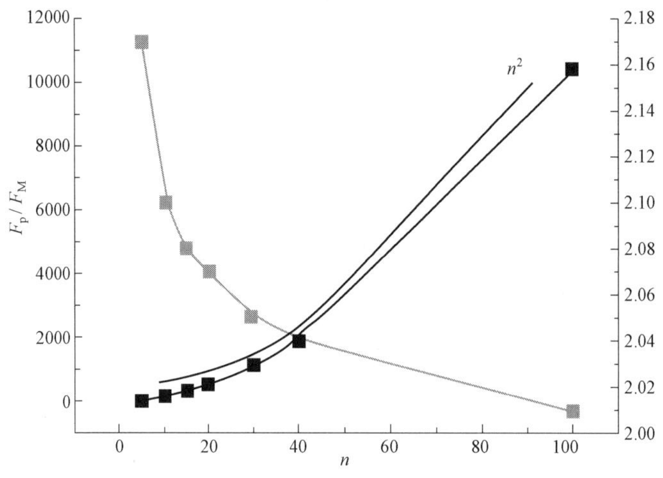

图 9　拉拔力分析模型相似比关系验证模型

通过相似比关系验证，进一步验证了试验结果及所提出的模型的可靠性，可通过建立的淤积环境下闸门淤积物拉拔力力学模型，基于小尺寸室内模型试验结果预测不同尺寸条件下的拉拔力。

5 结论与展望

1）不同级配物源淤堵物下闸门拉拔力影响规律基本一致。不同淤堵尺寸，不同淤堵时间等因素对闸门淤堵物拉拔力影响明显，不同受堵物同一淤堵物配合比，在水下混合淤堵物的条件下，其拉拔力随受阻物的面积增大而增加，随受阻物的时间延长而增加，淤堵物淤堵时间越长，拉拔力越大。

2）随着相似比 n 的增大，拉拔力计算结果越接近目标值 n^2，说明在尺寸足够大时，模拟出的预测值越为接近真实值。

3）深孔闸门往往处于深水及水位变化的环境，存在较大的水荷载以及水的加卸载循环作用，本文试验受条件限制仅考虑固定水位线作用，这是引起预测结果误差及存在涨落的主要原因之一。下一步拟将考虑水头作用与水位变幅作用等因素对拉拔力模型进行修正完善，有望更为精确地识别闸门受淤情况，为清淤时机与清淤设备相关技术指标等相关决策提供更为科学的指导。

参 考 文 献

[1] 刘六宴，温丽萍．中国高坝大库统计分析［J］．水利建设与管理，2016，36（9）：12－16．

[2] 韩其为．水库淤积［M］．北京：科学出版社．2003．

[3] 简汉敏，倪锦初，刘小峰．水库清淤［M］．郑州：黄河水利出版社．2004．

[4] 谢金明．水库泥沙淤积管理评价研究［D］．北京：清华大学，2012．

[5] 李善征，方伟．水库底洞发生泥沙淤堵工程实例分析［J］．北京水利，2002（4）：29－31．

[6] 范家骅，祝刘文，衡涛．珠江口区淤泥土微观结构性研究［J］．中国港湾建设，2014（2）：7－10．

[7] 周杰．山区小水库泥沙淤积特性分析［C］．国际水利工程与研究协会中国分会，中国水利学会水力学专业委员会，中国水力发电工程学会水工水力学专业委员会．第三届全国水力学与水利信息学大会论文集．2007：115－121．

[8] 牛占，白东义，杜军，等．闸门淤沙摩阻力试验［J］．泥沙研究，1996（1）：20－28．

[9] 徐国宾，任晓枫．坝前淤泥对闸门启门力影响的模拟相似性及方法［J］．水利学报，2000，（9）：61－64．

[10] 侯莹．淤沙对水力自控翻板闸门的影响研究［D］．杨凌：西北农林科技大学，2016．

[11] 侯莹，张新燕，徐国栋．淤沙对水力自控翻板闸门启门水位影响的计算［J］．中国农村水利水电，2015（10）：170－173．

[12] 吴培军，王晶．淤沙压力对水力自控翻板闸门开启的影响［J］．水利水电科技进展，2014，34（4）：79－81．

输水状态下渠道衬砌板修复措施及效果跟踪分析

杨宏伟[1]，邱莉婷[2]，胡　江[2]

（1. 南水北调中线干线建设管理局，北京　100038；
2. 南京水利科学研究院，江苏 南京　210029）

摘　要：南水北调中线干线工程总干渠线路长，地形地貌和水文地质条件复杂，输水渠道梯形过水断面采用全断面现浇混凝土衬砌。自 2014 年正式通水以来，经过 6 年多的运行，混凝土衬砌板出现了不同程度的损坏。对此，工程已开展了多次水下检查和衬砌板水下修复工作。面对输水状态下渠道衬砌板修复难度大的问题，特综述工程输水状态下渠道衬砌板的常见病害、损坏原因及相关修复措施。同时，跟踪分析修复效果，提出衬砌板损坏的修复建议。

关键词：南水北调中线干线工程；渠道；衬砌板；损坏；水下修复

1　研究背景

南水北调中线干线一期工程（以下简称“中线干线工程”）全长 1432.493km，跨越长江、淮河、黄河、海河四大流域，其中明渠总长约 1105km。总干渠线路长、地形地貌和水文地质条件复杂，特殊渠段包括深挖方（开挖深度超过 15m）、高填方（填土高度超过 6m，约 137km）、砂土筑堤（约 36km）、煤矿采空区（河南禹州、焦作及河北邯郸等大型煤矿采空区）、高地下水位（约 470km）和中强膨胀土渠段（约 386.8km）。

输水渠道梯形过水断面采用全断面现浇混凝土衬砌，填方渠段衬砌至堤顶，挖方渠段衬砌至一级马道[1]。衬砌结构形式采用矩形混凝土板，混凝土强度等级为 C20，渠底与渠坡混凝土板厚度一般分别为 8cm 和 10cm，衬砌板尺寸包括 3.6m×4m 和 4m×4m 两种。渠道分缝采用通缝和半缝相间布置，间距一般为 4m，缝宽为 2cm。临水侧 2cm 采用聚硫密封胶或聚氨酯密封胶封闭，下部 8cm 采用闭孔塑料泡沫板充填。对存在侧向或垂直渗漏的渠道，设置复合土工膜防渗。对于高地下水位渠段，设置由排水垫层、透水软管和逆止阀相结合的排水设施，同时在渠道边坡采用塑料排水盲沟作为排水垫层[2]。对于存在冻胀渠段，在衬砌板下部布设聚苯乙烯保温板进行隔热保温。一般渠段施工分为全挖方、半挖半填和全填方三类，施工工序为渠道开挖、渠道填筑、集水暗管施工、粗砂垫层施工、聚苯乙烯保温板铺设、复合土工膜铺设、混凝土衬砌施工。

中线干线工程自建设与通水运行以来，因施工质量、结构荷载、温度应力、汛期强降雨、高地

基金项目：中央级公益性科研院所基本科研业务费专项资金项目（Y720004）
作者简介：杨宏伟（1976—），男，高级工程师。

下水位作用、膨胀土变形等原因，使得部分混凝土衬砌板在施工期和运行期出现混凝土裂缝、破碎、隆起、塌陷等问题，严重时导致坡体土软化及边坡失稳，直接影响渠道的安全运行。同时，上述问题多出现在水位变幅区附近和水位以下，为保证工程运行安全，结合目前中线干线工程运行情况，须在通水条件下对水下损坏的衬砌板进行修复，处理难度较大。

针对中线干线工程在渠道不中断输水条件下，快速修复衬砌结构严重损坏的相关工作，本文综述中线干线工程输水状态下渠道衬砌板常见病害、损坏原因及相关修复措施，并跟踪分析修复效果，进一步地提出衬砌板损坏的修复措施建议。

2 衬砌板病害种类及原因

2.1 渠道衬砌板病害种类

输水渠道梯形过水断面全断面现浇混凝土衬砌如图 1 所示。

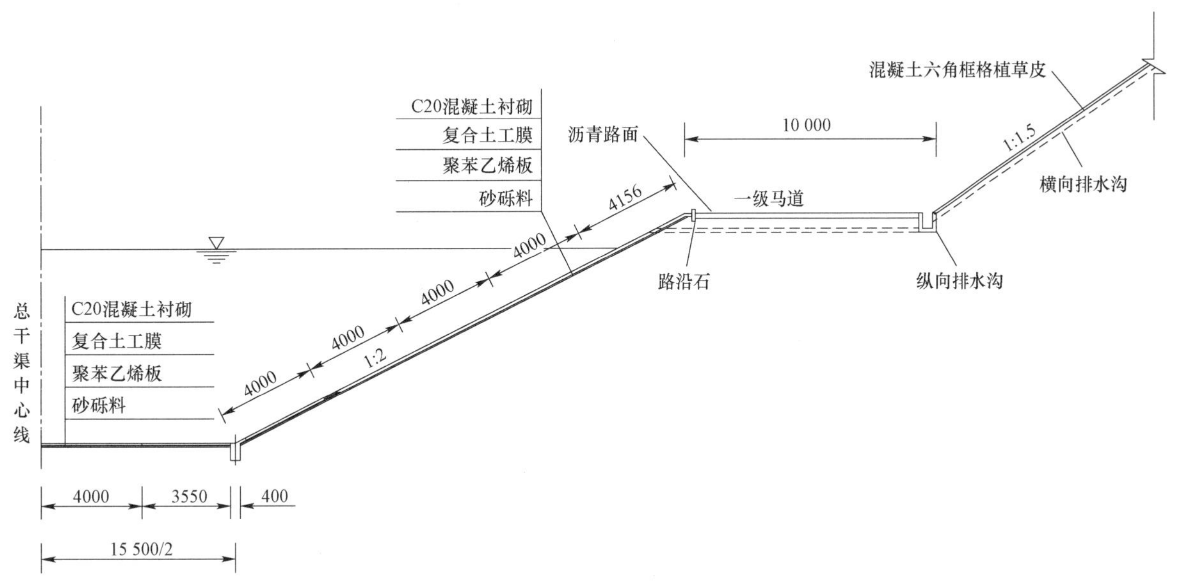

图 1　渠道结构标准断面图示意（单位：mm）[1]

中线干线工程目前开展了各年度衬砌板水下检查以及渠道重点部位水下损坏情况专项检查等水下检查工作，以高填方、深挖方、高地下水、膨胀土和采空区等渠段为重点，结合沿线大流量输水情况，确定水下检查重点部位。采用侧扫声呐探测技术和水下蛙人检查方式，检查重点部位水下衬砌板、伸缩缝和逆止阀的破坏程度。首先使用侧扫声呐探测系统及定位系统对损坏渠段进行地形地貌勘察，获得破损区域的位置、面积、起伏程度等基本信息；然后对检查渠段损坏较重的区域进行水下蛙人检查，通过录制视频、拍摄照片、量测衬砌板破坏程度（塌陷深度、隆起高度、裂缝宽度等）等手段对水下衬砌板损坏情况进行全面检查，同时对附近部分逆止阀工作情况采用喷墨法进行试验检查，并对部分密封胶（条）进行检查。

水下检查发现渠道衬砌板损坏的主要问题，如图 2 所示[3]，包括衬砌板错台、裂缝、下滑、塌陷下沉、隆起、破碎、断裂、缺失等。

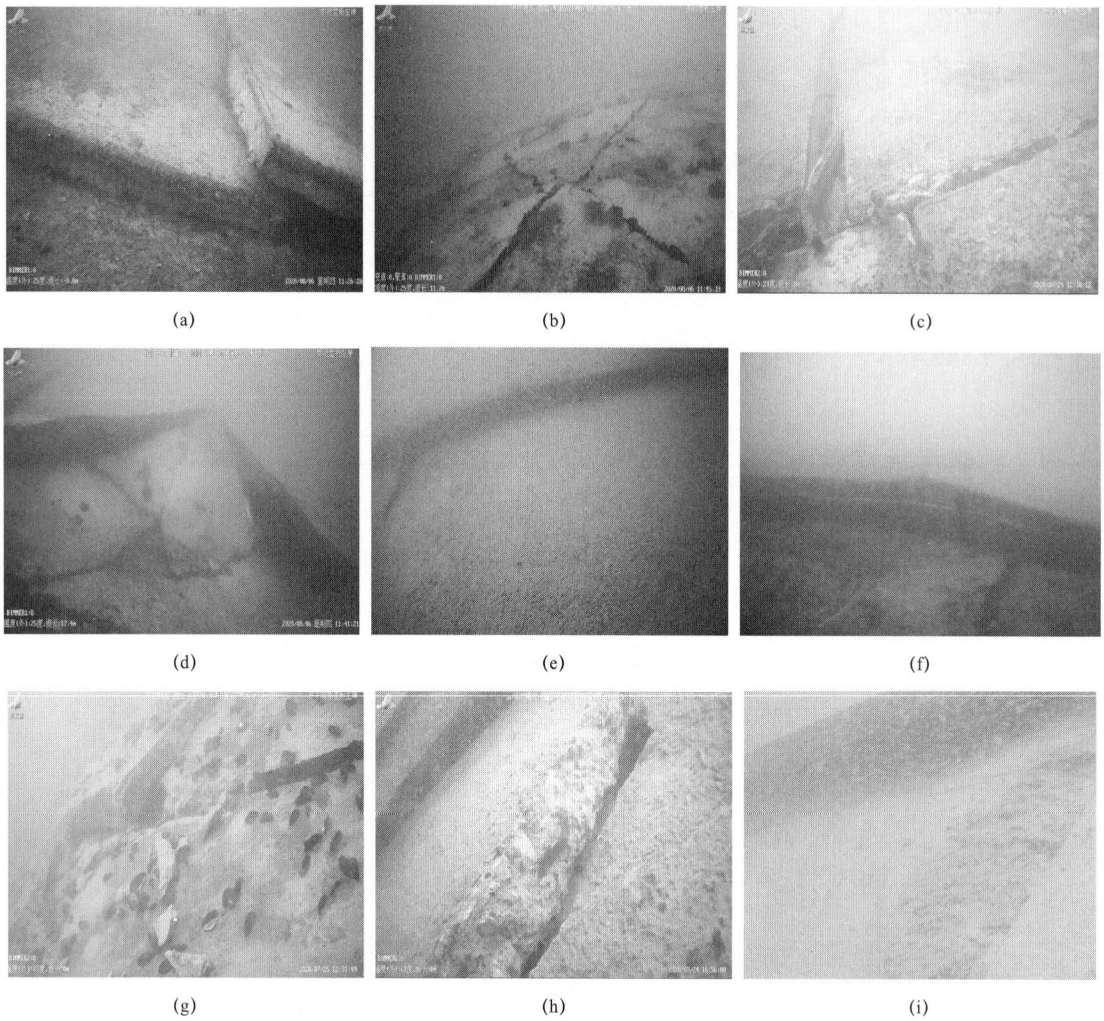

(a) (b) (c)

(d) (e) (f)

(g) (h) (i)

图 2 衬砌板损坏的主要问题[3]

（a）衬砌板错台；（b）衬砌板裂缝；（c）衬砌板下滑；（d）衬砌板塌陷；（e）衬砌板下沉；（f）衬砌板隆起；
（g）衬砌板破碎；（h）衬砌板断裂；（i）衬砌板缺失

同时，根据衬砌板损坏类型、渠道地质类型、渠道结构形式和衬砌板特殊位置进行渠道重点部位水下损坏占比统计分析。由图 3（a）可知，衬砌板损坏类型主要为错台、裂缝和下滑；由图 3（b）～图 3（d）可知，膨胀土渠段、高地下水渠段、挖方渠段和桥梁附近衬砌板的损坏比例较大。

2.2 渠道衬砌板病害原因

（1）基础不均匀沉降

由于施工质量缺陷、集中渗漏通道掏空衬砌板底部、地基土具有湿陷性或分散性等原因导致基础稳定性破坏，引发局部沉降。使得衬砌板与底部基础脱离或相互挤压，最终因受力不均匀发生变形破坏。如 2020 年度安全评估的现场安全检测表明中强膨胀土部分渠段存在局部土体不密实、衬砌面板下方局部不密实现象[3]。膨胀土渠段实体问题可分为过水断面和非过水断面的天然边坡、处理换填层、防护层实体问题，总干渠过水断面的天然边坡或者处理层会直接影响渠道输水能力，后果严重，应避免非自然因素引起的此类破坏[4]。

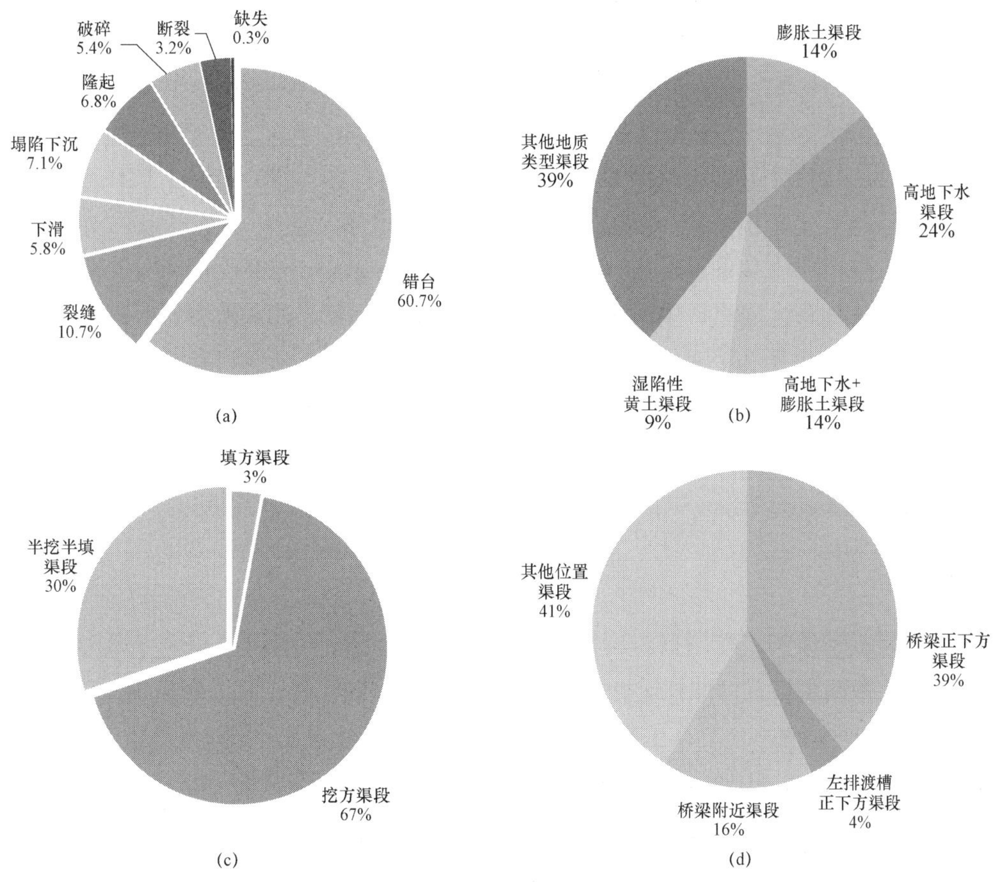

图 3　渠道重点部位水下损坏占比分布图[3]

（a）衬砌板不同损坏类型；（b）不同地质类型渠道；（c）不同结构形式渠道；（d）不同特殊部位

（2）边坡排水措施不完善或失效

刚性渠道衬砌层受到渠道内水压力和地下水压力的双重作用，如出现地下水位高于内水位工况，可能引起渠道衬砌浮动破坏。为避免地下水扬压力，可根据渠道型式和地下水位变化等因素采取“抗”与“排”的工程措施。其中，“抗”指的是采用配重抗浮、锚固抗浮等工程措施抵抗衬砌板所承受的水压力；“排”指的是通过地下水的外排或内排进行减压，外排适用于渠道临近区域有自流外排条件的渠段或地下水质不良必须外排的情况，反之则采用逆止式排水系统将地下水排入总干渠。中线干线工程多处渠道采用了逆止式排水系统，如淅川段、叶县段、镇平段、唐县段等；2011 年对唐县段逆止阀进行了检查，发现存在严重的淤积，球阀缺失、漂浮等现象，其中淤积占比 64%[5]。同时，全挖方渠段地下水位高，边坡衬砌的排水效果直接关系到衬砌的安全。总干渠不良地质条件渠段如遇汛期长时间持续降雨，若边坡排水措施不完善或者失效，会造成渠坡大面积滑坡（塌）、衬砌板破坏。

（3）渠道衬砌冻害

渠道衬砌冻害根据破坏的原因可分为渠道基土冻融破坏衬砌、渠道衬砌材料本身的冻融破坏以及渠内水体结冰造成衬砌层破坏三种，其中，渠道基土冻融破坏引起的渠坡或渠底衬砌隆起、开裂、错台、下滑等现象[6]占比较高。京石段总干渠位于冻土段，受低温条件影响明显，每年 12 月下旬随着气温逐步降低，渠道个别衬砌板会出现冻胀隆起迹象，随着低温天气的持续，衬砌板冻胀隆起的数量及高度也逐渐增加，一般持续到第二年 3 月初气温回升后开始逐渐回落。隆起衬砌板大部分能回落至原状，少部分衬砌板不能完全回落，但隆起高度均有所减小。京石段总干渠经多年运行，个别混凝土衬砌板出现了不同程度的损坏问题，主要表现为冻融剥蚀、断裂隆起、冻胀隆起、开裂、塌陷、局部破损。

3 衬砌板修复工程和施工过程

大型引调水工程一般不具备停水检修条件，对水面以下渠道衬砌面板损坏只能采用压重等临时措施，给工程安全运行带来隐患。中线干线工程对渠道输水能力、过水断面、衬砌平整度、水质影响等要求较高。目前，已开展了河南分局辉县段杨庄沟排水渡槽处渠道衬砌修复生产性试验、河南分局辉县段韭山公路桥上游左岸渠道边坡水下修复生产性试验、河北分局水下衬砌板修复、渠首分局水下衬砌面板修复处理等衬砌板修复工作。下面对上述衬砌板的修复工作，从围堰干地修复和水下修复两方面进行总结。

3.1 围堰干地修复

采用扶坡廊道式钢结构装配围堰。围堰由分节加工的进口段、中间段和底部堵头段组装而成，均采用钢结构。每段两端设置可伸缩运行小轮，下部设置特制的橡胶止水。利用钢结构挡水，采用下部的橡胶止水紧贴需要修复部位上、下游及底部坡面上闭水，防止渗漏。围堰顺渠道边坡布置，顶部进口段露出水面，人和小型机械设备从顶部进口，沿渠道边坡下到渠道衬砌板损坏部位进行施工。作业程序为施工准备→潜水员损坏部位摸排→确定围堰水下位置，埋设固定围堰地锚→围堰组装就位→围堰闭水→采用潜水泵抽取围堰内积水→根据衬砌板损坏程度选取不同修复方案→完成修复，围堰拆除。

3.2 水下修复

（1）钢筋混凝土预制板水下修复

河北分局水下衬砌板修复工作包括原衬砌板水下拆除，基面处理，保温板修复，土工膜（布）修复，钢筋混凝土板预制、安装，同时，由于水下作业不具备更换复合土工膜的条件，为保证渠道的防渗功能，需在钢筋混凝土预制板结合部位填充密封胶。在需要修复的渠道衬砌区域外，设置三面钢板围堰。围堰上游迎水面、下游背水面的拐角处与水流方向均成 45°，以改善水流的冲刷。围堰由钢模板架体［含底座、导向槽和斜撑，见图 4（a）］和钢模板组成。钢筋混凝土预制板在预制场预制，为保证预制板安装后的整体性及稳定性，在四周设置梯形连接锁扣［见图 4（b）］。施工工序为：水上作业移动平台→钢模板围堰→自制小型起吊设备→水下衬砌板拆除施工→基础处理施工→钢筋混凝土预制板水下安装施工→预制板接缝处理施工。修复工作难点在于钢模板围堰的设计、制作及安装，水下破损衬砌板的拆除、钢筋混凝土预制板水下安装以及预制板板缝的填充。

（2）膜袋混凝土水下修复

传统膜袋混凝土施工存在定位准确度低、表面平整度不好、糙率较大等不足。针对上述问题，中线干线工程开展了模袋混凝土水下修复现场试验，其中，模袋混凝土浇筑结构图如图 5 所示，模袋混凝土浇筑现场试验如图 6 所示。试验从模袋材料、模板设计、混凝土流动性和浇筑过程来控制模袋混凝土的平整度；同时，底面采钢丝网结合螺杆固定模袋，顶面采用槽钢骨架固定钢模板，最后采用起重机整体一次性水下吊装完成模袋混凝土快速水下修复损坏衬砌[1]。施工工序为[7]：拆除水面以上未损坏衬砌（衬砌板、保温板、土工膜及砂石垫层清理）→清理碎石袋压重→拆除水下损坏

衬砌（衬砌板、保温板、土工膜及砂石垫层清理）→保温板铺设及固定→模袋混凝土铺设及浇筑→模袋混凝土与未破坏衬砌板间浇筑不分散混凝土封闭→塑料面板安装固定。改进后的模袋混凝土水下修复工艺保证了水下定位安装、浇筑和平整度等要求。

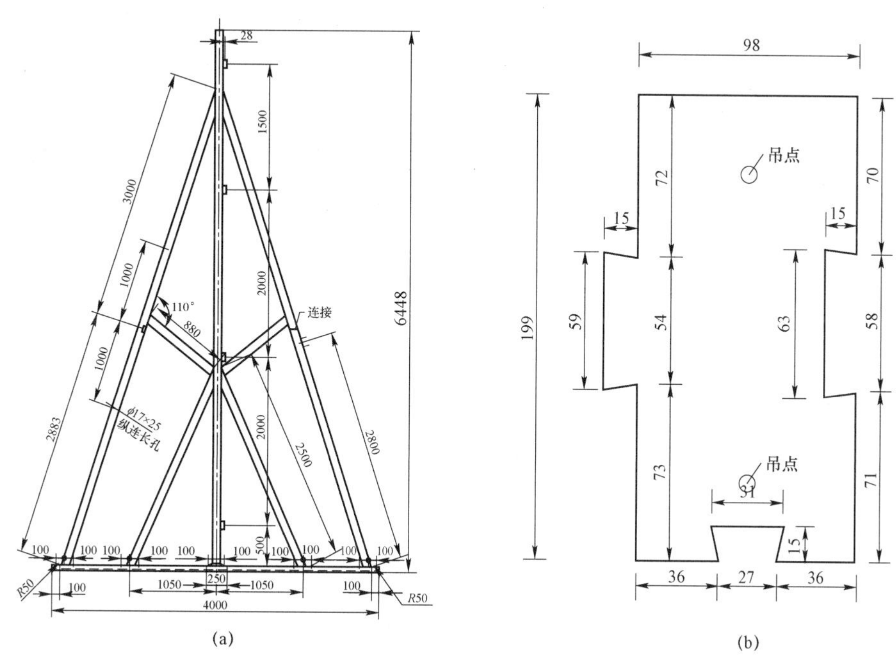

图 4　钢筋混凝土预制板水下修复的钢模板架体及预制板示意

（a）钢模板架体；（b）钢筋混凝土预制板

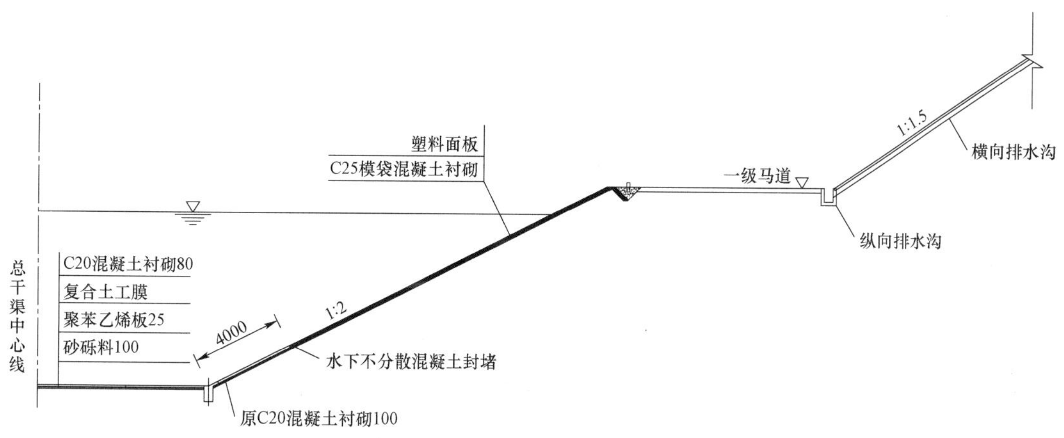

图 5　模袋混凝土浇筑结构图[7]

(a)　(b)　(c)

图 6　模袋混凝土浇筑现场试验[7]

（a）模袋底部分别铺设钢筋网和铁丝网；（b）模袋顶部固定钢模板；（c）模袋混凝土浇筑成型

（3）水下不分散混凝土修复

结合辉县段韭山桥左岸水下修复项目，提出了方案一模袋混凝土结合大体积水下不分散混凝土浇筑［见图 7（a）］，以及方案二钢梁辅助水下不分散混凝土薄壁结构浇筑［见图 7（b）］[8]。方案一的施工工序为高压水枪结合水下扒渣机清除扰动土体和衬砌→模袋混凝土浇筑→模袋与基土之间预埋导管灌浆→钢模板定位→钢模板安装→水下不分散混凝土浇筑；方案二施工工序为高压水枪结合水下扒渣机清除扰动土体和衬砌→悬吊式模板安装→水下不分散混凝土回填。模袋混凝土辅助浇筑方案可减少水下不分散混凝土用量以节省工程投资，但由于模板安装复杂，浇筑效率较低。钢梁辅助浇筑方案施工相对简单，同时可减少浇筑仓数，整体浇筑效率高。

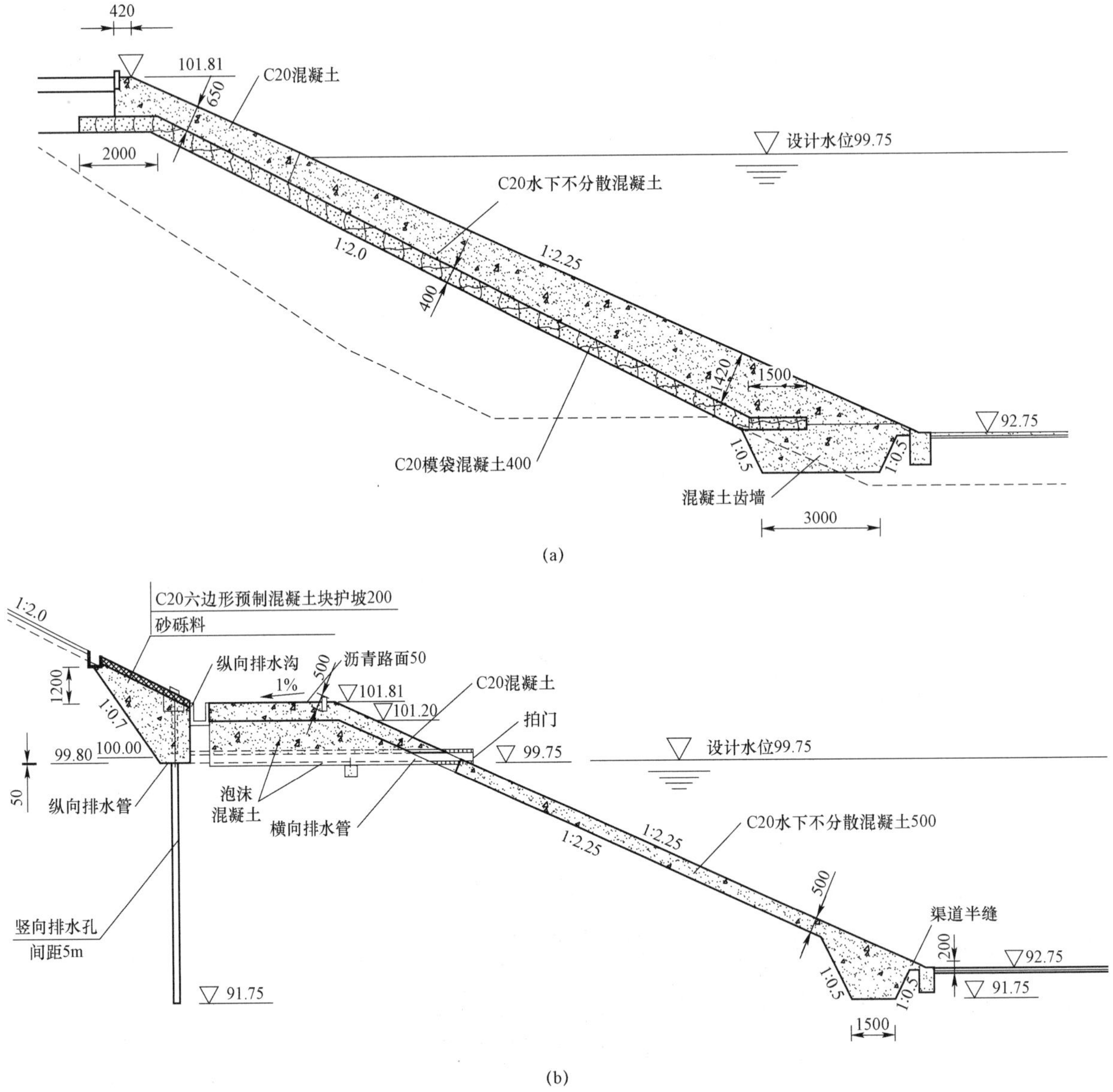

(a)

(b)

图 7　水下不分散混凝土修复设计方案示意图[9]

（a）模袋混凝土辅助浇筑大体积水下不分散混凝土；

（b）钢梁辅助浇筑薄壁结构水下不分散混凝土

4 修复效果跟踪分析

水下检查发现的主要问题有水下衬砌板错台、裂缝和下滑等。根据重点部位水下损坏情况专项检查，检查渠段的衬砌板修复效果较好的占比44%，修复后仍存在问题的占比56%。目前，对于水下衬砌板损坏部位，部分已采取临时措施，对于未采取处理措施损坏严重的水下衬砌板，可能导致衬砌板下土工膜损坏，止水失效，引起渠水外渗，渠道漏水，严重的还会发生渗透破坏，或边坡出现失稳、滑塌，影响总干渠供水。因此对破损严重的衬砌面板应及时进行修补加固。从总体上看，水下损坏问题未见持续增加趋势，渠道运行安全是可控的。

5 结论

1）渠道衬砌板损坏类型有错台、裂缝、下滑、塌陷下沉、隆起、破碎、断裂、缺失等，其中，错台、裂缝和下滑为主要损坏类型。同时，膨胀土渠段、高地下水渠段、挖方渠段和桥梁附近衬砌板的损坏比例较大。

2）衬砌板损坏的病害原因主要有基础不均匀沉降、边坡排水措施不完善或失效以及渠道衬砌冻害。

3）衬砌板修复工程包括围堰干地修复和水下修复两种方式，可因地制宜开展水下衬砌板损坏修复工作。其中，围堰干地修复在衬砌损坏严重，防渗和排水失效情况下可提供干地施工环境，便于衬砌结构的大面积修复；水下修复一般针对衬砌板损坏的小范围修复，但通过文中钢筋混凝土预制板水下修复、模袋混凝土水下修复以及水下不分散混凝土修复的生产性试验，水下修复工艺也得到了长足改进。

4）渠段衬砌板修复后仍存在问题的占比仍然较大。目前，对于水下衬砌板损坏部位，部分已采取临时措施，对于未采取处理措施且损坏严重的水下衬砌板应及时进行修补加固。从总体上看，水下损坏问题未见持续增加趋势，渠道运行安全可控。

5）建议继续利用水下机器人开展渠道和重要部位水下检查检测，以跟踪分析衬砌面板破损的发展趋势；并根据水下检查检测情况，开展衬砌面板修复工作。

参 考 文 献

[1] 曹会彬，申黎平，张文峰，等. 模袋混凝土水下快速修复输水渠道技术及应用[J]. 人民黄河，2019，41（11）：131－133＋139.

[2] 黄炜，刘清明，冷星火．南水北调中线陶岔至鲁山段渠道防渗排水设计［J］．人民长江，2014，45（6）：4－6.

[3] 马福恒，胡江，邱莉婷，等．南水北调中线干线工程年度安全评估报告［R］．2020.

[4] 马慧敏，何向东，张帅，等．南水北调中线膨胀土（岩）渠段问题及成因分析［J］．人民黄河，2020，42（2）：128－131.

[5] 郭鹏杰．逆止式排水系统及其对渠道衬砌抗浮稳定性的影响研究［D］．长江科学院，2014.

[6] 王正中．梯形渠道混凝土衬砌冻胀破坏的力学模型研究［J］．农业工程学报，2004（3）：24－29.

[7] 赵文超，冯瑞军，赵树勇．辉县段杨庄沟排水渡槽处渠道衬砌修复生产性试验阶段总结报告［R］．2017.

[8] 曹会彬，冯瑞军，张文峰，等. 水下不分散混凝土渠道岸坡修复施工方案比选[J]. 人民黄河，2019，41（12）：133－137.

[9] 于澎涛，台德伟，边秋璞．南水北调中线工程辉县段韭山公路桥上游左岸渠道边坡水下修复生产性试验工作方案［R］．2018.

输水渠道工程地下暗洞隐患处置

王清泼，李文晖

（南水北调中线干线工程建设管理局河南分局，河南 郑州 450018）

摘 要：位于河南省北部，新乡市东北部的某大型输水渠道，穿越新乡市凤泉区和卫辉市。该输水渠道建设前，在金灯寺村附近区域存在多条引水暗洞，渠道建设期，对已发现的暗洞进行了封堵处理，但因客观条件存在建设期尚有未发现的暗洞。暗洞长时间在高地下水位水下浸润或冲刷可能引起的管涌或漏洞等渗水隐患未彻底解决。为解决地下暗洞遇到漏水通道产生对输水渠道漏水破坏，2017—2018 年对金灯寺渠段及上下游渠段进行了暗洞通道排查及封堵处理，通过后续持续进行渗压、变形观测成果分析，暗洞处理效果得到了验证，基本消除了该渠段的地下暗洞渗漏通道，为渠道运行安全提供了有力保障。本文讲述了穿越输水渠道下部暗洞封堵设备、处理程序等，主要介绍了暗洞竖井处置工艺技术。

关键词：地下暗洞；处置技术；输水渠道；隐患处置

1 引言

新乡市位于河南省北部，北、西依太行山，属于温带季风气候区，冬春两季受蒙古－西伯利亚高压控制，盛行西北风，干燥少雨，地下水位低。位于新乡市东北部的大型输水渠段从此经过，本渠段为半挖半填段。清朝末年和 20 世纪 70 年代，金灯寺、五陵、山彪、山庄、南司马等村从凤凰山脚下玫瑰泉开挖至以上各村和由共产主义渠向西山风景园开挖引水洞 9 条。引水洞形式有土洞、混凝土砌筑、砖砌、泥灰岩洞、土洞（底部灰岩衬砌）和土洞（灰岩衬砌）。输水渠道全部从这 9 条暗渠上通过。

2017 年 9 月出现渠水通过暗洞向外涌水情况。根据渠道内塌陷区域和区外涌水点位置，结合地质勘察资料，运行管理单位研究决定在渠道外面绿化带内实施钻探作业，查明准确的流水通道位置后进行混凝土封堵。通过封堵处置，消除了渗漏通道和渠道输水运行安全隐患。

2 工程地质状况

根据初步设计阶段和招标阶段地质勘察，结合现场地质勘察分析，场区附近地貌单元主要为山前冲积裙亚类。渠线北侧的凤凰山一带属硬质岩丘陵。工程区勘探深度范围内，地层主要为第四系地层，由老到新分述如下：

作者简介：王清泼（1968—），男，高级工程师。

第四系（Q）：为第四系中更新统、上更新统上段冲积层和人工填土层（防护堤）。

中更新统：冲、洪积成因，岩性为重粉质壤土，含有砾石及钙质结核，层厚3.7～8.2m。

上更新统：黄土状重粉质壤土，均含有砾石，层厚3～6m，土质不均。

人工填土（rQ）：该层为防护堤填土，土质不均一，见有砾石、钙质结核，层厚约1m。

3 地下暗洞隐患及原因分析

根据当地群众反映，该区域内有数条20世纪五六十年代修建的引水暗洞，位于总干渠下方，可能为漏水通道。地下暗洞与渠道轴线的位置关系分为交叉和不交叉两种。与渠道不直接交叉的暗渠一般距离输水渠道底部距离较小，未经封堵处理，一旦渠道长期渗水与暗渠相通，形成渗漏通道，会对渠道安全和输水安全造成很大隐患。与渠道轴线交叉的暗渠，与渠道底部距离较小或直接交叉，虽然部分暗渠经过封堵回填处理，但由于暗渠线路曲折，在处理过程中，如果局部没有充填密实，或回填不彻底，顶部留有空腔，或由虚土充填，回填不密实，一旦上部渠道产生沉陷、裂缝及渗水现象，后期的渠水会不断渗漏、冲刷，可能导致形成渗漏通道，使地下暗洞与渠道渗水通道连通，渠道面板及防渗土结构发生破坏，从而危及工程安全和供水安全。

经勘察分析，该渠段漏水原因为暗洞填充不密实，长期渠水渗漏、冲刷，最终形成渗漏通道，引发渠水外漏。

4 地下暗洞处置程序

4.1 填筑临时围堰

为减小渠道内外水位差，减缓水流冲刷对总干渠基础影响，首先采取在出水点下游沟内填筑围堰的措施，根据现场地形条件选定轴线后立即实施。由于地势高差较大，考虑到临时围堰蓄水后，围堰内水位较高，存在破坏泄水风险，一旦围堰泄水，危机下游村庄安全，最终围堰未合龙。

4.2 渠道内排查处置渗漏点

目视检查未发现渠道水面存在明显异常现象，现场先后组织水下电视、高密度电测、地质雷达、水下机器人、潜水员等多种措施进行排查。找到渗漏点位置后，采取吊车吊装碎石吨包袋抛投和利用浮桥采取钢导管定向定方式填充石料，其后抛投碎石袋进行覆盖。

4.3 钢板桩封堵

在出水点后探测流水通道位置，先采取地质钻机钻孔，后施工钢板桩，在钢板桩前浇筑混凝土封堵流水通道。

4.4 渠道外绿化带区域竖井混凝土封堵

根据渠道塌陷区域和出水点位置，结合地质勘察资料，在渠道外绿化带内实施钻探作业，查明流水通道后开挖竖井至流水通道底部约0.5m以上，再利用混凝土封堵竖井。

4.5 竖井封堵口周围灌浆

钢板桩封堵和竖井封堵后，对渠道右岸第一出水点进行开挖，还有轻微渗水。疑似封堵不密实，存在局部渗流通道，根据现场对第一出水点附近土层等勘测，不易进行截渗墙施工，采用封堵灌浆法对钢板桩及原竖井应急封堵孔周围进行封堵，达到土与混凝土接触边界充填密实及混凝土灌浆时可能产生的空洞充填密实。

4.6 加强后续工作

调查暗渠情况。根据现场调查和现场探测和试验工作情况，查找穿越和渠道两岸附近暗洞，确定暗渠洞口位置后制定封堵措施。

4.7 渠道衬砌面板修复

根据现场渠道衬砌面板破坏情况，在考虑输水渠道不停水情况下，对渠道进行充填封堵修复。采取以下两个方案：① 模袋混凝土面板，对渠底及过水断面以下空洞进行充填；② 水下不分散混凝土面板，再对渠道下方空洞进行注浆。

5 主要施工机械设备

5.1 施工机械设备

暗洞封堵机械设备及辅助设备主要包括钻孔勘探设备、钢板桩施工机械，造孔设备、混凝土灌注设备和灌浆设备等。具体设备主要有 WGMD－9 型高密度电法测量系统、地质雷达、钻机、履带式打桩机、1.3m^3 挖掘机、25t 汽车吊、200kW 发电机、ZL50 装载机、0.5t 冲抓锤、5t 冲击钻机、导管、130 型地质回转钻、BW－250 高压灌浆泵、XB－GJ3000 灌浆记录仪等。

5.2 工艺选择

该区域地层主要为第四系地层，下部主要为重粉质壤土和黄土状重粉质壤土，均含有砾石及钙质结核，上层人工填土土质不均一，见有砾石。

根据该工程的地质情况及工程量，结合现场实际情况，经认真分析，决定主要采取 5t 冲击钻机结合冲抓锥成孔，采取水下导管灌注混凝土工艺。

6 暗洞竖井处置方案

6.1 钻孔排查和封堵

钻孔排查目的是首先查找暗洞位置，其次是对暗洞进行封堵。整个排查工作分为三个阶段。第一阶段为已发现的右岸漏水通道对应的左岸通道的排查，第二阶段为对建设期发现的其他 4 条通道的排查，第三阶段为在本渠段两侧按孔距 0.8m 进行普查。钻孔结束后，对钻孔进行回填封口。封孔

采用泥球回填处理。

勘察要求采用 0.8m 钻孔间距，孔深 22m，排查到暗渠后，相邻孔距加密到 0.4m。每隔 50m 布置一个取芯钻孔。

勘测期间选择部分钻孔（地质异常钻孔）做地下水观测。主要观测稳定水位，对含水砂层须分层止水。地下水的稳定标准对卵石、砂土不少于 0.5h，对黏性土不少于 8h，读数精确至厘米。本次勘察采用水钟观测，并做好记录。

根据《堤防工程地质勘察规程》（SL188—2005）第 5.3.13 条，钻孔完成后必须封孔（长期观测孔除外），封孔材料和封孔工艺应根据当地实际经验或试验资料确定。其他规范也对封孔提出了具体要求。

结合本次工程实际，参考其他大型堤防工程封孔经验，制订封闭堤防钻孔方法如下：

在黏土层中，将黏土加工为土球，并风干，封孔前保证孔内顺畅，每次填料厚度控制在 1m 范围内，原则上按照“打一还三”的标准用击实器击实至 0.3m，依次循环自下而上回填至孔口；若击实器击数超过 30 击仍未将填料击实至 0.3m，则可以视为已回填密实，可进行下一循环。

认真做好钻孔、封孔施工记录。内容包括开钻日期孔号、孔口高程、孔径、钻进情况、封孔日期、封孔用料、分层击实及孔口处理情况、事故及其处理情况等。

6.2 暗洞竖井封堵方案

6.2.1 造孔

（1）平整场地

根据自然地面标高采用机械和人工配合平整场地，场地大小要满足摆放钻机、泥浆池、沉淀池及灌注桩混凝土台车停放的占用面积等。

（2）竖井桩中心放样及复核

根据暗洞走向和选定的竖井位置，定出孔位中心桩及护桩，对竖井桩中心做“+”字形控制线，利用红油漆作上醒目标记。

（3）护筒埋设、挖泥浆池、沉淀池

根据中心桩挖埋钻孔护筒。护筒采用钢护筒，用卷板机卷制，直径比桩径大 20～25cm，护筒内径应比设计桩径大 20～40cm），钢板厚 0.14mm。采用挖掘机开挖泥浆池、沉淀池泥浆池。

（4）钻机就位

根据竖井桩中心位置停放钻机，钻机就位后进行验收。先验钻台水平和钻机是否停靠稳固，再校验钻头冲击中心是否与设计桩中心吻合，出现偏差及时调整。上述工作完成后应及时接通电路，检查钻机是否能够正常作业。

（5）开孔（冲孔）

经监理对准备工作检查验收合格后即可开钻。正式开钻前应先向护筒内灌注泥浆（或直接加入黏土块若覆盖层为黏土也可直接注入清水），采用钻头以小冲程反复冲击造浆。

冲孔时要求孔内水位控制在高于护筒下脚 50cm，低于护筒顶 30cm 以内，避免损坏护筒脚孔壁和泥浆外溢。

初期冲孔阶段应随时检查孔位，务必将冲击中心对准桩孔中心。开孔深度在 3～4m 范围内时可不掏碴，以便石碴泥浆尽量挤入孔壁周围空隙加固孔壁。

（6）正式钻进

冲孔到一定深度大于 3～4m 以上时开始正式钻进，正式钻进时应根据地质情况采取不同的冲击方法和措施，同时根据不同地质情况选择合适的泥浆比重。一般基岩中冲进时泥浆比重控制在 1.3；砂及砂卵石地层泥浆比重控制在 1.5。表层黏土能自行造浆，只需加入适量清水稀释泥浆即可。

（7）掏碴

正常钻进时每班应至少掏碴一次。掏碴应达到泥浆内含碴显著减少，无粗颗粒，相对密度恢复正常为止。掏碴后应及时向孔内添加泥浆或清水以保持水头。掏出的钻碴应进行集中堆放，统一安排处理，不得污染场地。泥浆池内多余的泥浆不得随意排放。

（8）成孔检验

钻头钻进到设计深度进行检查，检查指标主要有孔深和孔径。在成孔检验合格后及时清孔并调整泥浆指标以尽量接近混凝土灌注前指标，进行混凝土灌注。

6.2.2 水下混凝土浇筑

（1）安放导管

导管初次使用时要通长连接检查气密性，合格后方准使用。导管采用 ϕ30 钢管，每节不小于 4m，配 1～2 节 1～1.5m 的短管。导管下端距孔底 0.5～1m。

（2）二次清孔

浇筑水下混凝土前检查沉渣厚度，沉渣厚度应满足设计要求。

（3）水下混凝土浇筑

本工程使用商品混凝土，灌注时将橡胶浮球放置导管口，隔离水与混凝土，罐车直接将混凝土倒入漏斗，这样既保证了初灌量，又加快了灌注速度。

1）首批封底混凝土。计算和控制首批封底混凝土数量，下落时有一定的冲击能量，能把泥浆从导管中排出，并能把导管下口埋入混凝土不小于 1m 深。

2）水下混凝土灌注。混凝土浇筑采用罐车运输配合导管灌注。灌注过程中要经常检查导管埋设深度，保证埋管深度在 2～6m 范围内。

3）灌注混凝土测深。测深多用测锤法，使之通过泥浆沉淀层而停留在混凝土表面（或表面下 10～20cm）根据测绳所示锤的沉入深度计算混凝土灌注深度。

4）泥浆清理。钻孔桩施工中，产生大量废弃的泥浆，经沉淀后，运往指定的废弃泥浆的堆放场地，并做妥善处理。

6.3 暗渠竖井灌浆工程施工

钻孔灌浆施工工艺流程图如下：

1）稳钻机：钻机平台搭建好后可就位钻机，搭建平台时必须做到周整、稳固、水平，钻孔、立轴、天车外缘三点一线，钻机平台使用水平尺进行调平，确保钻孔时控制在允许偏差内，钻机立轴应对准孔位点，使用铅垂进行对准校核。

2）造孔：选用 130 型地质回转式钻机进行钻孔。

3）灌浆：灌浆包括制浆和灌浆，制浆材料根据设计要求进行配备，必须具备厂家出厂材质合格证明。

灌浆采用 BW－250 高压灌浆泵，采用 XB－GJ3000 灌浆记录仪观测记录，采用自上而下分段压塞法灌浆，灌浆过程使用灌浆自动记录仪进行全程监控和记录。

4）封孔。封孔时，采用 0.5∶1 浆液进行封孔，其中灌浆塞长度为 1m，这 1m 部位使用人工回填，回填完成后并把孔口抹平。

6.4 后期监测

通过渗压计监测渗透压力变化情况，在沉降观测点观测沉降变化，通过测压管观测内部水水平位移。通过对该项目监测测数据分析，渗透压力无变化，沉降变化符合一般沉降规律，水平位移稳定、无变化。

7 结语

输水渠道附近存在平行及交叉地下暗洞，如果渠道长期渗水易与暗洞相通，形成渗漏通道，如果不及时对暗洞进行有效处理，可能危机工程安全和供水安全。本文分析介绍了地下暗洞隐患和封堵技术方案，重点介绍了竖井封堵技术，对输水渠道安全隐患处置、确保渠道工程和输水安全提供了的经验。

参 考 文 献

[1] 刘海洋．复杂地层中大口径钻孔灌注桩施工工艺［J］．吉林交通科技．2006（4）：38－40．

[2] 马贵生，王造根．长江重要堤防工程地质勘察［J］．人民长江，2002，33（8）：57－59．

[3] 范晓旭，唐莉．渠道防渗工程技术研究［J］．科技资讯，2007，27：31．

[4] 宁兆勇．水利渠道渗水现象的调查与对策分析［J］．黑龙江水利科技，2013（12）：271－272．

浅谈大型输水渡槽结构缝渗（漏）水处理技术

郑晓阳

（南水北调中线干线工程建设管理局河南分局，河南 郑州 450018）

摘 要：南水北调中线干线沙河渡槽工程是南水北调中线关键建筑物之一，本文主要从沙河渡槽结构缝渗（漏）水分析、渡槽渗（漏）水修复处理、渡槽结构缝渗（漏）水处理对比分析进行详细阐述。由于渡槽结构缝渗（漏）水处理技术方案合理、施工工艺可靠，渡槽处理完成后满足设计要求，目前经渗（漏）水处理的结构缝已连续使用 4 年时间，防渗效果非常显著，希望渡槽防渗（漏）处理技术可供类似工程参考。

关键词：沙河渡槽；结构缝；渗（漏）水；止水；水下修复；干地修复

1 工程概况

沙河渡槽段地域上属于河南省平顶山市的鲁山县，南起于河南省鲁山县薛寨村北，北接鲁山北段的起点，全长 11.9381km。沙河渡槽段渠段起点设计水位 125.37m，终点设计水位 123.489m，总水头差 1.881m。设计流量 320m³/s，加大流量 380m³/s。南水北调中线沙河渡槽工程全长 9050m，由沙河梁式渡槽、沙河—大郎河箱基渡槽、大郎河梁式渡槽、大郎河—鲁山坡箱基渡槽、鲁山坡落地槽组成。

沙河梁式渡槽槽身采用 C50 预应力钢筋混凝土 U 形槽结构形式，共 4 槽，单槽直径 8m，直段高 3.4m，U 形槽净高 7.4m，4 槽各自独立，每 2 槽支承于一个下部槽墩上。沙河梁式渡槽槽身结构见图 1。

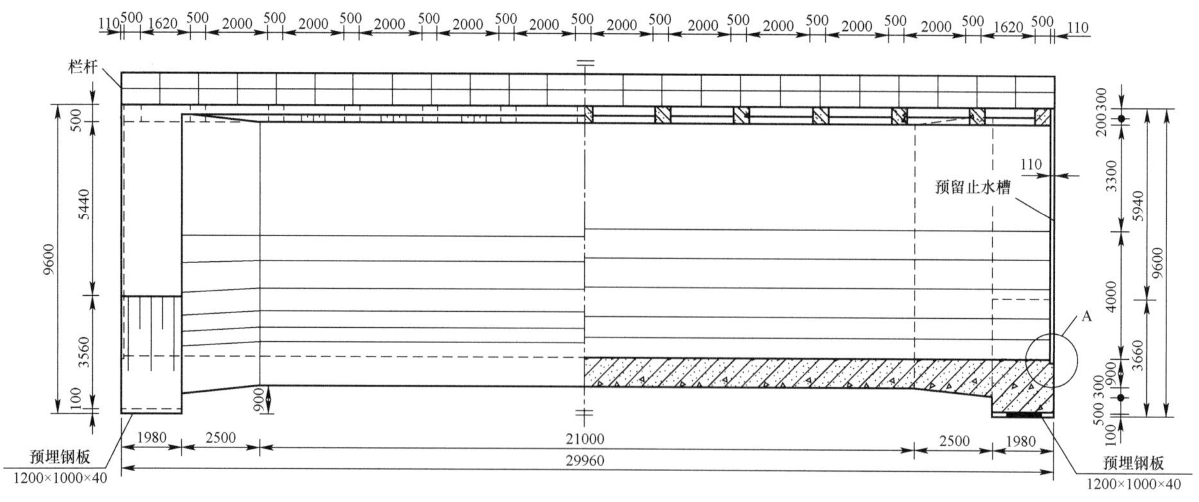

图 1 沙河梁式渡槽结构图（一）

作者简介：郑晓阳（1978—），男，高级工程师。

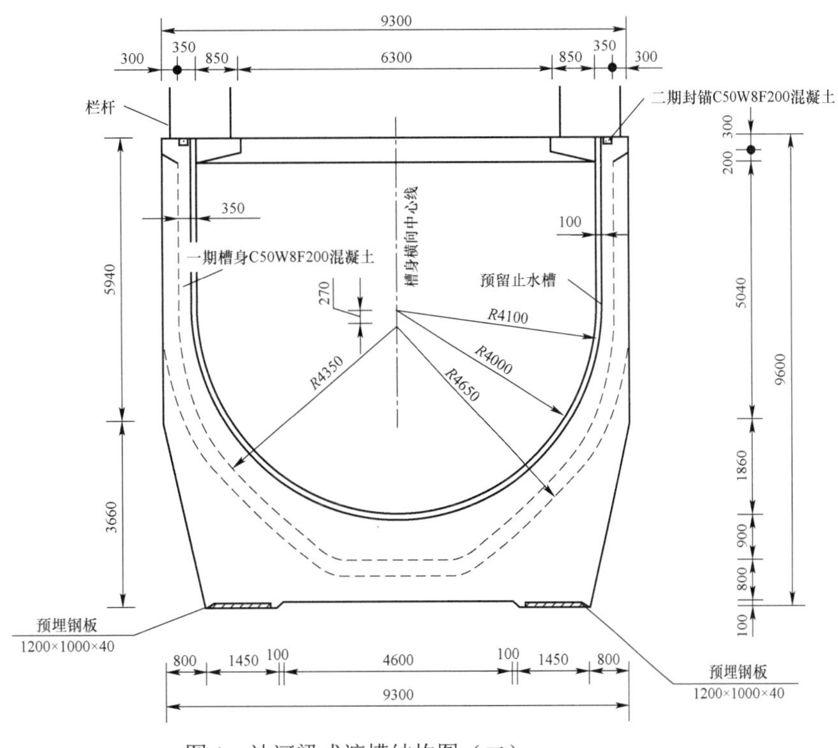

图 1　沙河梁式渡槽结构图（二）

沙河—大郎河箱基渡槽、大郎河—鲁山坡箱基渡槽（以下简称箱基渡槽），上部为矩形槽，双联单槽，单槽净宽 12.5m，净高 7.8m，下部基础为钢筋混凝土涵洞，结构形式详见图 2。

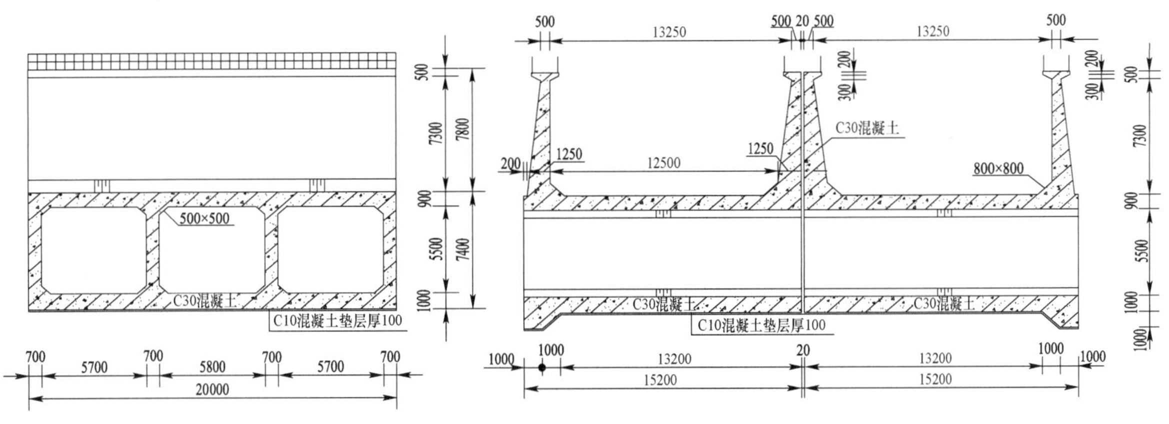

图 2　箱基渡槽结构断面图

2　渡槽结构缝渗（漏）水原因分析

2.1　结构缝形式及日常渗（漏）水情况

沙河梁式渡槽结构缝止水为后装式，止水形式为一道橡胶止水。沙河箱基渡槽上部槽身两节之间采用埋入式橡胶止水带和紫铜片止水各一道，并在迎水面设密封胶，缝内填塞闭孔泡沫塑料板。沙河梁式渡槽及箱基渡槽有个别结构缝出现渗（漏）水，渗（漏）水多出现在冬季，且受水位变化影响明显。经现场检查发现沙河梁式及箱基渡槽均结构缝部位受气温影响变化较大，渗（漏）水部位结构缝部位聚硫密封胶均有脱落或裂缝问题，甚至有些脱落聚硫密封胶部位橡胶止水存在老化问题。

2.2 渗（漏）水原因分析

沙河梁式渡槽共布置了 175 个垂直位移测点，各测点历史实测表面垂直位移在－20.80～16.10mm。沙河—大郎河箱基渡槽共布置了 161 个垂直位移测点，各测点历史实测表面垂直位移在－15.50～23.18mm。大郎河—鲁山坡箱基渡槽共布置了 93 个垂直位移测点，各测点实测表面垂直位移在－5.7～18.6mm。垂直位移变化过程基本平稳，规律合理，且实测垂直位移数值不大，均在设计警戒值（50mm）变化范围内；相邻测点垂直位移基本一致，相邻沉降差均小于设计警戒值（30mm），未出现明显不均匀沉降。梁式渡槽槽身各挠度测点挠度测值序列连续、过程线光滑、变化平稳，通水至今槽身每一跨各测点挠度变化过程线形状相似规律性一致，且相邻测点挠度大小较为接近，未发生不均匀沉降。通水运行后各槽墩的倾斜度变化不大，全部在 0.02° 以下，满足设计要求。

综合监测数据及现场检查分析可知，沙河梁式渡槽结构缝沉降量、挠度、倾斜率均在设计允许范围，对结构缝止水不造成损坏，本工程个别结构缝渗（漏）水分析可能是聚硫密封胶脱落导致橡胶止水老化，在槽体混凝土热胀冷缩情况下结构缝长期伸缩造成裂口引起渗（漏）水。

3 渡槽渗（漏）水修复处理

3.1 干地修复法

沙河梁式渡槽结构缝处理时采用干地修复法施工，处理时 3 槽过水，1 槽抽干形成干地施工作业面。止水带主要处理方式为拆除后重新按设计图纸恢复安装。结构缝布置 U 形橡胶止水带，为确保止水效果及耐久度橡胶止水带通长为一整条，中间不能搭接、热熔连接等；橡胶止水带厚 8mm，止水带下部用环氧结构胶与槽底面混凝土相连接，上部采用环氧结构胶与压板相连。压板采用 L63×40mm×7mm 角钢，为确保压实效果压板下布置有 2 道 8mm 方钢，压板的固定采用 200mm 长的 M14 预埋螺栓，螺栓螺帽高 15mm，垫片尺寸为 40mm×40mm×2mm，螺栓外露部分采用塑料套保护。U 形橡胶止水带“鼻子”内填充沥青麻丝，鼻子上部填充泡沫板与密封胶。止水带安装完毕后采用环氧砂浆将止水槽封填，为确保止水槽防护砂浆与止水槽牢固结合，止水槽侧面打磨并涂刷界面剂，加高角钢高度并加设钢筋。

（1）主要工序

刻槽→拆除损坏的橡胶止水→基面打磨→环氧结构胶找平→安装橡胶止水带→固定压板→止水槽恢复→环氧胶泥封边，共 8 道工序施工。沙河梁式渡槽结构见图 3，止水布置见图 4。

（2）施工准备

修复前关闭对应渡槽上下游闸门，采用水泵将槽体内水体抽排至相邻渡槽内。为减小单槽排空对结构的不利影响，在满足过流流量的情况下尽可能降低运行水位。槽内水体基本排空后，对槽底局部积水进行清理，在闸门后约 4m 位置设置一道 50cm 高砖砌围堰对闸门渗水进行隔离，采用水泵对该部位水体抽出形成干地施工作业条件。

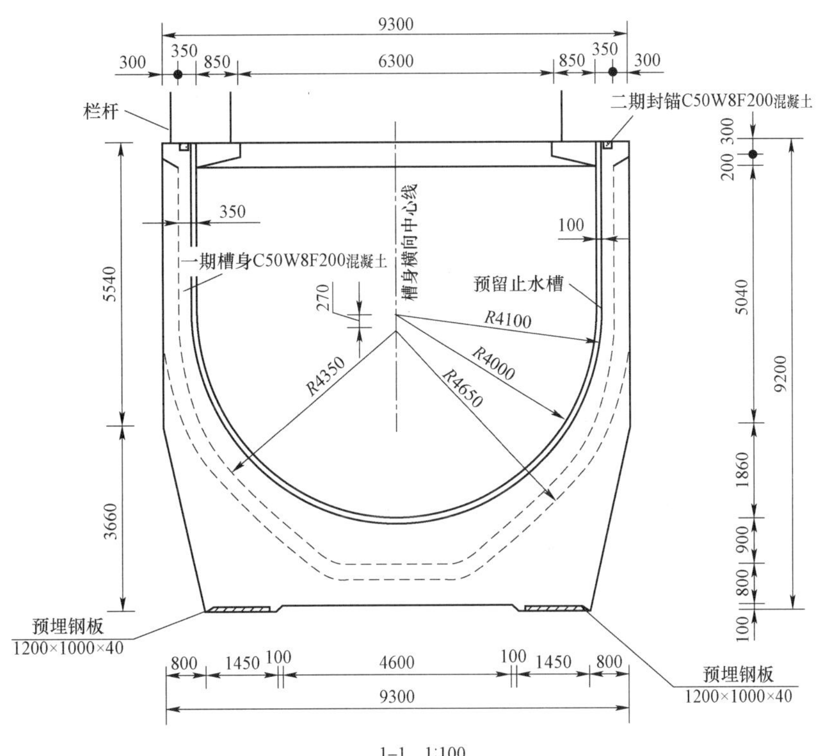

图 3 沙河梁式渡槽结构图

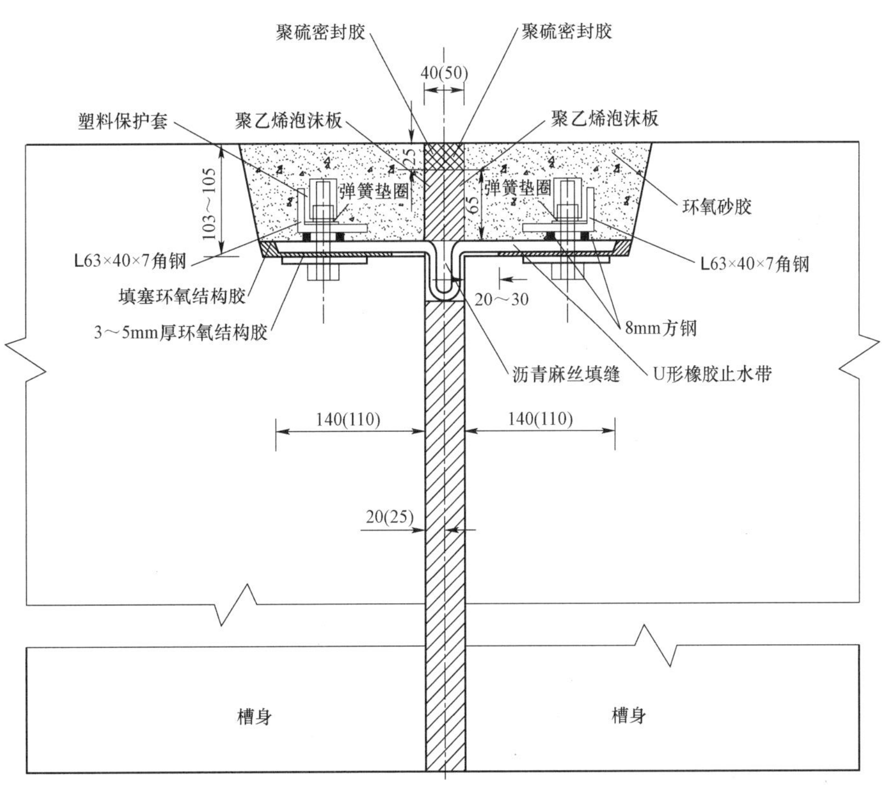

图 4 沙河梁式渡槽止水细部图

（3）排空检查

渡槽排空前及时对槽墩顶部槽体外部渗（漏）水通道进行检查，并标示渗（漏）水部位。渡槽排空后，应及时组织对渡槽内壁附着物清理外运，重点参照标示部位对渗（漏）水部位结构缝聚硫密封胶、闭孔泡沫板及相邻部位混凝土密实情况、混凝土露筋、裂缝、局部缺陷等进行检查，检查完成后根据发现问题制定详细维护计划。

（4）施工方法

1）凿槽：将原止水槽内回填的二期混凝土凿除（严禁暴力拆除，使用静力设备），凿除过程中严禁损坏预埋的螺栓，一旦损坏，采用化学植筋方法在附近补值锚筋。槽壁应凿成斜面（坡度 1∶1）。

2）将原橡胶止水带拆除，检查原橡胶止水的破损情况，结构缝的平整度，结构缝周边混凝土密实度、裂缝等情况。

3）采用金刚砂磨片对原粘贴基面进行打磨，彻底清除原粘贴面上的粘贴物及其他附属材料（磨过程中要采用套管对原有螺栓进行保护），直至露出新的密实的混凝土面，如凿除后发现混凝土不密实，则凿至密实处，采用环氧砂浆对缺陷部位修补并找平。

4）结构缝部位找平前用压缩空气对基础面进行吹净处理，并用丙酮（或酒精）擦净基面，基面干燥后涂刷界面剂并用环氧砂浆找平，要求找平后无错台，平整度不大于 2mm/2m。

5）止水带安装：采用 U 形橡胶止水带整条安装，厚 8mm，宽度与原结构尺寸相符（各渡槽的止水带宽度不同），沿结构缝通长敷设。U 形橡胶止水带“鼻子”内填充沥青麻丝，要求麻绳被沥青充分浸泡，橡胶止水带鼻子内填充的沥青麻绳饱满。橡胶止水带安装前先对止水带用钻孔方式打孔，孔的大小、间距、位置与锚栓的尺寸及对应位置相符。安装前要保证止水带干净，随后在基面涂抹环氧结构胶（在止水带鼻子两侧 2～3cm 的范围内不涂结构胶），胶层厚度 2～5mm，要求涂抹均匀且大致平整。环氧结构胶涂抹完成后安装止水带，安装过程采用木槌依次逐段敲打密实防止橡胶止水带与结构胶之间产生空腔，敲击后止水带两侧应有胶体溢出。待胶体充分固化后可拆除压板，并对止水带表面进行清理。

6）压板制作及安装：压板采用不等边普通角钢，规格为 63mm × 40mm × 7mm，加工前先在角钢长边翼缘一侧钻孔，孔距及孔大小与螺栓尺寸及间距相符。遇到圆弧位置应将短边翼缘侧切开后将角钢按建筑物表面弧度预弯。在长边下部设 8mm 的方钢作为压条（压条和压板焊接后，用千分测微器测量角钢长边侧顶部至方钢底部厚度，要求偏差不大于 0.1mm）。压板安装前在安装压板位置橡胶止水带上涂刷环氧结构胶，要求涂刷均匀，压板安装时在螺帽和压板之间设置弹簧垫圈，调整定位后拧紧。螺帽以上紧为准，原则上紧固力为 3kg，一般不宜超过 5kg，但不应小于 2.5kg。在拐角部位，对压板适当加工切角，使压板及焊接的压筋端部贴合紧密。螺栓紧固完成后，螺栓外露部分采用塑料套保护。

7）压板全部完成后开始恢复止水槽，恢复前将橡胶止水带与槽壁之间缝隙采用环氧结构胶填塞，恢复时要确保橡胶止水“鼻子”上部填充闭孔泡沫板紧贴沥青麻绳且与回填的环氧砂浆同步，回复后结构缝部位闭孔泡沫板上部填充不小于 2cm 深聚硫密封胶。

8）为避免结构缝两侧其他缺陷造成的绕渗，修复完成后在结构缝两侧各 1.5m 范围采用防水涂料处理，对于有后浇带的防水涂料涂刷范围再延伸 50cm，且在基面涂刷需前先打磨至露出骨料并用无水酒精清理干净。防水涂料黏结力应不小于 3MPa，防水涂料施工前应在现场进行 2 组拉拔试验进行验证，施工完成后每条缝应进行不少于 1 组拉拔试验。

3.2 箱基水下修复法

箱基渡槽处理过程采用一槽过水，另一槽静水状态下水下蛙人处理方式。渡槽内外设置有爬梯，

水下作业采用管供式轻型空气潜水，潜水员按照预先制定的行动路线下水，配备管供式空气潜水装具、水下照明设备、水下摄像机、潜水电话和水下施工工具。水下摄像机和水下电话通过电缆与水面监视器连接，水下录像机对水下施工进行全程录像，并将录像同步传输到水面监控器，通过观看录像的指导潜水员作业。

（1）主要工序

清理密封胶→打磨→SR 柔性材料塞缝→涂抹黏结剂→填充 SR 填料→第二次涂抹黏结剂→鼓包处理→第三次涂抹黏结剂→粘贴盖片→铺设并固定不锈钢压条→封边，共 11 道工序施工。结构缝处理情况见图 5、图 6。

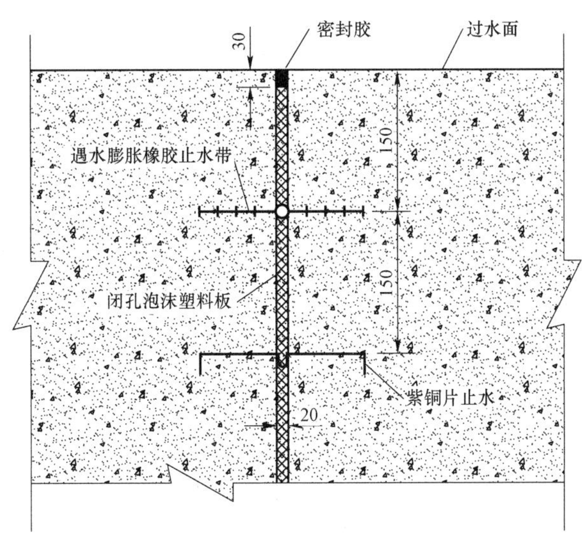

图 5　箱基渡槽结构缝止水结构图

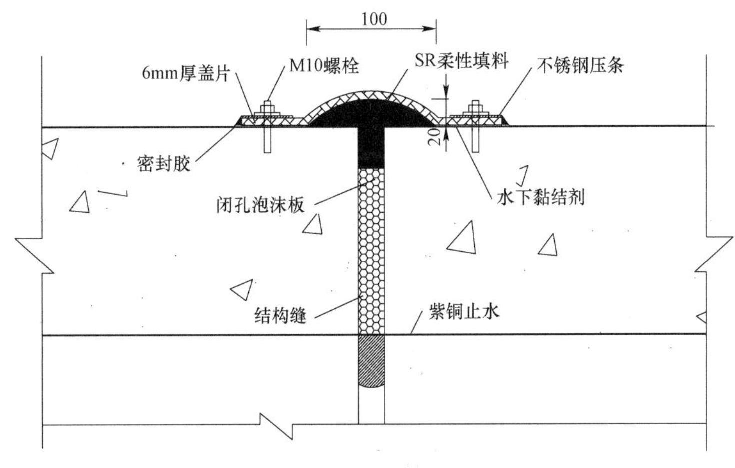

图 6　结构缝加固处理示意图

（2）施工准备

作业环境踏勘，确定潜水设备和水下施工设备的安放位置，施工用电布设，上下交通等。在对结构缝进行渗（漏）水处理之前，先派遣潜水员对拟处理的结构缝进行详细的检查。潜水员通过近观、目视、探摸等方法对结构缝进行检查，同时使用喷食用色素溶液、高锰酸钾等方法对结构缝的渗（漏）水位置及渗（漏）水情况进行进一步的检查，并做好相关记录。水下检查结束后，整理分析水下检查结果，拟定最优施工方案。

（3）施工方法

1）清理密封胶：潜水员用刮刀及铲子将原结构缝处理干净，并按照要求挖出深 2cm 的凹槽，用于填充 SR 填料，清除的聚硫密封胶需清运出现场。

2）打磨：潜水员使用水下液压打磨设备，将结构缝及周边 50cm 范围内混凝土表面清理干净至落出混凝土表面。

3）SR 柔性材料塞缝：作业人员在作业平台现将 SR 柔性材料用手捏成长条形，直径略大于结构缝宽度，潜水员用螺丝刀将 SR 填料塞进裂缝处，将原结构缝裂缝填满、紧实，并用气动锤夯实。

4）涂抹黏结剂：在结构缝裂缝填满之后，在打磨好的凹槽表面刷一层黏结剂，用于粘贴 SR 填料。

5）填充 SR 填料：黏结剂刷完之后，用 SR 填料将凹槽填满、紧实、找平。

6）第二次涂抹黏结剂：凹槽填满之后，在结构缝及周边涂抹黏结剂，用于粘贴 SR 鼓包。

7）鼓包处理：为了防止热胀冷缩引起结构缝的变化，在已经填满 SR 填料的结构缝上方，添加一条宽 10cm，厚 2cm 的 SR 鼓包，结构缝密封性能更好。

8）第三次涂抹黏结剂：在结构缝及周边 30cm（沿结构缝中心两侧各 15cm）涂刷一层水下黏结剂，用于粘贴盖片。

9）粘贴盖片：在柔性材料表层及两侧 30cm 涂刷一层黏结剂后，将宽 30cm 的盖片粘贴在柔性材料表层。

10）铺设并固定不锈钢压条：沿盖片两侧铺设厚度 3mm、宽 80mm 的不锈钢压条、压条单根长度 100cm，并使用 M10 × 75 不锈钢膨胀螺栓固定，螺栓间距为 300mm。

11）封边：将盖片、不锈钢压条两侧及不锈钢螺栓周边等可能漏水的部位，使用水下密封剂封边。

（4）施工重点

1）水下黏结剂及涂刷柔性材料粘贴：在施工时，要求水下黏结剂涂刷及时、均匀且不漏涂，同时粘贴柔性材料时一定要粘贴密实，表面平整。

2）密封处理：必须对所有可能存在渗（漏）水通道的部位涂刷水下封边剂封边，包括盖片边缘、不锈钢压条边缘、膨胀螺栓边缘等部位，密封时须仔细认真，不得遗漏。

3）渡槽底板与侧壁连接部位处理：由于渡槽底板与侧壁连接部位最有可能被水流冲刷，一旦此处的盖片或者不锈钢压板被水流冲刷，则整个结构缝便会逐渐被冲刷，从而失去防渗的作用。故渡槽底板与侧壁连接部位处的膨胀螺栓加密，以防止水流将此处的盖片冲刷，从而影响处理效果。

4 渡槽结构缝渗（漏）水处理对比分析

4.1 干地修复法

渡槽干地修复法施工适宜于具备排空条件，渡槽长度较短单槽蓄水量相对较少槽段，该处理方法具有抽水完成后可投入人员多、施工效率高、相对造价低等优点。由于干地修复法作业，所有作业面均完全外露，经长期运行后混凝土的其他缺陷也一并暴露，采用该处理方法不仅能从根本上解决了结构缝止水损坏问题，而且可系统、全面、便捷进行其他缺陷处理，同时该维护方法还具有对

原混凝土结构不造成破坏，使用年限较长等优点。

渡槽干地修复法施工，由于需将渡槽中水排出或引到相邻渡槽，对于不能停水运行的渡槽该方案无法实施；对于需要处理的渗（漏）水缝条数较少，该处理方案可能存在耗时长、耗资相对较多等缺点；同时，干地修复法施工对于封堵效果不能立即检验，需将再次渡槽充满水之后方可观察，如当次未能完全修复，还需再次对原结构缝进行处理，可能导致工期延长。

4.2 水下修复法

水下修复法各种材料均可在场外加工，适宜于不具备排空条件的渡槽。该水下修复法在中、小流量下的渡槽渗（漏）水不需停水，相较干地修复法适用性更强，同时处理完成后直接可以从渡槽管身外侧检查处理结果，处理情况更为直观。

该方案缺点是，相对比干地施工，单条造价较高；由于水下修复法固定盖板时需在结构缝外打膨胀螺栓孔，对结构缝周边混凝土有一定损坏；水下修复法仅是利用 SR 柔性材料的伸缩性在结构缝止水，并没有对破损的结构缝进行恢复，可能存在极端天气下结构缝的 SR 的伸缩性不能满足止水要求；该处理方式的耐久性有待时间检验。

5 结语

渡槽结构缝渗（漏）水问题会降低建筑物的耐久性，长期渗（漏）水运行将可能影响结构安全，同时造成水资源浪费。随着技术水平的提高，渡槽应用越来越广泛，尤其是薄壁渡槽、预应力渡槽，其结构缝渗（漏）水后危害较大。该项目的成功实施，为其他工程提供了相关经验，具有一定的社会效益。

浅谈适合长距离输水工程的水下检测

王利宁，杨禄禧

（南水北调中线干线工程建设管理局，北京　100038）

摘　要：以南水北调中线干线工程为例，分析长距离输水工程水下检测的必要性，通过目前南水北调中线干线工程建设管理局联合相关单位研发的两款最先进的水下检测设备的组成、工作原理、检测成果、功能和适应环境及未来的拓展空间综合分析，提出了使用水下机器人进行定期全面检测和专项检测，实现对输水工程的安全保障，为今后同类型长距离输水工程的检测检修提供借鉴。

关键词：长距离输水工程；水下机器人；南水北调；水下检测

近年来，随着水下机器人技术发展和检测技术的提升，机器人在水下结构检测方面得到广泛应用。能够保证输水工程在正常运行的前提下，对输水渠道和建筑物进行全方位检测、检查。

1　长距离输水工程水下检测的必要性

长距离输水工程的特点主要有工程投资大、线路长、土石方开挖回填量大、地质条件复杂、建筑物多、混凝土衬砌量大、工程通水运行后检修困难等。随着世界各地长距离输水工程的建设或投入运行，各种事故也越来越多，例如利比亚大运河 PCCP 管线工程管壁爆裂、陕西宝鸡引水工程多次爆管等。针对日渐增多的工程质量事故，长距离输水工程的水下检测越来越受到广泛关注。

近年来，我国在长距离输水工程运行检测技术方面主要结合国家重点水利工程项目总结了很多成功经验，例如通过南水北调工程运行水下检测总结了许多科技创新成果和实践经验。为了全面了解并掌握输水渠道和建筑物在水下的运行状态，通过水下机器人进行水下检测，可以高效、安全、全面地完成水工结构物水下检查作业任务，取得详细可靠的检查结果，提供有效的水工构造物现状信息；对水工结构物如混凝土结构、金属结构等水下情况进行有效的观察和实时分析，为输水渠道和建筑物运行的安全鉴定和除险加固提供有益参考。

2　水下机器人在南水北调工程中的应用

2.1　南水北调中线水下机器人组成及工作原理

（1）南水北调中线水下机器人组成

目前南水北调中线干线工程建设管理局联合相关单位研发的 400m 缆遥控水下机器人（ROV）

作者简介：王利宁（1985—），男，工程师。

由本体、电动缆轴、TMS 装置、DR3 控制箱、运输设备以及其他部分配件组成（见图 1）。ROV 配备 6 个大推力磁耦合推进器，水平方向布置 4 个推进器，竖直方向布置 2 个推进器；可完成前后、左右、上下、转向、运动控制；ROV 配备多种传感器，可随时获得相关状态信息（如深度、姿态等），可实现 ROV 的定深、定向和姿态控制的功能，从而具有极强的稳定性和环境适应能力。

4500m 缆遥控水下机器人（ROV）由长距离水下检测机器人本体（含水下检测、观察系统、专用导航系统）、恒张力自动收放缆轴系统、集成化控制系统指挥车（含 ROP 控制系统）、一体化运输设备以及其他部分配件等组成（见图 2）。ROV 采用 8 推进器实现全姿态布局，其中垂直方向采用 4 个 TG166A 推进器，水平方向采用 4 个 TG245 推进器；供电采用本体电池舱的方式；本体前段安装一个大扭矩单轴云台，安装一个 40W 水下 LED 照明灯和高清摄像头，可以联动；前端安装 BlueView 二维扫描声呐，不紧能够实现观察隧洞内情况，同时能够辅助机器人导航和避障。可搭载 T2250 声呐，该声呐可以对整个隧洞进行 360° 扫描，并通过软件进行三维重构。可搭载零浮力扩展组件，该组件可安装电子仓、支撑架、照明系统和摄像系统等，能够显著提高水下检测效率。

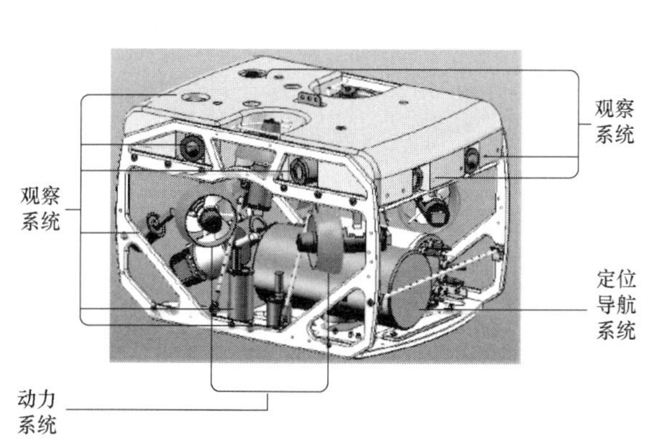

图 1　400m 缆遥控水下机器人 ROV 本体布局

图 2　4500m 缆遥控水下机器人 ROV 本体布局

（2）南水北调中线水下机器人工作原理

400m 缆遥控水下机器人本体由电动脐带缆轴提供电源动力和信号传输；4500m 缆遥控水下机器人本体则由自身电池组提供电源动力，由恒张力自动收放缆轴提供信号传输。ROV 本体的水下推进器、水下摄像头、机械手、水下 LED 照明灯等在手持操控终端（PCU）的控制下完成各项操作指令，运行过程中通过 ROV 本体水下云台搭载的声呐扫描装置和定焦摄像头对输水建筑物进行全方位扫描记录，并将采集到的建筑物实时图像和状态数据通过交换机传输给控制系统。检测人员对水下建筑物的图像和状态数据进行分析后，对建筑物的运行状态作出初步判断。

2.2　水下检测机器人的功能及适应环境

（1）400m 缆遥控水下机器人功能及适应环境

400m 缆遥控水下机器人主要用于明渠段日常大范围检查，也可应用于部分倒虹吸的检查及水渠结构缺陷的检测，如裂纹、接缝老化、渗漏、塌方等；后期可用于施工过程中辅助观测，施工结果的检查；水下抢险作业中可辅助观察，并为辅助作业设备预留接口，以便后续渗漏封堵作业和搭载探测设备。400m 缆遥控水下机器人的工作流速范围为流速小于或等于 1m/s。

（2）4500m 缆遥控水下机器人功能及适应环境

4500m 缆遥控水下机器人检测系统集成多种传感器，可通过声学、光学方式对倒虹吸、隧洞、暗渠、箱涵等多种不同类型的输水建筑物进行结构细节检测。其内嵌高精度导航系统，可实现全自动驾驶，对隧洞的最长检测距离为 4500m。能够检测到基础设施宏观和局部缺陷；能够对局部缺陷进行视频或图片确认，可以发现细微的裂缝、鼓包、小孔；能够准确定位缺陷位置，方便后续工作；能够扩展机械手、钢丝刷等作业工具；能够进行水下三维测量，获取指定位置的点云数据，长距离水下机器人工作流速范围为 0～0.1m/s。

（3）水下机器人适应环境优势

相对于潜水员作为水下载体，水下机器人检测优势更为突出：第一，灵活性强，多自由度的移动能力可自如应对水下环境的复杂多变；第二，作业时间长，通过电缆供电或者机器人自身带电能够满足较长的作业时间；第三，作业半径大，水下机器人可以覆盖大面积的水下检测工作任务。

2.3 水下机器人在南水北调工程中的检测成果

（1）缺陷检测及案例分析

采用 400m 缆遥控水下机器人完成了南水北调中线干线工程部分水下衬砌板损坏及修复情况检测以及高填方、高地下水、膨胀土、采空区段等重要渠道典型断面专项检测；在不间断供水的情况下开展水下检测任务，检测范围涉及沿线所有管理处，检测问题主要为衬砌板沉降、隆起、错台、裂缝等（见图 3 和图 4）。通过检测精确定位了工程沿线渠道水下缺陷部位，并对损坏情况进行了统计分析，为后期维修养护提供了详细的参考依据。

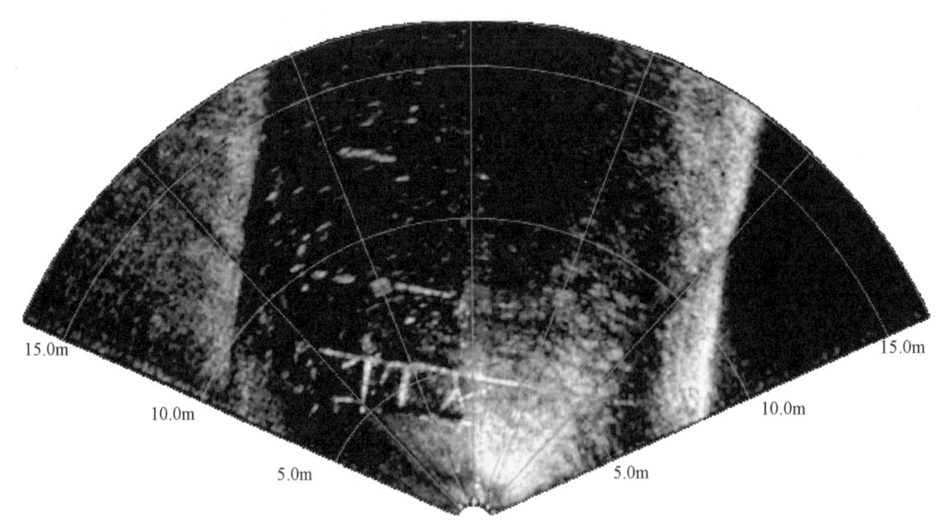

图 3　渠道衬砌板声呐扫描成像

（2）流态优化检测及案例分析

完成对典型桥梁进行渠道流态优化试验项目（导流罩安装）检测（见图 5）。在导流罩的设计制造和安装的整个流程中，水下机器人起到了不可替代的作用。前期的水下检查数据为桥梁墩柱导流罩的制造和安装提供了有力的技术支撑，安装过程的水下检查为安装质量提供了保驾护航的作用，安装后的检查直观地验证了安装的效果。

图 4　渠道衬砌板面裂缝部位照片

图 5　某公路桥桥墩导流装置尾部照片

（3）壳菜检测及案例分析

采用 4500m 缆遥控水下机器人对某渡槽壳菜分布情况进行了检测，利用水下摄像头和声呐扫描相结合的方式，对槽身的壳菜分布部位、密度等进行了详细的检测统计，为渡槽的淡水壳菜分布情况研究提供了参考依据（见图 6）。

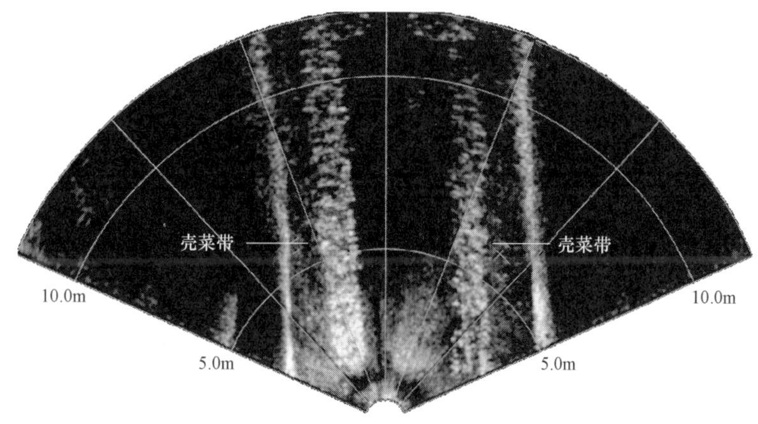

图 6　某渡槽管节声呐扫描成像

3 水下检测机器人的期望技术拓展

3.1 实现数据检测、记录、分析集成化

通过对渠道沿线建筑物的全方位水下检测，将检测数据形成数据库；再次进行检测时，能够实现自动数据对比分析，如果建筑物数据对比出现异常，可直接发出报警提示，并对异常部位重新进行定位分析。

3.2 实现由 ROV 向 AUV 的转变过渡

ROV 的缺陷是自身的生命线脐带缆，在短程操作中问题不大，但在长距离水下作业中，脐带缆很容易与水下其他的结构物发生缠绕，当距离较长时，对 ROV 的动力也是一个挑战。AUV 的能源完全依靠自身提供，活动范围不受空间限制，没有脐带缆，不会发生与水下结构物缠绕情况，AUV 通过各类传感器测量信号，经过机载 CPU 处理决策，独立完成各类操作。

3.3 实现可搭载水下地质探测雷达

利用机器人搭载水下地质雷达对输水渠道和建筑物进行水下探测，通过对隐蔽结构内空洞体位于不同深度的数据记录，对其位置规模进行准确判断，实现对输水建筑物结构数据分析，进而判断渠道建筑物内部结构是否存在损坏现象。

4 结语

目前，水下机器人已成为水利工程智能检测方面最具潜力的水下检测工具，具备较大的发展空间。利用水下检测机器人定期对输水工程的渠道、倒虹吸、隧洞、暗渠、箱涵等建筑物开展不停水水下检测，通过检测数据信息的对比分析来判断工程的运行状态；必要时应采取与排空检测相结合的方式，对重点建筑物进行专项检查，准确掌握水工结构物如混凝土结构、金属结构等水下运行情况，为输水工程的隐患判断及缺陷处理提供有效可靠的参考依据，保证长距离输水工程的运行安全。

新乡卫辉段渠道混凝土衬砌面板水下修复技术应用

王清泼，张　祥

（南水北调中线干线工程建设管理局河南分局，河南 郑州　450018）

摘　要： 南水北调中线一期工程自 2014 年 12 月 12 日全线通水以来，已连续运行了 6 周年。渠道长时间不间断高水位运行，高地下压力水作用、气候以及人为等因素影响，难免会出现基础面不均匀沉降，进而导致渠道混凝土衬砌面板空鼓、裂缝、错台等破坏问题。为不影响正常供水，渠道衬混凝土砌面板修复工作往往需在水下进行。目前混凝土衬砌面板破坏水下修复还没有系统的解决方案，现阶段修复更多的是采用不分散混凝土修复。本文介绍了在南水北调中线总干渠正常通水条件下，采用混凝土预制件对破坏衬砌面板进行修复处理的技术要点。该项目为南水北调中线建管局河南分局水下衬砌面板修复项目的新增试验项目，衬砌面板水下修复技术对南水北调中线工程渠道衬砌板修复处理具有指导作用。

关键词： 混凝土衬砌面板；水下修复；应用

1　工程概况

南水北调中线干线工程全长 1432km，总干渠以明渠为主，北京段、天津干线采用管涵输水。渠道全部采用现浇混凝土衬砌，渠坡一般为 10cm 厚混凝土板，渠底一般为 8cm 厚混凝土板。衬砌面板混凝土强度等级为 C20，抗冻等级 F150，抗渗等级 W6。渠道衬砌面板采用衬砌机整体浇筑，浇筑后切缝，分缝间距按 4m 控制，通缝和半缝间隔布置，缝宽 2cm。分缝临水侧 2cm，均采用聚硫密封胶封闭，下部均采用闭孔塑料泡沫板充填。衬砌板主要作用是保护板下防渗土工膜、降低渠道糙率。由于基础面不均匀沉降、高地下压力水作用、气候等因素影响，渠道混凝土衬砌面板产生破坏，如裂缝、断裂、错台等。为避免小问题发展成大问题，影响供水安全，衬砌面板破坏需及时修复。为保障在渠道不间断供水，所以衬砌板破坏坏修复常在水下进行。

南水北调中线干线新乡卫辉段工程长 28.78km，其中明渠长 26.992km，建筑物长 1.788km，前杨村南公路桥左岸下游 15m 处，设计桩号 134+669，渠坡 4 块衬砌面板出现破坏，其中一块沉陷，3 块裂缝。如果不及时修复，可能影响工程安全。

2　主要修复材料

对于水下修复来说，关键是要解决好修复材料的种类、填充材料在水中与混凝土的黏结与密封

作者简介：王清泼（1968—），男，高级工程师。

问题。目前水下修复材料包括水下不分散混凝土、水下快速密封材料、聚合物混凝土、水下金属和混凝土构件的保护涂料、水下灌浆材料、水下混凝土伸缩缝柔性处理材料、水下锚固剂等。衬砌面板破坏修复一般采用不分散混凝土。本文主要介绍南水北调中线工程前杨村公路桥下游 15m 处渠坡混凝土衬砌面板修复使用的主要材料，包括混凝土预制件、SR 塑性止水材料等。采用混凝土预制件施工，可以节省现场施工时间，无需现场支设与拆卸模具，只需现场安装，方便快捷，减少了现场施工时间，且质量稳定，不受现场施工和人为因素限制。

2.1 混凝土预制件

原渠坡衬砌板混凝土强度等级为 C20，分块尺寸为 4000mm × 4000mm × 100mm。需要新安装的混凝土板为钢筋混凝土预制件，为提前订购，强度等级为 C60，每块尺寸 2000mm × 2000mm × 100mm，每块预制件预设 4 个吊装孔，用于吊运安装（见图 1）。

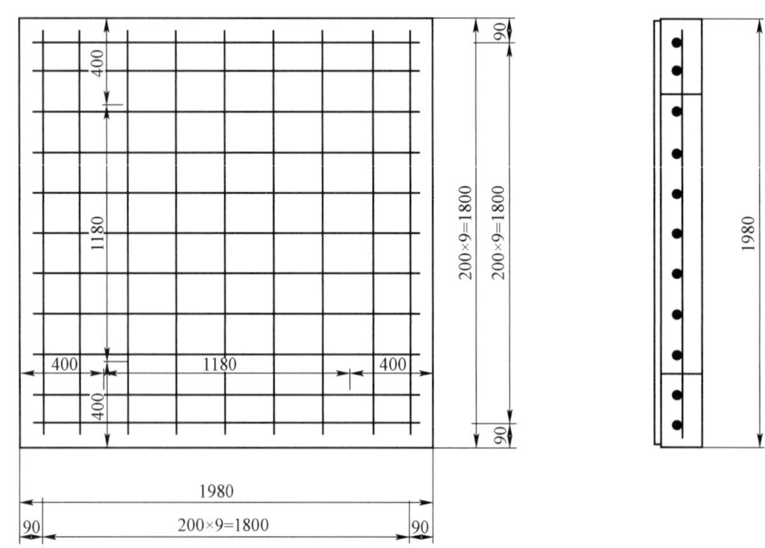

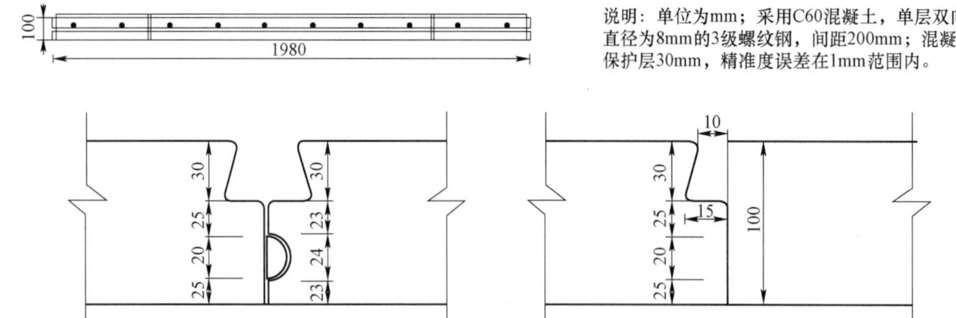

图 1　混凝土预制件图

2.2 SR 塑性止水材料

SR 塑性止水材料是专门为面板混凝土接缝止水而研制的嵌缝、封缝止水材料。SR 塑性止水材料的特点是具有很好的气密性、优异的变形性、高塑性常温冷操作施工及与基面牢固黏结等特性。

该材料在水压力作用下可以活动，能挤入缝中，对孔隙、缝隙起到关闭止水作用，抗渗作用显著；具有较好的黏结强度，与混凝土直接黏结，克服过去止水材料因与混凝土界面黏结不牢引起的环绕渗漏问题。SR 塑性止水材料可根据需求加工成各种形状及断面标准的型材，便于施工。SR 塑性止水材料主要用于水下混凝土面板嵌缝、封缝止水。SR 塑性止水材料主要性能见表 1。

表 1　　　　SR 塑性止水材料主要性能

序号	项目			技术指标	
				SR－2 型	SR－3 型
1	浸泡质 5 个月量损失	水中浸泡		±1	±1
		饱和氢氧化钙溶液浸泡		±1	±1
		10%氯化钠溶液浸泡		±1	±1
2	密度/（g/cm^3）			1.5±0.05	1.5±0.05
3	施工度（针入度）/mm			8～14	8～14
4	流动度（下垂度）			≤2	≤2
5	拉伸黏结性能	常温、干燥	断裂伸长率（%）	≥250	≥300
			破坏形式	内聚破坏	内聚破坏
		低温、干燥－20℃	断裂伸长率（%）	≥200	≥240
			破坏形式	内聚破坏	内聚破坏
		冻融循环 300 次	断裂伸长率（%）	≥250	≥300
			破坏形式	内聚破坏	内聚破坏
6	抗渗性/MPa			≥1.5	≥1.5
7	流动止水长度/mm			≥135	≥135

3　水下修复施工设备、工具

好的处理材料为水下混凝土缺陷的修复提供了可能，但要保证施工质量和进度，还要配备合适的机械化施工设备及工器具。经对现场实地勘察，采用 25t 吊车进行拆除旧衬砌板块和调运新预制件。因施工场地不能满足施工需要大型吊装设备，确定选用 1 艘 5m×7m×0.7m 船舶和 1 台 25t 吊车配合拆除旧衬砌板及调运、新预制件安装。其他施工和检查设备、器具有 7.5kW 空压机 2 台，需供式潜水脐带设备 2 套（含测深管、呼吸气体软管等），潜水通信设备 2 套，水下液压镐 2 套，水下电焊机 1 套，KMB－18 系统水下摄像设备 1 套等。

施工舶船选用可拆装结构舶船（见图 2），拆解后由一台 13m 的货车运送到施工现场进行拼装，拼装完成后用一台 25t 的汽车吊吊放至施工水域。船舶上共有电动卷扬机 5 台，其中 4 台 1t 的电机用来调整船舶方向和位置，一台 3t 的电机用于起重，由岸上提供施工电源。

图 2　自带吊装架的施工舶船

4　主要施工工艺及应用

主要施工工艺流程：

水下排查→旧衬砌板拆除→基面清理→旧衬砌板伸缩缝修整→预制件吊装→伸缩缝处理。

4.1　水下排查

对需要修复范围进行水下摄像，描述旧衬砌板破坏情况。

1）排查测量位置：南水北调卫辉段前杨村南公路桥左岸下游衬砌板根据水流方向依次排查 6 列衬砌板，以字母 A、B、C、D、E、F 为列排序，数字编号为上下排序，根据需要测量的衬砌板编号为（B1、B2、C1、C2、D2、E2）。

2）排查测量内容：排查衬砌板面损坏情况并记录。

3）排查测量结果：B1 号板发现下边有沉降，中间沉降最大约 70mm，向左右沉降变小，最小处约 3mm；D2 号板发现上边有沉降 1～3cm；E2 号板有修补过痕迹及脱落现象；B1、C1、D2 三块板发现有 1～5mm 宽裂缝，其他未发现明显异常，E2 仅有细微裂缝。排查结果见图 3。

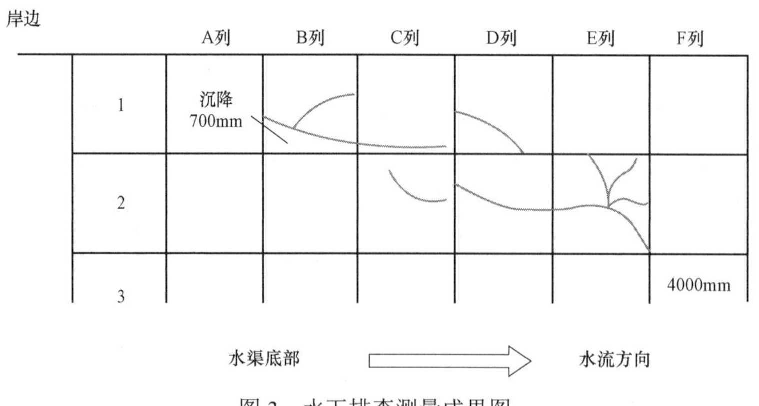

图 3　水下排查测量成果图

损坏较重需要拆除修复的衬砌面板分别为 B1、C1、C2、D2，拆除后安装混凝土预制件；D1 局

部有一处三角区破损，只拆除三角区破损处，拆除后浇筑不分散混凝土；E2 本项目不做处理。

4.2 水下旧衬砌板拆除、清运

1）原衬砌板规格为 4000mm × 4000mm，采用水下液压镐将旧衬砌板凿成适当大小的块，在较大块衬砌板上用水下液压动力钻钻孔安装膨胀螺栓做吊点，利用舶船上 5t 电动卷扬机吊至舶船上，由岸上 25t 起重机吊运至岸上；破碎较小块衬砌板混凝土，采用装袋吊至舶船上，然后转运至岸上或直接运至指定地点。为节省起重机的使用量，可以将所有的衬砌板拆完以后由起重机统一吊装，用小型运输车辆运出施工区域。

2）凿除过程中，尽量保护原土工膜完整，不得破坏下部土工膜。衬砌板拆除后，潜水员通过观察、触摸和水下摄像检查等方式，排查保温板下部原基面是否存在空洞或不平整处。

4.3 基面平整、旧衬砌板伸缩缝位置修整

需要修复的衬砌板拆除后基面可能存在以下情况，其处理方式分别为：

1）对坡面下沉或所拆除混凝土面板厚度大于 10cm 的基面，采用平铺不扩散混凝土进行处理，以满足基面平整度和高程要求。鉴于预制混凝土面板安装后要与其原周围面板顶面的平顺，所铺设的不扩散混凝土的整平和高程控制工具采用支架，提前用方钢制作一个上面方钢长 5m，下面方钢长 3.9m 的支架，长 5m 的方钢两端担在所拆衬砌板两侧的衬砌板上，支架沿衬砌板移动可以检查基面手否平整。

2）超出原设计基面凸起部分超过 2～3cm 高坡面进行人工持液压锯清理，将碎渣清理并运出水面。如果坡面凸起不超过 2cm，则不拆除土工膜，在现有基面上安装预制板，安装后预制板与周边衬砌板形成的小错台做好填缝处理进行缓接。

如果周边衬砌板边长大于 4000mm，影响预制件安装，则进行人工水下打磨，确保满足预制构件下放宽度，并提前固定伸缩板。

4.4 预制构件安装

1）首先模拟 1：2.25 坡比，进行地面试拼装，掌握拼装特点，用 2 个 2t 的倒链调整长度。吊装预制在至原坡面上进行拼装试验，使潜水员在水下熟悉拼接方式（见图 4）。

图 4　预制件安装过程

2）吊装顺序按照“从下往上、从下游到上游”的安装顺序，水面上的两块直接用25t的起重机进行拼装，做一条4支长度相等的锁具，并配合两个1t的手扳葫芦来调整板面角度，进行拼装。

3）水下吊装过程中预制构件则需要由起重机把构件提前放到水下，由吊船移动到结构件的上方将预制衬砌板吊起，进行安装就位。

4.5 伸缩缝处理

采用SR塑性止水材料（厂家为杭州国电大坝安全工程有限公司）进行伸缩缝充填。

根据SR塑性止水设计断面确定形状，把SR塑性止水材料板切割成相应的形状；伸缩缝表面清理干净后嵌填SR填料板（撕去SR填料板一边的防黏纸，沿SR填料板的长度方向从板的一端向另一端渐进嵌填，注意排出SR填料板与粘贴面之间的空气）；用橡皮锤敲击SR填料板的边缘部位，使其密实，接头部分形成坡形过渡，以利于第二层的粘贴。SR填料粘贴后加压，以保证嵌填质量。必须粘紧密实，并呈弧形向上隆起，以便能更好地适应面板变形。

5 水下作业安全注意事项

在水下混凝土破坏修复施工项目中，潜水作业存在很大风险，应予以特别重视。潜水作业注意事项如下：失眠、体力和精神处于紧张状态的潜水员禁止下水；潜水员简餐后1h内、饱餐后2h内禁止潜水，完全空腹也禁止潜水；若数小时内未按时吃过正餐，那么在潜水前约1h应适量吃点快餐；潜水前24h内禁止饮酒，否则禁止潜水；如果潜水员在服用阿司匹林或同类药物（医生处方除外），则必须得到潜水医生的许可后才能潜水。潜水员应如实向潜水监督和潜水医生说明服药情况；潜水前，潜水员口中不能有异物。

在潜水作业中，对潜水员人身安全可能产生的隐患主要有水下绞缠、供气中断、通信中断、溺水等，在潜水作业方案中必须包含针对安全隐患的应急处置方案。

6 结语

渠道混凝土衬砌面板水下修复施工的关键是修复材料和施工工具。本项目采用混凝土预制件，可以加快施工进度，缩短工期，降低施工成本，且质量稳定，对受施工场地限制的工程至关重要。前杨村公路桥左岸下游渠道衬砌面板水下修复项目已通过了验收，工程平稳运行。本文结合南水北调中线工程前杨村南公路桥下游渠道水下衬砌板修复项目，介绍了混凝土水下修复材料、施工工具、施工工艺及水下作业安全注意事项等，今后可在南水北调中线工程渠道混凝土衬砌面板水下修复及类似工程项目中推广应用。

参 考 文 献

张捷．混凝土缺陷水下修补技术［J］．大坝与安全．2004（5）：1－12．

水利工程水下运行工况检测编录测绘成图方法综述

魏朝森，李少波

（南水北调中线干线工程建设管理局河南分局，河南 郑州 450000）

摘 要：水利工程水下运行工况检测编录工作是对其通水运行工作状态进行检查的一项重要工作内容，一般需要对重点部位和典型部位绘制平面图或示意图，本文以输水建筑物为例，介绍了水工构筑物水下检测编录测绘成图方法和利用各种不同方法的初始数据进行矢量化计算机成图方法。

关键词：水工构筑物；水下检测；通水运行；编录成图

水工构筑物长年累月浸泡于水下，其安全运行状况受水自身环境及外界的影响较大，如漂浮物撞击，混凝土外表面侵蚀、剥落、开裂等缺陷，预埋件受损，关键部位被水生物或淤泥杂物覆盖等。构筑物水下检测编录，是为了探明影响其安全运行的不良因素，优化处理措施，为科学合理的运行管理提供决策依据的一项重要工作。笔者根据水工构筑物水下检测工作实践，拟就水利工程水下过水通道运行工况检测展示图的编录成图作一介绍，以供同行参考。

1 水利工程水下运行编录与测绘内容

水利工程的水下编录与测绘，是在构筑物正常通水运行的条件下进行的，并且具有其特定的内容。

1.1 水下编录内容

水下编录是编录通水运行揭露的各种不良因素，为评价构筑物通水条件和优化处理方案积累资料。水工构筑物水下编录主要包括下列内容：

构筑物混凝土外观状况，破碎、露筋、溶蚀的位置、范围等；

结构断裂、塌陷或隆起位置，长度、断距、走向及影响范围；

结构缝错缝或沉降，裂缝宽度、密度等分布位置，形态及发育特征；

预埋件破损、丢失、淤塞等具体位置及运行状态；

水生物分布如壳菜，藻类分布密度及范围特点；

杂物堆积或淤积部位、范围或深度。

1.2 水下测绘的主要内容

与上述水下编录相对应需要完成水下检测测绘图，即在水工构筑物过水通道平面图或展示图上

作者简介：魏朝森（1983—），男，高级工程师。

予以表示的重要水下检测内容为：

混凝土外观异常区域或范围的分界线、水生物分布区域范围分界线、杂物堆积区域的分界线；

断裂、塌陷或隆起的位置及影响范围；

错缝沉降及裂缝的分布位置及密集带位置；

异常预埋件的准确位置。

1.3 水下检测主要方式

当前水下检测方式主要有两种：第一种是利用可控水下行进摄像设备（ROV 或 AUV），按照计划路线抵近须编录测绘区域，同时岸上技术人员通过视频画面进行可视操作，标记须编录内容；另一种是派遣专业蛙人下水，同样利用水下摄像设备将待编录区域画面拍下，再由技术人员回放分析编录内容。

2 水工构筑物水下编录测绘成图方法

同构筑物水下编录相配合的是水下测绘，需要完成构筑物水下分块平面图或水下分类平面图，比例一般采用 1∶500～1∶50，测绘成图方法主要有目测参照测量法、行程计算测量法、GPS 定位测量法、数码摄像测量法。

每种方法都是对构筑物水下各种不良因素进行“数字化”处理。即将其实际形态或边界分解成控制测点形式，分别量测距离或测绘上图并现场连线，或者测量三维坐标数据，并与编录内容对应。这些方法都需要以工程技术人员为主体，其他水下人员或水下设备操作人员辅助配合才能进行。

2.1 目测参照测量法

其基本原理是参照构筑物水下部分结构特征，确定观测位置的相对坐标值（即两个方向上的距离值），展绘在标准计算纸作为图幅的底版图纸上，并按观测目标的属性进行测点间连线。根据构筑物的规模大小选用合适的图幅比例，并将构筑物桩号标注于图纸上。

实际应用中，进行水下测绘前，应参照构筑物选择某一便于测量的方向作为基准，在底版图纸上对应位置用虚线注明，并标记参照原点。对需要测绘的水下内容分解成控制测点，沿参照的原点及构筑物特征，判断目标控制测点的相对距离值及方位，将测点展绘于图纸上并连线，且用与编录内容相对应的文字、数字序号或符号标注清晰，这样就可以分次完成构筑物分时、分段、分块的部位。

实践证明，该种方法简单、方便、易行，工作速度也较快。但由于目测精度欠缺，编录测绘会有一定误差，但一般能满足需要。

2.2 行程计算测量法

此种方法适用于水下相对封闭、视线较差或无参照标记的情况。

进行水下测绘前，应参照构筑物选择某一便于测量的方向作为基准，在底版图纸上对应位置用虚线注明，并标记参照原点。同时对于水下检测行进时，须从已标记的原点固定一条测绳，对需要

测绘的水下内容分解成控制测点，读取测绳长度，计算出其与标记原点的距离值，并将测点展绘到图纸上并连线，标记目标测点相应属性信息。

实际应用中，已实现参照原点可进行惯性导航，且在水下行进摄像设备（ROV）上搭载 DVL 及其编程相应算法，提前绘制待检测区域矢量平面图、断面图，水下行进过程中可直接反馈 ROV 相对参照原点的行进距离、方向，同时行进中可标注相对准确的桩号。

运用这种方法，由于环境受限，且其相对于参照原点的计算误差会随 DVL 累积计算误差逐渐加大，行进路程越长，误差就越大，使用时应充分考虑行进路程。

2.3 GPS 定位测量法

利用 GPS 定位对构筑物进行水下检测，是一种新兴起的高技术含量测绘方法。其主要是把 GPS 装置安装在水下行进设备或潜水员配备，在行进到控制测点时，读取 GPS 三维坐标并记录测点相应属性信息。该方法不需要标记参照点，就能轻松解决测区内所有测点的测量问题，但 GPS 信号受环境影响较大，尤其在水中信号衰减急剧加大，因而设备需要不定时返回水面进行位置校准，且校准过程中，其绝对位置的正负误差有不确定性。

GPS 定位测绘时，应先对 GPS 装置精确度进行复测，核对无误后开始下水检测，记录过程中须对测点编号顺序和现场对应位置记录一致，以便于室内成图时测绘内容和编录内容相对应。

2.4 数码摄像测量法

数码摄像测量法适用于水下能见度高、水流流速较缓的工况。主要方式是用摄影的方法，以一定方式记录下构筑物水下空间的各类信息，再用计算机图像处理的方法，将摄影所获得的信息，转换为水下编录展示图。

该方法对于非测量相机有较高的技术要求，镜头畸变差尽可能小，视角尽可能大；能适应较弱的光线；考虑到景深，拍照时要尽可能用相同的主距。如果有条件，应配备相机定位定向装置以保证成果有一定精度。

摄影时，所有的摄点应等距布置。摄影编录方式分为立体式摄影和非立体式摄影。其区别在于：立体摄影摄站比非立体摄影密度大一倍，须保证相邻照片相互重叠 50%以上，以便于立体观察。

在实践应用中，如果须编录拍摄的构筑物的底、顶或壁结构简单，没有小范围扭曲凹凸时，立体摄影就不很必要，只要把握好照明，非立体摄影得到的相片即具有相应的效果，而工作量仅为立体摄影工作量的一半。除非构筑物水下情况很复杂，一般可以不用立体摄影。

图像的处理可选用专业的图像处理软件进行，如 Photoshop 或者其他便捷版工具皆可。图像处理包括确定图形的比例尺，图像的斜切、拉伸、缩放，将局部变形的图像变换为正射相片平面图等。

3 结语

对以上构筑物水下编录的方法，在实际工作中已经得到了充分应用，实践表明：

目测参照测量法简单、方便、易行，工作速度亦快；

行程计算测量法定位受限于 ROV 姿态，DVL 累积误差以及水中悬浊物、水底沉淀附着物影响；

GPS 定位测量法方便、灵活、测量精度高、速度快，且便于矢量化成图；

数码摄像测量法成果直观，便捷，但对摄影技术及图像处理要求水平高，原始资料整理要烦琐一些。

结合南水北调中线工程实际及现阶段水下检测情况，综合应用行程计算测量法及 GPS 定位测量法，能有效提高水下检测目标的定位精度。在使用中，不管是外业还是内业，都还须在实践中不断改进，积累经验，不断完善。

南水北调中线渠道衬砌面板水下修复施工技术

鲁建锋，翟自东，于　镭，翟会朝，周位帅

（南水北调中线干线工程建设管理局河南分局，河南 郑州　450000）

摘　要：本文针对南水北调中线鹤壁段部分渠道衬砌板存在的裂缝、拱起、滑落等问题，采用了一种水下不分散混凝土水下蛙人潜水浇筑作业的方法对衬砌面板进行了修复施工。文中首先介绍了南水北调中线工程的工程特点及施工难点，提出了对应处理措施，然后对水下施工工艺流程，注意事项进行了分析介绍，最后通过衬砌板修复前后对比，验证了该方法对水下衬砌板修复具有较强的操作性和适用性。

关键词：调水工程；衬砌面板；水下修复；水下不分散混凝土

0　引言

大型水利工程普遍存在不能停水检修的问题[1-3]，南水北调中线工程自通水以来由于定位转变，由辅助性水源转变为主要水源，更加无法实现停水检修。由于渠道衬砌板常年受流水剥蚀以及冻融剥蚀等影响，存在水面以下衬砌板裂缝、拱起、滑落等问题，为了保证渠道输水安全，不停水检修维护衬砌面板是亟待解决的重点及难点之一。

不停水检修的方法通常有两种：第一种通过组合式围堰、沉箱式水下设备等方式将需要修复的位置形成干地环境，然后进行施工修复；第二种是通过采用新型环氧砂浆、水下不分散混土等新型材料进行带水水下施工修复。由于组合式围堰以及沉箱式水下设备入水深度有限，只适合渠道水下浅层部位修复，在深水条件下的稳定性较差，很难形成干地环境，考虑到施工需要修复位置较深，且水流较大，因此选取水下修复技术进行现场施工。

南水北调中线河南分局鹤壁段工程辖区内存在衬砌板拱起、滑落现象。为避免衬砌板变形破坏影响总干渠正常输水，鹤壁管理处根据现场条件，采用了一种水下不分散混凝土水下蛙人潜水浇筑作业水下衬砌面板修复施工技术方法，通过吊车布置现场，水下局部围挡安装，碎石袋清运、破坏的衬砌板拆除、保温板及土工膜拆除、水下混凝土浇筑等工艺顺利完成了对衬砌板拱起问题的修复，经过对比观察，该方法具有工程造价低，适用性强等优点，可广泛应用于南水北调中线工程沿线水下衬砌面板修复工作。

1　施工难点及处理措施

由于水面以下无法明确观测到衬砌板裂缝、拱起、滑落的具体情况，水下作业时难以确定施工

作者简介：鲁建锋（1992—），男，助理工程师。

范围和具体施工位置，因此对现场工序作业情况的实时监督和管控存在难点。为了施工部位和施工范围不明确的问题，施工前由潜水员采用管供式空气潜水进行水下探索，配备潜水装具、水下照明设备、水下摄像机、潜水电话和水下施工工具。潜水员在水下确定衬砌板需修复范围，做出记号，水下摄像机和水下电话通过电缆与水面监视器连接，水下录像机对水下施工过程进行录像，陆上人员和工程监督人员通过水面监控器可直接监督、检查和指导水下作业，同时可以通过潜水电话与潜水员对话，并根据监控视频显示将待处理范围标注在图纸上。

修复段施工现场处于水面以下，要求总干渠不能停水且不能污染水质，由于现场不具备干地作业条件，因此施工难度较大。本项目施工过程中通过安装水下围挡装置，为衬砌板破损区提供静水条件，然后依靠潜水员水下作业清理干净衬砌板表面，最后再采用水下不分散混凝土进行立模浇筑修复。

修复施工属于临水作业，潜水属于特种作业，具有一定的危险性，必须加强安全管理，保障作业安全。为此，本项目施工前通过建立健全领导班子，选派具备丰富施工经验的人员组成工作部，加强施工管理，制定合理细致的施工组织安排，做好后勤保障工作，对施工现场用电、机械操作、水下作业人员在思想意识上进行安全观念教育。

根据现场勘查，修复段的施工现场工作面狭窄，大型的吊装设备无法就位，在不破坏原渠道的基础上，本项目采用卷扬机与 8t 吊车进行配合的方式进行施工，对于吊车无法就位的位置加工了一个带卷扬设备的可拆装的水上工作平台如图 1 所示。

图 1　水上施工平台

图 1 中水上施工平台根据破损位置情况在岸上提前选取四个固定点，在施工平台上安装 5 台 1t、容绳量 100m 的卷扬机，4 台用于平台移动，1 台用于吊装起重，起重量通过动滑轮让起重量达到 5t 左右；施工用的设备材料存放、预制场等布置在渠道左岸；现场配备 50kW 发电机组；进行水下作业的设备机箱、液压动力站放置在左岸岸顶区域；在马道上布置设备存放场地，用于存放排沙管、渣浆泵等设备；制作一个 60cm 宽的梯子，长度从马道到水面的长度。

2　水下修复施工

2.1　施工工艺流程

渠道衬砌板水下修复主要施工工艺流程如图 2 所示。

2.2 水下围挡安装

为便于水下施工，需要在边坡修复范围上游设置临时围挡，在施工区域形成静水区，围挡高出潜水员作业高度 0.5m，以减少水流对潜水员作业的影响。临时水下围挡采用钢制结构，围挡底部与总干渠底板及渠坡采用橡胶或其他柔性垫层接触，避免对渠底造成损坏。

水下围挡采用ϕ18 螺纹钢筋焊接成钢筋笼形式，高 1.5m，宽 1m，长 4m，钢筋笼放置于渠道边坡衬砌板待修复区上游，钢筋笼上游安装铁皮阻水，钢筋笼内装配重压重，钢筋笼顶部四角设钢丝绳固定于锚固桩。图 3 为水下围挡示意图。

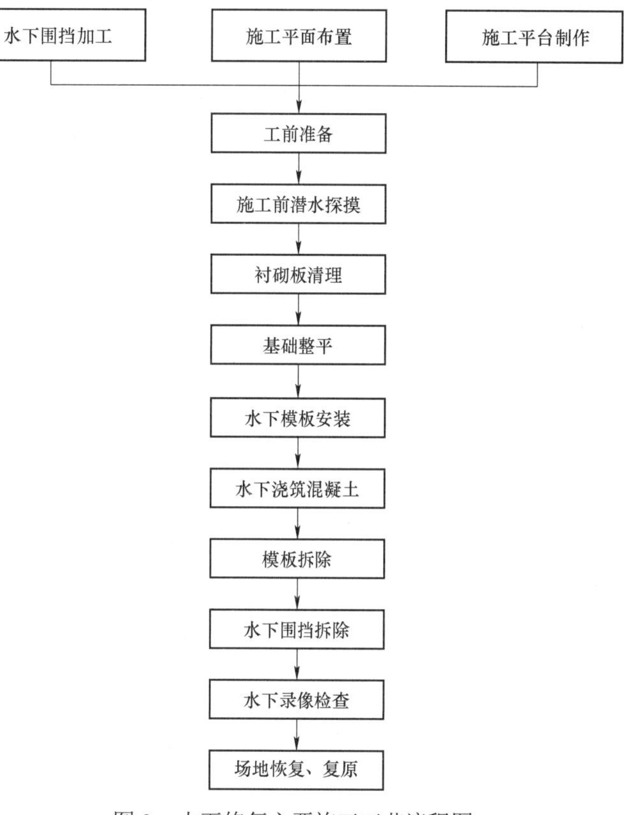

图 2　水下修复主要施工工艺流程图

2.3 边坡水下清理

由于在发现衬砌面板存在翘起现象时，衬砌板破损处曾使用麻袋填装碎石的方式进行压重应急处理，故在施工之前需先将砂石袋及破损的原混凝土衬砌、土工布、保温板等进行清理。

（1）压重碎石袋清理

清理时，首先进行抛投砂石袋的清理，清理的方式根据现场的实际情况分为三种：工作面狭窄的区域：潜水员下水将砂石袋清理至吊笼，吊笼装满后由岸上的卷扬机拉至岸边，再由 8t 吊车吊至小型运输车内装车运到指定地点；场地宽敞的区域：直接用 8t 吊车吊至小型运输车内装车运到业主指定的地点；吊车无法就位的桥下：由移动船运输至下游吊车可起吊的区域有吊车转运到指定地点。本项目施工过程中根据修复位置不同，进行现场选择。

（2）原衬砌板清理

损坏衬砌板在清理时需注意与新衬砌板结合部位处衬砌板的拆除，原衬砌板底部铺设有土工布，为了保证其止水效果，需留有 20～30cm 的土工布接头，采用 U 形钉将其固定于边坡上，在浇筑新衬砌板时将其浇筑进新混凝土衬砌板中。

拆除时确定好新旧衬砌的边线，靠近边线 2m 的范围内由潜水员携带液压钻在衬砌板上钻孔（孔径 14mm，孔深 80mm），间距 500～1000mm，确保钻孔时不损坏土工膜。图 4 为现场水下衬砌板打孔吊出，通过吊车将打好孔的衬砌面板吊出水外。

2.4 水下不分散混凝土施工

水下不分散混凝土施工工艺流程如图 5 所示。

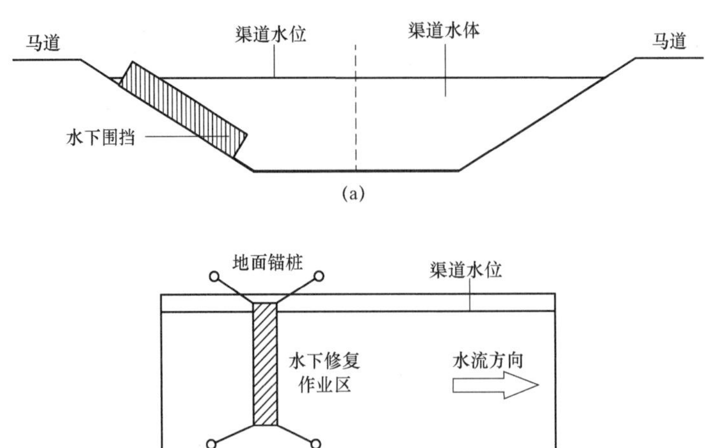

图3　水下围挡示意图

（a）水下围挡位置示意图；（b）水下围挡平面示意图

图4　水下衬砌板打孔吊出

（1）水下混凝土立模及安装

水下立模可采用水下直接立模和整体预制模板下设，具体根据现场实际条件进行确定：

1）水下直接立模，在水下仓面组装模板支架，然后在支架上固定散装或组装模板，形成与周围水域隔绝的浇筑仓面。

2）整体预制模板，实现在陆地或水上制整体围壁模板组合结构，混凝土浇筑完成后再进行整体拆除。

3）模板应尽量在路面组装牢固，防止在水下进行安装作业时发现变形或因混凝土侧压力造成变形而漏浆。水下模板的接缝应严密，当模板与混凝土接缝处有较大缝隙时，宜采用袋装混凝土或砂石袋予以堵塞。

混凝土模板的规格选用 3 块 1.5m×1.2m 的钢模板拼接而成，拼接完成的模板如图 6 所示。材料应满足以下要求：

1）模板和支架材料应优先选用钢材等模板材料，应满足吊装能力的要求。

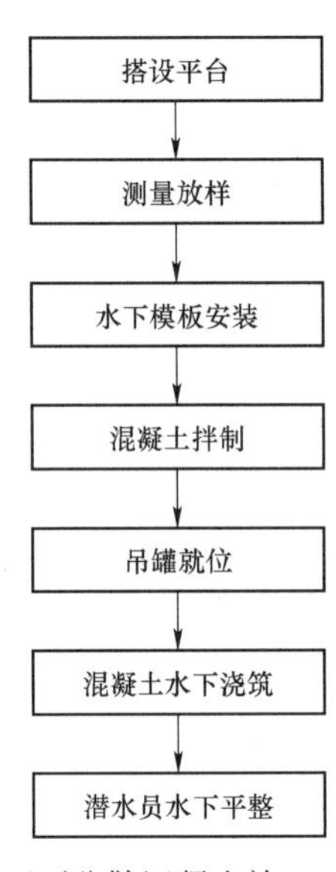

图5　水下不分散混凝土施工工艺流程图

2）模板材料的质量应符合现行国家标准或行业标准。

3）木材的质量应达到Ⅲ等以上的材质标准，腐朽、严重扭曲或脆性的木材严禁使用。

4）钢膜面板厚应不小于3mm，钢板面应尽可能光滑，不允许有凹坑、皱折或其他表面缺陷。

5）模板的金属支撑件（如拉杆、锚杆及其他锚固件等）材料应符合行业标准或国家规定。

6）模板的制作应充分考虑水下作业环境，制作允许偏差不应超过《水工混凝土施工规范》（SL 677－2014）的规定。

图6　拼接钢模板制作

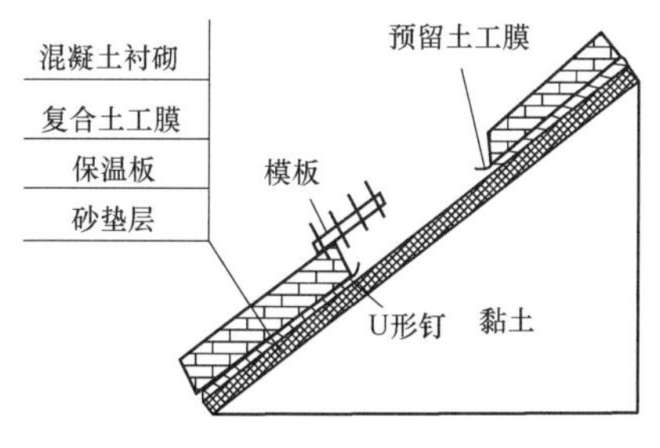

图7　模板安装平面示意图

水下模板的安装应严格按照相关技术条款和监理人指示进行测量放样，钢模板作用为固定水下不分散混凝土浇筑，需由钢架支撑。模板上安装支撑钢架应便于水下安装和拆卸；模板安装过程中，应设置足够的临时固定设施，以防变形和倾覆；水下模板的安装，应由潜水员配合实施，模板和支架的支撑部位应坚实可靠，安装过程中，应设置防倾覆的临时固定措施；模板安装的允许偏差应遵守《水工混凝土施工规范》（SL 677）以及《混凝土结构工程施工质量验收规范》（GB 50204）的有关条款规定。图7为现场模板安装平面示意图。

（2）水下混凝土浇筑

现场采用吊车起吊吊罐通过混凝土浇筑导管将混凝土送至水下仓面，导管底部用铁皮筒连接，铁皮筒底部压扁伸入仓内；施工现场能满足吊车施工且吊车杆长度达到需浇筑区域时，采用吊车起吊吊罐直接入仓的方式进行浇筑。模板采用钢质盖模（滑模），自下而上浇筑。图8为混凝土浇筑方式示意图，为避免边坡土体长时间暴露在水下，选择浇筑顺序为：跳仓浇筑，逐块拆除，逐块施工。

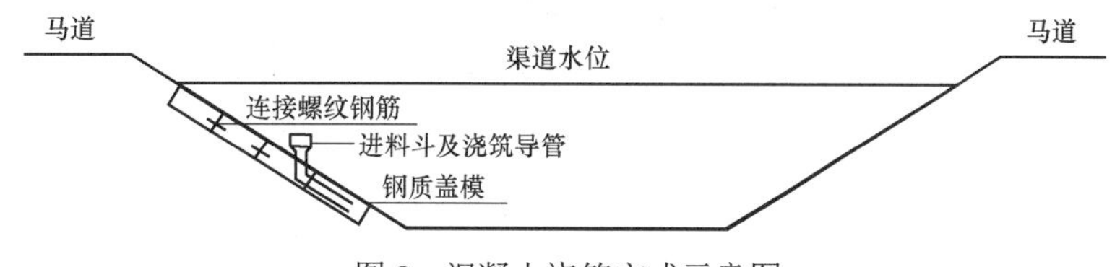

图8　混凝土浇筑方式示意图

混凝土浇筑作业的控制及注意事项：

1）安装混凝土导管前，应彻底清除管内污物及水泥砂浆，并用压力水冲洗，安装后应注意检查，防止漏浆。

2）水下不分散混凝土具有自流平、自密实的良好性能，浇筑时不需要振捣。

3）混凝土浇筑前应对老混凝土面进行凿毛，并用高压水冲洗干净，经检查合格后才能绑扎钢筋、立模，再经验收合格后方能浇筑混凝土。

4）第一罐水下混凝土浇筑时在导管中应设置隔水球将混凝土与水隔开。

5）浇筑过程中，混凝土宜连续供应，保证水下混凝土连续浇灌，若混凝土的供应因故暂时中断，应设法防止管内中空。

6）在浇灌过程中，导管只能上下升降，不得左右移动，根据混凝土面的上升高度及时提升导管，每次提升高度应与混凝土浇筑速度相适应。

7）浇筑应充填到各个角落，浇筑完的水下混凝土应平整。

8）当水下混凝土表面漏出水面后需继续浇筑普通混凝土时，应将露出水面的顶部混凝土劣质层清除。

2.5 水下围挡拆除

修复区域经验收合格后，拆除水下施工围挡，拆除围挡顺序和安装顺序相反，按照背水侧围挡板、顺水侧围挡板、迎水侧围挡板的顺序拆除，最后拆除连接在陆地上的钢丝绳及围挡骨架。

3 修复效果对比

图 9 为衬砌面板修复前后对比。由图 9（a）可以看出，衬砌面板塌陷严重，水体下渗掏刷，若不加整治，会继续造成衬砌面板滑落、渠道边坡垮塌的风险。图 9（b）为水下衬砌面板修复后的效果，修复后的衬砌面板表面平整，与相邻衬砌板连接紧密水流平顺，经过长达一年半的安全监测和大流量输水期间的冲刷验证，修复后的衬砌面板运行正常，验证了水下不分散混凝土水下蛙人潜水浇筑修复与浇筑施工技术方法的可行性，表明了修复后的衬砌面板的有效性和可靠性。

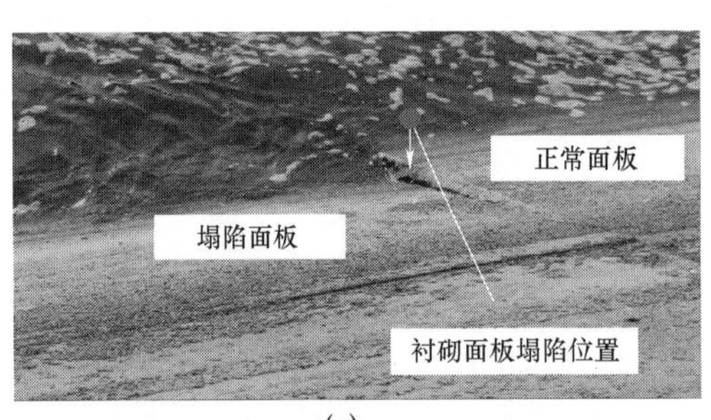

(a)

(b)

图 9　衬砌板修复前后对比

（a）修复前衬砌板；（b）修复后衬砌板

4 结束语

本文针对南水北调中线工程鹤壁段辖区内部分渠道衬砌板存在的裂缝、拱起、滑落等问题，采用了一种水下不分散混凝土水下蛙人潜水浇筑作业的方法对衬砌面板进行修复施工，通过吊车布置现场，水下局部围挡安装，水下清淤、保温板及土工膜拆除、水下混凝土浇筑等步骤顺利完成了对鹤壁段辖区内损坏衬砌面板的修复。经过安全监测和大流量输水期的冲刷验证，修复后的衬砌面板具有表面平整、质量优良的特点，且施工方法具有较强的操作性和适用性，为南水北调中线工程水下衬砌面板修复工作提供了参考价值。

参　考　文　献

[1] 王浩，郑和震，雷晓辉，等. 南水北调中线干线水质安全应急调控与处置关键技术研究 [J]. 四川大学学报（工程科学学版），2016，48（2）：1－6.

[2] 聂艳华，黄国兵，崔旭，等. 南水北调中线工程应急调度目标水位研究 [J]. 南水北调与水利科技，2017，15（4）：198－202.

[3] 孔祥林，张沙，肖雪. 南水北调中线水源区水库联合调度与水情预报 [J]. 水利水电快报，2010，31（2）：17－19.

输水状态下衬砌面板变形破坏快速修复技术与控制

郭海亮，苏　超

（南水北调中线干线工程建设管理局河北分局，河北石家庄　050035）

摘　要：南水北调中线干线工程已经成为京津和沿线许多城市的主要水源，为保证工程运行安全，结合中线工程常态化通水情况，开展水下损坏衬砌面板的修复工作是十分必要的。通过对水下衬砌面板快速修复技术的研究和控制，成功解决了在不停水工况下完成水下修复的工程难题，修复效果满足了渠道边坡过水断面尺寸、防渗和糙率的原设计要求，提高了供水保证率，经济效益显著。

关键词：水下；衬砌面板；快速修复；技术；控制

1　工程概述

南水北调中线干线工程河北段总干渠设计流量为 125～235m³/s，加大流量为 150～265m³/s，设计水深为 6m。渠堤顶宽 5m，左岸为泥结石路面，右岸为沥青路面。渠道内采用 C20F150W6 混凝土衬砌，渠坡衬砌厚度为 10cm，渠底厚度为 8cm，混凝土衬砌下部设复合土工膜及保温板。在工程运行 6 年来，期间因汛期强降水、高地下水位作用、膨胀土变形、冻胀及温度等原因，导致部分水下衬砌面板发生破坏变形，破坏类型分为隆起变形和整体滑落两种。为避免衬砌面板变形破坏进一步加剧，影响总干渠正常输水、保证工程运行安全，结合目前南水北调通水情况，提出了在不停水工况下，对水下损坏的衬砌面板进行快速修复。

2　修复方案的确定

目前水下衬砌面板修复方案主要有三类：一是模袋混凝土施工，二是水下不分散混凝土施工，三是预制混凝板水下拼装。模袋混凝土施工的优点是一次喷灌成型，适应各种复杂地形，不需填筑围堰，可直接水下施工，整体性强、稳定性好；缺点是模袋混凝土浇筑成型后，表面凹凸不平、糙率大、平整度不好，影响渠道输水能力及水流流态。水下不分散混凝土施工优点是多用于水下基础处理，具有抗分散性、自流平性与填充性、保水性与整体性、安全性等特性；缺点是施工效率低、施工成本投入较大，表面平整度无法保证。预制板拼装方案可根据原衬砌板结构设计四周带燕尾型连锁扣和弧形凹槽的钢筋混凝土预制板，结构缝嵌填 SR 塑性止水材料，满足了预制板的整体性和稳定性，保证了修复后防渗要求，同时表面平整度满足了原设计的糙率要求，具有循环使用和快速修

作者简介：郭海亮（1980—），男，高级工程师。

复的特点。经方案比选，确定采用水下预制板拼装修复方案。

3 衬砌面板快修复工艺

在渠道正常通水工况下，在衬砌板修复范围外设置组合钢结构围堰（透水围堰），将水流流速降低至 0.5m/s 以内，以便于施工，同时减少水下施工对总干渠通水产生污染。修复工艺流程为：① 水下检测确定修复范围→② 拆除清理已损坏的衬砌面板→③ 基础面处理→④ 防渗及保温结构修复→⑤ 预制板水下安装→⑥ 结构缝嵌缝处理。

4 快速修复关键技术与控制

4.1 装配式钢结构围挡

（1）钢围挡设计缘由

南水北调中线总干渠设计水流速为 1.0m/s 左右，最大作业水深 6m，潜水员无法直接入水作业。为减少水下施工对总干渠通水产生污染及在施工区域形成相对静水区，需要在衬砌面板修复范围外设置三面围挡，围挡高出水面 0.5m，将水流流速降低至 0.5m/s 以内。

（2）钢结构围堰设计

围堰采用三面围挡的形式，其中迎水面拐角处挡板与水流方向形成 30°夹角，以便改善所受的水流力的冲刷；顺水流方向挡板与水流方向平行；下游拐角处围挡与水流方向形成 45°夹角，以利于水流不产生旋涡对围挡产生压力。

纵向围堰：围堰骨架安装完毕后，钢结构顺序放入导向槽，围堰高度 6.5m，超出水面 0.5m。

横向围堰：横向围堰坡面底层模板按坡比及高度定制，上层模板为拼装钢模板。并对横向不规则模板进行编号，按照编号进行安装。上游迎水面围堰、下游背水面围堰需要架立在边坡上，底层模板高度需根据边坡的高度进行调整，并将底座制作成 1∶2.75 的斜坡（根据现场坡比进行调整）。

上下游围堰分层安装布置图见图 1。钢结构围堰由钢结构架体和钢模板组成。钢结构架体由底座、导向槽和斜撑构成。底座采用槽钢［10 制作，底座宽 4m，长 1．5m。底座中间 2m 位置设置导向槽，导向槽为一根［10 槽钢，高度 6．5m。导向槽两侧设置［10 槽钢斜撑，用于支撑导向槽，防止发生变形。围堰钢模板放置在架体导向槽内。钢结构围堰拼装正视和侧视图见图 2 和图 3。

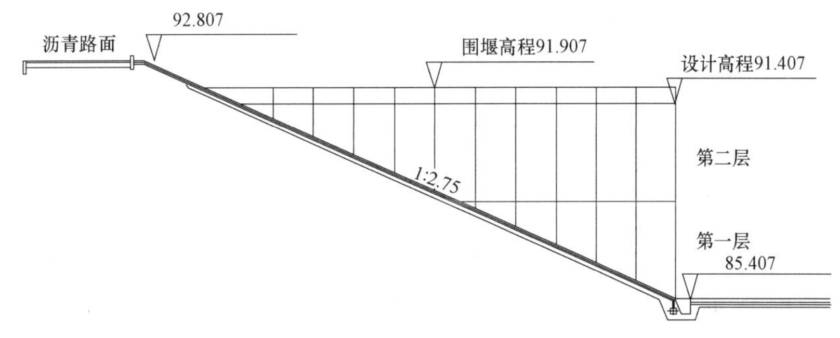

图 1　上下游围堰分层安装布置图

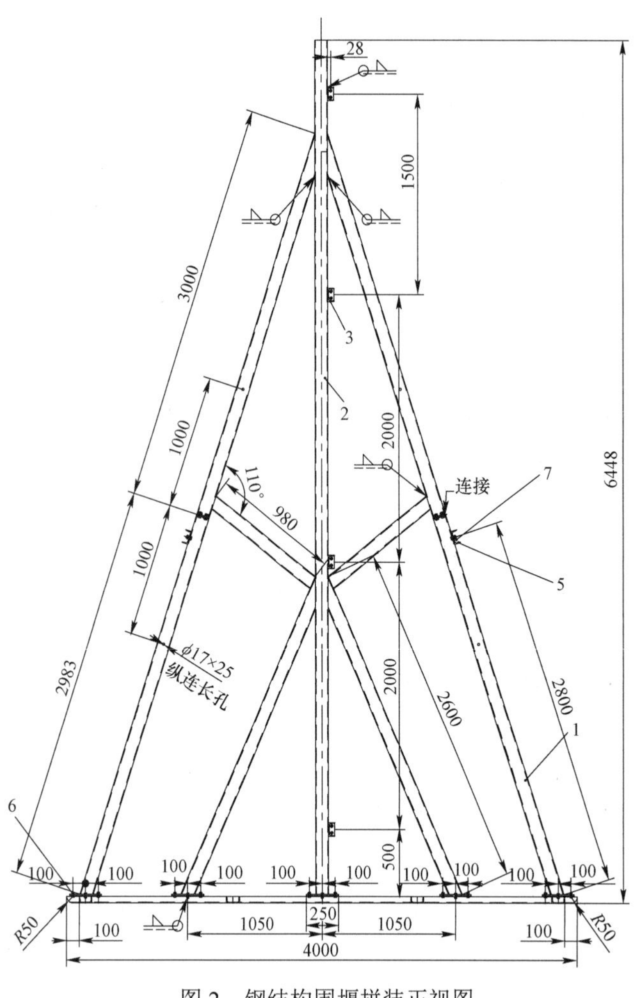

图 2　钢结构围堰拼装正视图

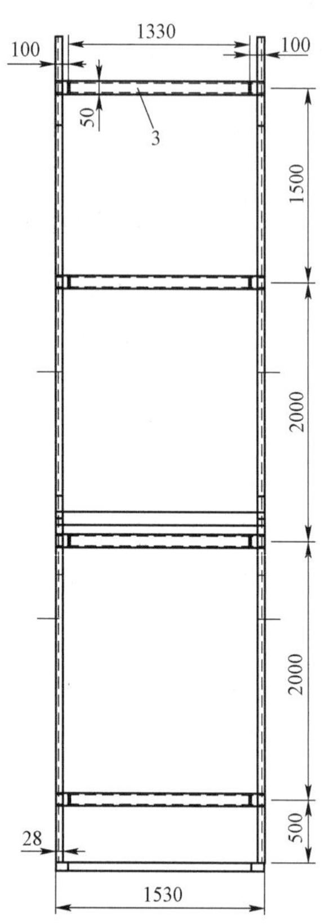

图 3　钢结构围堰侧视图

（3）钢结构围堰施工

钢结构围堰架体就位前先确定围堰角度和位置，将第一组架体固定到渠坡上，用钢丝绳与渠道对岸系缆桩牵引固定，将架体缓慢牵引入水。第一组架体安装就位后，第二组架体牵引入水，依次拼装其余几组架体牵引入水，直至最后一组架体拼装入水固定完成。待所有施工完成后，进行钢结构围堰拆除工作。钢结构围堰拆除与安装步骤相反，把底部放置的铸铁砝码吊出水面，然后利用系缆桩将钢结构围堰支架人工拉出水面。钢结构围堰拆除完成后，潜水员清理水下遗留的杂物。

4.2　钢筋混凝土预制板

（1）混凝土预制板结构形式

预制板混凝土等级采用 C35W6F150，结构尺寸为 0.99（0.98）m × 1.99（1.98）m × 0.1m，四周设置燕尾型连接锁扣，根据连锁位置的不同，预制板共分 6 种形式（见图 4）。预制成型混凝土板见图 5。

（2）模板

主要采用定型钢模板，底膜及模板采用 3.5mm 钢板制作，模板连接处采用螺栓固定，弧形结构缝采用镀锌钢管加工，保证预制板平整度满足误差在±3mm 范围内，结构尺寸误差在±5mm 范围内。

（3）结构缝设计及优化

结构缝设计中为增强防渗效果，在预制板四周中间设置弧形凹槽，既减少了混凝土气泡，又保证缝隙填充密封胶的牢固性，满足了施工要求。优化前直角凹槽和优化后弧形凹槽见图 6 和图 7。

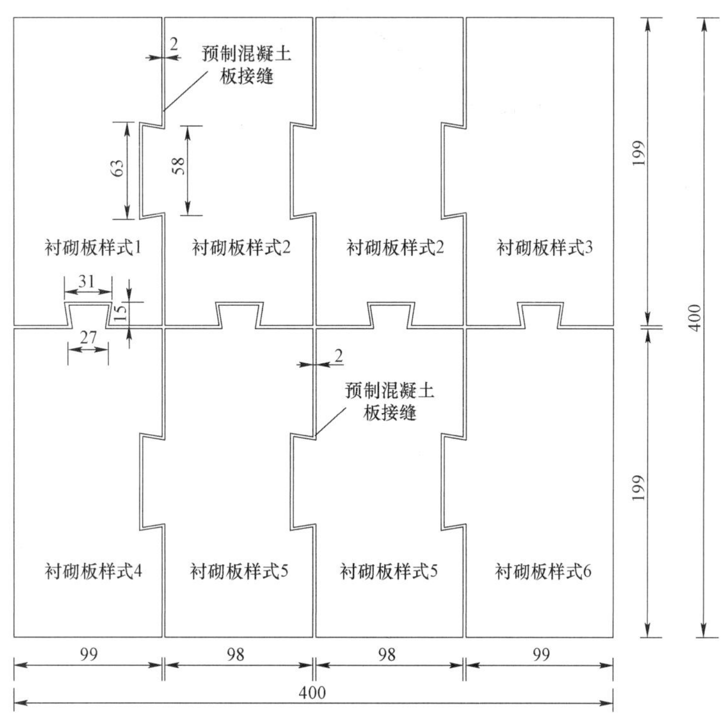

图 4　预制钢筋混凝土板拼装平面图

图 5　预制成型混凝土板

图 6　优化前直角凹槽

图 7　优化后弧形凹槽

4.3　水下衬砌板拆除

衬砌板分割：潜水员采用液压圆盘锯进行水下分割，切割深度为 9cm，沿衬砌板中间切割成 2.0m×2.0m 块；再利用气动钻机在衬砌板上钻孔锚固膨胀螺栓，每块衬砌板设置 3 个吊点，避免在水下破碎，减少对水质造成污染。

板膜剥离：首先必须将衬砌板与下部土工膜剥离。混凝土衬砌面板和下部土工膜经过长时间的运行，结合较为紧密，分离所用的负荷较大。经方案优化，在水上移动作业平台上采用电动葫芦配合潜水员进行剥离作业，确保复合土工膜二次破坏。

4.4　基础处理施工

衬砌板拆除后，潜水员对渠坡基础进行水下检查，检查内容包括基础高程、保温板及复合土工膜等情况。经潜水员水下检查发现，基础隆起情况较少，个别部位隆起高度 50cm 左右。潜水员首先采用液压风镐对隆起部位进行松动，然后人工装至定制的铲运斗中，轻型自行式门式起重机吊装至运输车，运至指定弃渣点。对于基础沉陷部分填筑土工布（400g/m^2）缝制砂石袋，分层填筑，下层用砂石袋填筑，上层用砂袋找平，保证填筑密实，无缝隙。基础填筑完成后，平整度误差控制在 10mm 以内。

4.5　复合土工膜及保温板修复

土工膜铺设主要包括两种情况：一是基础隆起造成土工膜破坏的，在开挖区域边界保留 20～30cm 的土工膜；二是大面积土工膜敷设破坏的，在修复区域边界保留 20～30cm 的土工膜。根据土工膜破损的情况，采用不同长度的钢管做卷轴，把事先裁剪好的土工膜卷在卷轴上，位于卷轴两端的两名潜水员从上向下依次下移，将土工膜顺次向下铺设，同时另外一名潜水员及时对铺设的土工膜进行压重，以防止水中土工膜的漂浮。土工膜连接处铺设两道 SR 塑性止水材料（1 × 2cm），保证土工膜黏结密实。

保温板采用渠段原设计保温板规格型号，将更换的保温板提前粘贴在预制板下面，随预制板一块铺设安装。

4.6 预制混凝土板水下安装施工

潜水员在水下负责混凝土板位置的摆正及拼装角度调整，通过水下通信、视频监控系统和岸上人员及时沟通到位。混凝土板吊放到位后潜水人员进行吊装带的解扣工作，混凝土板的安装顺序遵循由自下而上逐层安装。混凝土板全部铺装到位后，潜水员进行水下录像和复查，进一步细微调整，确保混凝土板铺设平整度不大于 5mm；同时对结构缝宽度进行调整，保证各预制板缝宽均匀。

4.7 结构缝处理

SR 塑性止水材料是专门为混凝土面板坝接缝止水而研制的嵌缝、封缝止水材料，SR 塑性止水材料以非硫化丁基橡胶、有机硅等高分子材料为主要原料，经纳米材料改性而成，是国内外面板堆石坝的主要表面接缝止水材料，具体物理指标见表 1。

表 1　SR 塑性止水材料物理指标

序号	项目			指标
1	密度/（g/cm³）			≥1.15
2	施工度（针入度）/mm			1/10mm：≥80
3	流动度/mm			≤2
4	流动止水长度/mm			≥135
5	拉伸，黏结，性能	常温，干燥	断裂伸长率，%	≥250
			黏结性能	不破坏

预制板安装完成后，潜水员采用低压水枪对预制板之间的拼接缝（见图 8）进行水下冲洗清理，将缝隙中的杂质冲洗出缝隙，确保缝隙内的洁净。清理作业完成后，潜水员用 SR 塑性止水材料填充对接缝，在 SR 塑性止水材料填入缝腔过程中，利用专用工具捣实，保证缝隙填充饱满，无空隙（见图 9）。

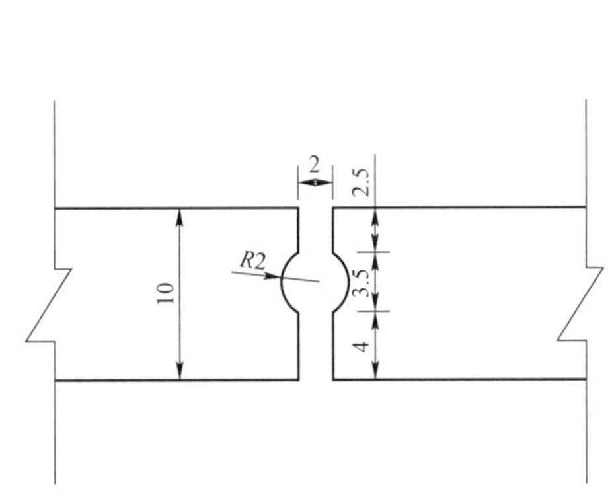

图 8　结构缝大样图

图 9　嵌填 SR 塑性止水材料施工图

4.8 水上移动作业平台

为配合衬砌板水下拆除、预制板安装、钢围挡安装及拆除，提高衬砌板修复施工效率，在水中设置移动作业平台。作业平台由槽钢及角钢焊接成的钢桁架和浮筒组成，水上移动作业平台上设置2t电动卷扬机。作业平台由两组组成，每组长度15.9m，宽度3.0m，由32个浮筒拼接而成，平台平均吃水深度约为25cm，满足安全要求（见图10）。

4.9 轻型自行门式起重机

（1）设计缘由

衬砌板修复现场主要在一级马道内侧，左岸为沥青路面，右岸为泥结碎石路面，路面宽度为5m。施工场地、道路荷载及道路通行均受条件限制，结合现场实际情况，需要研制一套轻型吊装设备，既满足道路荷载要求、又满足吊装要求，同时还保证运行道路不断交。经过反复讨论研究和设计，提出了轻型自行式门式起重机。

（2）起重机结构形式

起重机由底座、支撑和吊装系统构成，其中底座包括枕木（15cm × 20cm × 4m）及轨道（工字钢），枕木上纵向铺设木板，保证道路通行要求；支撑系统主要由钢结构组成，保证结构整体强度和刚度要求，同时保证道路通行要求；吊装系统包括吊装轨道梁（工字钢）和电动卷扬机（2t），轨道梁向渠内悬臂长6m，吊装至水上移动平台。轻型自行式门式起重机施工图见图11。

图10　水上作业平台施工图

图11　轻型自行式门式起重机施工图

5 结语

该快速修复技术果满足原设计糙率要求，保证设计流量供水和供水效益，保障了中线供水长远的经济效益同时保证总干渠渠堤安全，避免（防止）衬砌板隆起（塌陷）部位扩大，引起大范围塌陷的风险，保障了南水北调中线运行通水安全，发挥了中线工程的社会效益。目前，该项快速修复技术正在南水北调中线工程全线推广应用，在应用中将对修复技术工艺进一步标准化、规范化，对关键控制指标和质量标准不断优化，形成一套完整的、系统的、科学的技术标准，满足在不同工程和不同工况条件下推广应用。

参考文献

孔庆慧．南水北调中线水下衬砌面板变形破坏修复技术［J］．水科学与工程技术．2020（2）：49－51

南水北调中线总干渠水下破损衬砌面板修复现场施工管控要点

郭宏军

（南水北调中线干线工程建设管理局河南分局，河南郑州　450000）

摘　要：南水北调中线工程是一项宏伟的民生工程和生态工程，自通水以来已累计向河南、河北、北京、天津4个省（市）供水350多亿 m^3，极大地缓解了华北地区的水资源短缺问题，对改善受水区域的生态环境和投资环境，推动当地的经济社会发展起到了非常大的作用。为保证南水北调中线工程不间断输水，中线建管局高度重视工程维护工作，积极研究水下工程维护新工艺新方法。文中结合南水北调中线工程总干渠鹤壁段渠道水下破损衬砌面板修复施工实例，对渠道正常通水情况下的水下衬砌板修复施工方法及质量、安全控制要点进行了总结，指出了工程的施工重点和难点，详细叙述了渠道衬砌板水下修复施工工艺流程，施工安全和质量控制要点，水质保护措施等，对今后的水下衬砌面板修复施工管理工作具有指导意义。

关键词：渠道；水下衬砌板修复；施工管理

1　工程概况

南水北调中线鹤壁段工程全长30.83km，是南水北调中线总干渠的组成部分。鹤壁段渠道设计流量为245m^3/s，设计流速约为1m/s。渠道设计水深为7.0m，设计底宽8.0～19.0m，一级马道渠堤顶开口宽54.9～71.7m，边坡相应为1∶2～3.5，其中1∶2边坡的居多。自2014年通水以来，经工程巡查和水下专项排查发现个别渠道水面以下衬砌板有不同程度的沉降错台情况，比较严重的有 5 处（见表1 鹤壁段工程渠道衬砌板修复统计表）。渠道衬砌面板破坏情况示意图见图1。

为消除工程输水安全隐患，2019年下半年，南水北调中线建管局组织对包括鹤壁段工程在内的沿线渠道边坡破坏部分，在不停水情况下利用不分散混凝土进行水下衬砌板修复，以保障渠道运行安全。

表1　　鹤壁段工程渠道衬砌板修复统计表

序号	所在位置	问题描述
1	刘庄东生产桥桥下面板	左岸侧水下衬砌板共发现4块板有沉降错台，最大沉降26cm，在面板发现多条裂缝，缝宽在1～5mm，所有缺陷处未发现渗漏现象
2	刘庄东生产桥桥下面板	右岸侧水下衬砌板共发现 7 块板有沉降错台，最大沉降 8.7cm，在面板发现多条裂缝，缝宽在 1～5mm，所有缺陷处未发现渗漏现象
3	黄庄南公路桥桥下面板	右岸侧水下衬砌板共发现6块板有沉降错台，最大沉降10cm，在面板发现多条裂缝，缝宽在1～5mm，所有缺陷处未发现渗漏现象

作者简介：郭宏军（1976—），男，高级工程师。

续表

序号	所在位置	问题描述
4	黄庄南公路桥下游 200m	水下衬砌板出现坍塌现象，衬砌板边缘出现淘空，多块衬砌板破碎，缺陷以前修补处出现破损、缺失等现象。 黄庄南公路桥左岸上、下游墩柱（共 3 根墩柱，周边 10 块衬砌面板沉陷破坏）周边局部有渗漏通道（飞检描述）
5	刘庄火车站生产桥桥下面板	左岸侧衬砌板至下游共 11 列面板的第 4、第 5 块面板上（共计 22 块面板）覆盖有沙袋，面板之间有胶皮缺失及结构缝开裂现象，没有发现沉降错台及面板裂缝（飞检发现时错台 20cm，压重后复位）

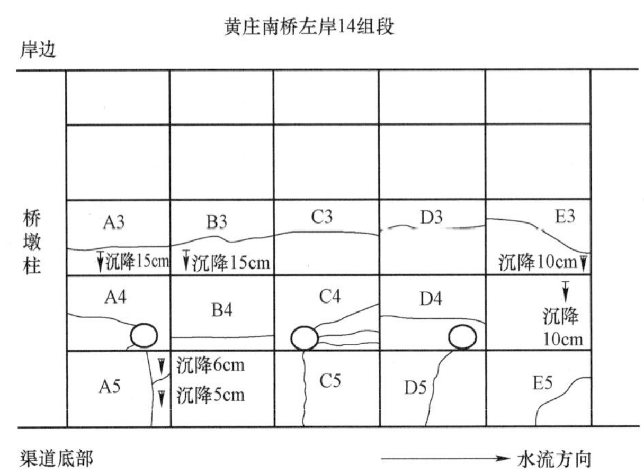

图 1　渠道衬砌面板破坏情况示意图

2　施工难点及重点分析

2.1　水下施工工序多，施工难度大

水下渠道边坡修复是在保证南水北调总干渠正常通水条件下进行，施工工序多，工序衔接紧密，施工难度大。水下施工的主要内容包括基面处理、水下围挡施工、水下模板固定、水下混凝土衬砌拆除清理、水下不分散混凝土浇筑等。

2.2　施工场面狭窄，大型设备使用受限

现场施工场地基本上在渠道一级马道上布置，道路宽度仅有 4m，决定了施工设备、机械的选定受限，不能采用大型机械设备，工作面内施工干扰大。

2.3　施工安全风险点多，管理难度大

施工涉及临水作业、水下作业和吊装作业等，安全风险点多，情况复杂，必须加强施工过程安全管理，严格落实各项安全措施，确保不发生安全事故。

2.4　水质保护要求严格，措施必须到位

施工期间渠道正常通水运行，要采取有效措施防止渠道内水质发生污染，保证供水水质安全。

3 现场施工管理总体要求

3.1 技术管理

要求施工单位根据项目现场实际情况对水下施工编制专项施工方案。专项施工方案须经过监理、业主审批后方可实施。施工前根据专项方案的内容组织对施工人员进行技术、安全交底，施工过程中对各工序的施工工艺严格按照专项施工方案的内容执行。

3.2 质量控制

严格控制各单项工程施工质量，上一道工序未经过验收严禁进行下道工序施工。实行施工过程中重点工序由建管单位、监理现场旁站监督制度。水下开挖基础面验收、水下混凝土浇筑、混凝土面平整的整个过程进行水下录像检查。

3.3 安全管理

严格执行安全管理规章制度，各项安全措施必须落实到位。施工前对各施工人员进行上岗前培训教育和技术交底，过程中严格按照施工方案进行，杜绝违规操作与野蛮施工。

4 施工过程管控要点

4.1 基面处理

破损的衬砌板表面有压重碎石的，首先对碎石进行清理，清理时可采用吊车配合吊斗或卷扬机配合小车进行（见图 2），小车四轮应采用塑胶轮，不得损坏完好衬砌板。基面局部突起位置应挖除，出现浸泡或扰动产生的淤泥应清除，凹陷部位铺设级配砂砾料或碎石，保持基面大致平整。沉积淤泥可采用潜水员手持小型污泥泵抽吸的方案，不得污染水质。

4.2 设置水下围挡

为保证水下施工作业区域与总干渠水体相对隔离，减少水下施工对总干渠的污染及在施工区域形成静水区，在局部水流过大的情况下，设置临时水下围挡。临时水下围挡可采用型钢或碎石袋，围挡底部与总干渠底板及渠坡应采用橡胶或其他柔性垫层接触。

4.3 损（破）坏面板结构拆除

水面以下的渠道损（破）坏面板结构拆除、清理，主要内容包括混凝土衬砌面板、保温板、土工膜、砂石垫层等。一般情况下对破坏衬砌板应整块拆除，下部土工膜及保温板应同步拆除，为避免拆除后基面浸泡及立模扰动产生淤泥，粗砂垫层不拆除。衬砌板拆除时，一般采用风镐或液压镐将衬砌板破拆为小块，然后用施工驳船上的卷扬机吊出水面，先集中堆放在水上作业平台上，再用吊车从水上作业平台上吊出运到指定地点堆放。

图 2　卷扬机配合小车

4.4　水下混凝土工程施工

水下不分散混凝土施工工艺流程如图 3 所示。

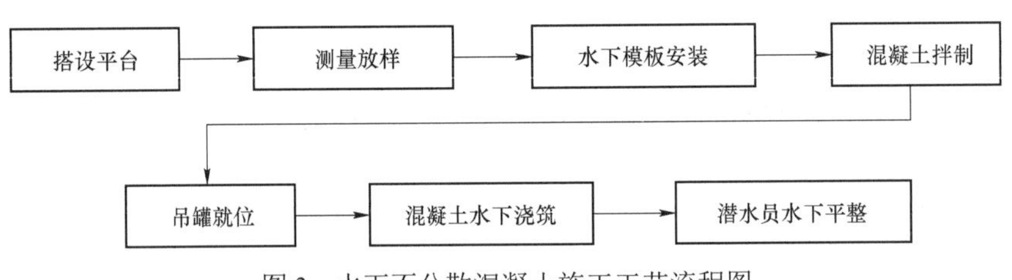

图 3　水下不分散混凝土施工工艺流程图

（1）水上操作平台

1）水上操作平台采用专门加工的一个带有卷扬设备的可拆装的施工水上作业平台，如图 4 所示。施工水上作业平台上安装 5 台 1t 的卷扬机，4 台用于水上作业平台移动，1 台用于吊装起重。

图 4　施工水上作业平台

2）施工水上作业平台上的材料、机具必须有可靠的防护，预防材料、设备因防护不充分在操作平台承载或卸载过程上下浮动造成损失。同时机具设备起吊必须专人指挥，并通知水上作业平台上

的操作人员站稳扶好。

3）水上施工人员必须穿戴救生衣，并在现场配备一定数量的救生圈，做好防冻、防滑工作。

（2）模板安装

1）模板材料与规格：单块模板尺寸与规格 1.5m × 1.2m 钢模板，模板厚度不小于 3mm，表面光滑。

2）模板安装过程中，应设置足够的临时固定设施，以防变形和倾覆。

3）水下模板的安装，应由潜水员配合实施。

4）模板和支架的支撑部位应坚实可靠，接缝严密，不得漏浆。

5）四周复合土工模及保温板的防护：上部及下部所预留的土工膜是为后续施工所设，为保护其不受伤害，在施工过程中均将其卷成筒，并用塑料布包裹后，在上面覆土进行保护。上下游两侧的复合土工膜和保温板均用采条布进行覆盖防护，并用砂袋压牢。施工缝处填塞闭孔泡沫板。

水下不分散混凝土模板示意图如图 5 所示。

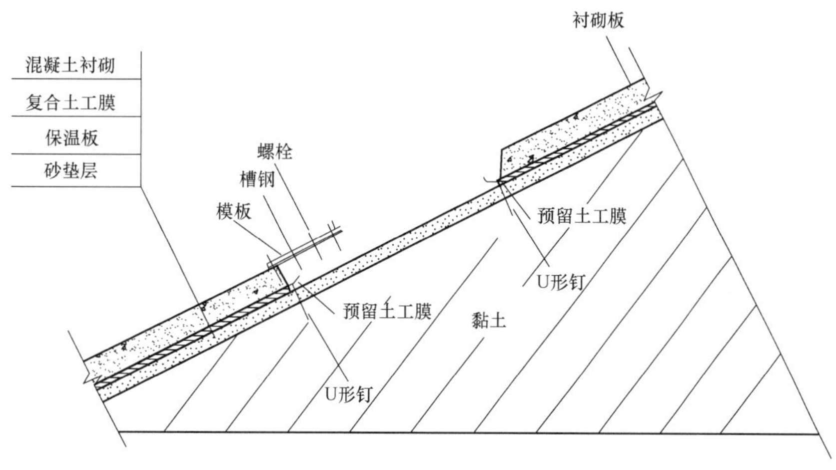

图 5　水下不分散混凝土模板示意图

（3）混凝土浇筑施工

1）新拌混凝土应具有水中不分散性能，浇筑过程中应骨料不离析，具有良好的自密实性和填充性。

2）在运输和浇灌过程中，当有显著离析时，应重新搅拌，使混凝土的质量均匀。

3）混凝土浇筑时应保证浇筑的连续性，施工现场配备的备用发电机或备用电源应满足现场连续施工最低用电容量需要。

4）采用人工分层入料，每层高度不得超过 30cm，每次浇筑不宜超过两层。浇筑过程中严格控制混凝土上升速度。

5）浇筑应充填到各个角落，浇筑完的水下混凝土应平整。

6）水下不分散混凝土拥有自流平、自密实的良好性能，浇筑时不需要振捣。

5　水下摄像及检查

本项目施工前现状、衬砌面板拆除后、水下基础清理完成、水下不分散混凝土浇筑前及恢复完成后，均应开展水下摄像及检查工作，并按发包人要求随时增加水下摄像及检查工作内容。

6 其他注意事项

6.1 供电与电气设备安全措施

1）施工现场用电设备应定期进行检查，防雷保护、接地保护等每季度测定一次绝缘强度，潮湿环境下电气设备使用前应检查绝缘电阻，对不合格的线路设备要及时维修或更换，严禁带故障运行。

2）电气设备外露的转动和传动部分（如皮带和齿轮等），必须加装遮栏或防护。

3）施工现场用电采用“三相五线制”，每台设备符合“一机、一闸、一漏、一箱”的要求。

6.2 潜水作业注意事项

1）工程涉及的所有水下作业项目，作业人员必须具备相应的潜水作业资质。

2）潜水前对潜水服装、潜水机具及电缆等进行严格检查，满足安全标准后使用。

3）现场禁止吸烟和明火，并禁止用沾有油污的手和物件检查呼吸器。

4）掌管电话、配气盘的操纵人员应由技术熟练的潜水员担任。

5）潜水行进中，对有障碍物的部位，要注意避免软管绞缠或被尖锐物磨损割破等危及潜水安全的状况发生。

6）岸上指挥人员通过通信与水下作业人员保持密切联系，有效地对水下作业进行指挥，发现安全隐患，及时采取措施进行消除和救援。

7）严防水下触电及有害气体对作业人员造成伤害。

8）不可安排未经体检和心理状态欠佳的潜水员进行潜水作业，潜水员潜水作业前不得饮酒、暴饮暴食。

9）潜水作业面四周布设水上防护栏，设置明显施工标识，严禁非作业人员及机械设备进入该区域。

拦污栅在南水北调工程运行中不停水检修方法

赵国炜，张晓杰，贺丽丽

（南水北调中线干线建设工程管理局北京分局，北京　100038）

摘　要：随着南水北调中线工程效益日益凸显，工程安全稳定运行责任也越来越大，在不停止供水的情况下，是否可以通过调整供水方式，因地制宜采取切实有效的措施完成水下检修作业，是南水北调中线工程安全稳定运行的重要保证。本文以2016年北拒马河暗渠渠首节制闸前拦污栅更换为例，在不影响北京供水的情况下，利用围堰施工技术完成拦污栅的更换。实践证明，围堰施工技术是一种切实可行的水下检修作业方法，为今后南水北调中线水下检修作业提供了借鉴和参考，也为南水北调中线水下检修作业积累了宝贵经验。

关键词：供水；水下检修；围堰施工；安全运行

1　引言

南水北调中线干线工程全长1432km，是实现我国水资源优化配置、促进经济社会可持续发展、保障和改善民生的重大战略性基础设施，担负着向北京、天津、河北、河南4省市提供生产、生活及生态用水的重要使命。南水北调中线的输水方式主要是重力自流，以明渠输水为主，中线干线工程为单一输水结构，沿线无调蓄工程，渠道或者辅助设施一旦出现问题，将面临停水或者减少供水的影响。

2016年1月，北拒马河暗渠渠首节制闸前拦污栅在运行过程中产生异响，检测发现有栅条断裂情况。北拒马河暗渠渠首节制闸是南水入京最后一道节制闸，上游与主干渠明渠连接，下游为北拒马河暗渠，与惠南庄泵站相距仅1.7km，因此，拦污栅的修复对保证北京供水起着关键性作用。由于北拒马河暗渠渠首节制闸前未设置检修闸，为不影响北京供水任务，选择围堰施工技术对拦污栅进行更换。

2　北拒马河暗渠渠首节制闸拦污栅特点

2.1　拦污栅的构造和作用

拦污栅采用1cr18ni9不锈钢材质，又称不锈耐酸钢，具有良好的耐腐蚀性，能使结构部件永久地保持工程设计的完整性。拦污栅由规格为10mm × 90mm × 5973mm的不锈耐酸钢栅条及底座组成

作者简介：赵国炜（1991—），男，助理工程师。

（见图 1）。

拦污栅是北拒马河暗渠渠首节制闸清污设备的重要组成部分，起到阻拦水中树叶、杂草、漂浮物等垃圾的作用，与抓斗式清污机配合使用，防止水中垃圾在拦污栅前拥堵影响水位，同时防止对泵站运行产生不良影响。

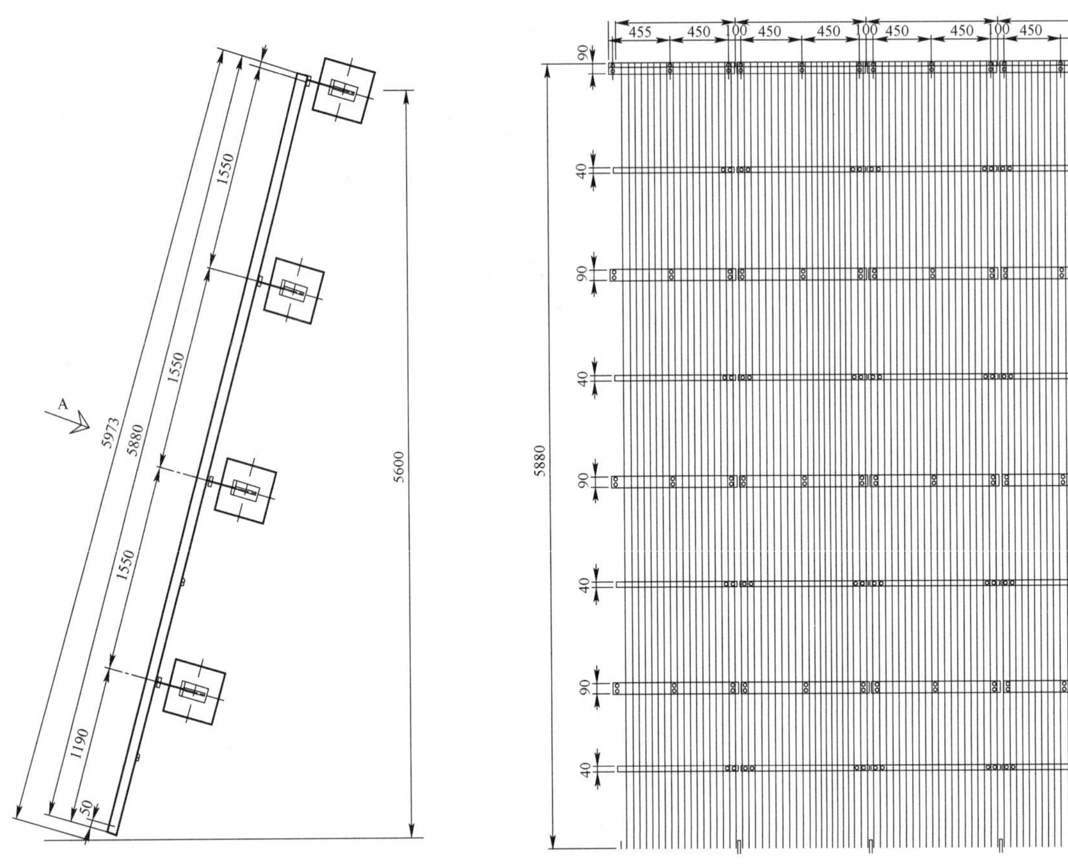

图 1　拦污栅结构图

2.2　拦污栅运行情况

南水北调中线全线正式通水以前，2008～2014 年京石段完成了 4 次应急供水，累计向北京供水 16 亿 m^3，期间小流量运行，清污量小。2015 年输水方式由小流量转为泵站机组加压运行，流量约 40m^3/s，清污量较大。2015 年 12 月，南水北调中线开始冰期输水，为防止冰凌堵塞拦污栅，清污机兼有清冰功能。

2016 年 1 月拦污栅产生异响，清污时发现断裂的栅条，随后利用水下摄像机对拦污栅进行了全面检查，发现部分拦污栅存在裂纹。

3　拦污栅栅条断裂解决方案

3.1　水下局部修复拦污栅

水下局部修复拦污栅采用水下焊接修复法即潜水作业采用焊接或增加加强筋的方法将损坏的拦

污栅栅条修复。

3.2 拦污栅更换方案选择

为保障北京供水任务，北拒马河暗渠渠首节制闸拦污栅更换工作需在不停水状态下进行。由于北拒马河暗渠渠首节制闸前未设置检修闸，拦污栅更换困难较大。针对上述不利因素，提出了以下更换方案。

1）潜水作业整体更换拦污栅。潜水作业方案是潜水员在水下完成拦污栅的拆除与安装作业。

2）围堰施工技术整体更换拦污栅。利用围堰施工技术，为所更换的拦污栅的孔口创造相对干地作业条件，以便于拆除原拦污栅，将新的拦污栅吊装完成安装作业。

3.3 方案选择

局部水下修复后的栅条强度与原栅条存在差异，应力点发生变化，栅条的损坏速度将会加快，加之可能对清污机抓斗运行造成影响，为后期运行带来隐患。

采用潜水作业方式其优点是可以不停水作业，但施工难度大，作业费用较大、施工周期极长，施工人员安全有隐患，可能对清污机抓斗运行造成影响，为后期运行带来隐患。

采用围堰施工技术的方案，可以保证在不停水的情况下完成作业，围堰可在工厂预制成型，施工周期极短，施工质量有较好的保障，总体经济合理。

经过分析比较，最终选用围堰施工技术方案。

3.4 围堰的设计制作

（1）北拒马河暗渠渠首节制闸工程特点

北拒马河暗渠渠首节制闸采用一联双孔设计，闸孔对称，工程、运行参数等相同。拦污栅检修期间，节制闸运行方式可以调整为一孔过流，另一孔检修。单孔过流时流速约 1.2m/s，水深约 3.8m，流速、水压比较大，对拦污栅更换造成一定影响。

（2）围堰设计要求

1）水质不能受到污染。南水北调所供之水作为北京人民生活、生产主要用水，首先要保证水质安全，不能产生任何对水质有污染的行为。

2）工程不能被破坏。围堰施工不能对节制闸底板和翼墙等工程结构造成破坏。

3）施工期限不能过长。拦污栅检修期间，北拒马河暗渠节制闸运行方式调整为单孔过流，为减少向北京供水影响，施工期限不宜过长。

4）围堰结构要有足够强度。拦污栅检修时水流速度大、压力也比较大，所以围堰要有足够的强度。

（3）围堰形式选择和设计

围堰的形式种类多样，主要有土石围堰、木桩围堰、钢板围堰等，根据北拒马河暗渠渠首节制闸双孔对称分布特点和不能破坏工程的要求，选择钢板围堰。利用北拒马河暗渠渠首节制闸两孔参数相同和单孔过流的运行方式，分别检修。

钢板围堰有强度大、方便灵活的特点，可以提前制作完成，缩短检修时间。钢板围堰利用自重沉入水底，不会对水质和工程造成影响。围堰整体高 5200mm，由于重量较大，为了方便运输和安装，分为了上下相等的两部分。

钢板围堰采用“Y”形设计，此设计方式可以与节制闸中墩紧密贴合。围堰采用 Q355B 低合金高强度钢焊接而成，围堰与建筑物贴合处，安装有橡胶水封利用水压，增加止水能力。围堰安装方向与水流方向设计有一定夹角，可以起到导流作用（见图 2）。

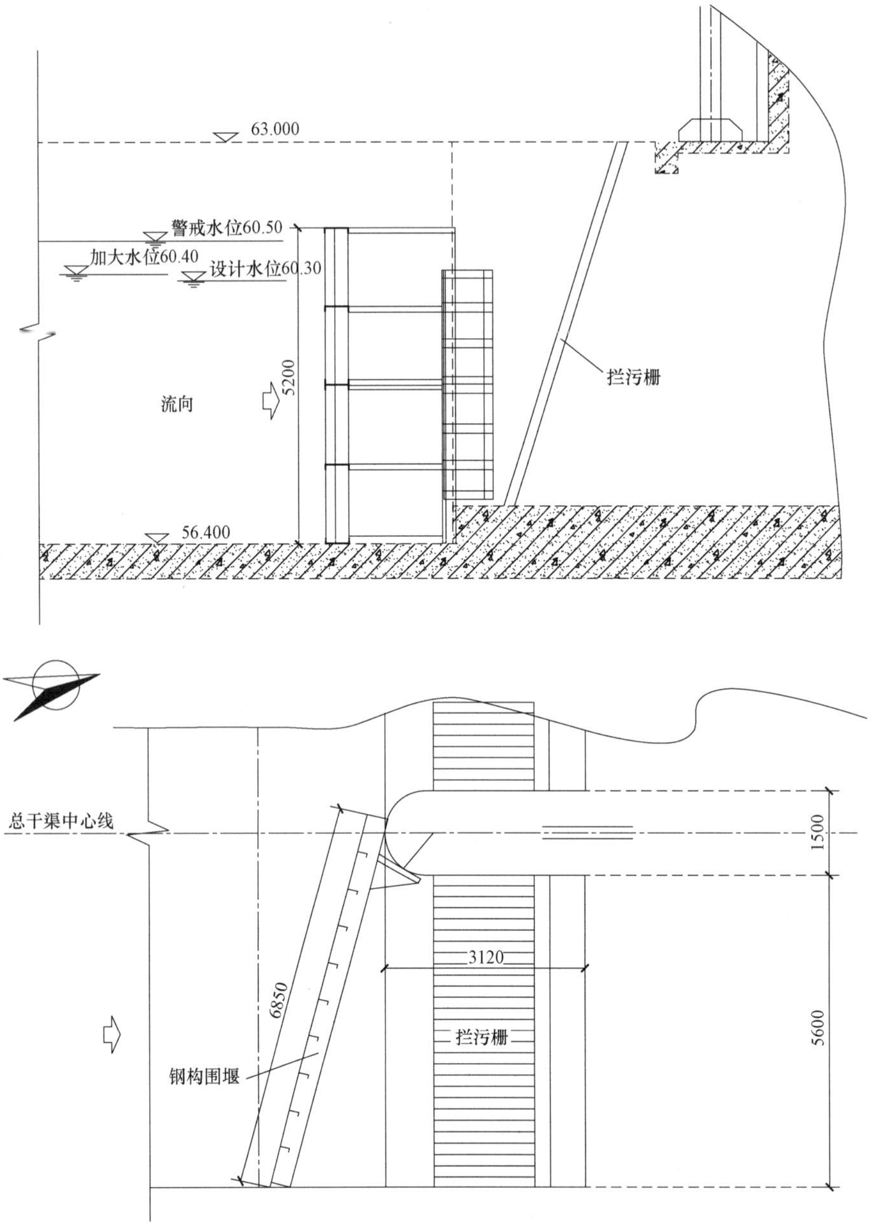

图 2　围堰示意图

3.5　施工过程出现的主要问题及解决措施

3.5.1　出现的主要问题

1）北拒马河暗渠渠首节制闸单孔过流，流量约 20m³/s，流速 1.2m/s，水深 3.8m，水体内部压力过大。

2）北拒马河暗渠渠首节制闸前铺设有冬季扰冰的曝气管道导致地面凸起，围堰底部、侧面不能

与建筑物贴合，间隙比较大。

上述原因导致围堰内部水泄漏量比较大，作业条件无法满足。

3.5.2 解决措施

1）针对地面不平和侧面贴合不严的问题，采用棉被包裹法，利用棉被的可塑性将围堰与建筑物的缝隙贴合。

2）对于水体底部压力过大的问题，采用沙袋分压法，在围堰迎水面底部抛投沙袋，让沙袋处于围堰与渠底接合处，减少水体压力。

3）对于水体少量泄漏的问题，在作业面用沙袋将水体泄漏区域围起约 50cm 的蓄水池，然后在水池内放入潜水泵，采用浮子式开关形式将泄漏的水不断抽排。

通过以上措施，解决了水体泄漏量大的问题，保障了拦污栅检修工作如期顺利完成。

4 结语

截至 2020 年 12 月 12 日，南水北调中线工程已通水 6 周年，累计调水 348 亿立方米，受益人口约 6900 万，累计生态补水 49.6 亿 m^3，华北地区地下水水位下降趋势得到有效遏制，部分地区止跌回升，沿线河湖生态得到有效恢复。6 年来工程运行安全高效，综合效益显著。随着南水北调中线工程效益日益突出，工程运行也迎来新的挑战。南水北调中线渠道是一根“直肠子”，一旦出现工程缺陷就面临断水的问题，这也为南水北调中线研究不停水检修作业研究提出了新方向。围堰施工技术有效的完成北拒马河暗渠渠首节制闸拦污栅更换工作，为南水北调中线不停水检修作业提供了参考和借鉴，也为南水北调中线水下检修作业积累了宝贵经验。

参 考 文 献

[1] 邓新文. 浅谈水利工程围堰施工的关键技术 [J]. 黑龙江科技信息，2011（20）. 55

[2] 郭若杨. 水利工程中钢板桩围堰施工工艺 [J]. 科技创新与应用，2014（16）：180.

关于全景目标监测技术和多波束声呐分析技术应用于南水北调中线工程水下机器人的前景分析

杨禄禧，王利宁

（南水北调中线干线工程建设管理局，北京　100038）

摘　要：以提高水下机器人在南水北调工程水下隐患检测中的工作效率，降低设备操作风险为目的，通过对技术现状评价、新技术与现有技术共性、技术创新趋势的综合分析，提出了全景目标监测技术和多波束声呐分析技术应用于水下机器人的前景分析，为今后水下机器人技术创新提供借鉴。

关键词：南水北调；水下机器人；全景目标监测技术；多波束声呐分析技术；工程水下隐患检测

1　前言

南水北调中线工程线路长，沿线各类建筑物数量众多，及时掌握工程水下运行情况十分必要，因此南水北调中线干线工程建设管理局联合相关单位研发了多款适宜在不同流速环境下作业的水下机器人，并投入使用，在南水北调中线工程水下检测工作中发挥了重要作用。

本文在阐明水下机器人、影像采集和多波束声呐检测工作原理的基础上，对设备现状进行了深入分析，并就全景目标监测技术和多波束声呐分析技术应用于水下机器人检测提出研究方向和思路。

2　水下机器人概况

水下机器人是由水面控制单元操控，通过脐带缆或光纤缆进行信号和电力传输，在水下可自动定向、定深、悬浮或航行，进行水下观察、检查和作业的无人潜水器。水下机器人利用影像采集系统和多波束声呐系统获取外界信息，并根据获取信息开展工程水下隐患检测，检测流程见图 1。其中，抗水流性能最强的是 1km 缆水下机器人，可在 2m/s 流速的水环境下作业；作业范围最大的是长距离水下机器人，最远可达 6km。

3　水下机器人现状分析

3.1　影像采集系统

为了能够“看”清楚水下机器人作业时的周围环境状况，设备操作人员需要在陆地操控水下机

作者简介：杨禄禧（1983—），男，工程师。

器人控制终端，通过控制终端发出操作指令来控制水下的 ROV 进行影像采集，在影像采集系统对采集的信号进行分析处理后，同步反馈至陆地端操作人员，最后再由操作人员对所获数据进行分析和判断，最终达到实现水下机器人对水下工程隐患检测的目的。影像采集流程见图 2。

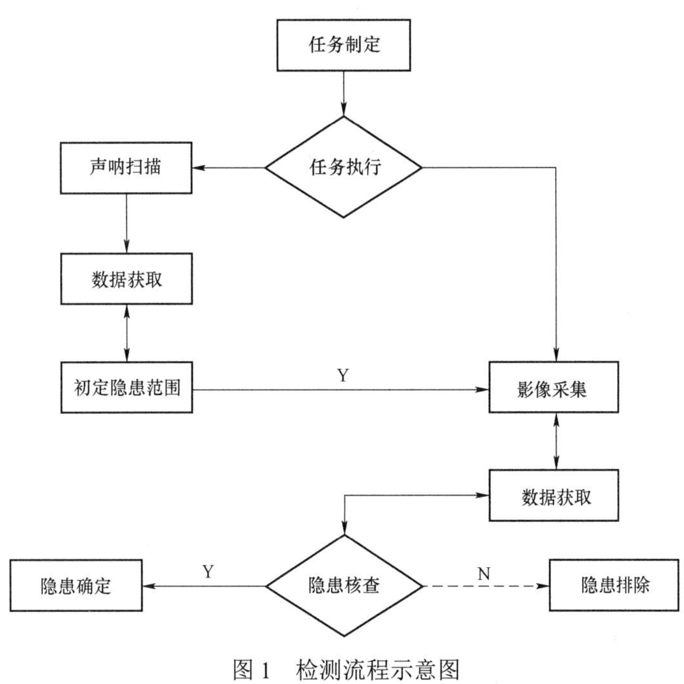

图 1　检测流程示意图

（1）技术优势

1）各摄像头独立工作，其所拍摄、录制影像资料自动分开保存，方便资料调取。

2）可选择性开启/关闭某个摄像头录制，减少无效视频录制。

3）某个摄像头故障不会影响其他摄像头工作。

（2）技术短板

1）在操作终端监控系统中，各摄像头的显示窗口独立运行，操作者无法同时观看显示窗口全部信息，只能在设备操作过程中，有针对性的切换显示窗口观看，存在错过隐患检测关键信息的风险。

2）摄像头受镜头取景范围制约，存在视觉盲区。

3）当 ROV 在受水流扰动产生位移时，易导致检测目标丢失。

3.2　多波束声呐系统

相比于适合近距离观测的影像采集设备，搭载在 ROV 前端云台上的多波束声呐系统负责对检测区域进行“听”。其工作原理是通过在陆地端操控水下机器人控制终端，让多波束声呐系统以机械能转化为声能的形式发射声脉冲，声波形成一定宽度的水深条带，碰到水中物体产生散射，反向散射波（也叫回波）按照原传播路线返回换能器后，被换能器接收，经换能

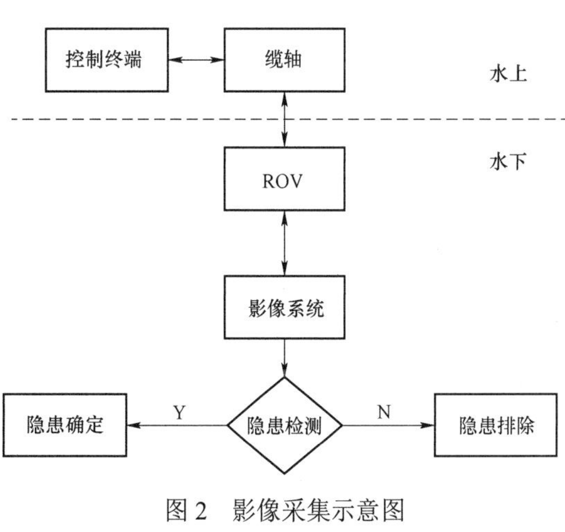

图 2　影像采集示意图

器转换解算为电脉冲，控制终端再将每一发射周期的接收数据纵向排列，显示在显示器上，最终构成二维地貌声图。其检测原理见图 3。

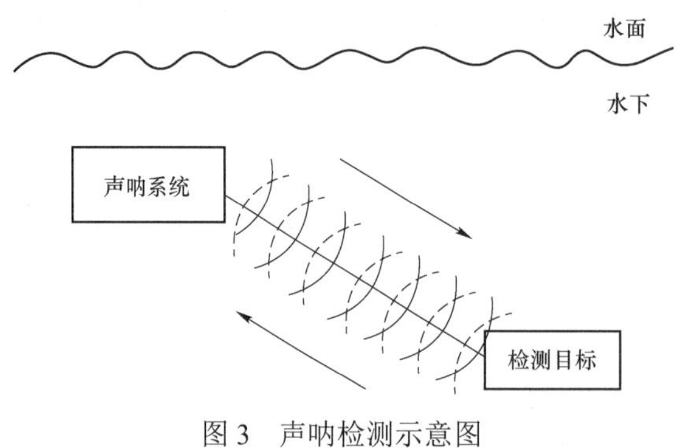

图 3　声呐检测示意图

（1）技术优势

1）相比于光波、电磁波等检测方法和手段，声波在水中传播衰减最小，是最有效的。

2）声呐检测范围大，速度快，精度和效率高。

3）该声呐设备重量轻，体积小，可有效降低设备自重。

（2）技术短板

1）无法增大单个声呐设备波束开角，ROV 存在视觉盲区。

2）功能相对单一，检测生成的二维地貌声图无法进行数据分析。

4　全景目标监测技术发展分析

4.1　无人驾驶与水下机器人的技术共性

近年来，随着无人驾驶技术发展突飞猛进，该技术已不再是遥不可及的未来技术。无人驾驶系统是指车辆能够依据自身对周围环境条件的感知、理解，自行进行运动控制，且达到人类驾驶员的驾驶水平。它有三个核心要素：感知、规划和控制。其中，感知是系统从环境中收集信息并从中提取相关知识的能力；规划是指无人车为了到达某一目的地而做出决策和计划的过程；控制是指无人车精准地执行规划好的动作、路线的能力。

经分析，水下机器人和无人驾驶技术有多处相似点。首先，设备操作均采用非常规的室内驾驶手段；其次，设备操作主要依靠传感器获取外界信息，并进行路径规划；最后，传感器所获取外界信息的精度、准确度关系到设备驾驶、操控安全。

综上所述，我们提出了参考无人驾驶技术中的“感知”能力对水下机器人进行优化改进的研究方向，也就是全景监测技术。车载全景监测系统是通过安装在车体前侧、后侧和外后视镜的多颗广角高清摄像头拍下车辆周围的画面后，合成一张虚拟的 360° 鸟瞰图，当驾驶者泊车时，可以通过鸟瞰图确定车辆位置。水下机器人设计了 6 组 2.8mm f/1.2 定焦水下高清摄像头作为视频图像采集设备分别搭载在 ROV 不同部位，可实时获取不同角度视频图像。在控制终端屏幕上，ROV 的姿态模式、航向角、深度、温度、缆长等重要参数都在各摄像头监控画面中独立标识，各摄像头拍照、录像及存储功能互不干扰（见图 4）。从当前设备配置情况来看，能够满足全景监测系统的基本要求。

图 4　视频采集界面

4.2　应用前景分析

如果尝试通过软件模拟全景环境，并对水下机器人影像系统的镜头是否可以替换为鱼眼镜头、超广角镜头、变焦镜头等增加视野角度的摄像部件进行可行性研究，最终应用于全景监测功能，将会有效减少作业视觉盲区，提高设备安全运行指数；加强水下隐患检测的精确度，减小检查目标丢失概率，大大提升水下隐患检查工作效率。

4.3　技术难点

1）在水下采集影像不像在空气中那么简单，即使在不含有任何杂质的纯水中，图像的衰减现象也很严重。南水北调中线工程水下检测环境并非不含任何杂质的纯水，水中含有少量悬浮物，有效观测视距相对有限，虚拟鸟瞰图成像范围、成像质量效果会有一定影响。

2）在水的散射作用下，水对光的吸收具有选择性，当图像质量不够稳定，会产生多重阴影、增加噪点和对比度下降等不利后果，为后续图像处理带来困难。

5　多波束声呐分析技术发展分析

5.1　多波束测深仪与水下机器人的技术共性

多波束测深仪其工作原理是利用发射换能器阵列向海底发射宽扇区覆盖声波，利用接收换能器阵列对声波进行窄波束接收，通过发射接收扇区指向的正交性形成对海底地形的照射区域，对这些区域进行恰当的处理，从而能够精确、快速地测出延航线一定宽度内水下目标的大小、形状和高低变化，比较可靠地描绘出水下地形的三维特征。

综上所述，多波束测深仪与水下机器人多波束声呐系统工作原理基本相同，主要区别在于设备安装部位和波束开角。多波束测深仪一般安装于船舶底部，部分型号波束开角能够达到 170°。从水下机器人的硬件配置情况来看，多波束声呐系统需要进行较大程度改造；现有多波束声呐扫描软件功能缺乏分析功能，即对波束条带数据分析处理、剖面编辑、视图旋转/平移等功能存在较大不足。

5.2　应用前景分析

水下机器人已搭载的多波束声呐设备主要参数如下：工作频率为 900kHz；更新率为 25Hz；波

束个数为768；波束开角为130°，检测效果见图5。从该设备参数可以看出，波束开角距离全覆盖还有较大差距，如果能够增大检测角度，将能够减少视觉盲区，提高设备安全运行指数，提升检测效率。此外，还应对现有多波束声呐扫描软件进行功能拓展：增加定位功能，便于建立水下坐标；增加水下扫描场景建模功能；通过支持CAD图纸导入，对生成水下坐标的模型与设计图纸建模进行数据比对，判断检测区域的工程是否存在异常情况；增加波束条带数据分析功能，可针对异常模型部位数据进行筛选分析，对工程水下隐患进行定性。

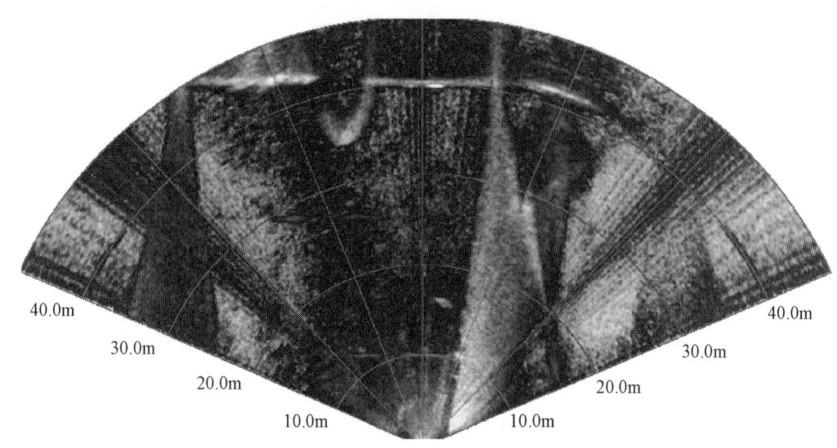

图5　声呐检测界面

5.3　技术难点

1）如果尝试增设同频声呐设备产生检测范围的叠加，而最终达到检测范围全覆盖的目的，可能会产生多波束旁瓣干扰，影响检测效果。

2）扫描建模、波束条带分析对声呐系统扫描精度和识别不同介质的能力要求高。

6　结论

工程水下隐患检测的未来发展趋势：一是提高采集影像的有效性和可靠性；二是发展影像信息的捕获和分析；三是发展自动识别技术。水下机器人作为具有重大应用价值的前沿科技，还有很大提升空间。如果能够攻克技术难点，将全景目标监测技术和多波束声呐分析技术应用于水下机器人领域，成功实现技术和应用创新，不仅能够有效减少作业视觉盲区，降低设备操作门槛，可以让水下机器人“看”得更远，“听”得更准确，大幅提升设备的安全性能和工作效率，在未来的工程水下隐患检测技术中发挥更为重要的作用。

参 考 文 献

［1］宋波．水下目标识别技术的发展分析［J］．舰船电子工程，2014，（4）：168－173．

［2］饶光勇，陈俊彪．多波速测深系统和侧扫声呐系统在堤围险段水下地形变化监测中的应用［J］．广东水利水电，2014，（6）：69－72．

［3］申泽邦，雍彬彬，周庆国，等．北京：无人驾驶原理与实践［M］．机械工业出版社，2019．

地下有压箱涵渗水原因分析及外部封堵技术探讨

刘运才，张九丹，王亚光

（南水北调中线干线工程建设管理局天津分局，天津　300000）

摘　要：本文通过对地下有压箱涵通水运行过程中发生渗水的主要原因分析研究，探讨了有压箱涵外部封堵技术，列举了箱涵各部位发生渗水的处理方式，提出了较为完善的不断水条件下有压混凝土箱涵外部封堵处理方案。

关键词：有压箱涵；渗水；封堵；不断水

1　概述

现浇钢筋混凝土地下有压箱涵，一般处于有压输水状态，为适应地基不均匀沉降和温度变化的影响，工程构造设定为每隔一定距离（以 15m 为例）设置一道变形缝，变形缝由止水带、填缝材料和嵌缝密封材料三部分组成，止水带为一个连续密封的止水环，见图 1。本文通过对地下有压箱涵渗漏水成因分析，结合现场实践经验，提出地下有压箱涵外部封堵技术方案，为类似工程提供借鉴。

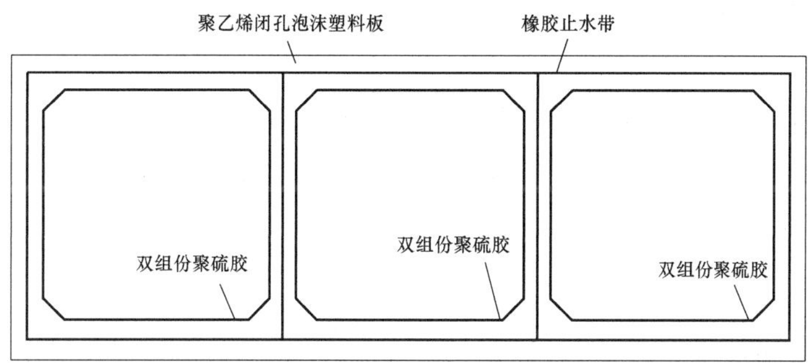

图 1　输水箱涵止水布置示意图

2　渗漏水问题成因分析

2.1　渗漏水成因分析

根据现场渗水处理经验，结合在理论计算基础上对其规律进行分析，目前可以肯定，对于混凝土箱涵输水工程，箱涵的主体结构设计是可靠的，但有施工质量问题的可能，如振捣不密实、裂缝

作者简介：刘运才（1990—），男，工程师。

等，变形缝是主要的薄弱环节，如果处理不好，则有可能产生渗漏水情况。

经现场归纳分析，变形缝渗水可能有以下成因：止水带硫化接头缺陷、止水带部位混凝土浇筑不密实、止水带安装不到位、结构位移的止水带破坏、止水带自身缺陷及其他原因。

（1）止水带硫化接头缺陷

止水带施工时一般采用上下两段，接头采用硫化接头，抗拉强度不小于止水带抗拉强度的60%。这种方式比最早的黏结方式，相对可靠了很多。

但现场操作时，受湿度、气温、洁净等环境的影响，可能会造成连接质量达不到工厂内接头标准。针对这一特点，在渗漏处理分析时，需要首先结合施工记录判断接头的位置，这对加快处理的效率会有很大提高。

（2）止水带部位混凝土浇筑不密实

止水带周围的混凝土由于振捣相对困难，减少振捣的难度和加强振捣是工程中常采用的思路和方式。人工振捣容易出现疏忽，漏振和振捣不到位，常常造成混凝土不密实和结合部位不密实，这是类似工程经常发现的引发绕止水渗漏的主要原因。

如果上述情况比较明显，在施工中就很容易发现，并及时处理掉。如果工程施工质量控制严格，这种严重和明显的情况不易出现，但局部很隐性的情况还是很难避免。

（3）止水带安装不到位

现场安装时，对安装的止水带每隔一定距离采用钢筋进行架箍固定，以免混凝土浇筑过程中止水带移位。施工过程中，可能由于振捣碰撞使钢筋箍偏离或失去作用而使该处止水带出现偏移、卷边甚至未浇筑在混凝土中的情况，从而引起渗水。

（4）结构位移的止水带破坏

该类型的止水带破坏，最主要的影响因素是不均匀沉降。依照规范变形缝的不均匀沉降限差为3cm，一旦超过限差，则可能止水带撕裂，造成变形缝渗漏水。另外如果受到带有腐蚀性地下水影响，可能造成填缝材料、止水带被腐蚀，发生渗水。

（5）止水带自身缺陷

止水带在生产过程中，可能出现局部的缺陷，如沙眼、孔洞等，在施工安装时未及时发现或安装过程中对止水带造成了损伤，由于缺陷不明显，运行初期，渗水量不大而未被发现，随着输水压力增大及运行时间加长止水带自身老化，该缺陷处渗水量逐渐增大而被发现。

综上所述，并结合现场运行实际，发生渗漏的主要部位为结构缝的周边位置。

2.2 渗漏产生的影响

（1）对工程安全的影响

渗漏会对箱涵周围土体力学指标产生影响。正常情况下，工程土层在局部范围内，土的密度和结构变化不会太大，若发生渗漏，土层的含水量则会发生较大变化，箱涵周边土层含水量的增大会弱化土层的工程力学性质，可能造成一定范围内的箱涵出现不均匀沉降。如不均匀沉降超过止水带变形能力造成止水带撕裂，则会进一步增大渗漏量，威胁有压箱涵结构安全、输水安全；又因为箱涵刚度较大，抗变形能力较差，因此，含水量的增大还会造成箱涵应力发生变化，进行可能发生箱涵结构破坏，如断水，则政治、经济影响巨大。

（2）对社会和经济的影响

渗漏会对周围土地产生浸没影响，虽然不会产生造成环境安全问题，但会对周围农作物等产生

影响，造成经济损失，产生不良社会影响。

3 箱涵变形缝渗水外部封堵技术方案

3.1 箱涵渗水修复工况

长距离有压箱涵渗水一般发生在箱涵变形缝部位。变形缝局部渗水封堵一般采用局部支护开挖，在不断水情况下，从外部封堵，以变形缝局部开挖暴露变形缝并预留施工作业空间。发现渗水情况后，首先根据箱涵尺寸及覆土厚度确定现场布置。开挖前应确定变形缝位置，如为箱涵侧墙或底板渗水，则需进行钢板桩支护。基坑支护布置示意图见图 2。

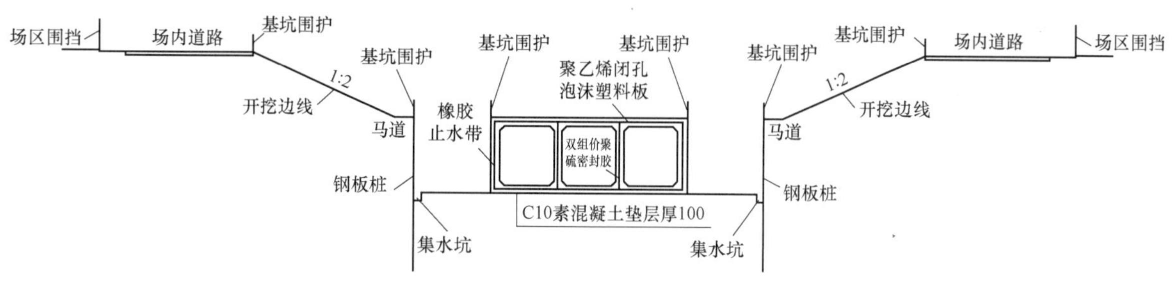

图 2　基坑支护布置示意图

3.2 变形缝渗水外部封堵技术方案

从现场堵漏的经验看，现场在实施中通过不同的灌浆程序，采用逐步逼近的方式，判断其相对准确的渗漏部位。这个环节是必须存在的环节，而且是最耗时的部分，对现场技术人员也是个考验。由于渗漏部位的隐蔽性，有时这项工作不得不反复做，其目的是查找相对准确的渗漏部位，并分析渗漏的程度。这一点对最后采用的具体灌浆施作很关键，应根据不同情况调整灌浆配比，采取适当的程序和工艺控制。

对于外露的变形缝，采用如上的方式基本可以应对和解决现场类似的突发性问题，但对于底部的渗漏采用上述方式效果就不理想。根据现场摸索的经验，只能采用变形缝的整体堵漏方式，取得了很好的效果。但整体堵漏工艺对钻孔和施灌的施工机具要求比较高，提高机具方面的水平是必要的。

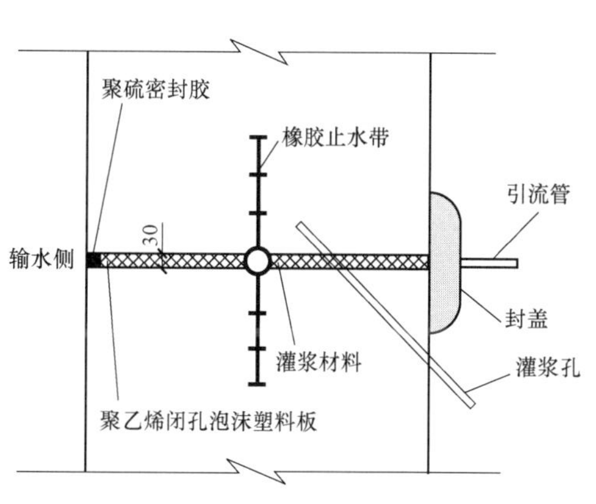

图 3　箱涵顶板及边墙变形缝钻孔、封盖示意图

上述取得的经验，尽管还不能完全代表其后可能的其他情况，但在应对诸如上述的渗漏突发事件以及积累处理经验上，还是难能可贵的。经总结，变形缝渗水外部封堵方案分为顶板、边墙变形缝渗水处理技术方案（见图 3）以及底板变形缝渗水处理技术方案（见图 4）。

变形缝渗水外部封堵一般包括钻孔、布设引流管、化学灌浆等步骤。

（1）钻孔

根据渗水位置设计钻孔方式，一般顶板及边墙变形缝

渗水采用斜孔方式，角度根据现场情况可做适当调整。底板处变形缝渗水采用水平钻孔方式。

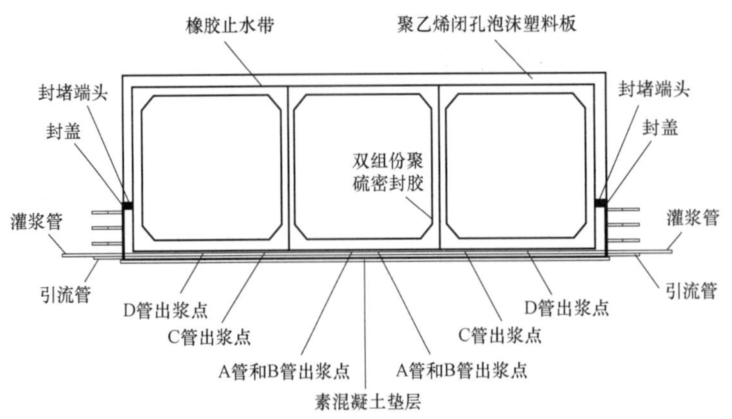

图 4　箱涵底板灌浆布置示意图

（2）布设引流管

根据渗水位置确定引流管布设方式，依照现场情况进行调整。

（3）化学灌浆

灌浆材料采用氰凝 TPT－1 与氰凝 TPT－2 型材料搭配。该灌浆材料遇水膨胀体积可达 4 倍以上，4min 即达到初凝状态。

箱涵顶板及侧墙由预处理范围两侧端头采用注浆机对灌浆孔逐一进行灌浆处理。为克服内部水压力，要求外部注浆压力大于水压（一般为 0.5～4MPa）。

箱涵底板注浆，在箱涵两侧各布置两台灌浆泵，同时由内向外开始化学灌浆，两侧需节奏步调一致，要求外部注浆压力大于水压（一般为 0.5～4MPa）。

4　结语

本文通过对地下有压箱涵发生渗水的主要原因分析探究，提出了变形缝渗水外部封堵技术，相关成果已在实际中应用。该技术对地下有压箱涵渗漏问题的解决以及其他类似工程的问题的处置都具有一定的指导意义和借鉴价值，同时对全面提升输水管道养护水平，为我国其他类型地下管道的安全运营提供借鉴。

输水状态下特大型工程渡槽检修专用围堰方案设计

郭海亮[1]，焦 康[1]，高作平[2,3]，张 畅[2]

（1. 南水北调中线干线工程建设管理局河北分局，河北 石家庄 050035；
2. 武大巨成结构股份有限公司，湖北 武汉 430223
3. 武汉大学建筑物监测与加固教育部工程研究中心，湖北 武汉 430072）

摘 要：南水北调中线工程已经成为京津和沿线许多城市的主要水源工程。为保证工程运行的安全，针对解决输水渡槽运行过程中，渡槽受到剥蚀、防渗系统失效等病害的快速检测与修复问题，本文研究了正常通水条件下的专用围堰干场修复技术。以南水北调中线干线一期工程渡槽为例，从导流方式和围堰结构型式等方面，进行了专用围堰方案的设计与研究。该方案可在保证正常输水量及水质安全的条件下，有效解决渡槽水深、自适应渡槽结构型式，可快速装拆施工、循环利用等技术问题，为跨越现场河道渡槽输水工程的安全运行，提供了可靠保障和经验借鉴。

关键词：输水状态；渡槽；检修；专用围堰；方案

1 引言

南水北调中线干线一期工程全长 1432km，横跨四大流域、穿过 705 条河流，其中采用渡槽形式跨越河道的水工建筑物共计 26 座，其中梁式渡槽 19 座，涵洞式渡槽共计 7 座。南水北调中线工程投入运行 6 年多，受沿线气候和输水条件变化等因素影响，输水渡槽伸缩缝、施工缝、槽身防渗层等部位出现不同程度渗水洇湿，影响输水渡槽结构安全运行。

由于南水北调中线工程的重要性，总干渠长期处于不间断、设计流量输水状态，对渡槽进行检修一直是中线工程的重大课题，迫切需要研究快速修复的关键技术和装备。本文针对南水北调中线工程输水渡槽的运行条件所独有的特点，研究了专用围堰设备，在保证正常输水条件下，快速修复渡槽渗水洇湿、防渗层损坏等问题。

2 对专用围堰设计的要求

要求在正常输水状态下，同时保证正常输水量，采用专用围堰对修复部位形成干场作业环境。优点是保证了正常输水量，满足了修复工艺要求的最佳修复工期及修复后效果，同时能够满足安全、环保、施工便捷、循环使用、不对修复区域以外渡槽结构产生损坏，最大程度上减小对南水北调中

作者简介：郭海亮（1980—），男，高级工程师。

线工程输水影响的原则。

3 工程实例

以洺河渡槽为例，渡槽为预应力混凝土结构，共分 16 跨，每跨 3 孔，单跨长 40m、宽 24.3m、高 9.1m，底板厚 0.4m，底板横梁宽 0.45m、高 0.7m，边墙厚 0.6m，中墙厚 0.7m。竖墙采用双向预应力，水平纵向为 1860MPa 级 $9\phi^{s}15.2$ 预应力钢绞线，竖向为 PSB785MPa 级 $\phi^{PS}32$mm 精轧螺纹钢筋。槽身结构图如图 1 所示。

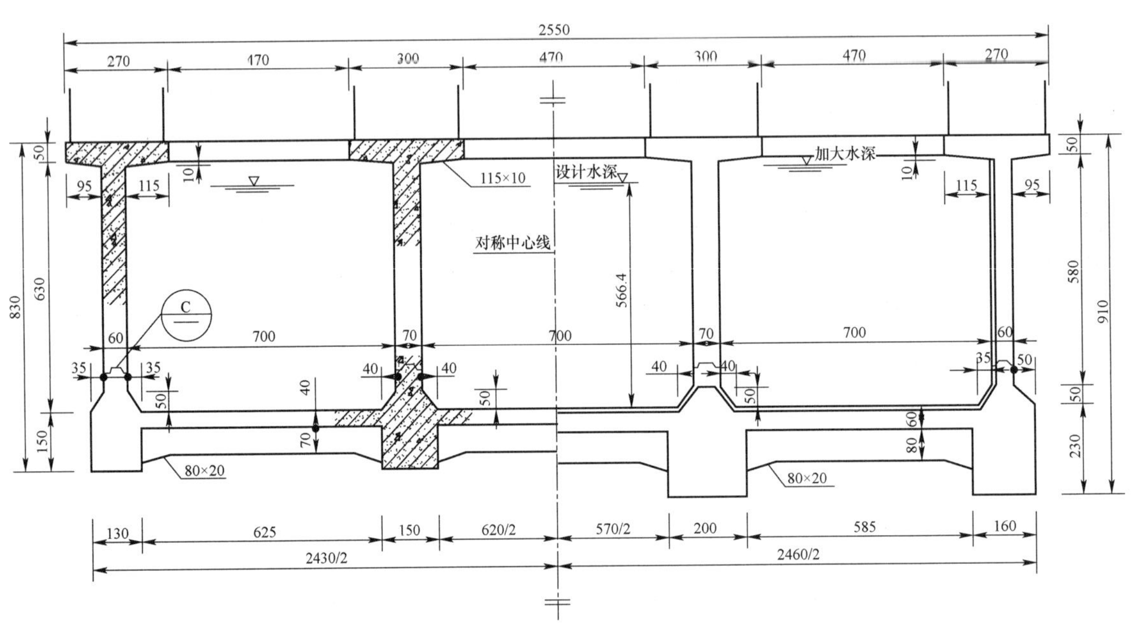

图 1　洺河渡槽结构断面图

4 专用围堰方案设计

4.1 专用围堰结构组成和尺寸选择

围堰的结构尺寸根据渡槽尺寸及施工条件需求设计。围堰主体结构部分主要由两侧围堰钢结构箱体、中部活动支撑结构及顶部反力架装置组成。围堰箱体内部为钢结构骨架，分为上下两节，两节之间通过法兰连接。围堰钢结构外侧为三面挡水钢板，围堰与渡槽接触位置设有通长可充水的止水带。底部设有行走轮，两侧设有限位轮。围堰结构见图 2～图 5。由于渡槽拉杆净间距为 2.2m，所以围堰沿水流方向的长度设为 2m，便于安装。为了尽量减少施工时对过水断面宽度的影响，并综合考虑施工时作业所需要的操作空间，横断面方向的宽度设为 1m，施工时围堰内的净宽为 0.68m。围堰的挡水板高度根据设计水深及人进入围堰所需要的空间两方面的因素设为 5.470m。具体尺寸详见围堰设计图。

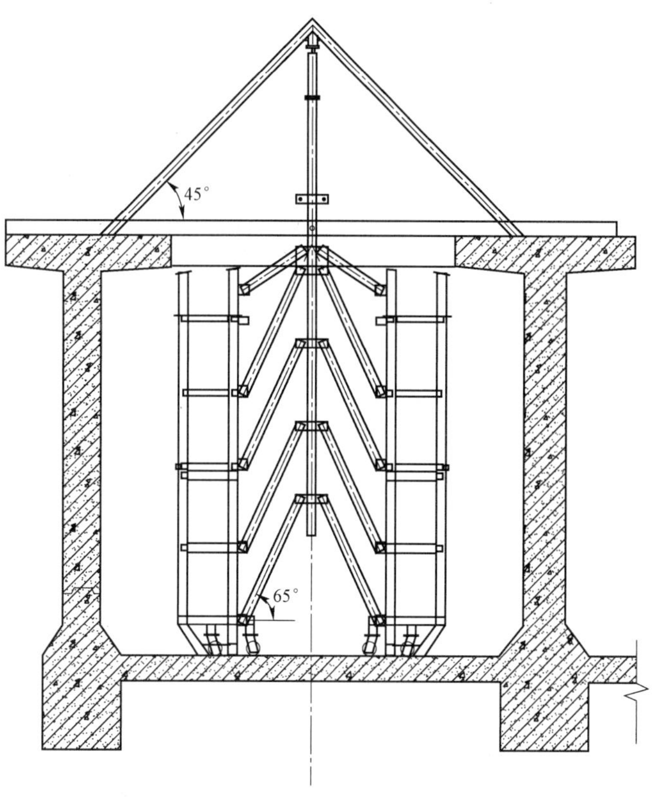

图 2　专用施工围堰结构示意（初始状态）

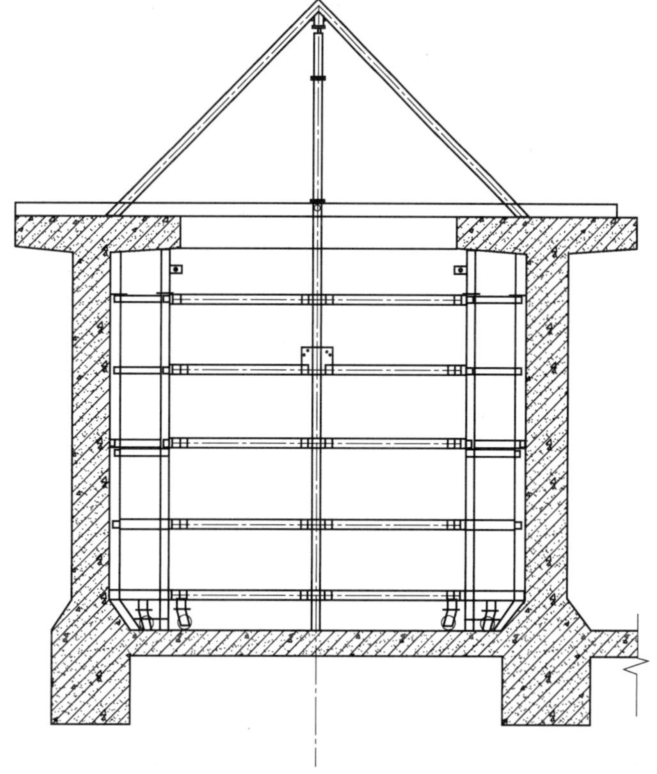

图 3　专用施工围堰结构示意（施工状态）

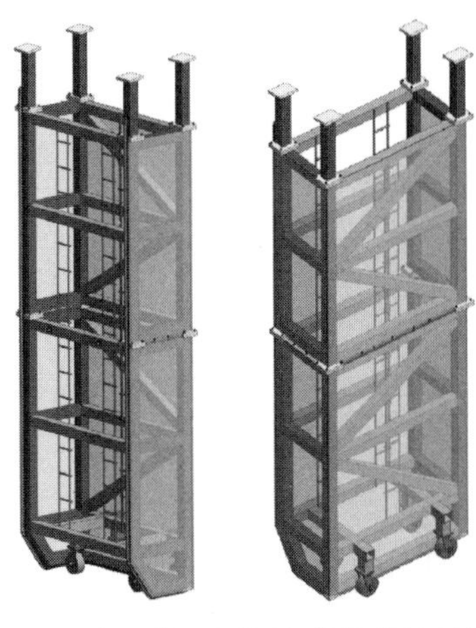
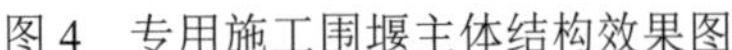

图4　专用施工围堰主体结构效果图

图5　围堰上下节法兰连接示意

4.2　专用围堰安装及行走系统

围堰安装、施工及行走过程如下：

工厂完成围堰试制及出厂测试，拆装运输，现场拼装；左右围堰和中部活动支撑结构组装后，从渡槽拉杆之间整体吊装进渡槽中，行走轮落于渡槽底板上，围堰底部与底板表面距离30mm。吊装时应关闭闸门使渡槽内处于静水状态；拆除渡槽顶部栏杆等防护结构，采用装配式专用夹具安装顶部反力架结构；通过反力装置与中部活动支撑结构在渡槽顶部将左右围堰撑开，结构边缘与纵墙表面的距离控制在30mm左右；在围堰上游侧采用钢丝绳将结构与渡槽拉杆联系在一起，作为带水作业时的安全措施。

止水带充水加压后与渡槽纵墙及板紧贴，围堰止水系统生效；围堰排水形成干场作业环境。打开闸门，开始不中断输水条件下渡槽修复施工。输水时可适当降低本槽水位，以确保水位低于围堰；本段施工完毕后，止水带卸压使止水系统失效，水进入围堰，止水带与渡槽脱开；采用牵引装置带动围堰在渡槽中移动到下一段，进行下一阶段施工。围堰张开过程如图6所示。

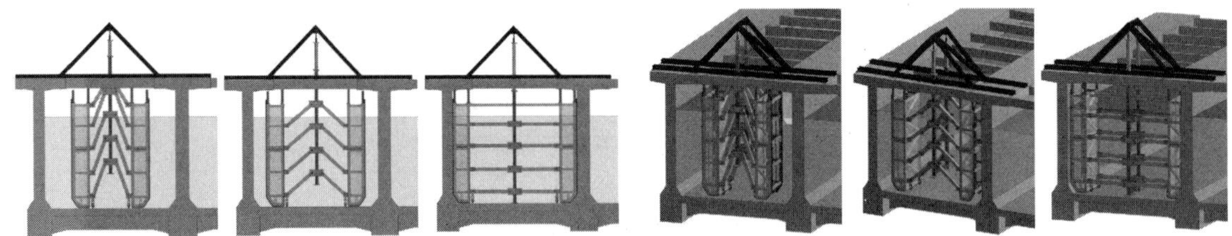

图6　围堰张开过程示意

5　专用围堰结构分析

5.1　围堰结构受力分析

围堰结构截面组成及结构分析：围堰结构由梁，柱，支撑，板组成钢框架体系，梁柱及支撑材质Q235B，钢板材质Q345B。柱截面为方钢管：□140×8，梁支撑截面为方钢管：□140×8和□100×6，钢板厚度采用10mm和6mm两种。围堰结构的受力分析结果见图7–图9和表1所示。

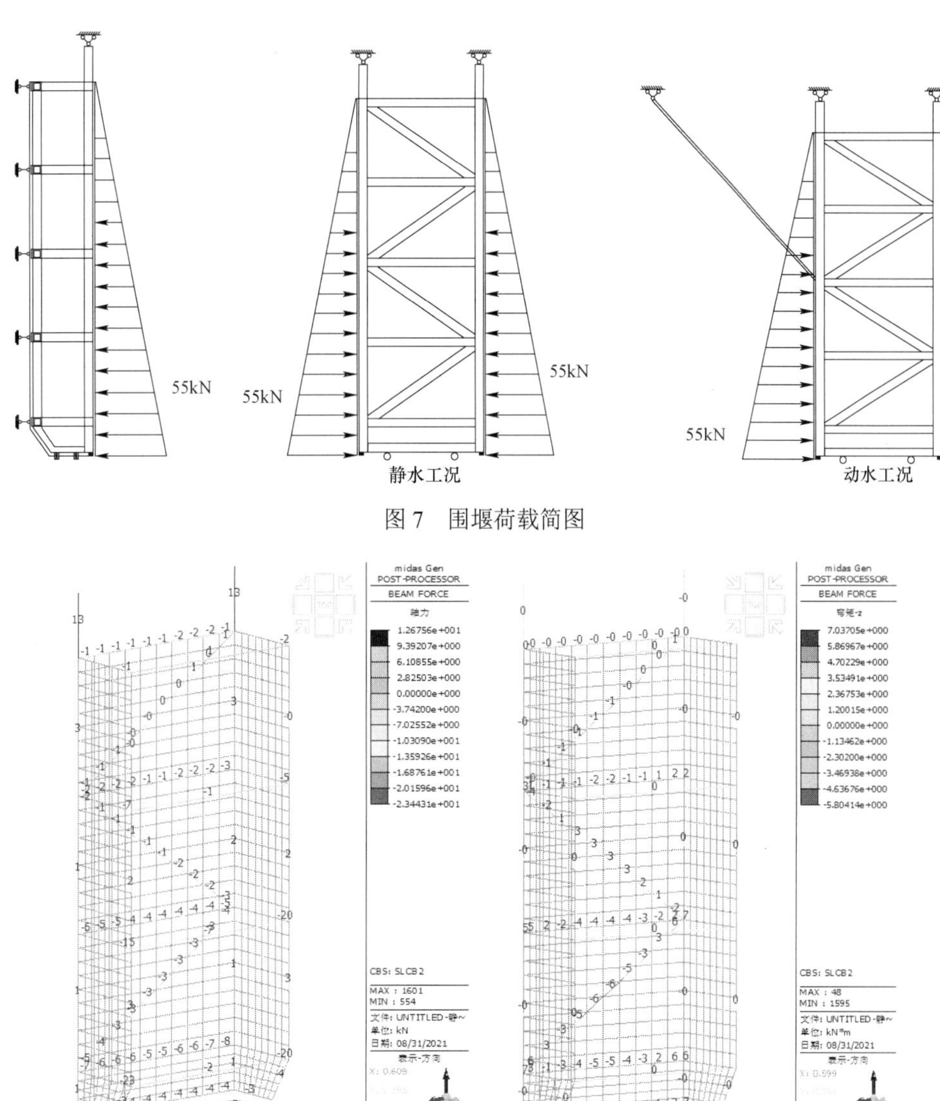

图 7　围堰荷载简图

图 8　静水工况下的结构轴力图（kN）与弯矩图（kN·m）

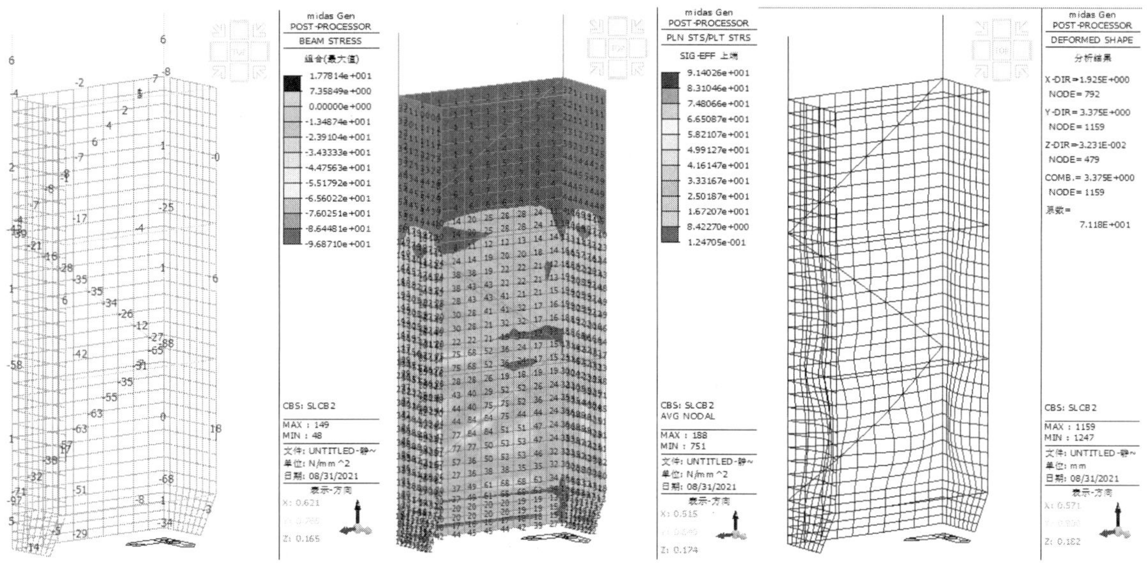

图 9　静水工况下的结构梁柱应力图（MPa）、板应力图（MPa）、变形图（mm）

分析结果汇总见表1。

表1　围堰结构受力分析结果汇总表

序号	计算项目名称	静水工况	动水工况
1	最大轴力/kN	42	144
2	最大弯矩/（kN·m）	13	13
3	梁柱最大应力/MPa	94	120
4	板最大应力/MPa	158	157
5	最大变形/mm	3.2	3.8

梁柱Q235B钢材的设计应力限值为215MPa，板Q345B钢材的设计应力限值为305MPa，受力分析结果均满足设计要求。

5.2　围堰对渡槽结构受力分析

围堰对渡槽的影响，单侧围堰重量约3.5t，中部活动支撑结构重量约2.7t，吊装总重约9.7t。反力架结构重量约2.1t。单侧围堰结构对侧壁沿两侧止水带位置产生的线荷载为60kN/m，线荷载对应的侧向力合计约68t。单侧围堰结构对底板沿底部止水带位置产生的线荷载为60kN/m，线荷载对应的向下压力合计约24t。单侧围堰结构对顶板在四个柱位置产生集中力约为6t，合计24t。经受力分析计算，均满足渡槽混凝土结构设计要求。

5.3　围堰机械部分

围堰装置在安装过程、转移过程、拆除过程中，涉及机械部分，主要包括行走轮、限位轮、牵引系统、千斤顶系统。围堰结构在安装（拆除）过程中，通过千斤顶对围堰竖向杆件加压（拉伸）（见图10），竖杆将力传递至两侧围堰间的支撑杆件，可以将两侧围堰张开（收拢）。围堰入水后行走至与侧壁接触，行程为1.965m，千斤顶单次行程为50cm，故需要分四次进行顶升，每顶升一次，通过反力装置的钢结构水平横梁进行交替受力，水平横梁受力时，将预制加长钢柱与竖杆相连，千斤顶再次顶升，累计四次顶升，完成围堰张开行走（见图11）。反之，进行四次千斤顶拉伸，完成围堰的收拢行走。

在围堰结构的底部安装行走轮（见图12），侧面安装限位轮。底部行走轮主要在围堰安装过程中的张开、拆除过程中的收拢、转移过程中的纵向行走动作中起作用；侧面限位轮主要是围堰在纵向行走时能稳定沿牵引方向行进，确保围堰不与侧壁碰撞、摩擦。

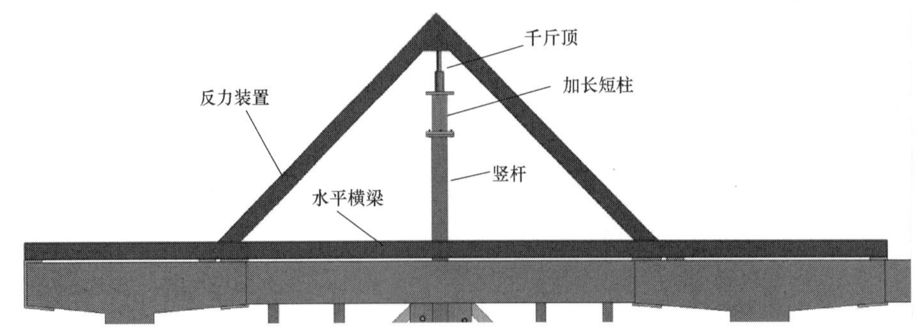

图10　千斤顶通过反力装置加压示意图

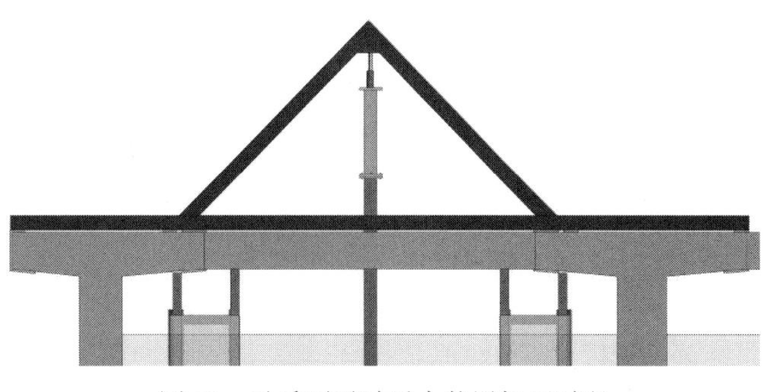

图 11　千斤顶通过反力装置加压过程

图 12　行走轮安装示意图（围堰内外各 2 只）

在围堰移动的方向，通过牵引钢索与手拉葫芦连接。在围堰内施工时，渡槽正常输水，牵引钢索起到平衡纵向水力的作用；在围堰转移时，通过手拉葫芦拉动围堰，使围堰装置在水下移动至下一施工点。

5.4　止水部分

止水带由槽钢、消防水带和橡胶垫三部分组成。止水带结构如图 13 所示。

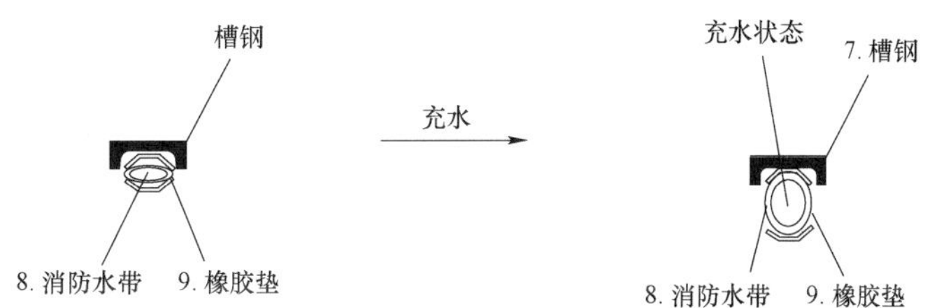

图 13　止水带示意图

止水带的工作过程：围堰在静水时通过行走张开，缓慢靠近渡槽侧壁，距离约 30mm 时停止（两侧围堰通过中间横杆连接限位控制），此时消防水带内未充水，处于干瘪状态。通过液压系统往消防水带内进行充水加压，消防水带开始饱满胀开，使得橡胶垫与侧壁接触，消防水带加压至 1.2MPa 并保持压力，橡胶垫和消防水带可以适应一定尺寸的混凝土面不平整的情况，由此完成围堰的止水过程，此时可进行围堰内排水工作。完成施工和养护后，通过球形调节阀对消防水带进行缓慢卸压，止水系统缓慢失效，围堰内开始渗水；当围堰内外水位持平时，将消防水带内的水适当排除，确保止水系统完全脱离侧壁，开始移动围堰。

6　生产性试验

根据输水渡槽结构形式和现场环境的不同，渡槽正常修复作业前，建议开展专用围堰生产性试验，以保证修复过程中围堰的使用效率及效果。围堰首先在制作厂内完成开展试制，之后进行室内试验测试，完成测试后运输至施工现场进行试验。现场试验监测主要包括以下四个工况：

工况 1：静水安装，围堰在张开和收拢时，监测竖杆、水平支撑杆的内力；

工况 2：止水系统消防管充水加压时，监测竖杠、水平杆的内力；

工况 3：围堰安装完毕，并将围堰内水排干，在输水条件下监测牵引拉力；

工况 4：施工与养护完毕，停止供水、静水状态下消防管排水，围堰装置纵向行走，测牵引拉力。

工况 1 和 2 监测的构件示意图如图 14 所示；工况 3 和 4 则是对牵引系统与围堰装置连接的拉锁进行监测。

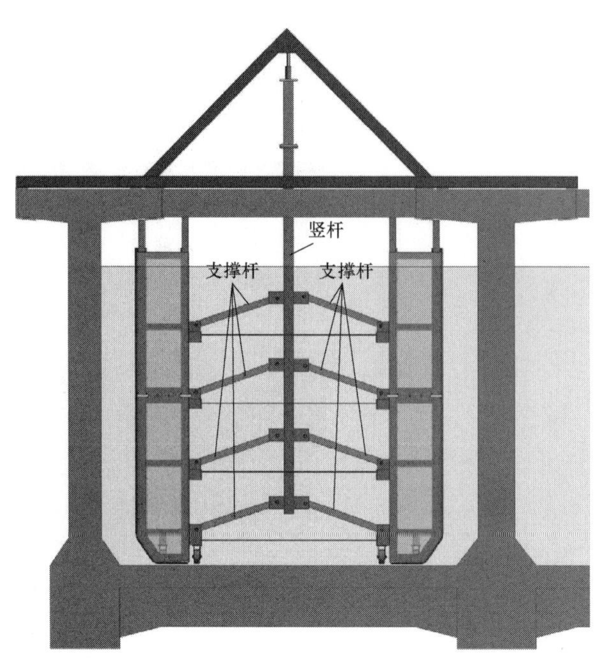

图 14　应变监测的竖杆及支撑杆

止水系统起作用后，采用抽水泵进行排水，使围堰内形成干的作业环境。如果局部有微渗的情况，需采用自动排水泵进行排水，即底部水位高于 0.2m 开始自动抽水，以确保围堰内作业区域的干燥环境。

7　结语

针对南水北调中线工程输水渡槽的工程特点，通过以上工程实例，对专用围堰方案进行了应用研究，在保证渡槽结构安全和满足正常输水量的工况条件下，推荐采用自行式渡槽专用围堰，采用其进行渡槽干场修复是合理可行的。自行式渡槽专用围堰可自适应渡槽内水位条件和渡槽结构不平整，并且不损坏修复区范围以外的防渗结构；能够在动水条件下快速定位组装，束窄渡槽后，基本不对渡槽输水能力、水质安全造成影响。自行式渡槽专用围堰为渡槽结构干场修复专用设备，施工可实现机械化、装配化，其安拆操作便捷、自动行走，可循环使用。该围堰设备为输水渡槽调水工程的安全运行提供可靠保障和供水量保证，提高了工程的经济效益。

参 考 文 献

[1] 沈凤生．特大型输水工程跨河梁式渡槽若干关键技术问题探讨［J］．水利规划与设计，2014（1），3－6．

[2] 谢向荣，周嵩，胡剑杰．输水状态下渠道衬砌修复专用围堰总体方案设计［J］．人民长江，2020（7），156－160．

南水北调中线漕河渡槽检修工况研究与分析

郭海亮，白振江，赵小明

（南水北调中线干线工程建设管理局河北分局，河北 石家庄 050035）

摘　要：南水北调中线干线工程属于国家战略性基础设施，其中跨越河流采用梁式渡槽共计 19 座，渡槽结构形式主要有矩形和 U 形两种。南水北调中线工程投入工程运行 6 年多，受沿线气候和输水条件变化等因素影响，输水渡槽需要在不停水条件下进行检修，通过对输水渡槽检修工况的研究与分析，提出了不同工况条件下采取不同水量的调度方案，能够满足正常输水量要求。

关键词：南水北调；漕河渡槽；检修；工况；研究；分析

1　概述

南水北调中线工程已经成为京津和沿线许多城市的主要水源，为保证工程运行安全，结合中线工程常态化通水情况，输水渡槽不停水检修工作是十分必要的。漕河渡槽初步设计阶段检修工况按对称检修设计，即中孔检修两边孔过水、两边孔检修中孔过水，对应过水槽孔水深可为加大水深。随着中线工程的重要性及沿线城市的需水量增加，对称检修工况下的输水量已无法满足正常需水量。目前通过对漕河渡槽检修工况研究和分析，保证正常输水量条件下，通过水量调度措施满足检修要求，既保证了渡槽结构安全，又提高了供水保证率，经济效益显著。

输水渡槽具有水头损失小、工程运行维护方便等优势，在长距离输水工程中广泛使用。南水北调中线干线工程中采用渡槽形式跨越河道的建筑物工程共计 26 座，其中梁式渡槽 19 座，涵洞式渡槽共计 7 座。一般当渡槽的梁底高程高于跨越河道校核水位 0.5m 及以上时，基本采用梁式渡槽，梁式渡槽槽身本身不挡水。输水渡槽一般由进口渐变段、进口闸室段、渡槽槽身段、出口闸室段和出口渐变段等部分组成。渡槽槽身一般采用 20、30、40m 跨度，南水北调中线总干渠梁式渡槽基本概况及施工工艺见表 1。

表 1　　**梁式渡槽基本情况表**

序号	渡槽名称	设计流量/（m^3/s）	加大流量/（m^3/s）	槽身形式
1	刁河	350	420	双线单槽矩形 40/30m 跨
2	湍河	350	420	三线单槽 U 形 40m 跨
3	严陵河	340	410	双线单槽矩形 40m 跨
4	十二里河	340	410	双线单槽矩形 30m 跨

作者简介：郭海亮（1980—），男，高级工程师。

续表

序号	渡槽名称	设计流量/（m³/s）	加大流量/（m³/s）	槽身形式
5	贾河	330	400	双线单槽矩形 40m 跨
6	草墩河	330	400	双线单槽矩形 30m 跨
7	澄河	320	380	双线单槽矩形 40m 跨
8	沙河	320	380	四线单槽 U 形 30m 跨
9	双洎河支	305	365	双线双槽矩形 30m 跨
10	双洎河	305	365	双线双槽矩形 30m 跨
11	牤牛河	230	250	单线三槽矩形 30m 跨
12	滏阳河	230	250	单线三槽矩形 30m 跨
13	洺河	220	240	单线三槽矩形 40m 跨
14	泜河	220	240	单线三槽矩形 30m 跨
15	洢河	220	240	单线三槽矩形 30m 跨
16	放水河	135	160	单线三槽矩形 30m 跨
17	漕河	125	150	单线三槽矩形 30/20m 跨
18	水北沟	60	70	单线双槽矩形 30m 跨

2 工程实例

以南水北调中线工程漕河渡槽为例，槽槽身均采用三槽一联的多纵墙三向预应力混凝土结构。槽身混凝土等级为 C50W6F200，预应力钢材为常用的 1×7、$\phi^{s}15.2$mm 钢绞线，公称面积 $A_{ps}=140.0\text{mm}^2$，抗拉强度标准值为 1860N/mm²，抗拉强度设计值为 1320N/mm²，抗压强度设计值为 390N/mm²，张拉控制应力为 0.7×1860=1302N/mm²，采用后张法有黏结预应力施工。

漕河渡槽全长 2300m，设计流量 125m³/s，加大流量 150m³/s，相应槽内水深分别为 4.15m 和 4.792m，渡槽进、出口底高程分别为 62.414m、61.848m。槽身段包括旱渡槽段和河槽段两部分。旱渡槽段长 710m，共 35 跨（其中一跨因跨越保满铁路为 30m，其余均为 20m 跨）。河槽段长 1230m，每跨 30m，共 41 跨。横向总宽度均为 22m，单槽断面尺寸为 6×5.4m，底板厚 0.5m，边墙厚 0.6m，中墙厚 0.7m。槽身上部设人行道板，中墙人行道板宽 2.7m，边墙 2.0m。槽身顶部设拉杆，边墙外侧竖向设侧肋，底板下横向设底肋，纵向设 4 根纵梁，为满足预应力钢绞线布置要求，将纵墙底板以下断面扩大形成“马蹄”状，并在纵墙和底板连接处设有贴角。“马蹄”断面尺寸（$b\times h$），中墙 1.4m×1.5m，边墙 1.3m×1.5m。拉杆、侧肋和底肋间距均为 2.5m，断面分别为 0.3×0.4m、0.5×0.7m、0.5×0.9m。槽身在纵向、横向以及边墙的竖向分别设置了预应力，呈三向预应力结构：20m 跨单槽纵向布置 36 孔、共 234 束，横向布置 24 孔、共 192 束，竖向布置 56 孔、共 356 束；30m 跨单槽纵向布置 68 孔、共 518 束，横向布置 36 孔、共 288 束，竖向布置 80 孔、共 524 束，具体尺寸见图 1。

3 计算工况

渡槽原设计为对称检修工况，即中孔检修两边孔过水、两边孔检修中孔过水，对应过水槽孔水深可为加大水深。为保证检修期间渡槽尽量保留较大的过流能力，计划采取各槽孔逐一检修，即检修期间保持两槽孔过流。因此除原设计中孔检修两边孔过水外，存在边孔检修、中孔及另一侧边孔

过水的不对称检修工况。渡槽不对称检修时，四根纵梁受力情况均不相同，造成纵梁底部变形也各不相同，从而使横向框架结构受力形态与原设计发生较大变化。为确保工程安全，将不对称检修工况作为复核计算工况，计算水深由设计水深起算。

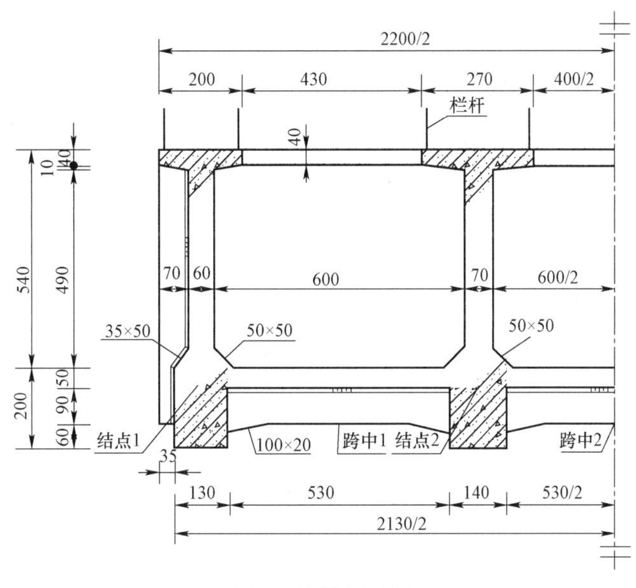

图 1　渡槽断面图

4　计算项目及控制标准

渡槽原设计各部件以正常使用极限状态为控制工况，各部件的极限承载力较强，承载能力极限状态下钢绞线及普通钢筋共同受力，计算强度较控制工况仍有部分富裕，本次复核计算首先对正常使用极限状态进行复核计算。不对称检修工况下对纵梁受力影响不大，主要影响是不对称检修致使各纵梁受力均不相同，造成变形的不均匀，从而改变了原设计横向框架的受力形态，因此本次复核计算主控项目为横向框架，主控标准为混凝土受力边缘应力。渡槽预应力计算、槽身各部位应力及渡槽纵梁受力变形计算不再详细叙述，横向框架的受力分析直接采用渡槽预应力计算、槽身各部位应力及渡槽纵梁受力、变形计算结果。

原设计基本组合及偶然组合分别采取一、二级裂缝控制标准，即基本组合槽身结构内外侧不出现拉应力，偶然组合受拉边缘拉应力不大于$\alpha_{ct}\gamma f_{tk}$（$\alpha_{ct}=0.5$，$f_{tk}=2.75$MPa；γ：受拉区混凝土塑性影响系数，原设计混凝土拉应力限制系数α_{ct}按《水工混凝土结构设计规范》SL/T 191—1996 确定）。现阶段《水工混凝土结构设计规范》（SL 191—2008）相关条文规定，α_{ct}按 0.7 考虑，$f_{tk}=2.64$MPa。文中仅列现行规范计算结果，原 96 规范计算不再叙述。

5　结构计算

渡槽左侧边孔检修其余两侧过设计水深时，纵梁跨中挠度左至右分别为－0.24、0.2、1.24、1.06mm，对应选取跨中断面进行横向框架计算，见图 2。

经计算，内力变化较大的断面为左边跨底肋右杆端、跨中底肋左右杆端、右边跨底肋左杆端，根据预应力筋布置情况选取跨中底肋左右杆端作为本次计算断面。左侧杆端（削峰）弯矩 – 1126kN • m、剪力 1135.5kN、轴力 224.5kN；右侧杆端（削峰）弯矩 1187kN • m、剪力 – 215kN、轴力 224.5kN。经复核截面抗剪强度满足要求。

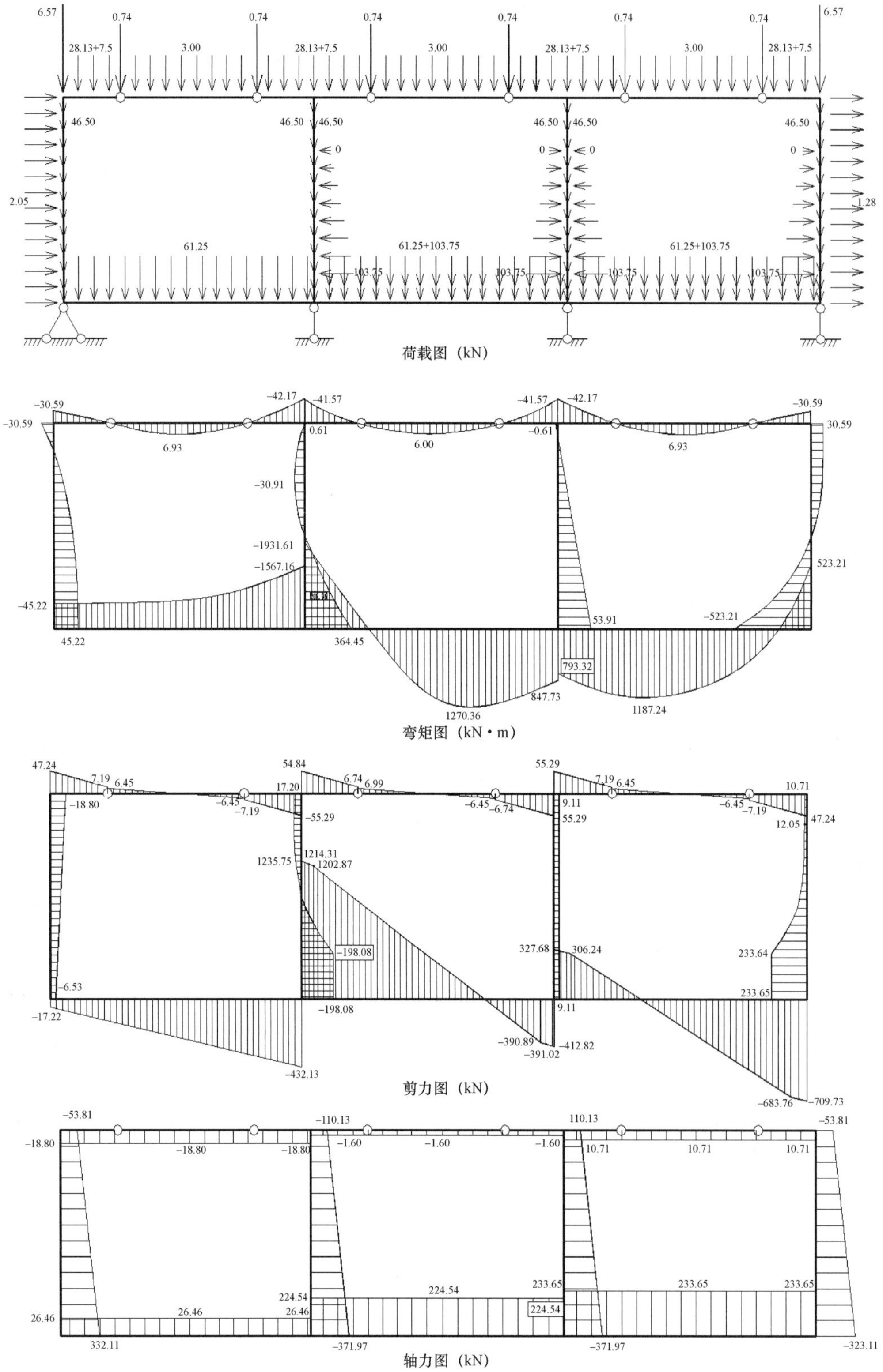

荷载图（kN）

弯矩图（kN • m）

剪力图（kN）

轴力图（kN）

图 2 渡槽设计水深不对称检修内力图

左杆端计算混凝土拉应力值 0.0＜$0.7\gamma f_{tk}=0.7\times1.55\times2.64=2.86$MPa，满足要求。

右杆端计算混凝土拉应力值 3.5MPa＞$0.7\gamma f_{tk}=0.7\times1.5\times2.64=2.77$MPa，不满足截面抗限裂控制要求。

将渡槽左侧边孔检修时其余两侧水深调整为 3.5m 时，纵梁跨中挠度左至右分别为：−0.24、0.04、0.91、0.86mm，对应跨中断面进行横向框架计算，见图 3。

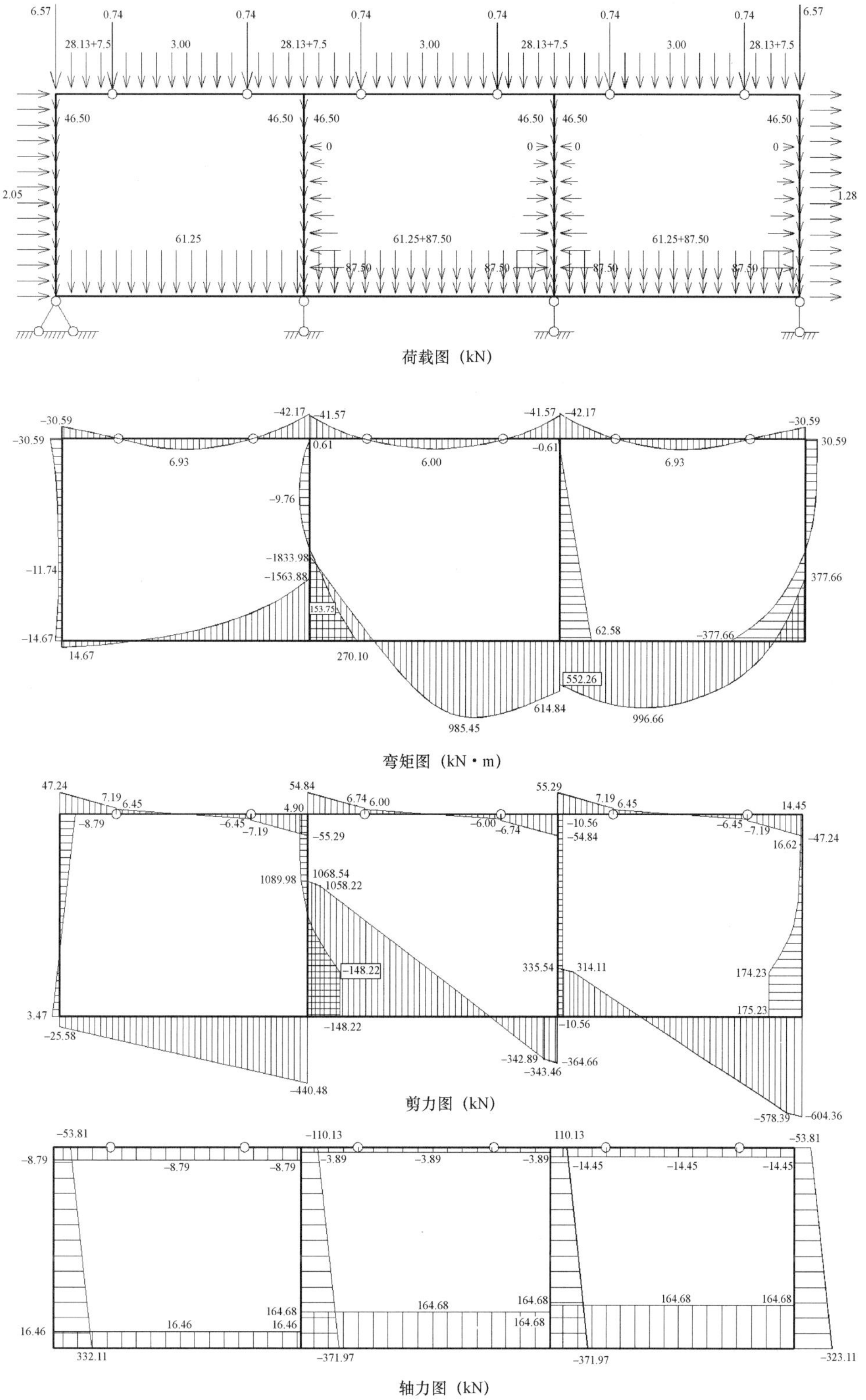

荷载图（kN）

弯矩图（kN·m）

剪力图（kN）

轴力图（kN）

图 3 渡槽 3.5m 水深不对称检修内力图

经计算，水深减小后各部位内力值有所减小，重点对设计水深不满足要求的跨中右杆端进行验算，其内力值为弯矩 912.6kN·m、轴力 164.7kN。经复核计算混凝土拉应力值 2.42MPa＜$0.7\gamma f_{tk}=0.7\times1.5\times2.64=2.77$MPa，满足截面抗限裂控制要求。

6 检修控制要求及保证措施

综上复核计算，渡槽不对称检修，即边孔检修中孔及另一侧边孔过水时，控制水深不超过 3.5m，对称检修时过水断面水深应不超过加大水深。检修施工应避开高温及冬季施工，如果施工期在温度变化较大时，应对渡槽表面做好保温措施，如覆盖塑料布进行保护，防止渡槽内外温差较大，同时应加强施工期安全观测，确保渡槽检修期运行安全。

7 结语

通过以上工程实例研究，在保证渡槽结构安全和满足正常输水量的情况下，成功完成了输水渡槽不对称工况条件下检修任务。下一步，运行管理单位还应加大输水渡槽工况研究，采取必要的施工和水量调度措施，在保证渡槽结构安全的前提下，提高供水量满足加大流量需求，提高中线工程的输水效益。

参 考 文 献

沈凤生．特大型输水工程跨河梁式渡槽若干关键技术问题探讨［J］．水利规划与设计，2014（1）：3－6．

望亭水利枢纽水下工程检修工作实践与思考

郑春锋，孙嘉良

（太湖流域管理局苏州管理局，江苏 苏州 215011）

摘　要：望亭水利枢纽是国内建成较早的河道立交涵闸工程，在太湖流域防洪和“引江济太”调水中发挥着关键作用。望亭水利枢纽工程长年运行，闸门操作运用频繁，工程的检查维护难度较大，尤其是管涵水下工程的检查维修难度极大。本文系统梳理总结了管理单位结合望亭水利枢纽工程近三十年来所开展的水下工程检查与维修工作实践，对重视水下工程检查维护、细化水下检查工作标准、推进水下检修技术创新等进行思考，并提出了建议。望亭水利枢纽水下检查工作所积累的检查和维修工作经验，尤其是在有压涵洞内采用水下摄像、小型遥控水下机器人检查、潜水员探摸和干水检查等方式，所开展检查工作的过程和成效，以及采用水下压力灌浆、水下不分散混凝土进行工程缺陷修补的成功实践，可以为类似工程的检修工作提供借鉴。

关键词：望亭水利枢纽；立交工程；涵洞水下检查；实践；思考

1　工程概况

望亭水利枢纽位于苏州相城区望亭镇以西，望虞河与京杭大运河相交处，距望虞河入湖口 2.2km，是望虞河排泄太湖洪水及环太湖大堤重要口门的控制建筑物，对太湖流域防洪、排涝、引水及通航发挥着重要作用。该工程于 1992 年 10 月动工建设，1998 年 10 月通过竣工验收，由太湖流域管理局苏州管理局管理。2010～2012 年对工作闸门及闸门槽、启闭机设备、中控楼和启闭机房等进行了更新改造，2012 年 11 月通过竣工验收。

望亭水利枢纽为 2 级水工建筑物，采用“上槽下洞”立交布置形式，望虞河管涵（下部）与运河渡槽（上部）平面上呈 60° 斜交，运河渡槽供通航，管涵供排洪与引水。望亭水利枢纽上部钢筋混凝土 U 形运河渡槽，槽宽 60m，底高程 –1.7m（镇江吴淞高程，下同）；下部管涵为现浇箱形钢筋混凝土结构，共 9 孔，总宽 75m。管涵由上、下游管首和中间管身组成，其中上、下游管首分别长 23.1m，中间两节管身各长 28.3m，总长 102.8m。管涵洞底高程 –9.6m，管涵洞顶高程 –3.1m，每孔净面积 7.0m × 6.5m（宽 × 高），总过水面积 400m^2，设计流量 400m^3/s。上、下游管首分别设置检修门槽，配置浮箱式检修门，采用临时起吊设施吊装。上游管首设置工作门槽，工作闸门采用平面钢闸门，启闭机型式为 QP 型固定卷扬机，容量为 2 × 200kN，布置于 15.0m 高程的启闭机房内。

水下工程主要包括倒虹吸涵洞、上下游管首和上下游连接段的水下部分等。管首进出口与河道

作者简介：郑春锋（1975—），男，高级工程师。

底面衔接的斜坡护坦采用混凝土结构，水平投影长度为 39.2m，坡度 1∶7，宽度 75～80m。管首之间，管首与岸墙、翼墙、混凝土护坦之间的防渗、伸缩缝均采用铜片止水。上游采用灌砌块石和干砌块石护底，护底长 98.0m（含防冲槽）。上游河底高程为－3.0m，宽度 80.0m，堤顶高程 7.0m，边坡 1∶3 梯形断面，上游砌石护坡长 98.0m。下游采用灌砌块石和干砌块石护底，护底长 108.0m（含防冲槽）。下游河底高程为－3.0m，宽度 80.0m，堤顶高程 6.0m，边坡 1∶2.5 梯形断面，下游砌石护坡长 150.0m。上下游防冲槽顶面高程为－3.0m，防冲槽底面高程为－5.0m，防冲槽宽 8.0m。

1.1 设计功能

望虞河工程是十一项治太骨干工程之一，望虞河工程主要功能为防洪、排涝兼顾供水及航运。根据《太湖流域综合治理总体规划方案》，望亭水利枢纽是太湖防洪和引水的主要控制建筑物，其主要任务是：

泄洪。遇 1954 年型洪水（约 50 年一遇），汛期 5～7 月排泄太湖洪水 23.1 亿 m^3，占太湖设计外排水量的 51%。

引水。非行洪期控制太湖水位，需要时与望虞河常熟水利枢纽配合引长江水入太湖。

此外，可以向望亭发电厂供应冷却用水，以及兼顾航运等。

1.2 运行效益

望亭水利枢纽自 1994 年 1 月投入运行，已累计排洪 184 亿 m^3，特别是在抗御 1999 年、2016 年流域特大洪水和 2020 年流域大洪水中，发挥了重要作用。其中，1999 年望亭水利枢纽排泄太湖洪水 28 亿 m^3，有效减轻了流域洪涝灾害；2016 年太湖流域发生了超标准洪水，太湖最高水位达 4.87m，望亭水利枢纽全年排洪运行 182 天，排泄太湖洪水 31.32 亿 m^3，创历史新高。

2002 年太湖流域实施“引江济太”水资源调度以来，望亭水利枢纽作为通过望虞河调引长江水入太湖的最后一道控制关口，已累计引水入太湖 148 亿 m^3。其中，在 2007 年无锡供水危机中，通过望亭水利枢纽向太湖应急调水，改善了无锡供水水源地水质，对恢复无锡城市供水发挥了重要作用。

望亭水利枢纽 1993—2020 年运行效益图见图 1。

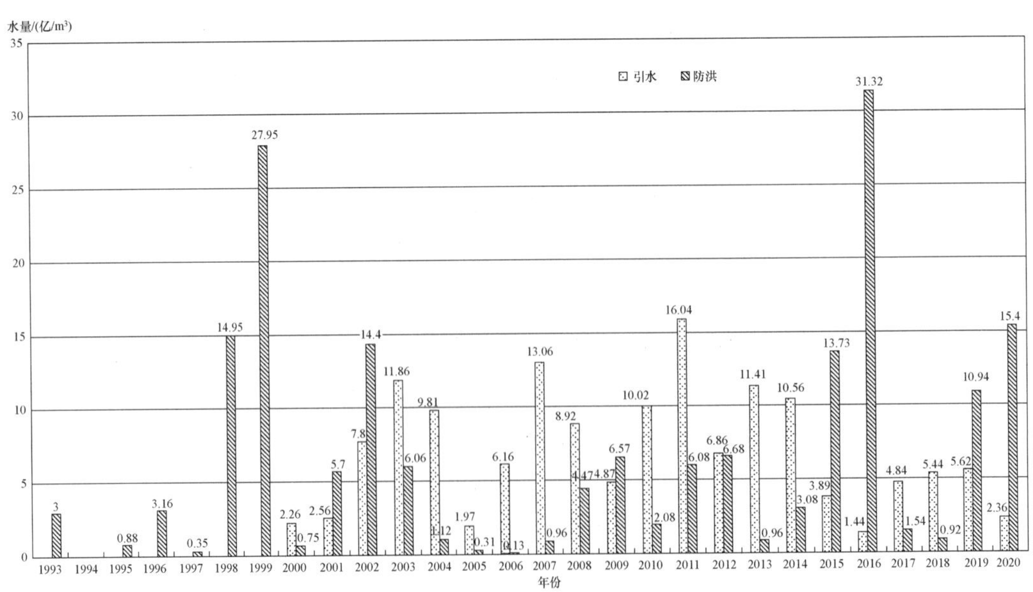

图 1　望亭水利枢纽 1993—2020 年运行效益图

望亭水利枢纽 8 号、9 号两孔长年向江苏华电望亭发电厂供应冷却用水，已累计向望亭发电厂供水 172 亿 m^3，有力保障了电厂运行安全。

2　水下工程检修工作实践

2.1　水下工程检查工作情况

望亭水利枢纽自从投入运行以来，发挥了显著的防洪、供水效益。根据《水闸技术管理规程》《水闸安全评价导则》等规定，管理单位制定了切合实际的技术管理实施细则并经上级主管部门批准后实施。管理单位按照制度有计划地开展工程检查工作，日常检查、定期检查、专项检查和安全鉴定等工作规范有序，有力保障了工程运行安全。其中，望亭水利枢纽管涵洞底距离检修桥平台 15.6m，倒虹吸有压涵洞和深孔闸门的检查与维修非常困难。自从 1999 年接管工程以来，管理单位已经对有压涵洞等水下工程，采用水下摄像、潜水员水下探摸、小型遥控机器人水下检查、干水检查等方式，开展了多次水下工程检查，及时全面掌握了工程设施变化和安全状态。

（1）水下摄像法检查

1999 年水下工程检查。1999 年 10 月 26 日～11 月 3 日，管理单位委托专业公司进行望亭水利枢纽水下工程检查，检查范围涵盖了管涵的管身（包括底板、闸墩）和工作门槽、检修门槽；管涵的上下游胸墙、翼墙和伸缩缝；管涵的出口向下游 50m 范围的河道护砌；京杭运河渡槽两侧直立墙、翼墙和伸缩缝等。本次检查采用 SCOM－Ⅲ电子控制观测仪水下录像法，由潜水员携带水下摄像机潜入水下，根据事先拟订的检查次序进行逐孔逐块的水下录像，并根据岸上技术人员的指令进行工程特定部位的专门录像。录像资料经过剪辑，重要的部分可以翻拍成照片，最后形成图像、声音和文字资料为工程管理提供依据。本次检查中发现水下工程除存在部分淤积、少量施工遗留杂物外，工程本身情况完好，未发现混凝土裂缝和冲刷破坏，伸缩缝、门槽等无异常。

2016 年水下工程检查。2016 年 11 月 30 日～12 月 7 日，管理单位委托专业公司对水下工程进行了水下摄像检查，检查范围与 1999 年基本一致，仅仅缺少了涵管管身内部的检查。本次检查安排在 2016 年流域特大洪水之后，基于已经开展的水下检查成果，重点检查了管涵上下闸首检修门槽、工作门槽及其周边混凝土、底板伸缩缝等，在经历超设计标准泄洪后，有无明显缺陷及损坏现象。本次检查发现了闸门门槽区域的底板和闸墩混凝土有局部轻微的冲蚀水毁，并对发现的缺陷部位进行了 PBM 水下混凝土修补。

（2）潜水员探摸检查

由潜水员水下探摸检查是管理单位开展闸室门槽部位和上下游连接段等水下工程检查的传统作业方式。自从水管单位水管体制改革完成后，水利工程维修养护经费逐步得到保障。望亭水利枢纽管理单位每隔两年组织开展一次潜水员水下探摸检查，结合每年一次的上下游河道断面冲淤观测，来掌握望亭水利枢纽门槽区域和上下游连接段水下部分的安全现状。在潜水员探摸检查中，一般能够发现比较明显的水下工程破损缺陷和水下异物，但是这种检查更多依赖于潜水员的潜水作业能力和水利工程业务知识与经验。

（3）水下遥控小机器人的摄像检查

2009年管理单位引进了小型水下遥控机器人（ROV）系统，这是一种可以遥控的、自身带有动力的水下摄像机，可实时进行水下视频检测和观测。小型水下遥控机器人有水平推进器、垂直推进器、前后摄像头、前后照明灯、压力/深度传感器、脐带缆、水面控制台、液晶显示屏、记录设备，以及音频注释系统、换流器/逆变器、压力传感器校准计和图像扫描声呐系统、短基线定位系统、小型遥控机械手等。小型水下遥控机器人所有运动和操作都在地面完成，可视频观测、记录、回放，可精确定位，可进入狭小空间，在浑水中可使用二维多波束声呐或图像扫描声呐，可进行简单的水下作业，可计算机控制。小型水下遥控机器人（ROV）系统一次性购置成本较大，但是作业水深大、时间长、安全度高，能够适应潜水员不能够作业的工作环境。

（4）管涵水下工程的干水检查

2005、2006和2011年，管理单位曾三次组织开展望亭水利枢纽管涵内部的干水检查。其中，2005年检查了4号管涵，2006年检查了2号、8号管涵，2011年检查了全部9孔管涵。检查发现个别管涵底板局部有凹凸，钢筋头露出，并有少量砖块等杂物，大部分管涵侧壁均有渗水情况；伸缩缝多处有渗水、滴水、冒水及喷水现象；管涵多处出现竖向裂缝，裂缝开度在0.1～0.4mm，均已贯穿，并伴有渗水现象。经回弹法检测，实测混凝土强度推定值介于23.8MPa和27.2MPa之间，满足设计要求；经碳化深度进行检测，实测碳化深度在8.5～14.5mm，均小于钢筋保护层厚度设计值，表明钢筋目前仍处于保护层混凝土的碱性环境之中，钢筋未锈蚀。2011年望亭水利枢纽更新改造项目对管涵干水检查中发现的明显缺陷进行了修复处理。

管涵内部干水检查作业的主要工作流程如下：

1）根据《望亭水利枢纽检修门操作规程》吊装检修门，吊装过程中记录检修门及门槽运行状况，包括检修门及门槽的锈蚀情况、预埋件有无损坏情况；门槽有无变形或卡阻现象；止水装置是否完整等。

2）堵漏。由潜水员在上下游分别采用长15m、宽8m的整幅彩条布对检修门临望虞河侧进行全面覆盖，以堵塞检修门间接合处的横向缝隙；同时在检修门与门槽两侧及底部接合处用棉絮条进行封堵。

3）排水。在涵洞内安装水泵，将涵洞内积水抽出，在排水的过程中若上下游检修门有漏水现象，由潜水员下水堵漏。在排水的过程中，注意记录检修门的止水性能，潜水员在堵漏的同时，注意检查检修门与检修门槽临望虞河侧有无异常，记录人员做好记载。

4）管涵内水体抽出后，静止1h，若管涵内水位没有上涨趋势，负责检查管涵内部的工作人员，携带工具及仪表有序从检修孔（兼做通气孔）进入。

5）管涵内部的检查采用测量、摄像、拍照、水下探摸等方法，检查作业的同时作好记载。检查内容包括闸门门槽、检修门门槽锈蚀情况、预埋件有无损坏；门槽有无变形或卡阻现象，并测量门槽的垂直度；闸门止水装置是否完好；管涵内淤积、沙石堆积等情况；管涵墙体有无发生异常沉降、倾斜、滑移等情况；涵洞连接处错位情况等。

6）闸门运行检查。根据管涵内工作人员的现场指令进行闸门的启闭（升降），在管涵内观察闸门、门槽、滚轮以及止水橡皮的运行状态，并做好记录。

7）检查人员撤离管涵，按照《望亭水利枢纽检修门操作规程》移除检修门，管涵内恢复通水。

2.2 水下工程维修工作情况

（1）涵洞伸缩缝渗水的堵漏处理

2011年望亭水利枢纽更新改造施工期间，在1号孔涵洞排水即将完成时，工作人员进入涵洞进行检查，发现涵洞底板三道伸缩缝存在不同程度的渗漏水现象。建设单位在现场组织召开伸缩缝渗漏水处置方案专家咨询会，对现场进行了详细的勘查，研究明确了处理方案。正常运用情况下，涵洞内外水头差很小，运行期间伸缩缝止水不会产生渗流破坏，但是干水施工或检查期间，涵洞内外水头差达13m左右，为防止地基土被渗流带出，对发生渗漏的部位采用反滤土工布加砂袋镇压的反滤措施，并且在施工抽水期间加强现场检查和观测。经过针对渗漏部位进行丙凝压浆试验后，进行了伸缩缝内压力灌浆等补漏处理措施，保障了管涵运行安全和施工安全。

（2）局部破损混凝土的水下修补

在应对2016年流域特大洪水期间，望亭水利枢纽累计排水31.32亿m^3，日平均流量超设计标准运行累计14天，最大日平均排水流量达到452m^3/s，年度排水量和日均排水流量均超过历史最高纪录。汛后，根据潜水员水下探摸发现，闸门门槽附近混凝土有不同程度的水毁。2016年11月30日～12月7日，管理单位又专门委托专业公司对望亭水利枢纽1号～9号检修门槽、工作门槽及周边混凝土、底板伸缩缝等疑似存在明显缺陷及损坏的部位，进行了水下摄像复查，并对发现的缺陷采用PBM聚合物混凝土进行了修补。

本次水下混凝土修补的施工作业流程主要包括：

1）组织人员、设备进场，落实作业现场的施工条件；施工现场布置水上作业平台，将施工用潜水装具、空压机、PBM拌制设备、发电机等布置在平台上，现场配备移动电话、无线对讲机，以解决相互之间的联络和沟通，方便施工任务的布置调整。

2）施工时，由潜水员采用水下工具，将混凝土损坏部分凿撬清挖干净，用高压水枪将松散卵石和浮渣进行清理，对混凝土、钢筋上的附着物和青苔用钢丝刷清洗，并对处理过的接触面残渣和淤积物全部冲洗干净，以保证补强加固混凝土有一定的浇筑厚度，确保新老混凝土的足够黏结面积、强度。

3）混凝土浇筑之前，由潜水员进行水下安装浇筑模板，模板每隔一定距离上下设模板拉筋，将模板进行固定，模板上口预留浇筑混凝土导口位置，模板可为钢模或木模。

4）现场进行PBM混凝土试配，严格按照施工水温、气温控制要求，执行试配并确定最终配合比。施工时采用桶装法将拌和物传递给潜水员，潜水员在水下根据需要定点倾倒，让其自动流平，实现自密实。

5）新浇PBM聚合物混凝土在水下养护后，由潜水员先把浇筑模板拆除，然后用水下液压砂轮将浇筑导口部位多余混凝土磨平。

3 水下工程检修工作的思考

3.1 建议细化、明确水下工程检查技术标准

《水闸技术管理规程》（SL 75－2014）中规定了水闸检查类别和频次，其中3.2.3条明确检查内容

包括“混凝土铺盖是否完整；黏土铺盖有无沉陷、塌坑、裂缝；排水孔是否淤堵；排水量、浑浊度有无变化”“消能设施有无磨损冲蚀；河床及岸坡是否有冲刷或淤积”等。《水闸安全监测技术规范》（SL 768—2018）中 3.2.1 条规定的检查内容与此一致。《水闸安全评价导则》（SL 214—2015）中也有对于水下检测的明确要求，3.2.3 条中明确“对长期未做过水下检测（查）的，或水闸地基渗流异常的，应进行水下检测”，并明确了检测的具体要求。

但是，上述规程规范的规定比较笼统，并未区分水上工程、水下工程检查的特点、难易程度、重要程度而作出针对性的要求，操作性不强。建议应进行研究并细化、明确水下工程检查的水利行业技术标准。

3.2 管理单位应高度重视水下工程检修工作

由于水下工程检查工作难度大、成本高，在日常检查、定期检查和专项检查中落实水下工程检查比较困难，特别是经历过大流量泄洪后，水下工程若发生水毁，难以及时发现，进而日积月累产生更大的破损，危害工程安全。管理单位应高度重视水下工程检修工作，在技术管理实施细则等制度中，应结合所管工程的实际情况和运行状况，提出明确的水下工程检查频次、范围等要求并严格执行。同时，应按照制度定期开展上下游河道断面的冲刷淤积观测。

根据多年来的水下检查工作经验，水下工程在闸门门槽区域、伸缩缝区域等易出现缺陷，尤其是深孔闸门在过流时，若水流流态紊乱、产生漩涡等，更需要引起重视。建议在设计施工时，可以研究改进构造措施，考虑将深孔闸门工作门槽扩散角适度扩大，以及改进伸缩缝周围的防冲蚀设计等。

3.3 建议落实水下工程检查经费渠道

水下工程检查工作难度大，经费需求大，但是管理单位的运行管理经费有限。在实际工作中，定期开展水下工程检查存在客观困难。目前，管理单位组织开展水下工程检查，一般会依托水利工程维修养护经费或者水毁经费等，经费保障率不高。而且，水利工程维修养护经费定额中，一般并不包括水下工程检查等专项经费。建议研究落实水下工程检查专项经费渠道。建议水下工程检查工作可以考虑与水利工程安全鉴定工作衔接，可以考虑将水下工程检查维修经费与安全鉴定工作经费相统筹，或者加大水利工程维修养护经费的保障力度。

3.4 建议推进水下工程检查维修技术创新

水下工程检查维修工作一般涉及水下潜水作业和水下修补作业，专业性强，危险系数高，需要专业的施工作业队伍和专用的工具设备。随着人工智能、信息化技术的迅速发展，各种先进的检查检测维修技术兴起，建议水利行业应加大政策鼓励力度，支持水下工程检查技术研究与创新，并积极搭建业务交流平台，鼓励引进水下检修先进实用技术，提高水下工程检查维修工作质量和水平，更好保障工程安全运行和工程效益充分发挥。

参 考 文 献

[1] 汪天伟，周红坤，杨飞，等．一种水电站隧洞检查专用水下机器人的研制及应用［J］．水电能源科学，2019，

37（8）：174－176.

［2］黄泽孝，孙红亮．ROV 在深埋长隧洞水下检查中的应用［J］．长江科学院院报，2019，37（7）：170－174.

［3］李永龙，王皓冉，张华．水下机器人在水利水电工程检测中的应用现状及发展趋势［J］．中国水利水电科学研究院学报，2018，（6）：586－590.

［4］胡明罡，左丰收，邢立丽．水下机器人技术在密云水库白河泄空隧洞水下探测中的应用［J］．北京水务，2016，（6）：59－62.

［5］顾红鹰，刘力真，陆经纬．水下检测技术在水工隧洞中的应用初探［J］．山东水利，2014，（12）：19－20.

［6］徐毅，赵钢，王茂枚，等．双频识别声呐技术在水工建筑物水下外观病害检测中的应用［J］．水利水电技术，2014，45（7）：103－106.

太浦闸工程安全监测信息化建设成果与展望

孙嘉良，刘宸宇，李　超，史益鲜

（太湖流域管理局苏州管理局，江苏 苏州　215011）

摘　要： 现阶段，信息化建设已成为太湖流域水利工程现代化管理中的新要求、新目标。太浦闸工程利用信息化技术手段对工程安全监测方面做出了改进，安装了自动监测仪器（自记水位计、静力水准系统、振弦式渗压计等）、监测设施自动化系统、闸门监控系统，实现了实时对部分工程特性信息的测量、收集和归档功能，可以更及时地发现工程出现的安全隐患，并为工程安全性评估提供更加准确、全面的参考依据。本文详细介绍了太浦闸工程安装的安全监测设施情况及使用方法，总结了工程在安全监测信息化应用方面的实践过程及数据成果分析，并思考该工程在安全监测信息化下阶段的目标方向，如在监测自动化系统中增加观测数据自动分析模块，对水利行业安全监测及信息化建设工作具有一定的借鉴价值。

关键词： 太浦闸工程；安全监测；信息化

1　工程概况

太浦闸工程，位于江苏省苏州市吴江区境内的太浦河进口段，是太湖流域重要的防洪与供水控制性骨干工程，于 1959 年 10 月建成。原太浦闸共 29 孔，单孔净宽 4m，总净宽 116m，设计流量 580m³/s。经国家发展改革委和水利部批复，2012 年 9 月，太湖局启动太浦闸除险加固工程建设工作。新太浦闸在原址重建，共 10 孔，每孔净宽 12m，总净宽 120m，采用平面直升钢闸门配卷扬式启闭机。闸基、闸墩等按闸底板 –1.5m 进行设计，设计流量 985m³/s。近期按闸底板堰顶高程 0.0m 实施，设计流量 784m³/s。

太浦闸工程自 1991 年汛期首次开闸泄洪以来效益明显，特别是在抵御 1991、1999、2016 年流域特大洪涝灾害中充分发挥了骨干水利工程的防洪效益，为保证流域安全作出了卓越贡献。2002 年实施“引江济太”水资源调度以来，按照“以动治静、以清释污、以丰补枯、改善水质”的调度方针，太浦闸保持常年开启，10 余年来向下游江、浙、沪地区增加供水 220 亿 m³，有效改善下游地区生活、生产、生态用水。

作者简介：孙嘉良（1995—），男，助理工程师。

2 信息化监测设施

2.1 自动监测仪器

太浦闸工程监测设施系统（原型观测）方面设置了上下游水位观测、沉降观测、水平位移观测、闸底板扬压力观测、地基反力观测、底板内力观测等观测项目，并设置了一套安全监测自动化系统，以方便进行自动观测。监测设施系统中，进行自动化观测的项目主要是上下游水位（监测仪器为自记水位计）、闸墩表面沉降（监测仪器为静力水准）、闸底板扬压力（监测仪器为渗压计）、地基反力（监测仪器为土压计）、闸底板内力（监测仪器为钢筋计、混凝土应变计、无应力计）。接入自动化系统实现定时自动观测的仪器见表 1。

表 1　　接入监测自动化系统的仪器统计表

观测项目	仪器名称	单位	安装量	接入自动化的量	仪器编号	备注
上下游水位	自记水位计	套	2	2	SW1、SW2	
沉降	静力水准	条/点	1/6	1/6	SL1～SL6	
底板扬压力	渗压计	支	25	24	P1～P18 P20～P25	
地基反力	土压计	支	9	9	E1～E9	
底板内力	钢筋计	支	12	10	R1、R2、R4 R5、R7～R12	
	混凝土应变计	支	6	4	S1、S3、S5、S6	
	无应力计	支	3	3	N1、N2、N3	

（1）观测测点布置及数据参数

1）上下游水位观测。自记水位计，安装在引水管内，可观测引水管管内水面与管口的距离，根据管口高程即可得出管内水面高程。因引水管与河水相通，则管内水面高程即为河水位高程。

2）沉降观测。采用静力水准系统，各仪器电缆接入监测自动化采集系统，实现定时自动观测。测点设置在闸墩上游侧顶部，共 6 个点。

3）闸底板扬压力观测。底板扬压力，采用在地基土中埋设渗压计的方式进行观测，各仪器电缆接入监测自动化采集系统，实现定时自动观测。测点设置在节制闸闸室底板以及套闸闸室底板内。

4）地基反力观测。地基反力，采用在地基土中埋设土压计的方式进行，各仪器电缆接入监测自动化采集系统，实现定时自动观测。测点设置在 1 号闸室底板、9 号闸室底板以及套闸上闸首底板下。

5）闸底板内力观测。闸底板内力观测，主要是测量底板内的钢筋应力与混凝土应力，钢筋应力采用钢筋计进行观测，混凝土应力采用混凝土应变计进行观测，另外为了提高观测精度，还布置了无应力计，以对钢筋计与应变计观测值进行修正。各仪器电缆已接入监测自动化采集系统，实现定时自动观测。钢筋计主要布置在 4 号、5 号、6 号闸底板靠近水闸中轴线附近的底层钢筋及面层钢筋处；混凝土应变计及无应力计主要布置在 4 号、5 号、6 号闸室底板内。

（2）观测方法及原理

1）沉降观测。沉降自动观测，是采用静力水准系统，各仪器电缆接入监测自动化采集系统，实现定时自动观测。静力水准仪利用连通液原理，多支通过连通管连接在一起的储液罐的液面总是在同一水平面，通过测量不同储液罐的液面高度，经过计算可以得出各个静力水准仪的相对差异沉降。本工程将静力水准点 SL1 作为基准点，通过比对其他各测点与 SL1 沉降量差值的变化情况，分析闸墩顶部沉降情况。

2）底板扬压力观测。闸底板扬压力采用渗压计，各仪器电缆接入监测自动化采集系统，实现定时自动观测。

渗压计是振弦式仪器，采用振弦式读数仪测读频率和温度，再根据式（1）计算扬压力：

$$P = G(R - R_0) + K(T - T_0) \tag{1}$$

式中 P——扬压力（kPa）；

G、K——仪器率定常数；

R——模数测值；

T——温度测值。

3）地基反力观测。地基反力采用土压计，各仪器电缆接入监测自动化采集系统，实现定时自动观测。土压计是国产差动电阻式仪器，利用数字式电桥测读电阻 R_t 和电阻比 z，再根据公式（2）计算地基反力 R。

常用的差阻式传感器的拟合公式见式（2）。

$$R = f\Delta Z + b\Delta T \tag{2}$$

式中 R——土压力（MPa）；

f——仪器最小读数（MPa/0.01%）；

b——仪器的温度修正系数（MPa/℃）；

ΔZ——电阻比实测值 Z 相对于基准值 Z_0 的变化量；

ΔT——温度 T 相对于基准值 T_0 的变化量。

差动电阻式仪器原理：钢丝受力时其变形（L）与电阻比的变化关系见式（3），差动电阻式仪器内通过两根方杆将两根钢丝差动地绕在四个瓷子上，利用电阻差动变化求出仪器电阻比（Z），见式（4）。

$$\frac{\Delta R}{R} = \lambda \frac{\Delta L}{L} \tag{3}$$

$$\Delta Z = \frac{R_1}{R_2}\left(\frac{\Delta R_1}{R_1} + \frac{\Delta R_2}{R_2}\right) \approx 2\frac{\Delta R}{R} \tag{4}$$

式中 Δ——变化量。

仪器埋设点的温度 T 按式（5）和式（6）计算，一般温度应为正，常用公式为式（2）：

$$0℃ \leqslant T \leqslant 60℃，\ T = \alpha'(R_t - R_0') \tag{5}$$

$$-20℃ \leqslant T \leqslant 0℃，\ T = \alpha''(R_t - R_0') \tag{6}$$

式中 T——埋设点的温度（℃）；

α'——仪器的零上温度系数（℃/Ω）；

α''——仪器的零下温度系数（℃/Ω）；

R——仪器实测电阻（Ω）；

R_0'——计算冰点 0℃的电阻值（Ω）。

4）闸底板内力观测。闸底板内力观测，主要是测量底板内的钢筋应力与混凝土应力，钢筋应力采用钢筋计进行观测，混凝土应力采用混凝土应变计进行观测，另外为了提高观测精度，还布置了无应力计，以对钢筋计与应变计观测值进行修正。各仪器电缆已接入监测自动化采集系统，实现定时自动观测。

本工程中钢筋计、应变计、无应力计均为国产差动电阻式仪器，钢筋应力、应变计应变、无应力计应变的测量方法及计算方法，与土压力计相似。

2.2 监测自动化系统软件

监测自动化系统，可实现监测仪器的自动定时观测、测值自动定时上传、储存、换算等。监测自动化系统的采集模块（测量单元），采集模块通过 485 通信方式与控制中心的计算机进行通信，将测量的数据发送至采集计算机的数据库中。

监测采用 BGKLogger 数据采集系统 V4，监测系统与采集计算机的通信采用 485 转 USB 的通信方式，COM 口为 11。自动化采集系统，设置成每天 6:00、12:00、16:00、20:00 定时观测，测值每天 7:00、21:00 定时上传至采集计算机。

根据类似工程工作经验，结合本工程设计文件计算成果与仪器性能，各监测仪器测试成果的合理范围见表 2。

表 2　　监测仪器测试成果合理范围统计表

仪器代码	仪器名称	安装位置	测试成果的物理意义	测试成果单位	合理值范围
SW1、SW2	自记水位计	北岸上下游翼墙	上下游水位	m	1～5
SL1～SL6	静力水准	安装在上游侧人行栈桥	闸墩不均匀沉降	mm	－30～30
P1～P25	渗压计	安装在闸底板下地基土中	底板扬压力	kPa	10～100
E1～E9	土压计	安装在闸底板下地基土中	地基反力	kPa	10～200
R1～R12	钢筋计	闸室底板内	底板钢筋应力	MPa	－100～100
S1～S6	混凝土应变计	闸室底板内	底板混凝土应变	με	－1000～1000
N1～N3	无应力计	闸室底板内	温度等非荷载应力，用于修正	με	－1000～1000

2.3 闸门监控系统

太浦闸工程采用的是 iFIX5.5 闸门监控软件，它是基于 Windows 平台上的功能强大的自动化监视与控制的软件解决方案。该闸控软件可以精确地监视、控制闸门运动过程，并优化设备资源管理。闸门运动的关键信息可以通过闸控软件贯穿从工程现场到值班室上位机的管理体系，以方便管理者做出更快速更高效的决策，从而获得更高的经济效益。

3 太浦闸工程自动监测应用成果及结论

3.1 监测成果

（1）沉降自动观测特征值

由于静力水准自动观测仪器中观测用液存在不同程度的渗漏，故经询设计单位后，于 2020 年 5

月重新补充观测用液，各测点观测数据在 5 月均发生明显改变，重新形成初始数据。由此，2020 年 5 月之后数据将作为观测分析的主要判断依据。从 5 月后测值过程线可知，以 SL1 为基准点，SL1 初始沉降量值为－10.2mm，SL2 为－10.5mm，SL3 为－15mm，SL4 为－0.8mm，SL5 为－0.5mm，SL6 为－0.6mm。截至 2020 年 12 月底，SL2～SL6 各测点较 SL1，均无较大变化，变化最大为 SL6，变化值为仅为－0.5mm。

（2）底板扬压力观测特征值

从测值过程线可知，2020 年度太浦闸各渗压计测值除 P22 存在异常数据外，普遍在 50～75kPa，各仪器全年变化幅度均不超过 20kPa

（3）地基反力观测特征值

从测值过程线可知，2020 年度太浦闸各土压计的测值中除 E1 存在异常数据外，其他普遍在 42～115kPa，各仪器全年变化幅度均不超过 30kPa，所有测点变化规律基本一致。

（4）底板内力观测特征值

从测值过程线可知，2020 年度太浦闸钢筋计的测值中除 R1 存在异常数据外，普遍在－66～－33MPa，各仪器全年变化幅度均不超过 30MPa，所有测点变化规律基本一致；混凝土应变计 S1、S3、S6 的测值普遍在－390～－243με 之间变化，与往年测值基本保持一致；无应力计 N1、N2、N3 测值在－420～－180με 之间变化，与往年测值基本保持一致。

3.2 监测结论

（1）沉降自动观测结论

分析 2020 年 5～12 月沉降自动观测数据，总体无较大变化，在合理值范围之内，无异常变化。

（2）扬压力观测结论

从测值过程线可知，2020 年度太浦闸各渗压计所有测点变化规律基本一致，测值处于工程设计单位规定的安全阈值范围之内，无异常现象。

（3）地基反力观测结论

从测值过程线可知，2020 年度太浦闸各土压计测点变化规律基本一致，测值处于工程设计单位规定的安全阈值范围之内，无异常现象。

（4）底板内力观测结论

从测值过程曲线可知，2020 年度太浦闸钢筋计、混凝土应变计与无应力计测值处于工程设计单位规定的安全阈值范围之内，无异常。闸底板面层与底层钢筋均处于受压状态；混凝土应变与非荷载应变（无应力计）测值相差不大，均为受压。各测值的长期变化趋势说明底板内钢筋应力和混凝土应变变化主要是受季节温度影响。

4 太浦闸工程监测信息化建设下阶段目标方向

4.1 增加观测数据自动分析模块

目前太浦闸监测自动化采集系统功能仅局限于数据采集和生成过程曲线，缺乏对采集数据及曲线的分析。下一步，将在系统内增加数据自动处理功能，以年为单位自动计算出各仪器测量数据的

最大值、最小值、平均值等特征值，并汇成特征值表格；在系统中录入各监测仪器测试成果的合理范围，并自动将各年采集数据与之对比，判断有无超出合理范围要求，对于过程曲线走向进行自动分析，依此判别工程有无异常情况。对于仪器采集的偶发异常数据，系统下一步将优化处理，自动甄别，及时筛查剔除出异常数据。

4.2 增设有人脸识别及预警功能的摄像装置

在工程区域内布设带有人脸识别及预警功能的摄像装置。在工程运行时，将自动监测闸门附近有无人员从事危险活动，自动识别社会人员攀爬闸门等危险行为，一旦出现立即停止运行闸门，使得发生人员意外伤亡的概率最小化；同时，摄像头可判断闸门运行状况，一旦发生闸门卡阻、荷载过大、钢丝绳断丝、乱丝等异常情况，能做到自动捕捉，并立即停止闸门运行。

参 考 文 献

[1] 马福恒，胡江，叶伟．水闸安全监测技术规范关键要素研究 [J]．水利水电技术，2019，(4)：90-94.

[2] 李福超，李君，李宝．水利工程安全监测常见问题及对策 [J]．山东水利，2021，(1)：42-43.

[3] 唐飞．水闸工程安全检测及评估标准分析 [J]．山西水利，2018，(9)：16-18.

[4] 梁志辉，毛艳平．关于水利水电工程安全监测工作实践与进展 [J]．门窗，2019，(19)：218-219.

某电站拦污栅、预挖冲坑水下检测技术的应用

吴胜亮，方　晗，卢　俊，钟　鸣，陈智祥，罗　松

（华能澜沧江水电股份有限公司苗尾·功果桥水电厂，云南 大理　672708）

摘　要：为确保某电站稳定运行，减小拦污栅前后压差，保证下游预挖冲坑的正常运行，顺利开展防洪度汛工作，需定期检查水电设施的损坏情况。结合市场调研，采取的检测方法有两种：水下机器人检查和水下人工检查。水下机器人检查方法安全高效，作业时间长，下潜深度和作业半径大，解决了深水位和危险区域检测的难题；水下人工检查方法真实可靠，通过探摸和目测，解决了局部区域复杂多变的难点。两者各有优劣。由于拦污栅有倒钩及格栅，采用水下机器人检查易发生电缆缠绕、机器卡住甚至破坏的风险，故采用人工水下检查的方式；而预挖冲坑水位深、面积大，为达到高效经济的目的，采用以机器人全面检查为主、人工局部详查为辅的方式进行，提高了工作效率，提升了检查质量。这次检查中水下检测技术的应用达到了良好的预期效果，水工建筑物和设备均无隐患。

关键词：拦污栅；预挖冲坑；机器人；人工检查

1　工程概况

某水电站为一等大（1）型水电工程。枢纽主要由砾质土心墙堆石坝、左岸岸坡式溢洪道、冲沙兼放空洞、引水发电系统及地面厂房等建筑物组成，利用左岸回石山梁的有利地形条件将枢纽建筑物横向展开布置。水库正常蓄水位 1408.00m，相应库容 6.6 亿 m^3，4 台机组的总装机容量为 1400MW。引水系统布置在坝址左岸回石山梁山体内，由岸塔式进水口、进水口渐变段、上平段、竖井段、下平段、厂前渐变段、排水廊道等组成，为一洞一机布置。进水口总宽 107m，底板高程为 1372.00m。闸孔宽 × 高为 8.5m × 10.2m。某电站每台机组进水口前设置 4 榀拦污栅，总共 16 榀拦污栅。栅槽底部高程 EL.1372m，拦污栅尺寸为 6.0m × 36.0m，最大潜水深度 36m，溢洪道位于左岸岸坡，为开敞式溢洪道，主要由进水渠、控制段、泄槽段、挑坎段和下游预挖冲刷坑组成。下游预挖冲刷坑坑底高程为 1280.0m，冲坑长约 130m，沿左右侧两边扩散角均为 6 沿，冲坑上游侧坡比为 1∶0.75，下游侧坡比为 1∶2（见图 1）。

某电站建设于 2016 年，2018 年机组投产发电。2019 年以来长期运行，汛期泄洪，导致拦污栅存在淤积物堆积，栅条破损，预挖冲坑存在不同程度冲刷、冲蚀的现象。为详细了解苗尾电站机组进水口拦污栅、预挖冲坑运行情况，确保水工建筑物安全、稳定运行，需要定期对某电站拦污栅、

作者简介：吴胜亮（1989—），男，工程师。

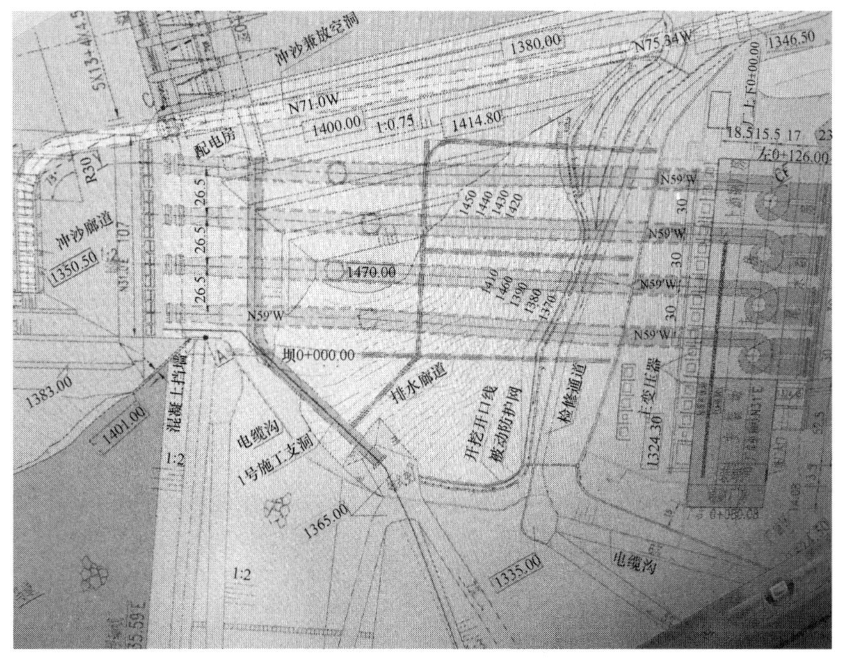

图 1　枢纽区布置图

预挖冲坑进行全方位的隐患排查和异物清理，记录拦污栅、预挖冲坑区域水下检查情况。目前的检查方法有三种：组合式水下摄像检测作业法、人工潜水检测作业法和水下机器人检测作业法。组合式水下摄像检测作业法适用于周期长、面积大、水位深、水下结构复杂的区域。人工潜水检测作业法适用于面积小、水位浅、水下结构复杂的区域[1]。水下机器人检测作业法适用于面积大、水位深、水下结构简单的区域。水下检查及清理工作一般在机组检修期进行，检查频次受机组检修时间限制，周期短任务重，故没有采取组合式水下摄像检测作业法。与此同时，一方面由于拦污栅有倒钩及格栅，采用水下机器人检查易发生电缆缠绕、机器卡住甚至破坏的风险，故采用人工水下检查的方式，减少风险。另一方面预挖冲坑水位深，面积大，为达到高效经济的目的，采用以机器人全面检查为主、人工局部详查为辅的方式进行，重点是检查拦污栅、预挖冲坑区域的冲刷、裂缝、淤积物堆积情况。本文主要讲述 2019 年某电站水下检查的情况，以此来指导和完善后续的检查方法和修复工作。

2　技术措施

本次水下机器人设备是采用 ROV SEAMOR 300 遥控智能化潜水机器人、水下定位系统。检查方法采用潜水机器人搭载水下定位系统，携带录像头和声呐，通过“0”浮力脐带电缆获得动力、传送操作指令和探测数据，然后人工远程遥控机器人下潜至相应水位，进行水下检查工作。此技术解决了高水位和深度检测的难点，能使潜水机器人发挥可深潜、机动能力强、速度快、行进距离长、安全高效的特点，技术成熟，可操作性强，性价比高。水下定位系统具有信号强、成像清晰、体积小巧特点，但由于佩戴脐带电缆导致潜水区域有所限制，另外不能探摸缺陷，使得部分区域存留疑问，检查结果有所失真。

本次水下人工检查是派潜水员进行水下探摸详查，检查区域有所限制，风险大，成本高，但是检查结果的可靠性更高。水上专业人员进行远程技术指导，水下潜水员通过目视检查和实时录像，对机器人不能到达的复杂区域和疑问进行详查[2]。

在 2019 年 1 月 1 日至 10 日，该电站项目负责人一方面采用人工水下检查方式进行拦污栅检查及清理工作。在对机组拦污栅的检查和清理要求得到集控审批同意后，开始办理许可开工等手续，通过后工作人员按照工期计划进行工作。潜水员水下检查的区域虽然有所限制，成本高，但是检查结果的可靠性更高。检查内容为拦污栅检查、淤积物清理。检查方法采取潜水员水下探摸、水下摄像的方式，淤积物清理采用人工清理和组装抓斗清理。计划工期一共 10 天，工作周期如下：前期准备工作 1 天，检查工作 8 天，退场工作 1 天。主要设备是空压机、水下潜水设备、施工平台及其他辅件。潜水员 6 人，负责人 1 人，安全员 2 人，民工 2 人，司机 1 人。另一方面在 2019 年 2 月 5 日～12 日期间，相关负责人采用水下机器人和水下人工检查方式进行预挖冲坑的水下检查工作。先安排机器人进行基本检查，确定水工建筑物的基本情况，然后有针对性地派潜水员下水进行更加精细化的排查。计划工期一共 8 天，工作周期如下：前期准备工作 1 天，检查工作 6 天，退场工作 1 天。

3　施工作业流程

开工前首先对工作人员进行安全知识及预防措施培训，并经考试合格方可上岗。然后对班组人员进行安全技术交底，办理工作票。施工人员将水上平台吊放至消力库内，用两根绳子固定工作平台，通过调试使其保持稳定不晃动。同时，其余人员进行设备调试、潜水装备检查，随后组织水下设备检查，并合理布置于平台上。

潜水员在潜水作业过程中要严格遵守《中华人民共和国潜水条例》。潜水员随时和负责人保持联系、沟通。现场施工区域要求合理布置供配电线路和设施，形成用电安全保护系统，确保施工用电安全。对施工区域，根据需要设立标志牌、信号等设施，保证作业场区安全[3]。负责人提供符合国家规定标准的个人劳动保护用品。

组长负责制定拦污栅、预挖冲坑区域检查路线（见图 2），拦污栅、预挖冲坑台阶溢流面、裂缝、冲坑区域进行人工目测和水下探摸检查，其余区域采用机器人进行水下录像检查。拦污栅检查的重点是检查拦污栅表面有无裂缝、倒钩有无断裂、淤积物有无堆积，预挖冲坑检查的重点是冲坑底部、边墙的冲刷、冲蚀情况。施工现场如图 3 所示。

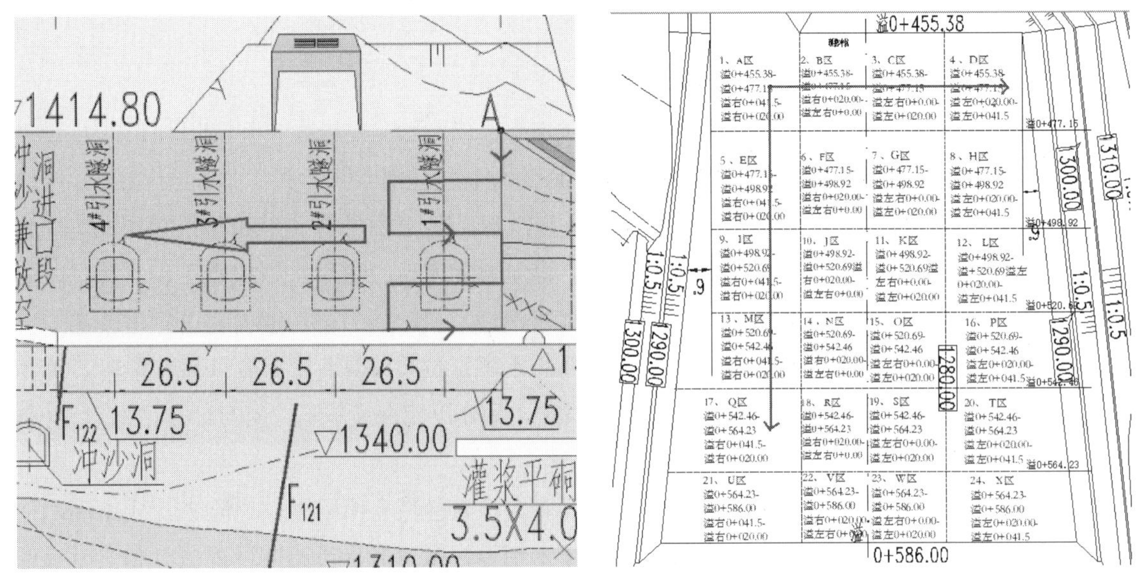

图 2　检查路线图

（1）拦污栅检查

潜水员下水前要明确掌握水流情况和了解所需检查区域，着装完毕后顺潜水梯入水。潜水员下潜到指定位置后，通知陆上配合人员开启水下录像设备，设备就绪后，潜水员由拦污栅顶部开始呈“Z”字形往底部缓慢移动检查，检查到底部后录像结束。随后潜水员移至第二榀拦污栅，由底部往上用同样方式进行录像检查，如发现栅条有脱落、变形、大面积锈蚀等情况时，潜水员需对其部位做出详细解说及所在部位的水深等。检查完毕后通知水面指挥人员，得到指令后潜水员离底，进入减压程序，减压完毕后缓慢出水。潜水员在检查过程中如发现拦污栅栅面有变形、破损等情况需要测量出变形面积时，需通知水面指挥员并用视频记录变形程度。潜水员应对栏污栅的腐蚀、链接部分进行检查，发现异常情况需及时记录并处理。

（2）拦污栅清渣

潜水员从工作平台入水，到底后以每榀拦污栅为一个单独区域，按区域分别由上至下进行水下清淤。直径 30cm 及以上的杂物用绳子拴牢后配合甲方门机组装的抓斗吊出。直径 30cm 以下的杂物直接将拦污栅提起到进水口平台清理。清理完影响提栅的杂物后，放下备栅，将主栅提至进水口平台彻底清理。其余拦污栅上残留堆积物采取手工清理方式。清淤工作结束后，将主栅复位，将潜水工作平台吊离工作区域，放置在指定位置。如主栅下放困难，乙方应进行水下探摸配合。最后配合人员将所有杂物运至指定垃圾堆积区域清理。

（3）预挖冲坑检查

预挖冲坑水下检查施工时，水位高程为 EL.1305m；检查区域为溢 0+455.38－溢 0+586.00m，上游宽度为 83m，下游宽度为 110.5m，检查面积为 12734.2m^2。为避免漏检、错检并精准地定位预挖冲坑底部特征，检查过程中将预挖冲坑待检区域按照图 2 所示划分为字母 A～X 共计 24 个检查区域，每个分区平均面积约为 489m^2。由于水位深、面积大，故先采用机器人进行基本检查，根据检查反馈情况再派潜水员进行水下详查和复核工作，从而提高工作效率，提升检查质量。

图 3　施工现场图

检查录像工作全部完成后，设备和检查人必须迅速离开水面工作平台，最后将水面工作平台吊离拦污栅、预挖冲坑并运至坝前水面，放置在安全位置。

4 2019年水下检测成果

4.1 拦污栅检查及清理

由于2018年4台发电机组才全部投产发电，运行时间不长，故拦污栅栅槽整体完好，未发现掏蚀及破损现象。栅面有少量杂物附着，未发现变形及破损现象。栅槽底部有少量树枝堆积，混凝土底板光滑平整，未发现掏蚀及破损现象。拦污栅水下检查成果见表1。拦污栅检查图见图4。

表1　拦污栅水下检查成果

检查内容	2019年拦污栅水下检查	
检查方式	人工水下检查	
缺陷数量	检查结论	建议
1	1. 4号机组4号拦污栅栅顶有少量树枝及杂物堆积，其余拦污栅栅顶较为干净。 2. 4台机组拦污栅整体栅面有零星杂物附着，未发现变形及破损。 3. 4台机组拦污栅栅槽及栅槽底部光滑平整，未发现掏蚀及破损现象，底部有少量的树枝堆积，底部泥沙厚度约5mm。 4. 4台机组拦污栅栅格完整，未发现有锈蚀、变形及破损现象。 5. 4台机组拦污栅清污机门槽光滑平整，未发现掏蚀及破损现象	1. 加大巡视检查力度，每月对建筑物水上部分进行外观检查和发展趋势对比，每年择期对水下部分进行检查，形成分析报告提交上级部门。 2. 每年进行水下地形测量和专项检查，与往年情况进行对比分析，采取化学灌浆、水下清淤、防护网修复等措施处理缺陷。 3. 其他缺陷暂不影响大坝和消能设施的正常运行，期间对相关缺陷区域持续关注即可

图4　拦污栅检查图

4.2 预挖冲坑检查

预挖冲坑整体冲刷部位较少，部分区域存在小石块堆积："F""G""J""K""N""O"等 6 个区域底部原生岩石水流冲刷痕迹比较明显，但是未发现裸露严重情况；其余部位有轻微冲刷，浇筑地方未发现明显冲刷点，对电站生产没有安全隐患，但后期对该区域应着重检查。冲坑 A 区、D 区局部发现裂缝，冲坑 D 区局部出现冲坑，后期采用化学灌浆、水下混凝土等措施进行修复。预挖冲坑水下检查结果见表 2。预挖冲坑检查图见图 5。

表 2　　预挖冲坑水下检查成果

检查内容	2019 年预挖冲坑水下检查	
检查方式	机器人检查、水下人工检查	
缺陷数量	检查结论	建议
4	1. 溢 0+455.38 至溢 0+533.00 段，中上游到下游方向，对应 A 区到 I 区，D 区到 L 区的左、右两侧导墙 EL.1298.00m 以下混凝土轻微冲刷导致表面粗糙，但未发现冲刷漏筋的情况。 2. 冲坑 A 区、B 区底部发现少量土建施工遗留的编织袋、树木、钢筋和未拆卸的模板。 3. 冲坑 A 区阶梯式混凝土平台、护坦与平台混凝土接缝存在局部冲刷，最大淘深 0.150m，最大长度约 1.5m。 4. 冲坑 D 区 EL.1298.00m 处贴坡混凝土，平面与立面分离形成裂缝，最大宽度 10cm，裂缝长度约 7m。 5. 冲坑 D 区 EL.1298.00m 距左岸 5m 处，贴坡混凝土有长 40cm，宽 30cm，深度约 10cm 冲刷坑。 6. 溢左右 0+0.00（即预挖冲坑中心线两侧区域）为水流冲刷的主要区域，底部高程低于设计高程 EL.1280.00m，最大高差约 2m；中心线两侧区域基岩存在明显冲刷痕迹。 7. 预挖冲坑底部石块整体呈斜坡状分别向左、右两侧导墙堆积，堆积最大高差约 7m	1. 加大巡视检查力度，每年择期对水下部分进行检查，形成分析报告提交上级部门。 2. 每年进行水下地形测量和预挖冲坑专项检查，与往年情况进行对比分析，对发现的裂缝、冲坑、淤积物在枯水期采取化学灌浆、水下混凝土浇筑[4]、水下清淤、防护网修复等措施处理缺陷。 3. 重点关注预挖冲坑护坡稳定情况，可择机进行灌浆和混凝土浇筑，防止掏空区域扩大影响结构稳定。 4. 其他缺陷暂不影响消能设施的正常运行，期间对相关缺陷区域持续关注即可

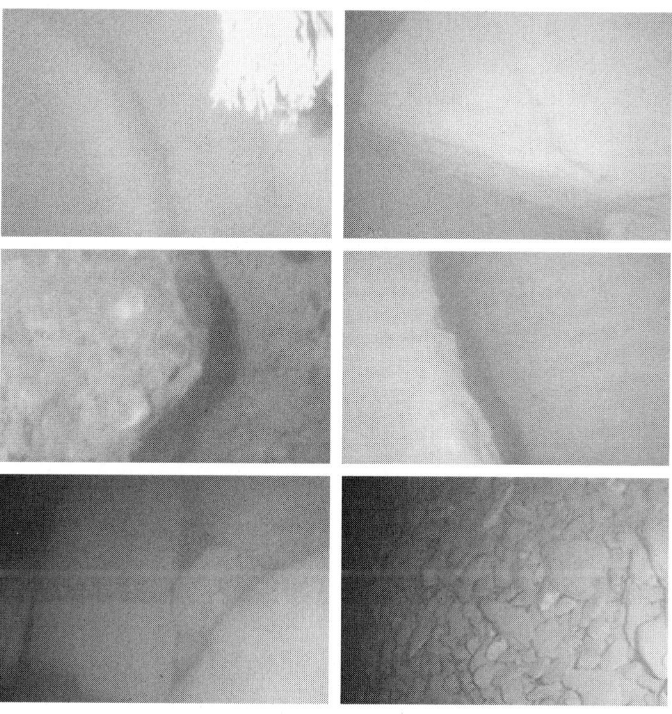

图 5　预挖冲坑检查图

5 结论与建议

5.1 结论

1）机组投运时间短，针对拦污栅、预挖冲坑进行检查后发现的缺陷较少。机器人水下检查效率高，更经济，但是较为复杂区域缺陷不能分辨真伪，图片不够清晰，后来经过水下人工检查和探摸测量发现有些不是建筑物缺陷，有些缺陷数据需要人工测量计算，局部区域无法提供最真实的检查情况。故两种检查方式各有利弊，需要结合实际工程布置和特点确定。采用水下机器人检查的优势是检查范围大，可深潜，风险小且经济，机动性和续航能力强；不足之处是复杂区域潜水机器人电缆易绞结，存在损坏仪器风险，检查图片只能进行肉眼判断分析，存在失真情况。采用水下人工探摸检查的优势是水上技术人员实时跟踪，发现问题沟通潜水员马上解决，检查结果客观真实；不足之处是潜水检查时间和范围有限且与水深有关，潜水作业设备多且风险大，工期长，不够经济。

2）结合 2019 年检查结果分析，拦污栅区域栅槽整体完好，未发现掏蚀及破损现象。栅面有少量杂物附着，未发现变形及破损现象。栅槽底部有少量树枝堆积，混凝土底板光滑平整，未发现掏蚀及破损现象。预挖冲坑区域整体冲刷部位较少，部分区域存在小石块堆积，冲坑 A 区、D 区局部发现裂缝，冲坑 D 区局部出现小冲坑，后期采用化学灌浆、水下混凝土等措施进行修复。综上所述，该区域无重大缺陷，目前对水工建筑设备和设施的稳定性、耐久性无影响，需持续关注。

5.2 建议

1）以后的检查期间，对拦污栅的水下检查以水下人工检查为主，达到提高水下检查准确性的目的。每年定期编写拦污栅检查情况的报告进行对比分析，做好台账记录，制定后续检查和处理计划。由于预挖冲坑面积大，水位深，故对预挖冲坑的水下检查以机器人检查为主，人工检查为辅进行，以达到安全经济，提高效率的目的。若后期水工建筑物和设备的相关缺陷有较大变化，则考虑采用抓斗清淤、化学灌浆、水下混凝土浇筑、水下清淤等方式进行处理修复。

2）水电工程投资多，面积广，影响大，与社会发展、民生安全息息相关。实践表明，健全的管理制度和规范的操作规程是水工建筑物安全运行的保证。此次水下检测方法的应用安全高效，进一步保障了水电工程的长期安全运行，取得了良好的经济和社会效益，为今后电站的水下作业提供了参考和依据。

参 考 文 献

[1] 李永龙，王皓冉，张华. 水下机器人在水利水电工程检测中的应用现状及发展趋势 [J]. 中国水利水电科学研究院学报. 2018（6）：586－587.

[2] 王胜年，潘德强. 港口水工建筑物检测评估与耐久性寿命预测技术 [J]. 水运工程. 2011（1）：116－123.

[3] 吴道仓，皮军华. 清江梯级水电站消能防冲区、部分水工建筑物水下检查 [J]. 水电与新能源. 2017（8）：36－37.

[4] 何亮，龚涛. 中小型水库清淤措施研究进展 [J]. 黑龙江科技信息. 2008（4）：46－46.

浑水动水工况下水工建筑物水下检测技术应用

武致宇，赵　旭

（中国电建集团昆明勘测设计研究院有限公司，云南 昆明　650033）

摘　要：本文针对浑水、动水工况下水工建筑物水下检测技术进行了分析，介绍了“区域性普查、局部性详查”水下检测技术思路，以安宁河某水电站泄水建筑物水下检测项目实例为依托，证明了以声学探测设备为基础的浑水、动水工况下水工建筑物水下检测技术的可行性。

关键词：水下检测；浑水；动水；声学探测

1　引言

大坝水工建筑物建成运行以来长期处于水下，在水流冲击作用下会产生不同程度的损伤影响水利工程安全运行，需要通过水下检测判断水工建筑物损伤情况，指导后续修复工作，水下检测工作在水工建筑物的运行生命周期中具有重要意义。由于大坝运行特性决定了水工建筑物多处于动水水域中，同时河流水质条件与泥沙沉积导致大部分水工建筑物所处水体浑浊，传统的人工潜水摄像摸查技术在动水、浑水工况下难以采集有效检测信息，无法保障检测成果质量和作业安全。

本文以安宁河某水电站水工建筑物水下检测项目实例为依托，基于“区域性普查、局部性详查”的检测思路，展示了多波束测深系统、侧扫声呐以及水下无人潜航器技术联合开展水工建筑物水下检测技术实施效果，查明了某水电站泄水建筑物运行现状与损伤情况，精确量化了混凝土缺陷空间分布与尺寸规模信息，为浑水、动水工况下水工建筑物水下检测提供了可靠的解决思路。

2　检测技术及原理

传统水下光学摄像手段在浑水、动水环境中因水体悬浮物造成遮挡能见度下降，以及动水造成光线折射散射等原因作用有限，依靠光学摄像无法开展正常检测作业。声学探测设备因声波传播受到浑水、动水干扰主要集中于声波能量的衰减而非传播路径变形，故浑水、动水工况下水工建筑物水下检测的主要技术手段为声学探测。浑水、动水工况下水工建筑物水下检测的“区域性普查、局

基金项目：国家重点研发计划资助（2019YFB1310505）

作者简介：武致宇（1994—），男，工程师。

部性详查”检测思路中，区域性普查主要通过多波束测深系统获取水下地形三维点云信息、侧扫声呐获取地貌结构图像实现。多波束测深系统是水声技术、计算机技术、导航定位技术集成系统，主要是通过换能器阵列向海底发射宽扇区覆盖的声波，利用接收换能器阵列对声波进行窄波束接收，通过发射、接收扇区指向的正交性形成对海底地形的照射脚印，结合卫星导航定位与姿态信息，形成高精度水下地形三维点云成果，高效获取水下地形特征。侧扫声呐利用声波反射原理获取回声信号图像，根据回声信号图像分析水底地形、地貌和障碍物，检查水下物体的表面结构，快速形成大面积水底高分辨率回声信号图像[1][2]。多波束测深系统完成水工建筑物全覆盖精细扫描，划分表观缺陷的位置、规模性信息，侧扫声呐作为多波束测深系统的重要补充印证，对水下部位进行全覆盖扫描，对混凝土表观完整情况进行检查[3]。

针对普查成果中的重点部位及异常区域，采用水下无人潜航器开展局部性详查，常规工况下水下无人潜航器主要通过搭载高清光学摄像头抵近检查部位获取图像信息[4][5]，但浑水、动水工况下由于水体悬浮杂质多、水流冲击影响摄像稳定等因素，光学摄像手段严重受限难以获取有效的检测成果。二维图像声呐是一种主动式实时探测设备，通过声波反射原理获取目标回声信号并实时显示，相较光学摄像易受水体浑浊及流速影响造成图像模糊变形，无法准确获取缺陷信息的情况，水下无人潜航器搭载二维图像声呐对水工建筑物缺陷进行检测可极大程度的减少水体能见度及水体扰动对检测成果造成的干扰[6–8]。

3 工程实例

安宁河某水电站采用河床式左岸厂房布置形式，从左至右的布置依次为左岸混凝土重力接头坝、左岸厂房坝段、两孔冲沙闸、右岸混凝土面板堆石坝，坝后泄洪闸下游接 50m 消力池，后接 30m 长海漫。该水电站属于日调节水电站，本实例中水下检查的部位都在水电站的泄洪消能设施范围内，检测作业受水流影响大，安宁河上游滑坡、泥石流频发，河水多年平均含沙量达 1.44kg/m^3，水能见度较低，最优时间段水体能见度不足 20cm。本实例中水工建筑物水下检测环境属于典型的浑水、动水工况，如何在不利于传统水下摄像摸查技术的工况条件下完成水电站泄洪消能设施检测作业是本文所研究的关键问题。

首先采用多波束测深系统、侧扫声呐对该水电站消力池、冲砂流道底板及边墙和下游河床进行全覆盖精细扫描。多波束测深系统扫描形成水下地形三维点云成果如图 1（a）所示，采用侧扫声呐进行全覆盖扫描形成高分辨率回声图像如图 1（b）所示。由多波束测深系统获取的水工建筑物高程数字模型曲面与侧扫声呐获取的回声图像在结构形态反映上具有高度的一致性与互补性，可见通过多波束测深系统及侧扫声呐在浑水动水工况下开展水下检测获取水工建筑物水下分布信息、开展缺陷损伤部位的初步检测是可行的。

然后以本次多波束测深系统获取的三维点云高程数字模型，对比根据设计资料形成的 BIM 模型及往期检查多波束测深系统获取的三维点云曲面成果，分析重点部位缺陷情况及海漫与下游河床结合部位的掏蚀情况。水下实测高程与设计 BIM 模型高程差异对比成果、2020 年与 2017 年水下检测实测高程三维点云曲面成果差异对比成果如图 2 所示，可见该水电站消力池、冲砂流道底板和边墙未见明显的混凝土表观缺陷，混凝土表观情况良好，消力池底板及尾坎结构高程无显著变化，表观未见明显缺陷。剩余海漫结构体与海漫底部区域高程平均下降 1～2m，冲砂流道出口形成掏蚀三角

区域，底板高程平均下降 1.5～2.5m，确定重点关注部位主要为剩余海漫冲毁掏蚀区域以及冲砂流道出口三角区域。

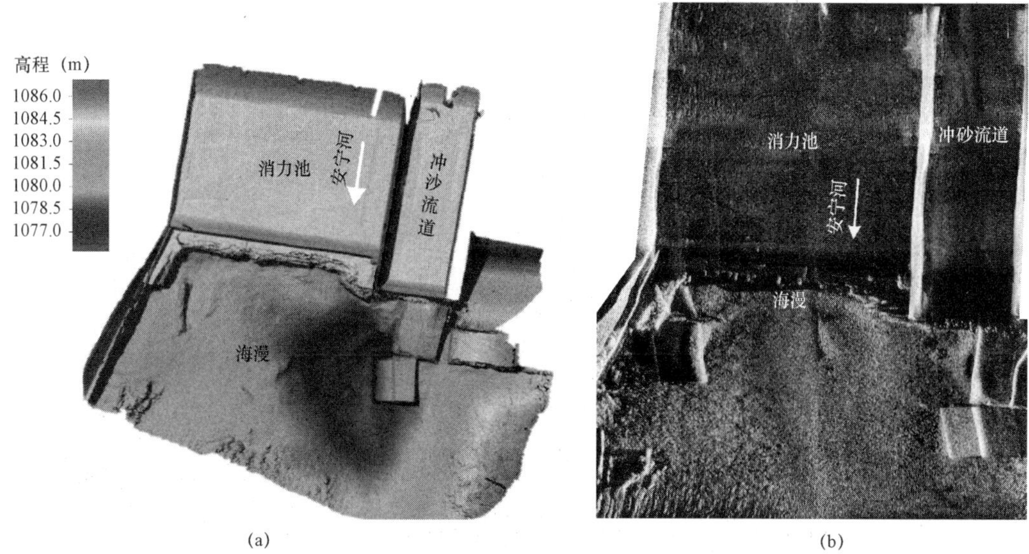

(a)　(b)

图 1　安宁河某水电站水工建筑物水下检测普查成果图像

（a）多波束三维点云高程数字模型；（b）侧扫声呐回声图像

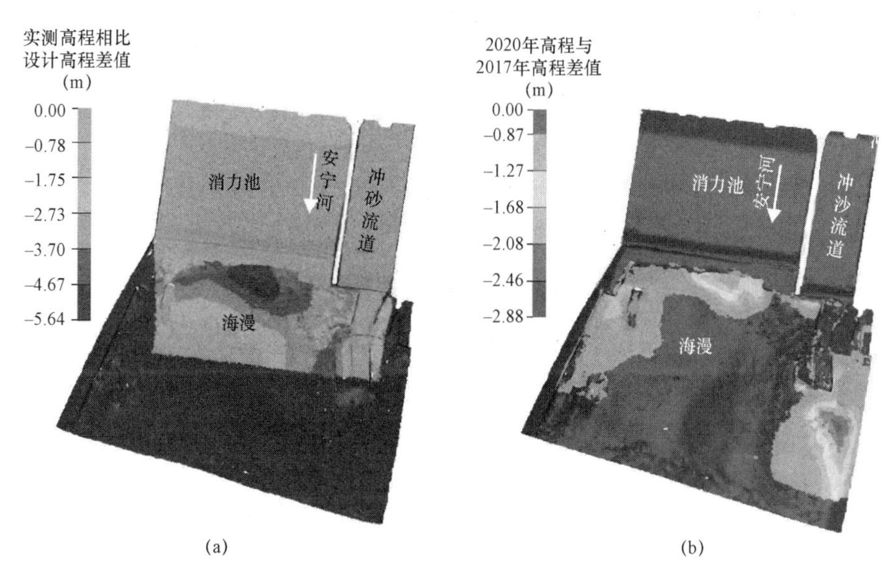

(a)　(b)

图 2　安宁河某水电站水下检测实测高程差异曲面图

（a）水下实测高程与设计 BIM 模型差异；（b）2020 年与 2017 年水下实测高程差异

针对多波束测深系统、侧扫声呐检测成果及设计、往期实测对比成果，确定水下检测详查部位为该水电站海漫混凝土与河床结合部位的反掏蚀区域[1]，针对现场浑水、动水工况以及详查部位的立面特性，采用水下无人潜航器搭载侧向翻转安装的二维图像声呐开展详查，通过二维图像声呐采集海漫结构回声信息，实时获取海漫边缘立面掏蚀情况信息，同时根据声学图像判断水下无人潜航器的相对位置，实现浑水状态下水下无人潜航器的导航定位，保障了设备的作业安全与检测成果的可靠性。获得的局部详查二维声呐回声成果如图 3 所示。根据检查结果可得：

1）该水电站原海漫水流方向剩余长度约 6m，海漫底部区域混凝土基础被严重反掏蚀，水平方向掏蚀深度为 1～7m，高程方向掏蚀高度 3～5.0m。

2）2020 年水下检测成果相比 2017 年，剩余海漫长度基本不变，但海漫底部水平方向掏蚀深度进一步加深，增加量普遍在 1m 以内。

3）采用水下无人潜航器搭载二维图像声呐在浑水、动水工况下不仅能够为水下无人潜航器的航行提供相对定位信息，也能完整清晰地反映出掏蚀区域形态，对缺陷规模尺寸信息进行准确量化。

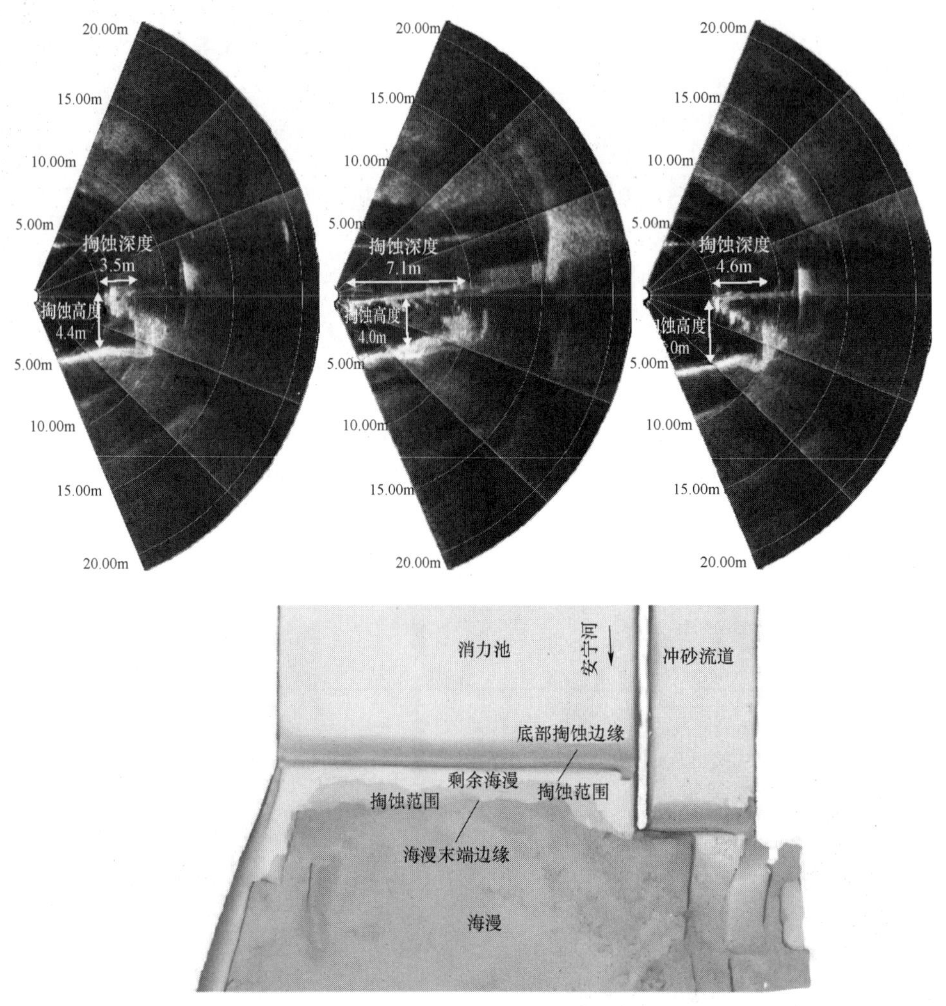

图 3　安宁河某水电站水工建筑物水下检测典型二维声呐图像及检测部位示意

4　结论

本文依托安宁河某水电站水工建筑物水下检测项目实例，基于浑水、动水工况下水工建筑物水下检测的“区域性普查、局部性详查”检测思路，查明了该水电站泄水建筑物运行现状与变化情况。主要结论如下：

1）联合多波束测深系统、侧扫声呐、水下无人潜航器开展联合浑水、动水工况下进行水工建筑物水下检测是有效可靠的。

2）相较于浑水、动水工况下传统的抽排检查与人工水下摸查，声学探测设备联合检测的技术方

法缩短了检测时间，降低了检测成本与作业风险，提高了检测覆盖范围与适用性，在实际工程应用中取得了良好的效果，具有一定的推广应用意义。

参 考 文 献

[1] 郑晖．多波束与侧扫声呐在水下探测中的应用［J］．中国新技术新产品，2020（10）：34－36．

[2] 普中勇，赵培双，石彪，等．水工建筑物水下检测技术探索与实践［C］//中国大坝工程学会、西班牙大坝委员会．国际碾压混凝土坝技术新进展与水库大坝高质量建设管理——中国大坝工程学会 2019 学术年会论文集．2019，6．

[3] 熊小虎，柯虎，付彦伟，等．多元协同探测技术在水电工程中的应用［J］．水力发电，2020，46（9）：126－130．

[4] 唐力，肖长安，陈思宇，等．多波束与水下无人潜航器联合检测技术在水工建筑物中的应用［J］．大坝与安全，2016（4）：52－55．

[5] 何亮，马琨，李端有．多波束联合水下机器人在大坝水下检查中的应用［J］．大坝与安全，2019（5）：46－51．

[6] 张冲，曹雪峰．浅议 ROV 在水利水电设施检测中的应用［J］．山东水利，2019（9）：12－13．

[7] 朱伟玺，马俊．多波束联合遥控水下机器人在高土石坝水下检测中的应用［J］．水利水电快报，2019，40（4）：53－56．

[8] 沈勤．水下机器人技术在水利工程检测中的应用［J］．中国战略新兴产业，2018（36）：157－158＋160．

水下检测技术在带水服役引水发电隧洞中的应用

姚　浩[1]，张　栋[1]，高梦雪[2]，周梦樊[2]

（1. 拉西瓦发电分公司，青海 海南州　811700；
2. 中国电建集团昆明勘测设计研究院有限公司，云南 昆明　650033）

摘　要：水工隧洞定期巡检是维护水利水电工程安全运行的重要工作，在带水服役状态下检测开展困难。水下无人潜航器（ROV）具有水下长时间、灵活、高效、安全作业的特点，在水利水电工程检测中已有应用。本文通过水下潜航器系统组成、作业模式、安全措施以及实际工程应用进行分析，提出水下无人潜航器在水工隧洞带水服役下水下检测中的封闭空间水下定位技术、缺陷精细检测等关键技术，实现了该工况下水下检测技术方案的优化。

关键词：引水发电隧洞；带水状态；有限空间水下定位；缺陷精细检测

1　引言

水利水电工程的水工隧洞由于长年运行自然老化影响会出现混凝土破损、裂缝、老化，冲刷冲坑，金属腐蚀等情况，影响着水工隧洞甚至整个水利水电工程的安全运营，如何高效准确地检测引水发电隧洞的运行状况是水电工程安全鉴定、水利水电工程日常管理维护中面临的重要课题[1]。为了解水工隧洞运行情况，水电厂常选择对其进行放空检查，这样的检查方式耗时长，也影响发电及运行。对于引水发电隧洞中的高落差竖井、大斜井，常规的人工检查和潜水员很难开展水下作业[2]。

近年来，水下机器人在我国水利水电工程中逐渐得到应用，如阿海水电站进水口检修闸门门槽水下探测、三峡水利枢纽导流底孔封堵检修门水下清理等。这些工程应用案例均表明水下机器人检查技术具有明显优势。以水下无人潜航器为载体搭载各种检测设备，对开放水域的水工建筑物部位进行检测，系统可实时、准确地反映缺陷的详细情况并确定其位置。例如胡明罡[2]等人针对密云水库白河泄空隧洞闸门井前有压段采用观察型水下机器人进行全方位水下探测，探明隧洞洞壁混凝土表观缺陷、裂缝和洞内淤积等状况，用 DGPS 定位了水下洞口位置和洞线走向，最终依据探测结果，评估隧洞有压段在水下运行情况，为以后隧洞运行、维修和加固提供了决策依据。利用水下潜航器技术代替隧洞放空人工检查，可减少停机检查时间，从而降低检查成本；此外，还可对竖井等常规人工检查手段无法到达的区域进行检查。但水下无人潜航器在复杂结构引水发电隧洞这类有限空间内进行水下作业，面临着有限空间水下定位精度、缺陷精细检测、水下潜器运动实时监控等关键技术问题，本文主要探讨水下无人潜航器在引水发电隧洞进行水下检测的关键技术及解决途径。

作者简介：姚浩（1969—），男，工程师。

2 水下无人潜航器系统简介

水下无人潜航器（Remotely Operated Vehicle，简称 ROV），是能够在水下环境中长时间作业的高科技装备，可代替潜水员承担和完成高强度水下作业。ROV 作为水下作业平台，由于采用了可重组的开放式框架结构、数字传输的计算机控制方式、电力或液压动力的驱动形式，在其驱动功率和有效载荷允许的情况，几乎可以覆盖全部水下作业任务，针对不同水工建筑物部位和任务，在 ROV 上搭载不同的仪器设备（如彩色摄像设备、二维图像声呐等），可准确、高效地完成各种水下调查、检测、勘探、观测与取样等作业任务。水下无人潜航器系统主要包括了潜器单元、地面控制单元、脐带缆单元及吊放系统四部分。其中，潜器单元包括高分辨率彩色摄像机（配套激光尺度仪）、水下定位系统、检测传感器系统、避碰声呐、内置姿态传感器、机械臂、推进器、照明灯等部件；地面控制单元包括计算机控制系统、录像系统等部件。

水下无人潜航器系统的潜器单元是由水下摄像头和各种检测传感器等集成的运动平台，地面控制单元控制着潜器单元的运动、灯光、摄像头和传感器[3]，显示并记录检测数据和水下影像，通过脐带缆将地面控制单元的动力和控制命令下传到潜器单元，后将所获取的视频和其他传感器数据上传到地面控制单元[4]。水下机器人系统组成见图 1。典型水下无人潜航器 SAAB Seaeye Falcon DR 电学检测级水下无人潜航器系统和河豚Ⅳ电学检测级水下无人潜航器系统见图 2 和图 3。

图 1 典型水下无人潜航器单元系统组成图

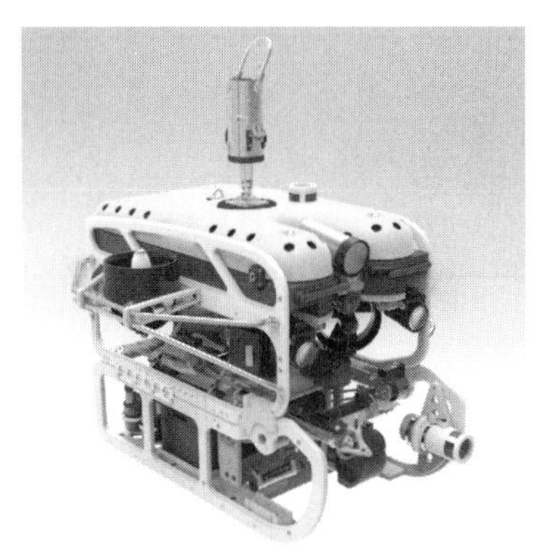

图 2 SAAB Seaeye Falcon DR 电学检测级水下无人潜航器系统

图 3 PufferⅣ电学检测级水下无人潜航器系统

3　引水发电隧洞水下检测关键技术

无人水下潜航器在水利水电工程中的应用可分为在开放水域和封闭洞室水域。开放水域如消能设施、大坝坝前水域等无建筑物遮挡区域，水下无人潜航器在该区域内进行检测，作业范围广，灵活度高，现已经有较多成功的应用案例。而在封闭洞室水域中，作业区域为隧洞、竖井、管道等有限、半封闭空间，水下潜航器原有的通信、水下定位方式、缺陷精细检测技术、安全作业控制等都遇到不同程度的技术难题[1,5]，目前为止成功应用案例不多，特别对于长度大、高落差的复杂引水发电隧洞，作业难度更大。以下就针对有限空间水下定位技术，缺陷精细检测技术、作业安全控制等关键技术问题进行探讨及解决途径。

3.1　有限空间水下定位技术

隧洞这类相对封闭的空间，声波受到狭窄空间多次反射的干扰，传统开阔水域的超短基线定位、长基线定位系统无法使用。为解决缺陷的定位精度问题，提出采用高精度的 INS 惯性导航系统，和水下实时记录位置和速度的 DVL 多普勒计程仪，以及分别在控制端和 ROV 本体上加装导引声呐，联合水工模型的设计数据、避碰声呐、高度深度计及缆长计数器，可实时准确地归算 ROV 本体及探测到的缺陷位置。惯性导航系统是世界上唯一一种在管道环境中或者深水复杂环境中可以直接得到高精度位置信息的方法，其优势是不受复杂环境干扰，完全依靠自身活动三维参数计算位置，误差完全由运动系产生，不会产生类似于超短基线定位系统声学反射产生的假位置，或者由声学噪声而产生错误位置信息。利用惯性导航系统可以实时确定机器人真实坐标。惯性导航设备主要定位指标见表 1。水下航行器定位系统改造成品图见图 4 和图 5。

表 1　惯性导航设备主要定位指标（IXBLUE ROVINS 产品）

技术参数	技术指标
最大工作深度	1000m
艏向精度	0.05°（在多普勒计程 DVL 设备配合）
横摇以及纵摇精度	0.01°
定位导航精度（集成多普勒计程设备）	2‰ × 里程
升沉精度	2.5cm 或 2.5%

图 4　水下无人潜航器定位装置

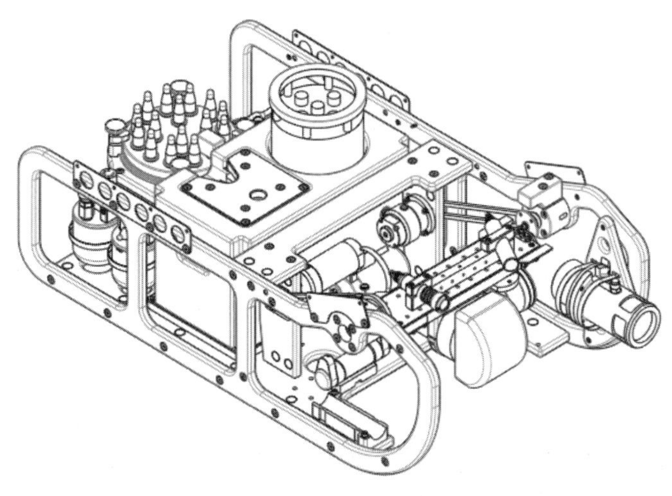

图 5　水下航行器定位系统改造成品图

3.2　缺陷精细检测技术

为实现在引水发电隧洞高效、准确检测的目的，采用“声学全覆盖普查、光学局部详查”的总体思路。在进行引水发电隧洞水下检查中，高精度的混凝土表观缺陷识别是检测技术实现的关键，因此在传统的多波束探头上通过提高频率、增加多通道声呐探头的方式，把普通多波束的 400kHz 提高到了 2.25MHz，可实现物理上 0.6cm 的分辨率；引入三维多通道实时声呐技术，实现 ROV 在运动过程中对混凝土表观缺陷进行扫描，三维声呐系统安装见图 6。同时引入了高精度的高频二维图像声呐及可以高精度地识别裂缝宽度的激光尺度仪，激光尺度仪识别精度见图 7。激光尺度仪可以用于估测水下目标的尺寸大小，缺陷的测量精度为毫米，经过应用实践，加装的传感器组合方案可半自动地识别厘米级的水下检测缺陷，对缺陷的测量精度达毫米级。

图 6　三维声呐系统安装图

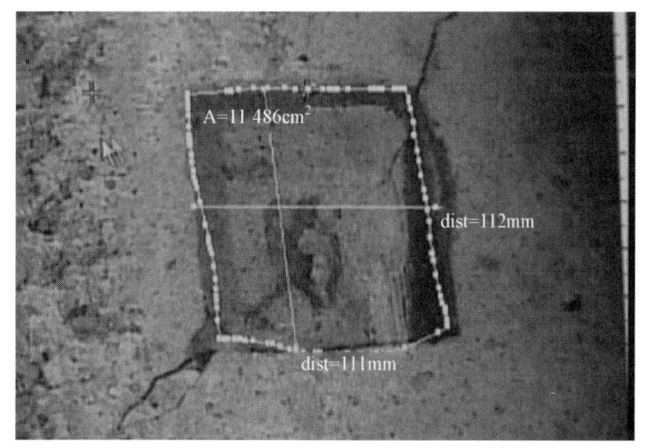

图 7　激光尺度仪测定的混凝土裂损部位尺寸

3.3　水下无人潜航器运动监控及辅助操控技术

引水发电隧洞运行过程或带水状态中进行水下潜航器的水下检测作业，水下无人潜航器的作业安全是作业控制的重中之重。通过引入 VR 辅助作业系统不但能在线辅助 ROV 作业，而且具备方案预演、人员培训等离线辅助决策能力。声视觉传感器的仿真数据是 VR 辅助作业系统离线模式的重要数据支撑，针对复杂引水发电隧洞的作业目标，构建作业过程中的水工模型，辅助进行操作。水下无人潜航器操作员感知作业机器人与作业目标的方位和距离，根据作业工具构建不同类型的干涉检测模型，开展实时碰撞干涉预警，实时为领航员提供作业工具与作业的相对距离、方位、碰撞预警等信息提示，实时为机器人操作员、作业指挥人员提供全方位视角虚拟作业场景。水下无人潜航器水下实时仿真系统主要为了监视 ROV 在水下工程作业中的行进位置及运动资料，以辅助操作者是在可视的有限空间里面安全地进行检测作业，监视导引控制界面见图 8。

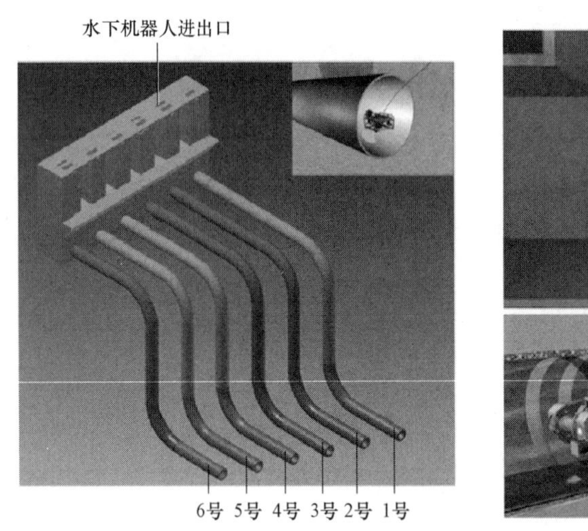

图 8　仿真系统监视导引控制界面

4　应用现状及案例

拉西瓦水电站 6 号机组引水隧洞总长为 355.905m，管道内径 9.5m，钢筋混凝土衬砌。压力管道作为电站重要水工建筑物，受客观条件限制，难以对下平段以上部位流道进行巡视检查。为确保电站运行安全和发电机组安全稳定运行，使用了水下无人潜航器对压力管道进行水下检查，以掌握管道洞壁运行状况，及时发现缺陷，为水电站安全运行提供依据，也顺利实践了水下无人潜航器“多弯段、大水深”隧洞的水下检查。

根据拉西瓦水电站引水隧洞现场工作环境，水下无人潜航器由检修闸门门槽吊放进入引水隧洞待检查区域，因此，水下无人潜航器地面控制单元、设备吊放单元以及供电单元均位于进水塔顶部平台；为水下无人潜航器系统潜器单元提供供电及实施通信的脐带缆沿检修闸门门槽布放；待水下无人潜航器潜器单元到达引水隧洞上平段以后，潜器单元沿计划航线前进开展水下检查工作，完成工作后，原路返回至检修闸门门槽水面，依靠钢质自解锁扣完成自主回收。

水下无人潜航器在水下检查过程中，搭载图像声呐、深度计、缆长计数器等传感器进行联合定位并互相校对，缺陷精度不大于 0.2m。隧洞内壁截面布置检查测线，布置原则为：沿隧洞内壁圆环截面摄像检查一圈，相邻测线环间距约 4m，每条航线只摄像一次，并覆盖两侧一定范围。典型缺陷成果图见图 9。

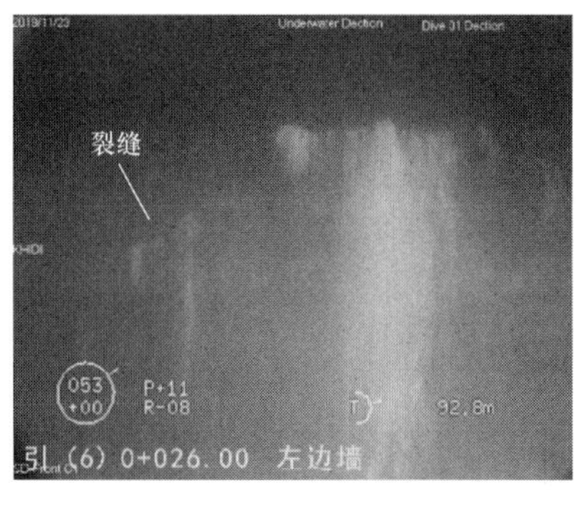

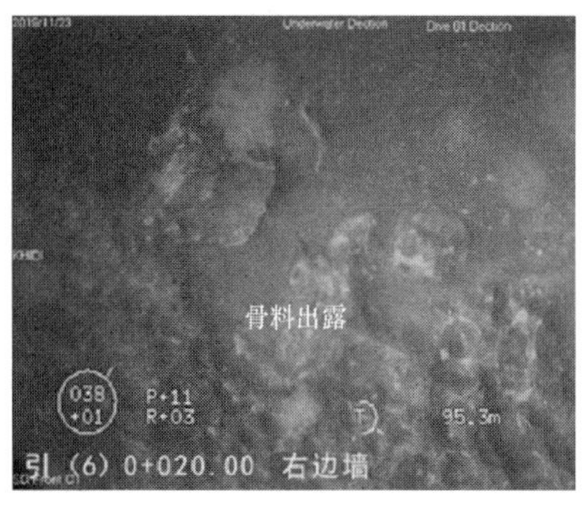

图 9　典型缺陷图－裂缝及骨料初露

5　结论

水下无人潜航器 ROV 可对电站复杂引水发电隧洞在带水状态进行检测，具有很强的实用性，可顺利通过、进入较为狭小的引水隧洞开展检测作业。在此基础上，从有限空间水下定位技术、缺陷精细检测技术、水下潜航器运动监控及辅助操控技术等多个关键问题入手，突破技术瓶颈，形成了复杂引水发电隧洞在带水状态水下检测成套关键技术方案。

该项技术结合在拉西瓦水电站引水发电隧洞竖井检测中的成功运用，实现了水下无人潜航器在高落差、大直径、路径长、运行久、半封闭空间的水下隧洞检测的应用，为服役期的水工隧洞结构安全检测提供了新思路，取得了良好的经济和社会效益，具有较强的推广意义。

参　考　文　献

［1］胡明罡，左丰收，邢立丽．水下机器人技术在密云水库白河泄空隧洞水下探测中的应用［J］．北京水务，2016（6）：59－62．

［2］杨鸽，滕世敏，周建波．无人水下航行器在水电站隧洞检查中的应用探讨［J］．大坝与安全，2018（3）：35－41．

［3］黄泽孝，孙红亮．ROV 在深埋长隧洞水下检查中的应用［J］．长江科学院院报，2019，36（7）：170－174．

［4］孙建英，苏健，张帅．无人潜航器在景洪水电站水下混凝土缺陷检查中的应用［J］．大坝与安全，2020（1）：56－57＋62．

［5］冯永祥，来记桃．高水头多弯段压力管道水下检查技术研究与应用［J］．人民长江，2017，48（14）：82－85．

桐子林水电站泄洪消能区水下加固措施研究与实践

冷超勤，康子军，韩先宇

（雅砻江流域水电开发有限公司，四川 成都　610051）

摘　要：桐子林水电站运行初期泄洪闸消力池护坦下游出现水下冲蚀淘刷等情况，需要进行技术改造。通过采用理论计算分析、模型试验及技术经济比较，确定了护坦下游新增混凝土海漫并采取水下施工的加固方案，工程实施后，水下检查成果显示加固效果良好。

关键词：水电站；水下加固；措施研究；实践

1　引言

桐子林水电站是雅砻江干流下游最末一级梯级电站，电站总装机 60 万 kW。枢纽建筑物由重力式挡水坝段、河床式电站厂房坝段、泄洪闸（7 孔）坝段等建筑物组成，坝顶总长 439.73m，最大坝高 69.5m。泄洪闸坝段主要由河床 4 孔（1 号～4 号）泄洪闸和右岸导流明渠内改建的 3 孔（5 号～7 号）泄洪闸组成。电站运行初期泄洪闸消能区出现局部淘刷、掏蚀情况，需要对泄洪闸下游消能建筑物进行技术改造。

结合桐子林水电站发电送出、闸门调度运行、汛期洪水宣泄以及水下冲蚀淘刷等情况，采用理论计算分析、模型试验等进行研究，科学合理制定泄洪消能区加固措施和实施方案，是保障电站长期安全泄洪的根本。

下面将对桐子林水电站泄洪消能区水下加固措施进行介绍。

2　泄洪消能系统运行及检查情况

2.1　泄洪消能系统运行情况

桐子林水电站 1 号～4 号泄洪闸于 2014 年 11 月开始敞泄过流，5 号～7 号泄洪闸于 2015 年 8 月开始过流，2015 年 10 月首批机组投产发电。截至 2018 年 12 月，泄洪闸最大泄流量达到 8097m^3/s，水库最高水位 1015.03m，最低水位 1010.00m，1 号～7 号泄洪闸闸门启闭次数累计 5818 次，1 号～4 号泄洪闸消能设施已运行使用 12437h，5 号～7 号泄洪闸运行使用 2261h，泄洪流量最大达到 2 年一遇（Q=8060m^3/s）工况。2016～2018 年每年泄洪闸总泄洪量分别为 269.835、203.408、241.361 亿 m^3，

作者简介：冷超勤（1987—），男，工程师。

以河床四孔泄洪闸运行为主。

2.2 泄洪消能系统检查情况

泄洪建筑物运行以来，泄洪闸本身运行情况良好，闸门运行方式多次调整，泄洪闸启闭较为频繁，每年汛后均采用多波束检测系统、三维声呐测深系统、水下无人潜航器（ROV）、潜水员探摸、水下电视等多种方式，对泄洪闸过流面进行水下检查。

根据 2015、2016、2017 年河床泄洪闸护坦齿槽后冲坑水下地形测量成果表明，齿槽后淘刷冲坑底部高程普遍达到 964.00m，明渠左导墙侧靠近齿槽段最大淘刷冲坑底部高程达到 963.00m。河床 4 孔泄洪闸完工阶段的护坦齿槽下游回填大块石随着 2015 年、2016 年、2017 年洪水期消能冲坑的形成和齿槽右侧导墙基础的掏蚀，大部分已经向下游运动。为保证河床 4 孔泄洪闸消力池护坦长期安全稳定运行，避免回流和横向流进一步淘刷齿槽，需对护坦齿槽下游进行加固处理。

3 河床泄洪闸消能区加固措施研究

3.1 消能区加固方式选择

通过对葛洲坝电站、深溪沟电站、龚嘴电站等工程的消力池护坦检修情况调查调研，目前同类工程消力池护坦检修方法主要有土石围堰、深水围堰、专用工程船配合浮式检修门及压气排水式沉柜、潜水检修等。

桐子林水电站电站设计引用流量为 $4\times868.3m^3/s$，4 台机满发正常尾水为 992.20m，一台机最低尾水位 987.97m，河床护坦顶 970.00m，下游最低尾水位高出河床段护坦 17.97m。由于河床段护坦加固时水深很大，常规的土石围堰底宽已经超过护坦下游左侧的厂房尾水渠导墙范围，土石围堰无法布置；同时电站竣工后，下游不具备永久通道，河道也不具备大型工程船只作业条件。

因此，受上述条件限制，本工程只适合体积小的深水围堰结构。结合龚嘴电站经验，本工程河床 4 孔泄洪闸护坦检修可采用底部混凝土潜堰和上部格形钢板桩围堰的组合深水围堰方案。据初步测算，该方案工程投资约 6000 万元，底部混凝土潜堰施工工期约 7 个月，上部格形钢板桩围堰施工工期约 13 个月，总工期 20 个月，跨越两个检修期。因桐子林水电站已投产发电，该方案施工难度及安全度汛风险极大。综合考虑上述因素，结合水下修复技术的发展，在充分调研的基础上，决定采用潜水检修方式开展桐子林水电工程河床泄洪闸护坦加固。

3.2 消能区加固方案试验

依托 1∶70 整体水工模型，在复核 2015 和 2016 年汛期实际运行方式下游冲刷范围和程度的基础上，开展了不同泄洪闸开启方式下河床 4 孔泄洪闸消力池及下游河床水流流态和冲刷的测试与分析，并对比研究了消力池下游河床不同防护方案及其效果。

（1）典型工况消能区水力特性试验成果

7 种典型洪水及常用运行方式下的水力学特性试验成果见表 1。

表 1　　泄洪闸消力池下游冲刷及岸边流速试验成果表

流量/（m^3/s）	上游水位/m	单孔流量/（m^3/s）	运行方式	消力池末端冲刷高程/m	明渠左导墙左侧冲刷高程/m	左导墙左侧临底流速/（m/s）	下游岸边最大流速/（m/s）	
							流速值	位置
2000	1015.00	1000	1 号、4 号孔开启	967.06	962.93	3.38	1.41	左岸
2000	1015.00	1000	2 号、3 号孔开启	966.71	965.72	−2.81		
4000	1015.00	1000	1 号～4 号孔均匀开启	967.41	962.95	2.44	2.76	左岸
6000	1015.00	1500	1 号～4 号孔均匀开启	966.50	962.09	4.19	3.48	左岸
8060	1015.00	2015	1 号～4 号孔均匀开启	966.47	959.08	4.23	4.00	左岸
12600	1015.00	1800	1 号～7 号孔均匀开启	966.58	959.64	4.11	4.53	右岸
16600	1015.00	2371	1 号～7 号孔均匀开启	966.36	957.82	4.18	4.67	右岸
23600	1018.28	3371	1 号～7 号孔均匀开启	965.73	956.42	4.06	4.68	右岸

（2）消力池下游河床防护试验成果

对河床 4 孔泄洪消力池下游河床防护考虑了 5 种方案：① 铺设钢筋石笼；② 铺设大块石；③ 铺设混凝土四面体；④ 消力池下游全铺 1.5m 厚的混凝土板；⑤ 消力池末端及靠近导墙附近铺设 3.0m 厚混凝土板。在消能建筑物设计工况下，消能设计洪水重现期为 50 年流量 16600m^3/s 时 5 种护底方案效果比较见表 2。

表 2　　$Q = 16600m^3/s$ 时各种护底方案效果比较表

防护方式	防护范围（横向 × 纵向）	铺设物是否被冲散	最低冲刷高程/m	
			明渠导墙左	消力池末
未铺设	—	—	957.82	966.36
边长 3m 钢筋石笼	27m × 36m	全部冲走	957.85	966.71
粒径 2m 大块石	27m × 63m	全部冲走	960.90	966.92
棱长 5m 混凝土四面体	27m × 63m	全部冲走	958.45	966.85
9m × 9m × 1.5m 混凝土板	消力池至下游围堰满铺	全部冲散	964.89（板上）	967.41
9m × 9m × 3m 混凝土板	18m × 18m	远离消力池及导墙板冲散，其余不动	962.23	966.57
12m × 6m × 3m 混凝土板	24m × 12m	远离消力池及导墙板微动，其余不动	958.20	966.71
9m × 6m × 3m 混凝土板	27m × 6m	全部未动	958.10	966.92
9m × 4.5m × 3m 混凝土板	27m × 4.5m	全部未动	958.27	966.50
7m × 4.5m × 3m 混凝土板	21m × 4.5m	全部未动	957.90	966.36

3.3　消能区加固措施确定

根据模型试验成果，通过不同范围、不同尺寸海漫布置和控制工况的敏感性模拟，确定海漫布置为两排顺水流向 12.00m、垂直水流向从厂坝分隔导墙至明渠导墙。第一阶段海漫设置在坝 0+125.00～坝 0+131.00，0−000.00～0−027.00 范围［共 3 块，单块尺寸 9.00m（垂直水流）×6.00m（顺水流），海漫顶高程 969.00m，最小厚度不小于 3.0m］；第二阶段海漫设置在坝 0+125.00～坝 0+137.00，0−000.00～0−075.00 范围［2018 年已实施的除外，分两排共 12 块，单块尺寸 11.00m（垂直水流）×6.00m（顺水流），第一排海漫顶高程 969.00m，第二排海漫顶高程 968.00m］。

4 河床泄洪闸消能区水下加固实践

4.1 主要施工工艺

海漫水下不分散混凝土施工流程主要为：施工准备→覆盖层清理→水下植筋安装→水下模板定位安装→浇筑水下混凝土。

（1）施工准备：主要包括水上栈桥搭设、布设导管、制作布料机平台、安装布料机，以及潜水员进行对拟浇筑部位进行水下检查等。

（2）覆盖层清理：水下浇筑之前，采用高压水和人工清理的方式，将护坦根部和浇筑区的淤泥等覆盖层清理至浇筑区以外。

（3）水下植筋安装：植筋长度2m，直径28mm，间距1m，锚固深度1m，梅花形布置，距离边缘0.5m。

（4）水下模板定位安装：通过潜水员水下定位安装钢木模板。

（5）水下混凝土浇筑：水下浇筑不分散C30混凝土。

4.2 水下混凝土施工关键技术

（1）水下模板安装

水下模板安装质量关系到浇筑混凝土的外观质量、表面的平整度以及浇筑各位置的密实度，需从模板加工制作、吊装与固定等三个方面进行控制。

1）模板加工制作。模板形式为钢木模板，规格为4200mm×2400mm，单块模板自重约为626kg，共计10块；面板采用15mm木模板，与钢骨架采用钢丝绑扎。2.4m宽水下钢木模板设计图见图1。钢骨架两竖向侧边及中间采用120mm×5mm方管作为竖向主梁，80mm×4mm方管作为横向次梁，次梁底部3.2m高度范围内按照其间距为40cm设一道，顶部1m范围内间距50cm。在横向方管上焊钢筋拉环，同时需在对应钢筋拉环的木模板上开孔，以便露出钢筋拉环，方便后期进行模板固定。在模板顶部的槽钢上焊接3个吊耳，吊耳采用20mm钢板加工制作，吊耳中间开ϕ30mm孔径；吊耳距离模板边缘200mm，吊耳与顶部2道方管焊接。所有焊缝需满焊且严密，尽量使所有方管形成密闭空间，以便能提供一定浮力，适当减小模板重量。

2）模板吊装作业。对于靠近明渠导墙部位的水下模板，可由设置在导墙上的履带吊直接吊放入水，安装到水下指定位置。对于其余部位，则采用由履带吊配合索道滑车的方式将模板运送、定位、安装到水下指定位置。索道滑车由一台5t卷扬机、起重吊架和过江缆索组成。运输、吊运时，潜水员需远离吊装区域，待模板基本吊到水底后，潜水员再行观察模板是否到位，如需调整，由潜水员给出调整位置，以保证模板间连接严密。

3）模板水下安装固定

a. 模板分序安装。为提高效率并适当减少水下工作量，需按照浇筑块分排、分序安装水下模板。首先安装第一排海漫浇筑仓模板，在第一排海漫浇筑完毕之后安装第二排海漫浇筑仓模板；同排水下混凝土采用跳仓浇筑，每排模板又分两序安装。Ⅰ序模板为M1、M3、M5浇筑仓模板，Ⅱ序模板为M2、M4、M6浇筑仓模板。Ⅰ序模板安装时，把M1海漫独立块周边模板均安装完毕，之后间隔

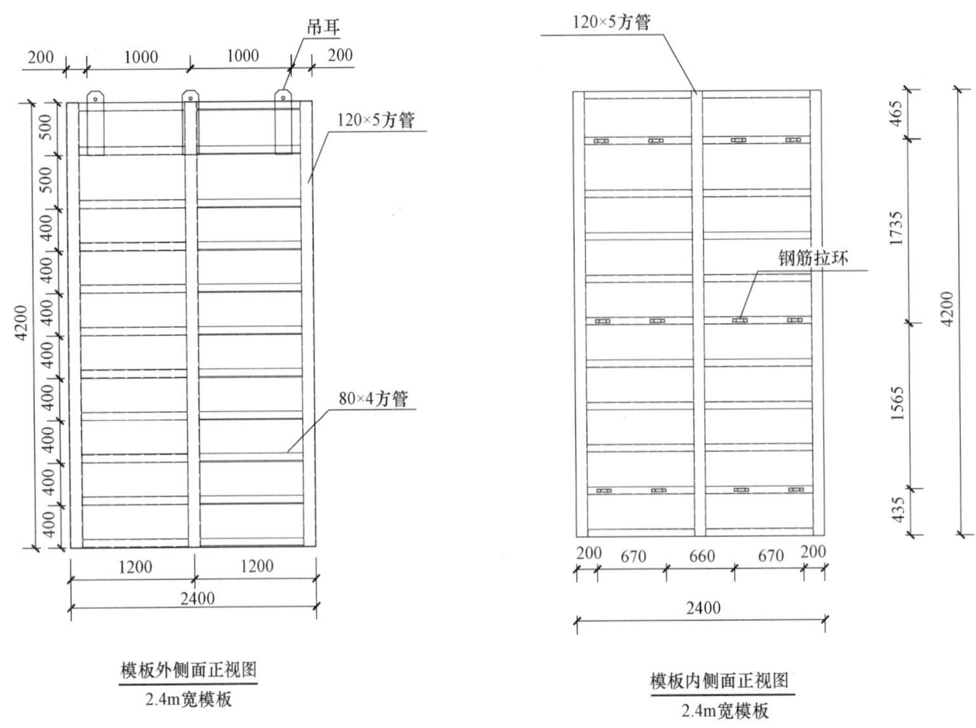

图1　2.4m宽水下钢木模板设计图

一个浇筑仓后继续安装 M3 浇筑仓的模板，依次类推。Ⅰ序模板顺水流向的模板需用钢丝绳和花篮螺栓相互拉紧，垂直水流方向的模板需用钢丝绳和锚栓与原混凝土护坦后侧壁固定；Ⅰ序仓混凝土浇筑完毕之后，安装Ⅱ序模板，Ⅱ序模板仅需要把垂直水流方向的模板安装完毕即可，顺水流方向两侧不再需要安装模板。海漫水下模板分排、分序安装示意图见图2。

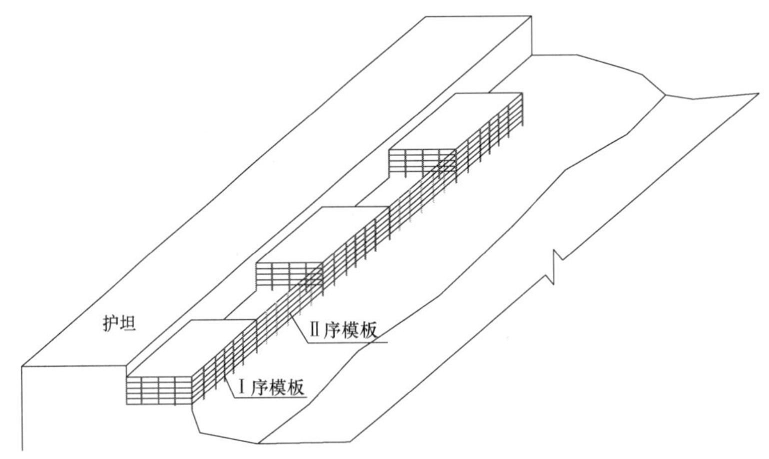

图2　海漫水下模板分排、分序安装示意图

由于海漫每块浇筑尺寸为 11m×6m，为了保证模板在水下的安装精度，潜水员先行在找平层混凝土用槽钢按照浇筑仓的尺寸制作成 11m×6m 的矩形边框作为水下模板就位底座。

b. 模板临时固定。由于水下模板没有依靠面，因此，模板在安装之前，需要用内外斜撑进行临时固定。采用 10 号槽钢及ϕ28 插筋作为内外斜撑，底部与找平层混凝土通过预埋的插筋固定，顶部则通过螺栓与模板固定。

c. 模板底部固定。模板底部固定牢靠且封堵严密是保证水下混凝土浇筑质量的关键因素之一。

底部找平层按照测量放样要求提前预埋限位 8 号槽钢和ϕ28 插筋，模板快要落至底部后，在底部依照钢模板的部位铺设一层 5mm 厚的钢板，钢板宽度为 50cm，长度根据钢模板的需求进行铺设。钢模板落至底部后，将模板底部与提前铺设好的钢板焊接成一体。

d. 模板中部固定。第一排模板靠近护坦，潜水员提前在护坦侧壁上打孔，锚入ϕ28 化学锚杆，化学锚杆锚固深度 50cm，锚杆水平间距按照 1m 布置。模板的内侧使用两排钢丝绳和花篮螺栓拉紧，防止模板在浇筑过程中受到混凝土侧压力向外侧倾倒。

第一排海漫混凝土浇筑完毕之后，固定第二排模板。在第一排模板钢骨架上预留钢筋拉环，在第二排模板安装并临时固定之后，采用钢丝绳和花篮螺栓将两排模板连接并拉紧。海漫模板固定示意图见图 3。

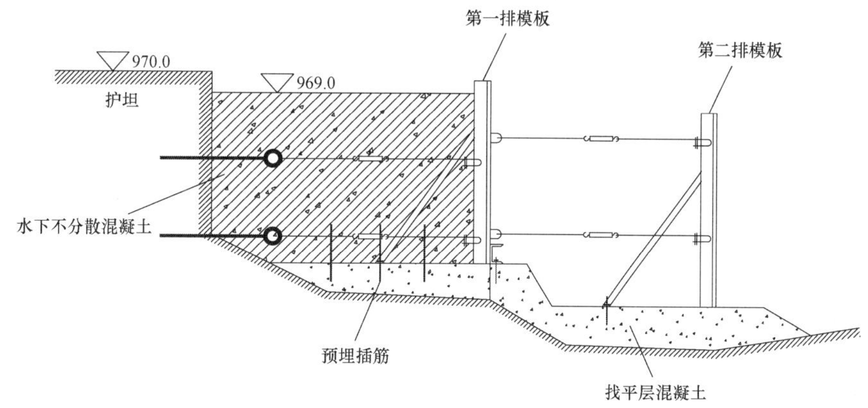

图 3　海漫模板固定示意图

（2）布料机使用

海漫水下不分散混凝土浇筑采用了型号 TS15/3 的布料机，其俯仰角度－4～90°，布料半径 15m，可以 360°手动调节二节输送管臂。布料机设置在水面浮驳作业平台上。

现场在海漫左侧的发电厂房尾水平台布置一台混凝土地泵，浇筑时使用地泵将混凝土通过泵管输送至布料机上，然后再使用布料机将混凝土通过浇筑导管送到仓号内按埋头赶水方式进行水下混凝土浇筑。浇筑时，潜水员全程进行水下过程监控并实时录像传到水面浇筑作业指挥浮驳平台上。

（3）水下混凝土浇筑

水下混凝土浇筑采用导管法结合泵送法按埋头赶水方式进行浇筑。混凝土分层浇筑，每层高度 2m，层间设置直径 28mm、间排距 1m 的插筋，插筋在上下层锚固长度各 1m。混凝土浇筑完毕后，不拆除钢木模板。

浇筑作业开始时，导管出料口至底面的距离为 50cm 左右，并尽量安置在地基低洼处。水下混凝土导管在平面上的布设，需根据每根导管的有效作用半径 3m 和浇筑面积来确定，一般每仓布置 2～3 根导管。

混凝土浇筑导管由装料斗及密封连接的钢导管构成。钢导管选用外径 220mm 的钢管。混凝土浇筑导管在使用前应试拼、试压，进行密闭试验，密闭情况良好的导管才可投入使用，各节统一编号，在每节自上而下标识刻度。安装混凝土导管前，应彻底消除管内污物及水泥砂浆，并用压力水冲洗。安装后应注意检查，防止漏浆。在泵送混凝土之前，应先在导管内通过水泥砂浆进行润管。

采用布料机浇筑时作业人员需手动调整布料机，旋转二节臂，依次分序对 1 号、2 号、3 号……浇筑导管进行浇筑。每根导管埋管后，立即旋转二节臂，对下一根导管进行浇筑，由此循环类推，直到浇筑仓混凝土达到预定浇筑高程。水下混凝土浇筑示意图见图 4。

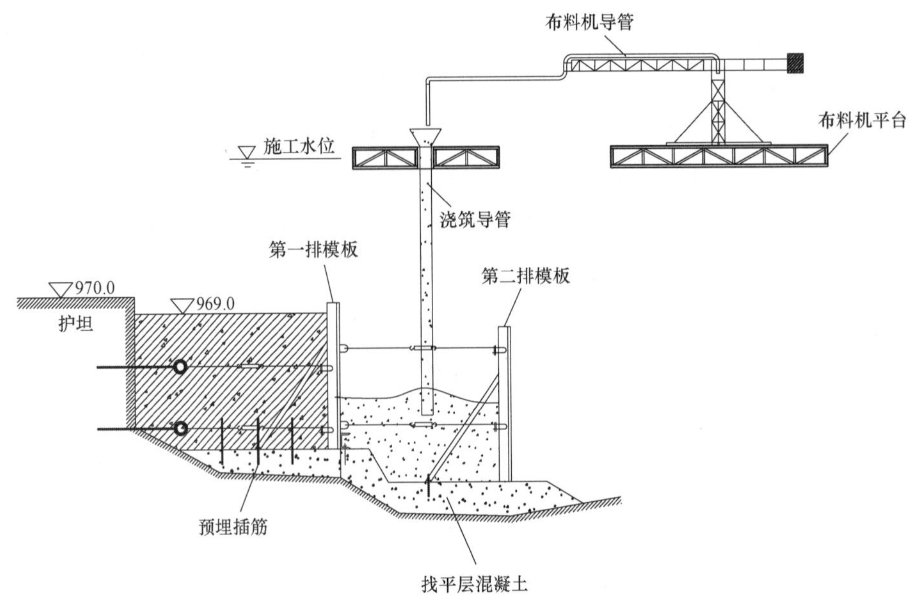

图 4 水下混凝土浇筑示意图

5 水下混凝土实施效果

5.1 新增海漫完成情况

根据桐子林水电站运行情况，河床泄洪闸新增海漫施工分两个阶段实施完成。第一阶段坝 0+125.00～坝 0+131.00、0-000.00～0-027.00 范围海漫在 2018 年 4 月～5 月实施完成；第二阶段坝 0+125.00～坝 0+137.00、0-000.00～0-075.00 范围海漫 2019 年 3 月～5 月实施完成。两阶段工程总投资约 1050 万元，较深水围堰加固（底部混凝土潜堰和上部格形钢板桩围堰）方案减少投资约 5000 万元。

5.2 2020 年汛期泄洪消能系统运行情况

2020 年汛期桐子林水电站泄洪消能系统泄洪闸经历 5000m^3/s 以上大流量泄洪长达 40 余天，一直安全运行，河床泄洪闸新增海漫汛前汛后形态未发生明显变化。具体运行情况详见表 3。

表 3　　2020 年 5 月 1 日～10 月 31 日最大泄洪量统计

项目	运行时间/h	最大泄流量/(m^3/s)	最大泄流量对应的时间		最大泄流量对应坝上水位/m	最大泄流量对应坝下水位/m
			日期	时长/h		
河床	344.27	5800	2020-09-15	4	1014.34	1000.32
明渠	908.22	3940	2020-09-14	19	1014.30	999.58
河床、明渠联合	1031.88	9440	2020-09-15	4	1014.34	1000.32

5.3 水下检查成果

2020 年 10 月 28 日～11 月 12 日，采用水下三维声呐探测技术对河床泄洪段过流面进行全覆盖

水下检查，水下三维声呐系统以定制冲锋舟为多波束声呐系统的载体，安装水下三维声呐系统水下发射及接受换能器，表面声速探头、固定罗经、三维运动传感器及 RTK 流动站。之后对数据进行了处理分析，并对同区域维修加固工程实施前后的变化进行了对比分析，最终对泄洪闸过流面的冲蚀、相关建筑物基础的淘刷以及建筑物运行情况进行了分析评价。

通过对比 2019 年汛后与 2018 年汛后水下检查成果，新增的混凝土海漫体型控制较好、未见明显的冲刷掏蚀，经历 2019 年和 2020 年两个汛期洪水考验后，海漫形态仍然保持一致，表明河床泄洪闸消能区加固工程已达到预期目的。

2020 年河床泄洪闸下游消能区域现状水下地形总览图见图 5。

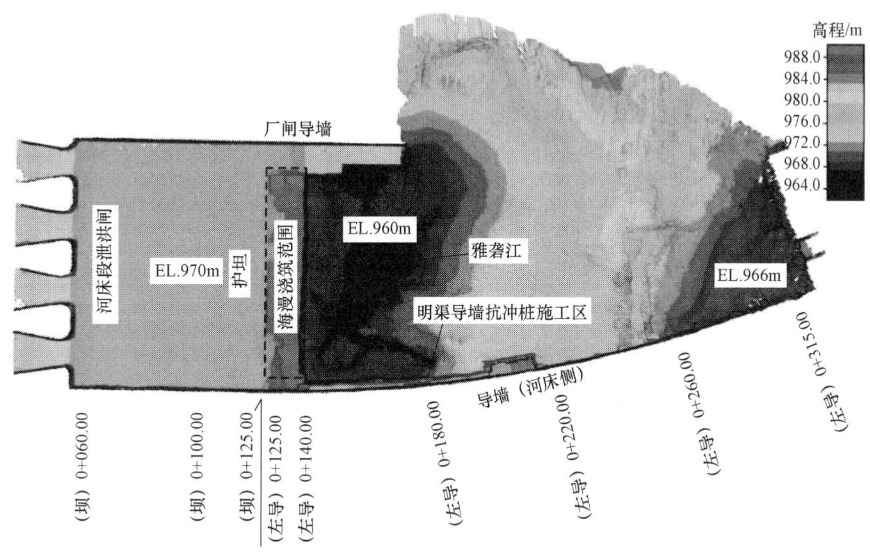

图 5　2020 年河床泄洪闸下游消能区域现状水下地形总览图

6　结语

桐子林水电站泄洪消能设施通过计算分析结合模型试验研究，科学制定了护坦下游新增混凝土海漫的加固方案，合理采用水下混凝土施工工艺及关键技术，确保了工程施工质量和进度，保证了电站的安全稳定运行。较传统的深水围堰加固方案大大减少了工程投资，取得了较好的技术经济效果。桐子林水电站泄洪消能区水下加固措施具有很好的借鉴意义，值得在类似工程中予以推广和应用。

参　考　文　献

[1] 杨锐婷，柏胜平，孔令富，等. 高钢板桩围堰桩格与混凝土边墙衔接法施工及效果 [J]. 水电能源科学. 2016，34（7）：127-130.

[2] 熊盛立. 龚嘴水电站消力塘整治工程的深水围堰—钢板桩围堰的设计与施工[J]. 水电站设计. 1987(2)：58-64.

[3] 朱建楠，秦伯兴. 葛洲坝大江电厂尾水冲坑水下修补 [J]. 水利水运科学研究. 1998（12）：55-63.

[4] 王小波，张荣贵. 桐子林水电站河床段泄洪闸护坦检修方案研究 [J]. 中国西部科技. 2015，14（11）：83-87.

公伯峡水电站堆石坝渗漏部位简要分析与修补

林　莉

（国家电投集团青海黄河电力技术有限责任公司，青海 西宁　810016）

摘　要：堆石坝渗漏情况结合变形分析其主要原因初步判断为右岸周边缝测缝计 JB－3－03、JB－3－04 部位面板沉降变化较大，导致面板局部出现渗漏缺陷。堆石坝 0＋130m～0＋230m 段坝体趋势性下沉和向下游变形，坝内填筑体局部变化较大，影响防渗面板稳定，导致堆石坝防渗体局部出现缺陷。因渗漏量持续增大，会在堆石坝坝体局部形成饱和区，对堆石坝局部构成一定的影响。2015～2016 年对堆石坝面板右岸高趾墙周边缝存在的渗漏进行了修补。

关键词：水下修补；渗流量；堆石坝；分析

1　工程概况

黄河公伯峡水电站位于青海省循化县与化隆县交界处的黄河干流上，是黄河上游龙羊峡至青铜峡段规划的第四个大型梯级电站。坝址河道上游 76km 为已建的李家峡水电站，下游 148km 为已建的刘家峡水电站。坝址距西宁市公路里程 153km，距平安驿转运站 118.5km。坝址区海拔 1900～2100m。水库域面积为 752443km^2，坝址区以上流域面积为 143619km^2。

大坝布置在主河床，大坝为钢筋混凝土堆石坝，坝轴线方位 NW316° 35′13.2″。坝顶高程 2010.00m。坝体分为垫区、过渡区、主堆石Ⅰ区、主堆石Ⅱ区、次堆石区、面板上游粉土及石渣回填区（1940m 以下）、下游超径石回填区。面板和趾板间周边缝设三道止水，面板垂直缝设两道止水，面板与防浪墙接缝设两道止水。

2　存在的问题

电站在堆石坝周边以及面板接缝处安装了两向、三向测缝计来监测接缝开合度，在坝后安装主坝渗漏。2011 年 5 月和 11 月发现面板垂直缝 11 号和 12 号面板存在缺陷，2016 年 4 月复检发现又有轻微渗漏。针对水下检查发现的问题结合变形分析，初步判断右岸周边缝测缝计 JB－3－03（桩号：0＋023m 高程：1972.08m）、JB－3－04（桩号：0＋030m 高程：1959.23m）部位开合度呈逐年增大趋势，面板沉降变化量值较大，导致面板局部出现渗漏缺陷。其中 JB－3－04 测点处理前该测点沉陷方向持续性增大，处理前年变化速率为 5.42mm/a，处理缺陷后年变化速率为 0.71mm/a，由此可见该

作者简介：林莉（1976—），女，工程师。

部位处理效果明显。堆石坝 0+130m～0+230m 段坝体趋势性下沉和向下游变形，坝内填筑体局部变化较大，影响防渗面板稳定，导致堆石坝防渗体局部出现缺陷。因渗漏量持续增大，会在堆石坝坝体局部形成饱和区，对堆石坝局部构成一定的影响。2015 年 11 月水下检查发现大坝右岸高趾墙周边缝左侧面板高程 1962.53m、1988.03～1988.23m、1991.53m 三处存在混凝土面板破损、止水材料破坏、渗漏等缺陷。2016 年 3 月对右岸高趾墙周边缝三处漏水部位进行复检，并对 2015 年发现的 3 处渗漏及新发现的 6 处渗漏进行了修补，对部分裂缝存在的渗漏进行了修补。

3 堆石坝趾板三向测缝计变化情况

混凝土面板接缝的开合度采用两向测缝计进行观测。在左右岸坝肩及河床选择 0+055.5m、0+079.5m、0+115.5m、0+235.5m 和 0+331.5m 5 个断面，共布置了 27 支测缝计。面板周边缝的观测采用三向测缝计进行观测，沿大坝趾板周边缝布设 17 支三向测缝计，用以观测周边缝的张拉、剪切变位及沉陷。

3.1 面板垂直缝

2011 年 5 月和 11 月发现面板垂直缝 11 号和 12 号面板存在缺陷，2016 年 4 月复检发现又有轻微渗漏。该位置（0+115m 断面高程 1881.59～1988.33m）布设了 JB－2－13～JB－2－19 测点，截至 2016 年 12 月 31 日 Z 方向位移量较大的为 JB－2－13（高程：1988.33m）、JB－2－17（高程：1917.14m）、JB－2－18（高程：1899.38m）和 JB－2－19（高程：1851.59m），位移量分别为－4.41mm、－6.52mm、－15.84mm 和－25.31mm，与 2015 年 4 月 10 日相比分别变化了－0.36mm、－0.02mm、－0.05mm 和－0.54mm。虽然检查发现有轻微渗漏现象，但是从长序列观测资料来看，以上部位年内变化量值较小，垂直缝各测点变化已趋于稳定，开合度和沉降量值变化都较均匀，整体变化协调。两向测缝计高程 1881.59mJB－2－19 测点 Z 方向过程线见图 1。

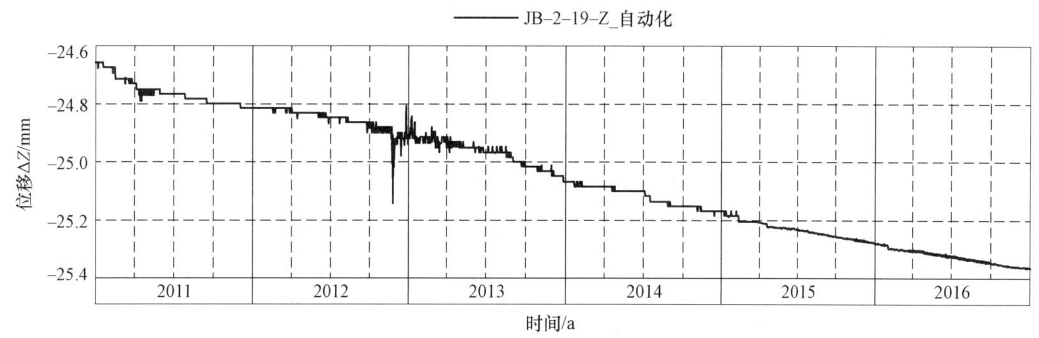

图 1　两向测缝计高程 1881.59m JB－2－19 测点 Z 方向过程线

3.2 坝体周边缝

2011 年 5 月处理高程 1959.23m 缺陷，该部位的 JB－3－04 测点（高程：1959.23m）2011 年与 2007 年相比 X、Y 和 Z 方向分别变化了＋4.85mm、－5.84mm 和－27.10mm，处理前该测点沉陷方向持续性增大，年变化速率为 5.42mm，处理缺陷后该测点年变化速率为 0.71mm，由此可见该部位处理效果明显。从坝体周边缝三向测缝计监测成果看，截至 2016 年 12 月 31 日，JB－3－02、JB－3－04、

JB－3－10 和 JB－3－17 测点 X 方向表现为闭合，其余测点均为张开。累计变化量较大的为 JB－3－04（高程：1959.23m）和 JB－3－05（高程：1944.94m）测点，分别为－80.22mm 和－40.84mm。面板堆石坝三向测缝计 JB－03－04 测点 Z 方向位移量过程线见图 2。面板堆石坝三向测缝计 JB－03－05 测点 Z 方向位移量过程线见图 3。

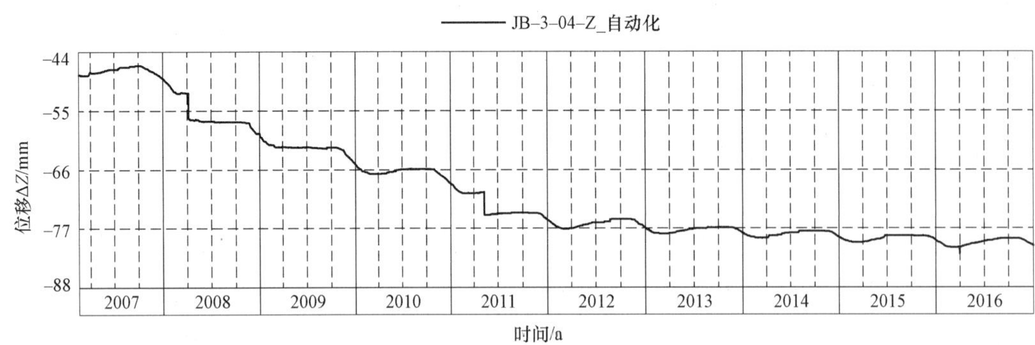

图 2　面板堆石坝三向测缝计 JB－03－04 测点 Z 方向位移量过程线

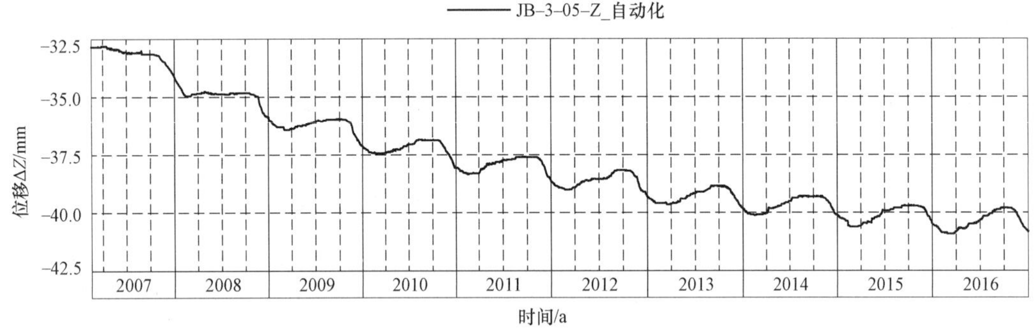

图 3　面板堆石坝三向测缝计 JB－03－05 测点 Z 方向位移量过程线

总体来看，左右侧周边缝各测点开合度整体处于张开状态，底部基础 JB－3－10 测点测值不稳；左右侧剪切方向各测点相对趾板向下位移，底部基础 JB－3－10 测点测值趋势性增大；右侧周边缝沉陷方向大部分测点测值均呈相对趾板趋势性下沉。

以上测值反映出的问题印证了水下检查的结果：大坝右岸高趾墙周边缝左侧面板，高程 1962.53m、1988.03～1988.23m、1991.53m 三处，混凝土面板破损、止水材料破坏、渗漏等缺陷严重。

根据土石坝技术规范要求，大坝周边缝实测结果如下：位于右岸的 JB－3－02、03、04、05、06 和 07 测点张拉变位超过设计值，位于右岸的 JB－3－02、03、04 和 06 测点及左岸的 JB－3－12、13、14 测点沉陷变位超过设计值（张拉变位设计值为 20mm，沉陷变位设计值为 40mm，剪切变位设计值为 40mm）。需加强对周边缝的观测，以便及时掌握周边缝的工作状况。

4　坝顶垂直位移观测

为印证电磁沉降仪观测值，进一步观测坝顶的沉降变形。从沉降分布图来看，坝体 DSB1、DSB5 和 DSB6 测点沉降相对较小，而位于河床中间 DSB2、DSB3 和 DSB4 测点沉降较大，坝体垂直位移测点越靠近河床中部，垂直位移的变幅越大，两头测值变幅越小，符合面板堆石坝一般变形规律（见图 4）。

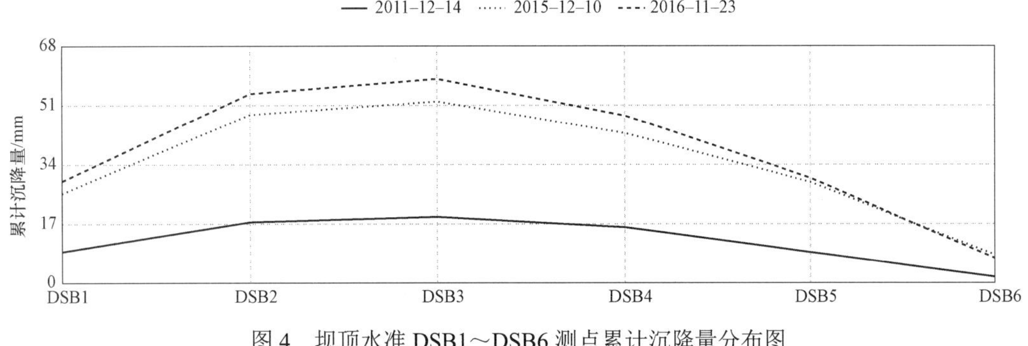

图 4　坝顶水准 DSB1～DSB6 测点累计沉降量分布图

水下检查发现高程 1988.03～1988.23m 右岸高趾墙周边缝左侧面板存在渗漏、开裂等现象。

总体来看，坝顶水准各测点测值表现均呈趋势性下沉，坝体垂直位移测点越靠近河床中部，垂直位移的变幅越大，两头测值变幅越小。各测点累计变化量比较均匀，整体变化协调，变化符合面板堆石坝一般变形规律。

5　坝体变形

5.1　坝顶表面变形

在坝顶上游侧（坝左 0+020.00m 至坝左 0+380.00m）布置 B1～B8 测点，坝顶下游侧（坝左 0+020.00m 至坝左 0+330.00m）布置 B9～B15 测点。

从坝顶表面变形测点监测成果分析可知：2013～2018 年间，坝顶各测点沉降方向整体呈趋势性增大，左右岸方向各测点均向左岸位移。

坝顶表面变形各测点在三个方向的位移量值表现出河床大，两头小。各测点测值整体变形有所减缓，趋于收敛，符合面板堆石坝一般规律。

5.2　坝后坡表面变形

坝后表面变形观测在坝后坡（坝下 0+050.00m 至坝下 0+200.00m）布置 B16～B27 共 12 个测点，其中 B27 测点遮挡无法取得数据。

从坝后表面变形测点监测成果分析可知：2013 年起，向下游变形的速率逐渐减小，但尚未收敛；左右岸方向各测点变形在 2005 年起测值基本趋于稳定，高程较高部位测点的累计变化量值较大，高程越低累计变化量值较小。坝后坡表面变形测点水平变形见图 5。

坝后表面变形测点在上下游方向均向下游位移趋势尚未收敛，但位移速率逐年减小；在左右岸方向，左岸向右岸移动，右岸向左岸移动，呈现出“向心运动”；沉降方向高程越高、越靠近河床部位测点沉降越大，由于钢丝水平位移计各测点测值跳变较大，无法与同部位相比。坝后坡表面测点变形符合面板堆石坝一般规律。

5.3　主坝渗漏量

2010 年至 2011 年 4 月主坝渗漏量量值较大，均在 20L/s 左右（面板堆石坝渗漏在 10L/s 左右），2011 年 5 月处理缺陷之后，量值明显减小，2013—2015 年量值趋于稳定在 8L/s 左右，2016 年 1 月起渗漏量趋势性增大，2 月 24 日达到 14.247L/s。经过水下检查处理发现局部渗漏导致测值增大，水下处理后量值减小。该测点受降雨影响较大，其余时段量值基本稳定。主坝总渗漏量过程线见图 6。

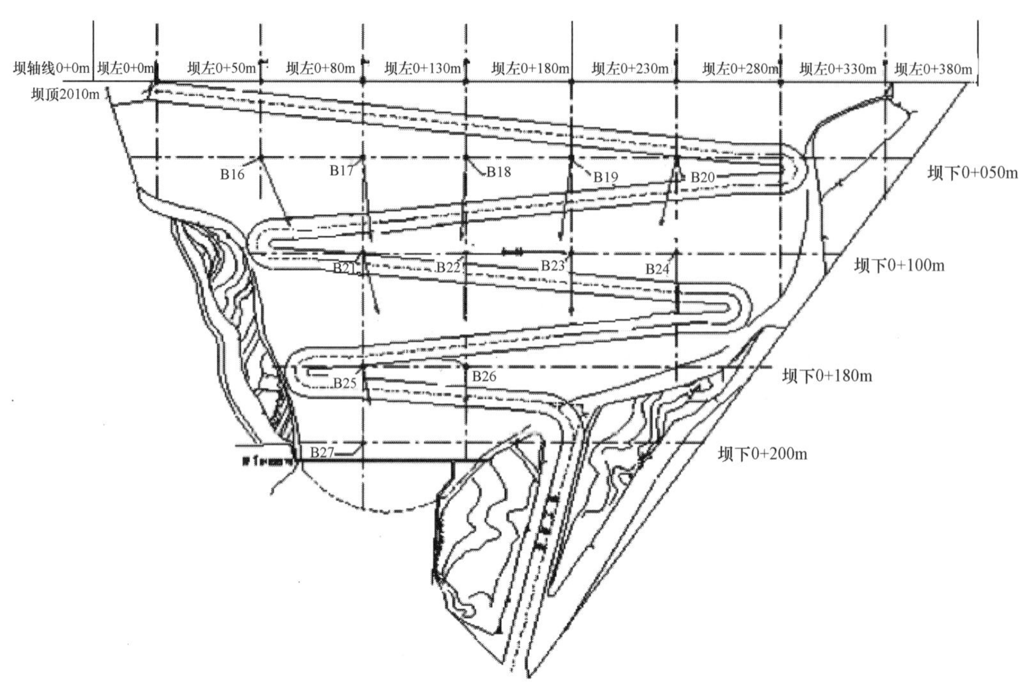

图 5　坝后坡表面变形测点水平变形示意图

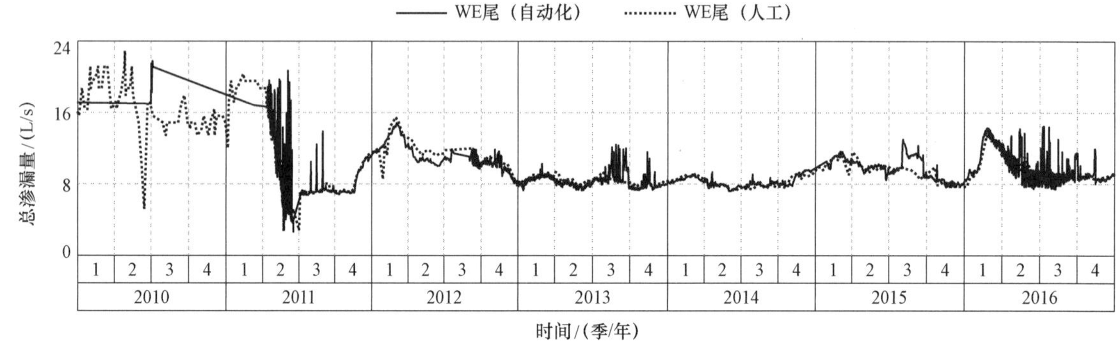

图 6　主坝总渗漏量过程线

从总变化量来看，JB－3－03、JB－3－04 部位 *Z* 方向变化量较大，面板向下游位移，尤其是 JB－3－04 部位，*Z* 方向变化量达－78mm，接近 2 倍的设计值。2011 年缺陷处理后的 JB－3－02、JB－3－03、JB－3－04 部位 Z 方向向下游的变化量较大，变化量为－11.054mm、－11.384mm、－13.362mm，变化量是其他部位的 3 倍，JB－3－03 的 *X*、*Y* 方向总变化量较 JB－3－02、JB－3－04，分析 JB－3－02、JB－3－03、JB－3－04 部位面板可能出现新的缺陷，从目前的变化情况看，这些部位的变化仍未收敛。

6　水下修补

6.1　水下检查

根据 2015 年 11 月水下检查的结果，电站大坝右岸高趾墙周边缝左侧面板，高程 1962.53m、

1988.03～1988.23m、1991.53m 三处，混凝土面板破损、止水材料破坏、渗漏等缺陷严重。2016 年 4 月份，在高程 1962.64～1963.74m 处，发现在 2015 年 11 月份缺陷处上方有一处新缺陷，并且两处缺陷连接在一起，裂缝实际长度近 2m，裂缝距原周边缝止水边缘的最大宽度为 80cm，起翘高度 0.2cm，裂缝最大宽度约为 2cm，钢板尺能插入 4cm，检查发现缺陷整体渗漏比较严重。在对高程 1988.03～1988.23m 右岸高趾墙周边缝左侧面板处检查时发现面板存在渗漏、开裂等现象；在高程 1991.53m 处，发现右岸高趾墙周边缝左侧面板存在渗漏、开裂等现象。

2016 年 3 月 25～28 日对右岸高趾墙周边缝三处漏水部位进行了复检，并对 3 处渗漏及新发现的 6 处渗漏进行修补；11 号面板 8 处裂缝进行复检；对右岸高趾墙副墩与底板的交接缝进行检查。

2015 年与 2016 年检查结果对比如图 7 所示。

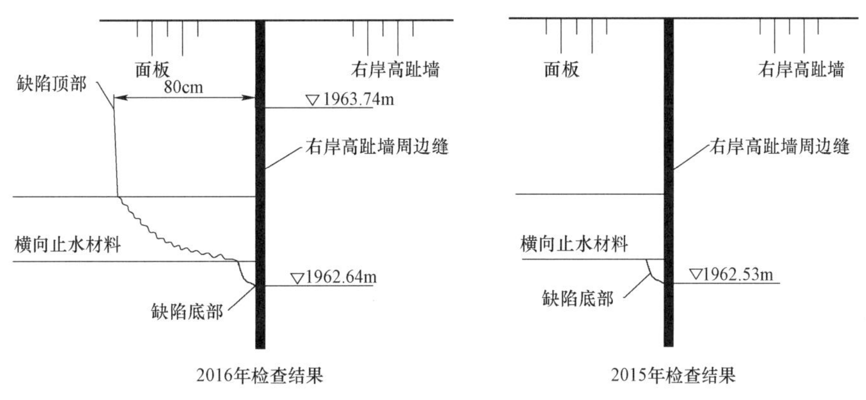

图 7　2015 年与 2016 年检查结果对比图

6.2　水下修补工艺概述

1）清理裂缝周围面板表面以及裂缝内部的淤积物。设置第一道止水，向清理干净的裂缝内灌注细河砂（平均粒径 0.25～0.35mm）；将陆上制作好的 SR 止水条（与裂缝的宽度相同）嵌填到裂缝内，直至无渗漏现象。用压条固定完后，将止水盖片周边使用密封胶进行密封（涂刷两遍），使止水盖片内部处于完全封闭空间。第一道止水剖面施工图见图 8。

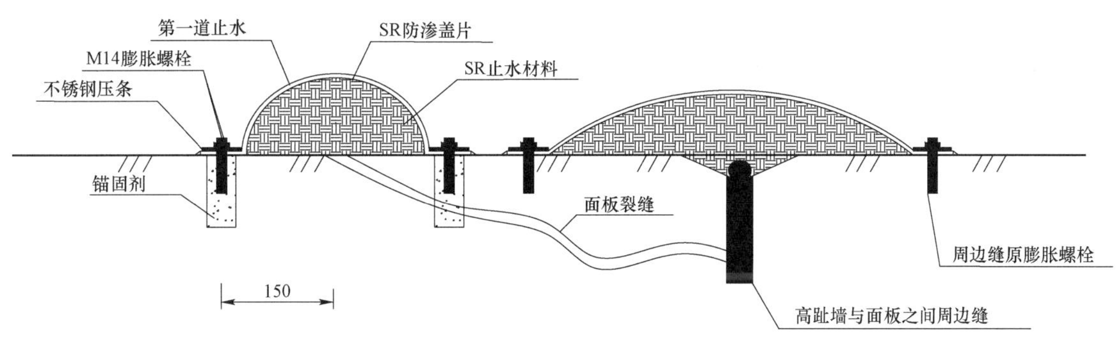

图 8　第一道止水剖面施工图（mm）

2）设置第二道止水：第二道止水的施工步骤同第一道止水。第二道止水剖面施工图见图 9。

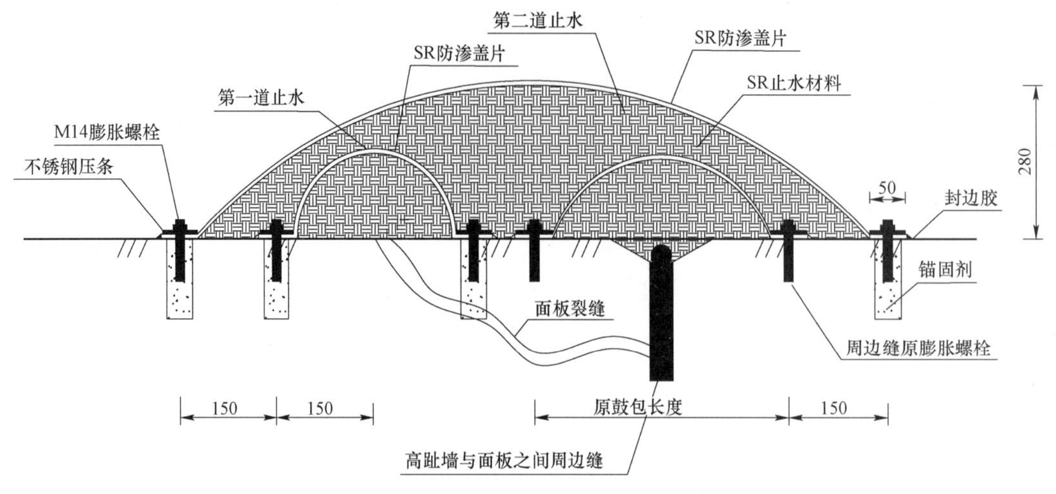

图 9　第二道止水剖面施工图（mm）

7　结论

电站蓄水运行后，堆石坝坝后坡出现局部鼓胀，导致坝后坡浆砌石菱形网格及排水沟破坏，2011 年对破损的护坡进行了修复，2015 年检查又发现局部出现破损，说明堆石坝坝后坡存在较大的蠕变变形。

从堆石坝渗漏量监测和重点部位的渗压跟踪变化看，堆石坝渗漏情况结合变形分析其主要原因初步分析为右岸周边缝 JB－3－03、JB－3－04 部位面板沉降变化较大，导致面板局部出现渗漏缺陷。另外，堆石坝 0+130m～0+230m 段坝体趋势性下沉和向下游变形，导致坝内填筑体局部变化较大，影响防渗面板稳定，导致堆石坝防渗体局部出现缺陷。因渗漏量持续增大，会在堆石坝坝体局部形成饱和区，对堆石坝局部构成一定的影响。

2015 年至 2016 年对堆石坝面板右岸高趾墙周边缝，右岸高趾墙副墩与底板的交结缝及 11 号面板 8 处裂缝检查：发现 11 号面板裂缝有 6 处存在渗漏，为降低渗漏对大坝的影响，建议应对渗漏部位进行修补。

经过对高程 1962.53m、高程 1988.03～1988.23m、高程 1991.53m 处缺陷修补，主坝量水堰流量下降到 10.613L/s，降低 1.796L/s，未达到预期效果，建议对大坝进行全面检查，主要针对高程 1957.32m（以 2016 年 03 月 31 日水位 2004.32m 为基准，水深 47m）以下未曾检查过的区域。

某桥梁水下检测技术研究

杨国强[1]，元　松[1]，王　建[2]

（1. 上海市市政公路工程检测有限公司，上海　201108；
2. 南京水利科学研究院材料结构研研究所，江苏 南京　210029）

摘　要：桩基础作为桥梁结构主要承重构件直接承担桥梁上部结构传递的荷载，其质量直接关系到结构物使用的耐久性。水下基础在水流冲刷作用下，混凝土逐渐被掏空，钢筋逐渐屈服，影响结构的耐久性和桥梁的安全。传统桩基检测方法无法实现桩身钢筋笼以外混凝土的质量检查。由水下机器人搭载水下高清摄像机，对水中桩基础进行近距离外观检查，可以直观、清晰地对桩身外表面的冲刷、混凝土剥落及植物生长等情况进行检测。开展桥梁桩基水下机器人检测工作，查明水下冲刷情况，检查桥墩存在的隐患和缺陷，评价桥墩的安全性，有利于推动交通道路管理工作的规范化，保障桥梁的安全运营，掌握桥梁的安全状况，为后续维修加固提供参考依据。

关键词：桥梁；桩基；水下机器人；检测

1　工程概况

某桥梁全桥共计 12 联，全桥长 903.54m。上部结构第一联采用 30m 预应力混凝土装配式连续箱梁，先简支后结构连续；第五联采用 16m 混凝土装配式空心板，弯桥直作，先简支后桥面连续；第九联采用（20＋30.57＋20）m 预应力混凝土连续箱梁；其余各联采用普通钢筋混凝土连续箱梁。下部结构桥墩采用柱式墩，桥台为承台分离式台，基础采用钻孔灌注桩，本桥桩基础均按摩擦桩设计。桥型布置如图 1 所示。桩基如图 2 所示。

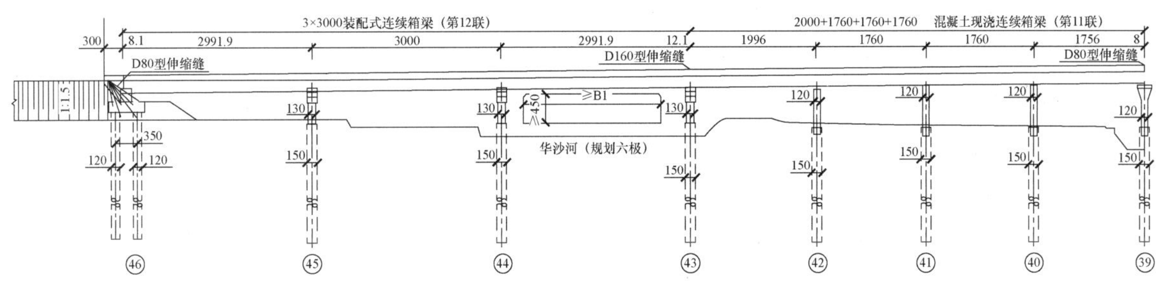

图 1　桥型布置图（单位：cm）

作者简介：杨国强（1980—），男，高级工程师。

图2　桩基照片

2　检测目的

桥梁的安全运营对区域交通的通畅起着十分重要的作用，桩基础作为桥梁结构主要承重构件直接承担桥梁上部结构传递的荷载，其质量直接关系到结构物使用的耐久性。水下基础在水流冲刷作用下，混凝土逐渐被掏空，钢筋逐渐屈服，影响结构的耐久性和桥梁的安全。

传统桩基检测方法无法实现桩身钢筋笼以外混凝土质量检查。由水下机器人[1-7]搭载水下高清摄像机，对水中桩基础进行近距离外观检查，可以直观、清晰地对桩身外表面的冲刷、混凝土剥落及植物生长等情况进行检测。工程师通过监视器对检查内容进行判断，对于作业时发现的混凝土脱落、蜂窝、水下结构裂纹、露筋、空洞和机械损伤等缺损要进行水下录像和定位、定量测量。

开展桥梁桩基水下机器人检测工作，查明水下冲刷情况，检查桥墩存在的隐患和缺陷，评价桥墩的安全性，有利于推动交通道路管理工作的规范化，保障桥梁的安全运营，掌握桥梁的安全状况，为后续维修加固提供参考依据。

3　检测原理

本工程采用深之蓝公司研发的水下检测机器人“河豚”[8-9]开展水下检测，如图 3 所示。水下机器人搭载激光标尺，可对水下缺陷进行定量测量。

水下机器人是一种可在水下移动，具有视觉和感知系统，通过遥控或自主操作方式，使用机械手或其他工具代替或辅助人去完成水下作业任务的装置。水下作业时，由操作员在水面上控制和监视，靠电缆向本体提供动力和交换信息。

本次采用的“河豚”为有缆水下机器人，由水面设备（包括操纵控制台、电缆绞车、吊放设备、供电系统等）和水下设备（包括中继器和潜水器本体）组成。潜水器本体在水下靠推进器运动，本体上装有观测设备（摄像机、照相机、照明灯等）和作业设备（机械手、切割器、清洗器等）。

水下机器人主要设备参数见表 1。

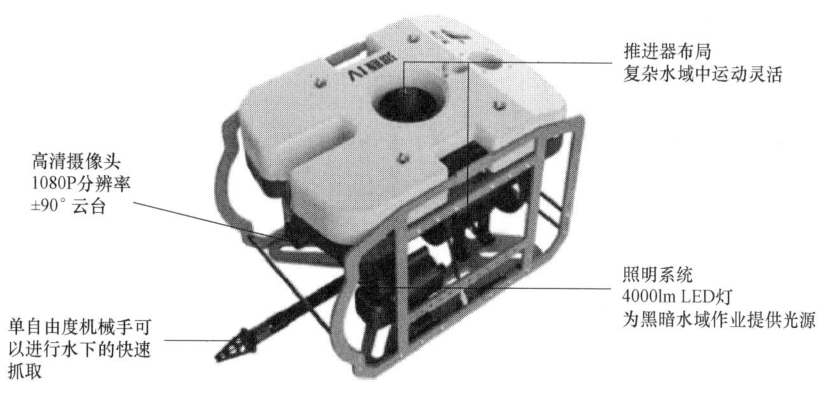

图 3　深之蓝河豚水下机器人

表 1　水下机器人设备参数表

型号	河豚Ⅳ－A	尺寸/（mm×mm×mm）	695×480×462（长×宽×高）
重量/kg	34	水下荷载/kg	5.5
作业深度/m	300	推进器	3 水平＋1 竖直
分辨率/（mm×mm）	1920×1080	焦距	2.8～12mm 变焦
照明	4000lm×2	云台	±90°

4　检测结果

本次对某桥梁的 4 根桩开展水下机器人检测，并根据《公路桥梁技术状况评定标准》（JTG/T H21—2011）对桩基的缺损状况进行评定[10]，见表 2。现场检测照片如图 4 所示。检测结果如图 5～图 10 所示。

图 4　现场检测照片

表 2　桩 基 缺 损 状 况

桩基编号	病害类型	病害描述	病害位置	缺损状况等级
1 号	外观良好	—	—	1
2 号	外观良好	—	—	1
3 号	混凝土破损	局部混凝土破损	桩基 10:00～14:00 方向，0 刻度线附近	2
4 号	混凝土露筋	局部露筋	桩基 11 点方向，0 刻度线向上 2.5m 处	2

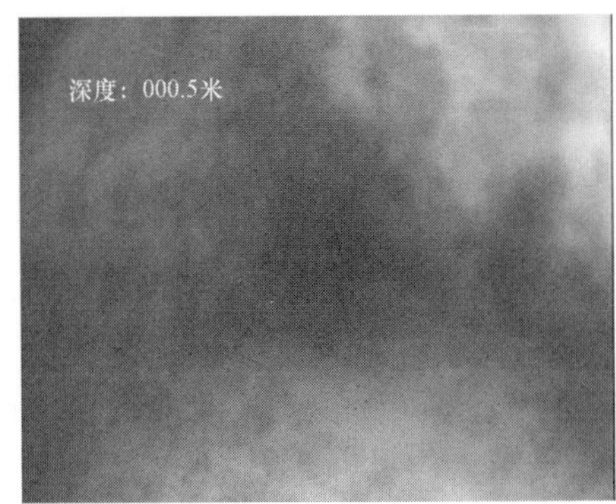

图5　1号桩外观良好

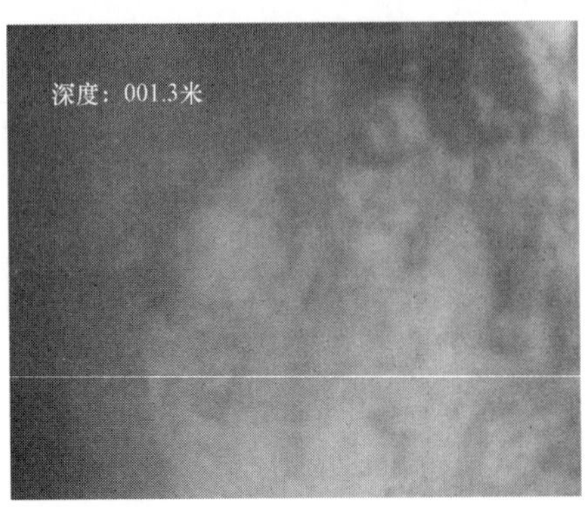

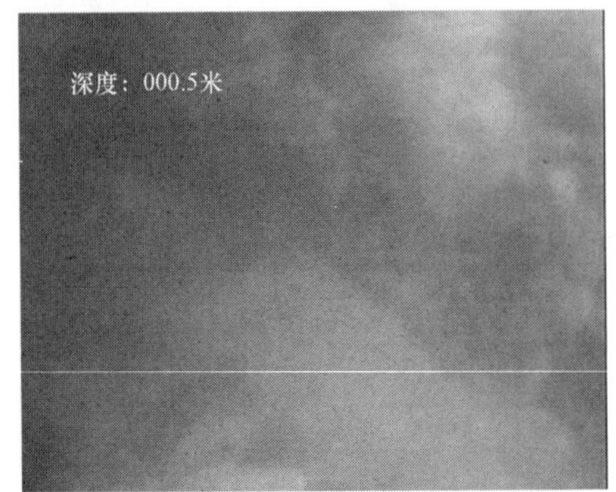

图6　2号桩外观良好

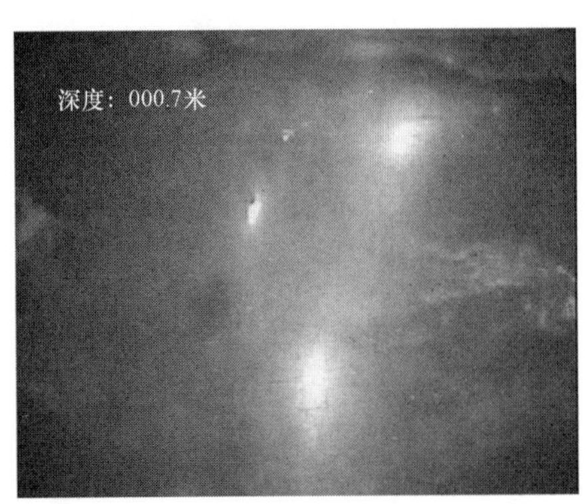

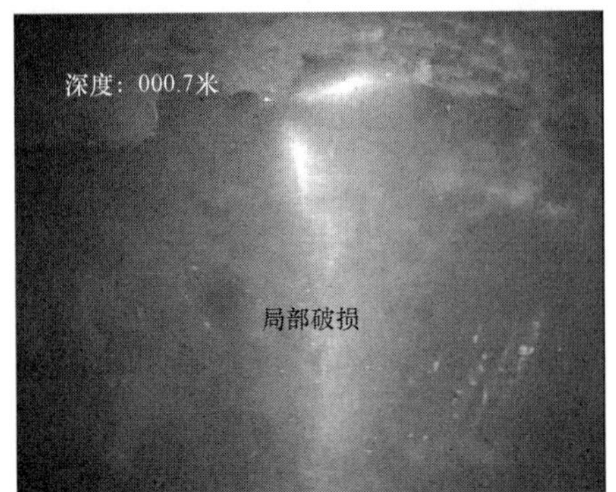

图7　3号桩局部破损

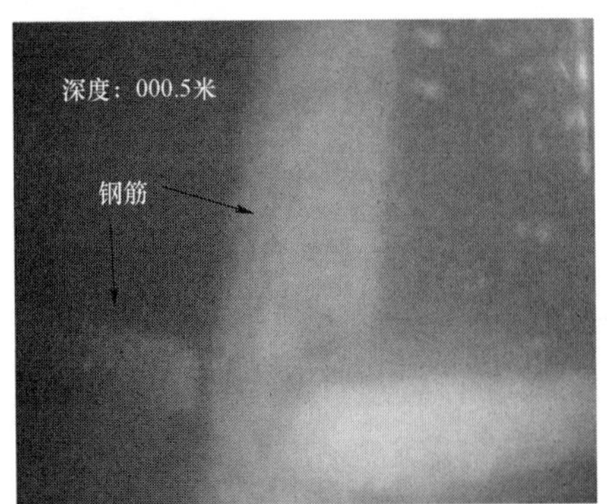

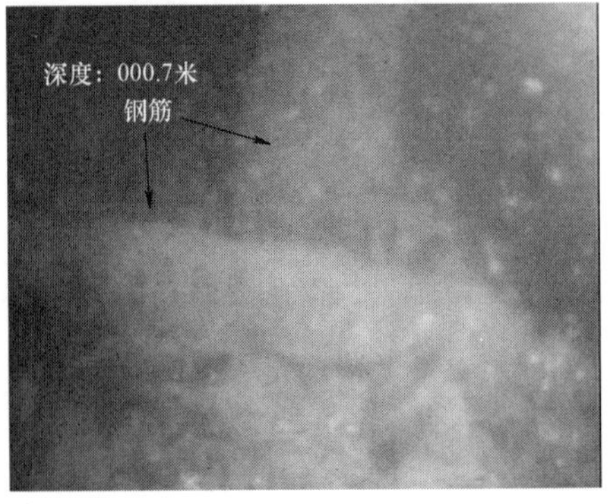

图8　4号桩局部露筋

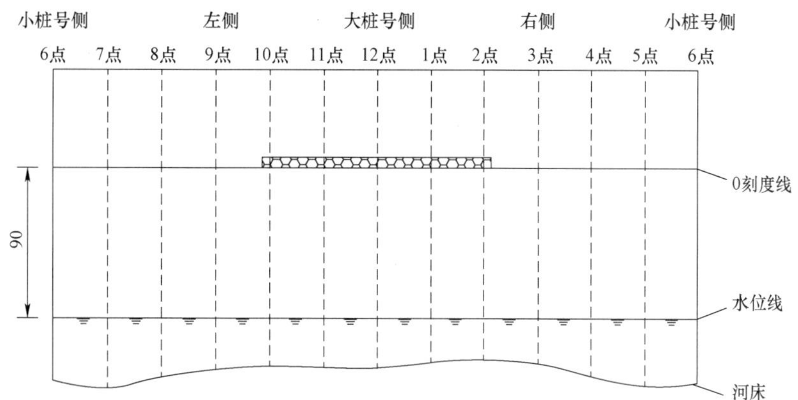

注：本图尺寸以厘米计，"▨"代表露筋、锈蚀，"⊠"代表混凝土剥落，"▦"代表冲蚀，"▩"代表空洞区域。

图 9　3 号桩基病害展开图

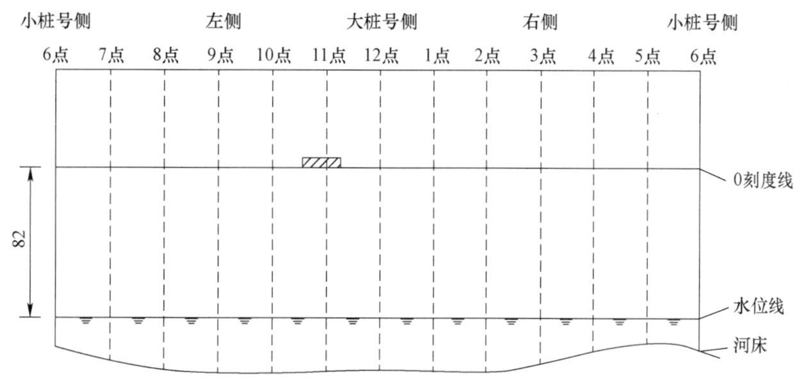

注：本图尺寸以厘米计，"▨"代表露筋、锈蚀，"⊠"代表混凝土剥落，"▦"代表冲蚀，"▩"代表空洞区域。

图 10　4 号桩基病害展开图

由检测结果可知，1 号、2 号桩基外观良好，未见明显缺陷，缺损状况等级均为 1 级；3 号桩基 10:00～14:00 钟方向，0 刻度线附近混凝土局部破损，缺损状况等级为 2 级；4 号桩基 11 点方向，0 刻度线向上 2.5m 处局部露筋，缺损状况等级为 2 级。3 号、4 号桩基局部存在缺陷，不影响正常使用性能，但影响结构耐久性。

5　小结

桩基的混凝土冲蚀、剥落、露筋病害产生的主要原因是在施工过程中钢筋笼吊装偏位，导致保护层太薄；泥浆比重过大导致混凝土中夹泥，在水流的冲刷下，就导致桩基混凝土剥落、露筋。

混凝土剥落引起的截面削弱将导致桩基础承载力降低，露出的钢筋因失去保护产生锈蚀会影响结构的耐久性，若钢筋因锈蚀导致直径变小甚至锈断，将进一步影响结构安全。

根据《公路桥梁技术状况评定标准》(JTG/T H21—2011)，1 号、2 号桩基缺损状况等级均为 1 级，桩基状况良好；3 号、4 号桩基缺损状况等级为 2 级，桩基不影响正常使用性能，但影响结构耐久性。

针对检测结果，建议对于检测中缺损状况等级评定为 2 级的桩基础，对检测中露筋、混凝土破损部位进行修复，以增强构件耐久性。

参 考 文 献

[1] 聂炳林. 国内外水下检测与监测技术的新进展 [J]. 中国海洋平台，2005，20（006）：43-45.

[2] 张贵忠，马晓贵. 沪通长江大桥巨型沉井超深基底水下检测技术 [J]. 桥梁建设，2016，46（6）：7-12.

[3] 王秘学，谭界雄，田金章，等. 以 ROV 为载体的水库大坝水下检测系统选型研究 [J]. 人民长江，2015，(22)：95-98，102.

[4] 林红，陈国明，张爱恩，等. 面向水下检测的缺陷图像数据库系统 [J]. 计算机工程与设计，2007，28（015）：3626-3628.

[5] 杨联东，李建军. 门槽埋件水下检测技术分析 [J]. 南水北调与水利科技，2009（06）：3.

[6] 顾红鹰，董延朋，顾霄鹭. 有压隧洞水下检测技术研究 [J]. 山东水利，2018，000（002）：11-12. 38-342.

[7] 陈阳，潘骁宇，李尚，等. 桥梁水下混凝土结构状态评价研究 [J]. 公路交通技术，2016，32（005）：79-85.

[8] 徐玉如，李彭超. 水下机器人发展趋势 [J]. 自然杂志，2011.

[9] 张配豪. 水下机器人的智造者 [J]. 人民周刊，2019，83（3）：46-47.

[10] 交通运输部公路科学研究院. 公路桥梁技术状况评定标准 [M]. 北京：人民交通出版社，2011.

水下混凝土衬砌变形的声学检测试验研究

关　炜[1]，孟路遥[2]，姜文龙[3]

（1. 水利部南水北调规划设计管理局，北京　100038；
2. 黄河水电工程建设有限公司，河南 郑州　450003；
3. 黄河勘测规划设计研究院有限公司，河南 郑州　450003）

摘　要：水下混凝土衬砌变形，是一般土石堤坝混凝土衬砌常见的缺陷问题，当变形发生在水位线附近时可通过水边线的变化进行人工观测，当变形发生在水下之时，常规人力观测已难进行。针对水下衬砌变形观测，结合快速巡检的需求，本文建立了不同坡比的水下衬砌变形物理模型，同时研究利用垂直的声学测距和侧扫声呐快速成图等不同声学方法进行试验研究，结合试验数据分析了二者在水下变形的快速发现、变形量的识别等方面的特点。通过试验分析，本文认为侧扫声呐在微小变形识别以及工作效率方面存在显著的工作优势，但对于微小变形的识别精度方面目前声学检测手段仍然具有处理难度。

关键词：水下衬砌变形；声学测量；侧扫声呐；检测效率

1　引言

目前，水下测距成像如单波束声呐、多波速声呐、水下三维声呐等，均是应用于水下地形测量等领域，其在水下精细化检测中的应用仍显不足。而侧扫声呐等，由于其在工作效率及搜寻上的巨大优势，广泛应用于海洋、河道搜寻，地质地貌观测等。侧扫声呐在水利工程检测中的应用逐渐增多，但大都是针对水下大型破损检测的应用，对于水下面板变形等精细化检测研究及应用仍较少。

虽然水下三维激光扫描具有较高精度，但受制于水中电磁波衰减严重、水下激光测距范围有限等因素，电磁波测距解释精度也会受到一定程度的影响。考虑上述因素及水中信号传播特征，本文重点研究声呐信号在水下衬砌变形精度检测中的应用。

2　水下声学工作原理及其解释精度影响因素

2.1　水下声学测距成像原理及其精度分析

声呐的水下测量，其基本原理是根据声呐产生声波信号向水底传播，在水底产生的回波信号。

作者简介：关炜（1980—），男，高级工程师。

根据回波信号的走时 t 来确定水深等参数。

$$h=vt/2$$

其中 h 表示水深，v 表示水的速度，t 表示水声信号发射与返回的用时。其工作的基本原理如图 1 所示。图 2 所示为一个水声回波信号的全波形记录数据。

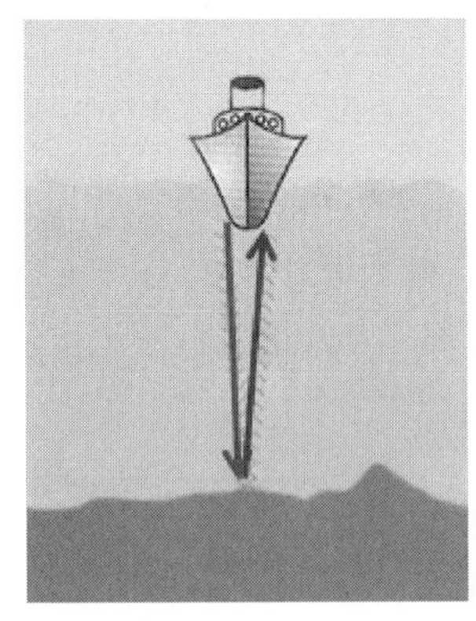

图 1　声呐工作原理

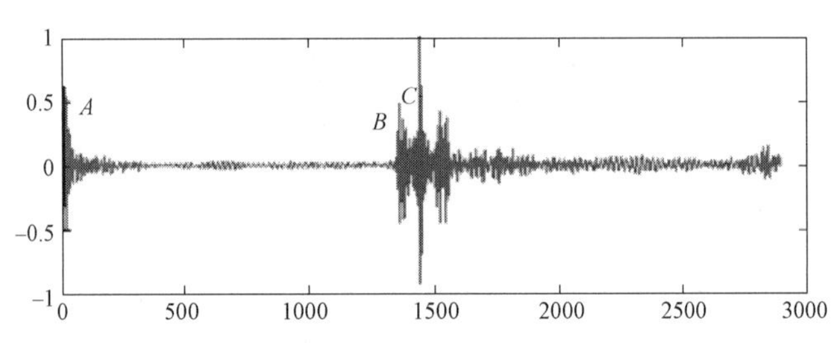

图 2　水下声呐测量原始数据

水下声呐的一个原始测量数据如图 2 所示。可以将水下单道的测量数据解析为 *A*、*B*、*C*。*A* 点属于起始点，其代表一个声呐发射的声波点，从而引起了能量变大。*B* 点代表水下异常介质反射点，即当声波信号沿着水向下传播，遇到比较大的界面时，产生的回波信号的点，该点一般代表水底，也代表水中的一些杂质信息。*AB* 段代表水深数据。对于常规的水底地形测量，仅用到 *B* 点信号即可，因此一般会自动提取 *B* 点位置来进行成像。

B 点的测量精度是与该点观测信号的波长相关的，一般信号的波长可以表示为：

$$\lambda=v/f$$

式中：λ 表示信号的波长；v 表示信号在介质中的传播速度；f 表示信号的频率。在水中检测，可以认为水的速度 v 是固定的，即 $v=1500\text{m/s}$，则决定 λ 大小的即信号的频率。信号的频率与波长呈反比，f 越高，λ 越小，即水声信号波长越短，水底解释分辨率越高。

以地球物理中的地震波传播角度来看，*B* 点的产生与其介质性质及声波信号频率相关。在信号衰减较大介质中，信号无法传播。

而随着频率的降低，介质中信号衰减逐渐变小，从而信号可以在水底等介质中进行传播，可以达到水下声波检测及勘探的目的。*C* 点则代表了随着信号频率的降低，信号传播在水底介质产生的水底检测信号。

对于水下三维声呐、水下多波束等测量方式而言，其主要是通过对探头进行改进，通过阵列探头发射以使相关的水声射线朝固定方向进行传播，以此达到除了垂直方向外在其他方向进行测距的能力，也属于水下测距成像，其分辨率影响因素与上述分析是相同的。

2.2　侧扫声呐原理及其精度分析

侧扫声呐是有别于测距声呐的一种水下测量方式，是一种地形地貌测量方式。

对于侧扫声呐而言，其水声信号在水中的传播同样满足 2.1 分析，当侧扫声呐频率越高时，其水下地形分辨率越高，反之分辨率降低。但侧扫声呐的检测方式是完全不同于垂直声学检测的工作模式。

图 3 所示的侧扫声呐工作模式，其依靠在侧方向发射波束角小的超声波，当超声波遇到地下介质时，会发生反射。在侧扫声呐的入射角范围内发射多个脉冲超声波，即可获取声波照射范围内的声波回波，根据回波能量即可反应地下的地形与地貌。这是一种图像扫描模式，其获取的主要为水底形成的声影声波反射图像，而实际测深距离则较差。

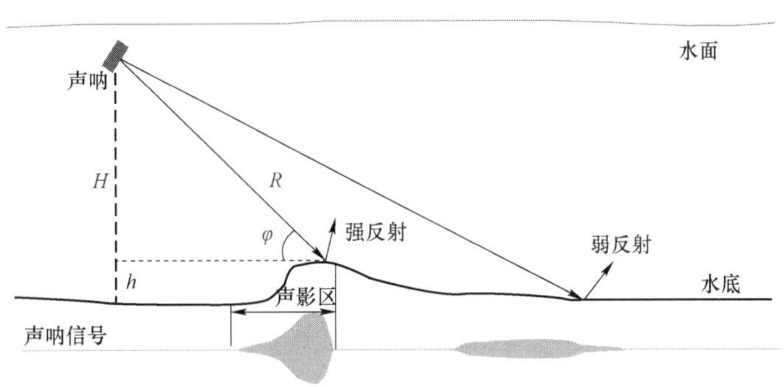

图 3　侧扫声呐工作原理

对于侧扫声呐，其对目标体的分辨主要与波束角和被测区域产生的声影相关，同时也与超声波频率相关。

2.3　理论测量精度分析

对于侧扫声呐来说，当入射角度足够小时，阴影的距离被不断地拉伸，而垂直测距则完全依靠反射时长来进行异常分辨。为分析二者测量精度，分别以侧扫声呐和垂直入射进行分析。

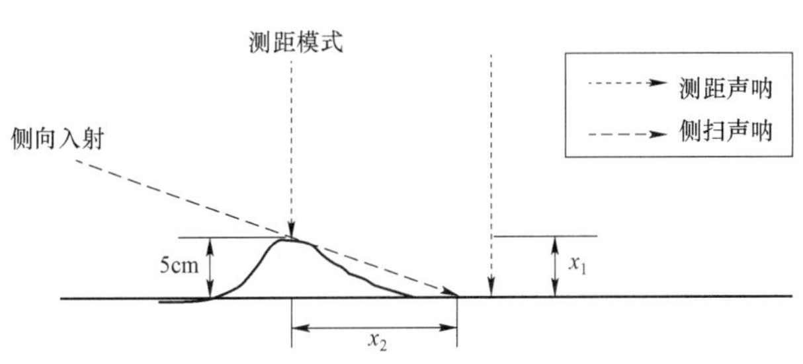

图 4　声波测距与侧扫声呐检测精度对比

声波测距与侧扫声呐检测精度对比见图 4。

如图 4 所示，假设水底有一个 5cm 的凸起异常体。按常规测距声呐分析，其获取凸起的方式是分别计算凸起部位的水深和正常部位的水深，通过深度计算获取 x_1 来代表凸起高度。

当进行侧扫声呐计算时，设侧扫声呐的信号入射角为 30°，由于凸起部位阻碍声呐信号的传播，因此在侧扫声呐图形上将形成一个长度为 x_2 的反射能量变强部位。

理论上，当测距声呐可以达到足够的精度要求，则计算出 $x_1=5$cm，当侧扫声呐满足精度要求，计算 $x_2=8.66$cm。即在无任何外界因素影响情况下，x_2 在小角度下的分辨能力是高于 x_1 的。

但实际工作中外界影响因素有很多，导致 x_1 的精度很差，其主要影响有：

1）测量的横向分辨率及测距声波在横向上如果密度不够，则有可能将最高点遗漏。

2）实际工作中，测距的水面高程一般利用 GPS－RTK 进行实时定位，但 RTK 本身垂向分辨率为 1～3cm，因此系统误差也将引起水下检测定位精度。

3）频率问题。一般水上测距声呐频率在 200K 附近，侧扫声呐工作中，一方面如果纵向采样点足够大，则横向分辨率要远高于声波测距；另一方面，由于属于图像测量方式，GPS 本身的高程对其影响不大。

综合上述分析，无论理论分析以及实际应用中的影响因素，侧扫声呐在微小变形及破损识别上的能力均大于声波测距。

3 水下衬砌模型设计及试验

综上所述，影响精度的因素有很多，为了验证其在实际工作中对水下衬砌变形检测精度的影响大小，本文根据实际情况设计制作了水下衬砌模型。

土石堤坝水下衬砌变形一般都是由于地下地层结构受力不均匀引起，结合混凝土衬砌本身具备一定刚度，因此其变形一般较小且变形范围较大，这使得水下衬砌变形特征区别于面板的破损等。结合水下变形大小及范围，本文按照水利工程中的坡比变化来设计水下衬砌变形程度，并分别设计了不同的坡比模型，相关模型置于水底 0.5m 深度。设计的模型参数见表 1，设计的不同坡比模型见图 5。

表 1　设计的模型参数

序号	长度/mm	高度/mm	坡比	角度（°）
1	1020	50	1∶20.4	8.8165
2	1020	25	1∶40.8	4.4109
4	1020	5	1∶204	0.8823
5	1020	2	1∶510	0.3529

在现场观测中，分别采用侧扫声呐和测距声呐两种方式进行分别测量，以测试二者在对目标体识别以及在坡比解释方面的精度。

在频率选择上，分别采用目前侧扫声呐和测距声呐最常用的频率。其中侧扫声呐采用 900kHz 声呐信号进行入射，测距声呐采用 200kHz 声呐信号进行入射。

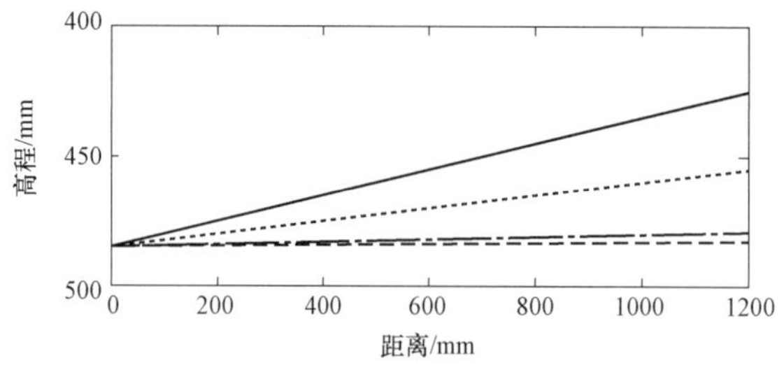

图 5　设计的不同坡比模型

4 目标识别精度与效率分析

4.1 反射能量与底质关系

为最大程度还原水下衬砌实际情况，本文分析了不同材质对面板的影响。在实际试验中，分别在磨砂面钢板和普通钢板两种类型的钢板表面撒了细颗粒的粉土开展观测，在磨砂面钢板表面扑撒细颗粒粉土是为了模拟真实状态下混凝土面板的藻类、泥沙沉积等特征。图 6 所示为两种试验结果，因为声波反射需要依靠一定的介质为依托，否则信号易于发生全反射，因此实际模拟中在面板上撒一定的细颗粒粉土。

4.2 声呐垂直测距与目标识别精度分析

图 7 所示为利用垂直测距声呐在不同点位获取的不同目标体的精度与原始模型对比。测试过程

中，设备放置于固定高程的钢板之上，以此消除试验中的高程误差。

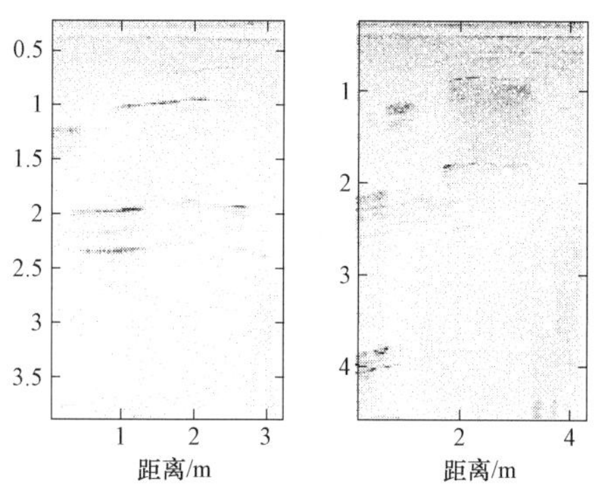

图 6　光滑表面（左）与模拟衬砌表面（右）

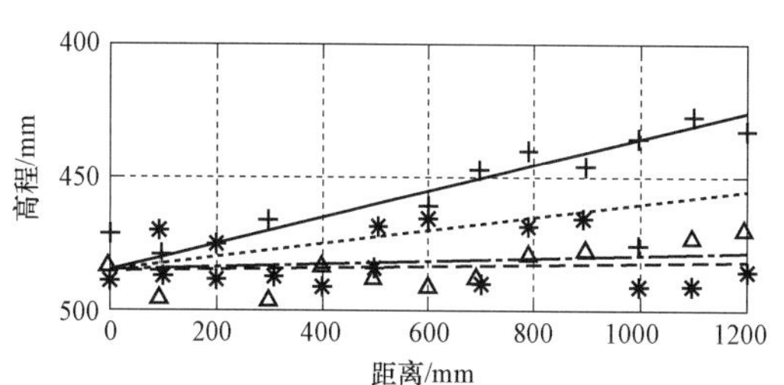

图 7　垂直测距声呐在不同点位获取的不同目标体的精度与原始模型对比

如图 7 所示，当坡度达到 1∶20.4 时，垂直测深可有效地模拟实际坡度，随着坡度的减小，其模拟精度逐步降低。在 1∶40.8 坡度时，实测数据与模拟坡度还具有一定相关性，但当坡度小于 1∶204 时，垂直测深已无法表征实际坡度。这也证明了其在水下小变形观测中的应用局限。而实际工作中，随着水面起伏和 GPS 等带来的高程误差，实际测深精度会更不理想。

4.3　侧扫声呐与目标识别精度分析

为分析侧扫声呐与目标识别精度的关系，本文设计了不同声波入射角度情况下的侧扫声呐影响。

其中 1m 距离模型试验表现为声呐距模型边界 1m，2m 模型试验表现为声呐距模型边界 2m。以此类推，通过不同距离的模拟，可以分析声呐在不同掠射角情况下对目标体的分辨能力。

（1）1m 距离模型试验

如图 8 所示 1m 距离坡度的测试数据，相关信号自左而右、自上而下与设计的模型相对应。在 1m 距离，最大坡度反射表现不明显，而在其他坡度情况下，均有相关的信号强反射，尤其在 1∶40.8 坡度情况下，反射能量最强。

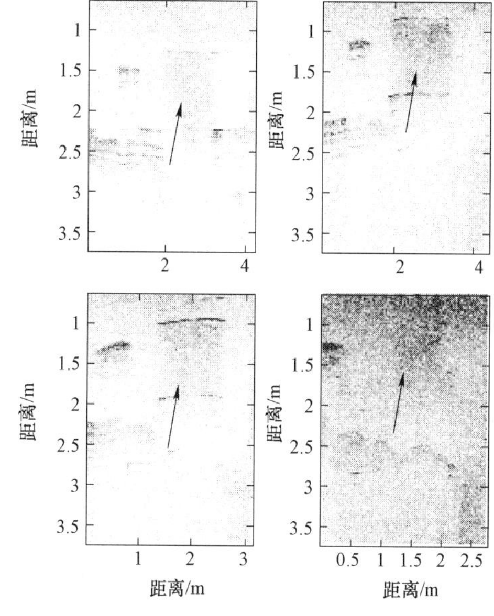

图 8　1m 距离不同测试数据

（2）2m 距离模型试验

如图 9 所示，随着入射角的变大，1∶20.4 坡度逐渐有声影图像，1∶40.8 坡度能量更强，1∶204 坡度声影明显，1∶510 坡度逐渐变弱。分析是因为 1∶510 坡度情况下，入射角过大，反射回的声波信号能量变弱。

（3）3m 距离模型试验

如图 10 所示，随着入射角的变大，1∶20.4 坡度声影图像变强，1∶40.8 坡度能量不变，1∶204 坡度变弱，1∶510 坡度声影逐渐消失。分析是因为 1∶510 坡度情况下，入射角过大，反射回的声波信号能量变弱。

综上对比，在对于水下衬砌变形的目标识别上，侧扫声呐精度明显高于测距声呐，尤其针对坡比很小的变形。

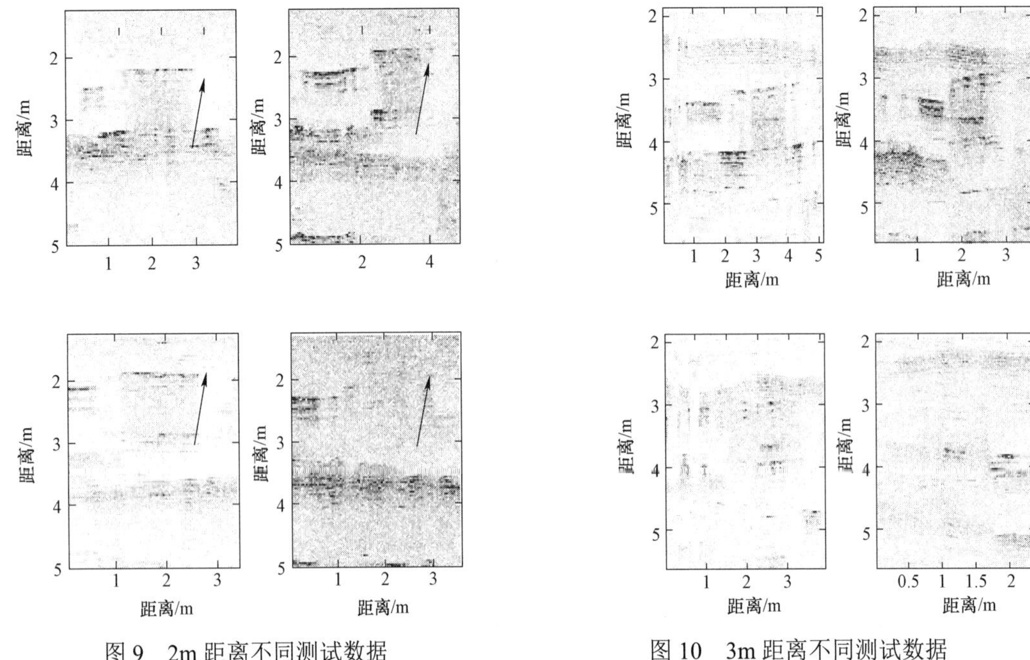

图 9　2m 距离不同测试数据　　　　图 10　3m 距离不同测试数据

其优势主要体现在两个方面：

1）针对坡比较小的变形，侧扫声呐可通过合适的入射角度，通过斜向入射使得目标影响变大，且衬砌凸起区域反射信号的变强，利于对水下衬砌变形进行识别。而测距声呐受制于其垂向分辨率的因素，其识别精度有效。尤其在考虑实际工作中 GPS 等系统精度，其整体检测精度较低。

2）侧扫声呐在衬砌面板区域的斜射并进行高精度采样，使得其在变形方向数据点密度明显大于声呐测距，因此其横向分辨精度要高于测距声呐。

但侧扫声呐与目标的识别精度，与入射角的大小是息息相关的。

侧扫声呐的成果是以图像为展示的，由于其解释因素受到外界因素影响小，因此高程解释精度较低。由于实验室环境相对较为理想，因此可考虑用条带测深基本原理对试验数据进行精确解释，以分析侧扫声呐在坡度精度上的识别能力。

综合上述分析，在水池试验的理想环境下，利用侧扫声呐发现小的变形是可行的，但是利用侧扫声呐估算的水下衬砌最大变形精度依然小于声呐测距的估算精度。可知利用侧扫声呐进行变形的快速检测是可行的，但是利用阴影数据进行坡度估算是有问题的。

5　结论与分析

1）对于水下微小变形，水下测距声呐在对目标的识别等方面受横向分辨率、频率、水面 GPS 校正等因素影响，其分辨率整体较差，且工作效率较低。而侧扫声呐在小角度入射方面，其分辨率远高于常规测距声呐，因此对于水下微小变形具有极佳的分辨能力。通过试验分析，也证明了利用侧扫声呐进行水下衬砌变形检测的合理性。

2）对于不同坡度，在坡面材质相同情况下，坡度越小，其反射能量越弱，反之能量变强。但随着材质的变化，其能量会发生一定程度的增强。

3）直接利用拉伸距离估算坡度大小，仍然具有一定的误差，这是由于坡度最高点是否存在强反射是未知的，且由于地形的变化，测量距离与实际距离仍有一定误差。

4）为了发现较大异常，小角度的入射是十分有必要的。但这种入射可能带来测量方向距离解释的误差以及反射能量的减弱。

5）由于水下变形量很小，侧扫声呐在变形精度上有一定限制，而常规的声呐测距方式受影响因素更多，对变形程度的精确测量仍具有一定限制。因此水下高精度的分布式传感器测量应该是复核水下变形程度测量的一个方向。

参 考 文 献

[1] 朱维庆，刘晓东，等. 测深侧扫声呐差分相位估计 [J]. 声学学报. 2003，28（6）：2.

[2] 沈蔚，程国标，龚良平，等. C3D 测深侧扫声呐探测系统综述 [J]. 海洋测绘，2013，33（4）：79－82.

[3] 朱维庆，朱敏，等. 海底微地貌测量系统 [J]. 海洋测绘. 2003，23（3）：27－31.

[4] 赵建虎，刘经南. 多波束测深系统的归位问题研究 [J]. 海洋测绘，2003，23（1）：6－7.

[5] 潘国富，付晓明，荀诤慷，等. 侧扫声呐在海底光缆维护工程中的应用 [J]. 工程地球物理学报，2006，1（5）：389－394.

南水北调工程倒虹吸水下智能检测方案的探讨

尹 颢[1]，陈晓璐[2]，马晓燕[2]，于 洋[2]，陈明祥[1,3]

（1. 武汉大学土木建筑工程学院，湖北 武汉 430072；
2. 南水北调中线干线工程建设管理局，北京 100053；
3. 武汉大学建筑物检测与加固教育部工程研究中心，湖北 武汉 430072）

摘 要：本文介绍了一种适用于南水北调工程倒虹吸检测的水下智能检测机器人。与南水北调工程渡槽检测机器人相比，由于倒虹吸本身的高压和全封闭环境特性，对倒虹吸的检测要求更具挑战性。因此，倒虹吸检测机器人应该是一种远程控制机器，需通过有线电源供电和有线信号传输系统进行远程控制。此外，摄像机需要实现 360° 观察虹吸管，检测过程中不允许漏水等，以满足检测环境需求。根据这些设计准则，本文设计了一种全新的水下智能检测机器人，该机器人能够通过远程操作实时检测和评估表面裂纹。

关键词：南水北调；水下检测；倒虹吸；智能检测

1 引言

倒虹吸是在公路、铁路、其他构筑物、各种排水渠道和洼地下方，利用重力通过渠道输水的大型输水结构[1,2]，广泛用于灌溉和输水。它主要由砖石、混凝土和钢筋混凝土组成。在南水北调工程中，倒虹吸工程起着贯通水路的重要输水作用，如图 1 所示。但由于长期服役，倒虹吸管体会出现裂缝，出现漏水和损坏。目前，针对各种倒虹吸管体缺陷有许多处理方案，近年来也有学者提出了机器人检测的方案[3,5]，但发现缺陷的主要方法还是通过人工检测，即通过潜水员在水下进行观察，寻找裂缝和渗漏的位置，人工检查虹吸体的表面缺陷。这种人工检测方法对渡槽检测来说，虽然效率低、成本高、风险大，但在必要时仍能发挥作用[5]。可是，对于倒虹吸，人工检测的风险极高，潜水员需要承担高水压和长检测距离的双重风险。一旦在水下发生事故，由于救援难度大，救援环境恶劣，潜水员将会有生命危险。因此，寻找一种安全可靠的水下检测方法来代替手工操作迫在眉睫。

基金项目：国家重点研发计划（2017YFC0405003）。

作者简介：尹颢（1985—），男，博士，副教授。

图 1　南水北调倒虹吸工程

2　倒虹吸检测要求分析

倒虹吸是指当输水渠道的高程接近道路或沟渠的高程时，在平面交叉口处需要修建的渠道结构，可使水流通过下方的道路或沟渠，如图 1 所示。实际上，它是一种通过山谷、河流、道路和其他渠道的压力水管。如南水北调中线一期黄河穿越工程，就是我国最大的倒虹吸工程。倒虹吸主要由进口段、管体和出口段组成。事实上，根据我国北方河道水流、结冰和中途取水的需要，相当多的倒虹吸被分为七个部分。这七个部分是：进口过渡段、进口检修闸门、管体段、出口控制闸门、出口过渡段、退水闸门和排冰闸门[6]。在本文的研究中，工作区不包括退水闸门和排冰闸门。

与渡槽相比，倒虹吸具有以下特点：① 倒虹吸是一个全封闭的管道，因此，虹吸的内部始终是黑暗的，这就要求设备在检测和拍摄的过程中需要自带光源；② 由于倒虹吸管道的屏蔽，倒虹吸内无法实现无线信号的传输和定位，这对于信号传输、远程操作和设备定位提出了极大的挑战性；③ 与渡槽不同，虹吸管内的水流，其流速必须大于一定值，以保持倒虹吸管内的杂质随倒虹吸排除；④ 倒虹吸由于水深较大，最深水深一般可达 20m 以上，这种高水压的条件对所有电子设备的防水设计带来许多困难。因此，机器人必须设计成全自动的，可以通过有线电源和信号传输系统进行远程控制。摄像机也需要实现 360° 的全方位观测，同时保证检测过程中不允许漏水。表 1 总结了倒虹吸和渡槽的特征和检测要点。

表 1　倒虹吸和渡槽的特征和检测要点

检测对象	特征	注重点	检测要点
倒虹吸	检测路程相对较短	全封闭环境	360° 全场观测
	360° 全范围检测	高水压	有线控制
			全自动控制
渡槽	开放式结构	检测路程相对较长	270° 检测
	人工干预危险性低		无线控制

3　倒虹吸检测解决方案

本章中，笔者将介绍远程控制倒虹吸检测解决方案，包括倒虹吸检测机器人硬件和相应控制系统。通过这种方法，可以安全地远程获得倒虹吸裂缝和损伤的重要信息。

3.1　倒虹吸检测机器人

检测机器人主要由行走机构、主机身和观察平台三部分组成，如图 2（a）所示。考虑到倒虹吸底部可能会出现淤泥，导致轮胎打滑，采用了一种特制的橡胶履带驱动行走机构用以驱动机器人，使机器人能够在倒虹吸管内顺利行走，特别是在斜坡上行走时减少打滑现象。同时，履带式行走机构的转向装置相较于传统的轮式转向机构简单。当需要转动机器时，只需调整左右传送带之间的速度差即可，也即俗称的“坦克转向”。

观察平台主要包括 12 个高清数码相机，可以观察倒虹吸的三个侧面（左、右、上）。对于倒虹吸底部的观测，本设计在主机身底部安装了三个数码相机。通过所有相机，设备可实现 360° 视觉观测，使机器人可以观察倒虹吸整体内壁的表面形貌。

主机身两个主要功能，一是搭载机器人的控制单元，二是实现观察平台的升降。为了在高水压下正常工作，控制单元采用焊接工艺整体焊接在箱体内，并在信号线和电源线处通过加压橡皮环和环氧树脂进行密封，以上措施保障了设备的通信顺畅与防水要求。同时，为了使观察平台可以到达倒虹吸的最顶部，设计了升降机构实现观察平台的整体升降，通过该机构可将相机贴近目标探测面，捕捉到精度更高的表面形貌，如图 2（b）所示。

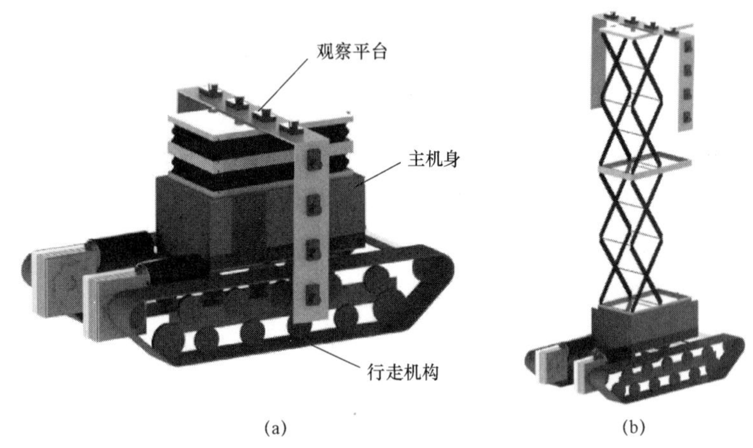

图 2　倒虹吸探测机器人示意图

3.2　控制系统

图 3 展示了倒虹吸检测机器人的控制网络拓扑图。为了保证系统的可靠性和准确性，避免内部相互干扰，驱动系统和拍摄系统被设计为两个独立的子系统。对于驱动系统，地面控制中心的操作员可以通过远程操控终端发送信号，信号通过交换机传送至 PLC 控制器。通过 PLC 控制器，可以向四个不同的变频调速器发送相应的命令。第一和第二个变频调速器设计用于控制两个橡胶履带的速

度，一个用于左端履带，另一个用于右端履带。第三个变频调速器用以控制升降机构的电机。第四个变频调速器用以控制导线的滚动，保证检测过程中不发生导线自缠绕。

拍摄系统会将拍摄的照片自动存储在拍摄电脑中。这是因为地面控制中心和水下机器人之间的传输速度有限，无法保证所有拍摄到的图片都能及时传输到计算机上。因此，在检测和拍摄的过程中，将通过人工智能程序提取裂缝和损伤的关键图像，然后将这些提取的图像和相应的位置信息传输到远程计算机。以便在地面控制中心直接观察裂缝和损伤情况。

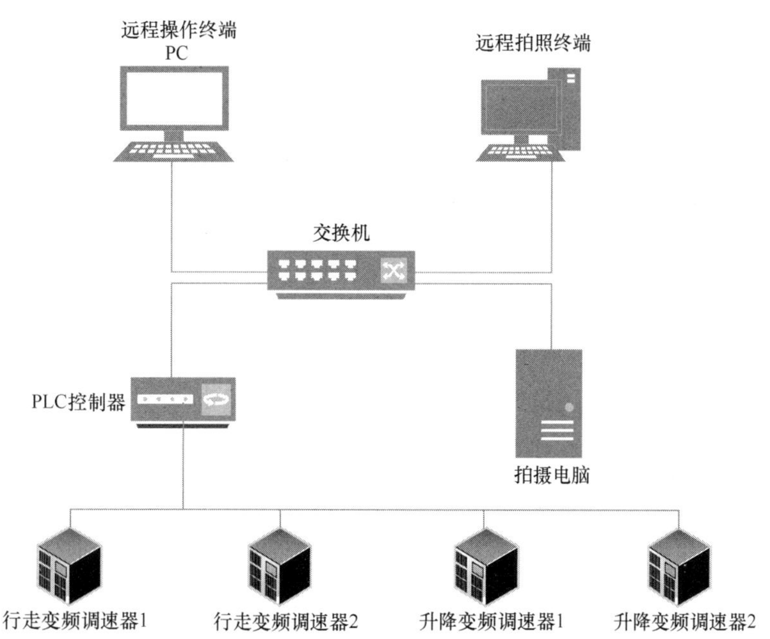

图3　控制网络拓扑图

4　总结及展望

本文介绍了南水北调工程倒虹吸采用水下智能检测机器人检测的必要性，并通过分析渡槽和倒虹吸两种关键输水建筑物的设计要点及设计要求，提出了一种履带式水下智能检测机器人的解决方案。文章对机器人的硬件和控制系统进行了说明和介绍。该机器人为倒虹吸的安全检测提供了一种可行的解决方案。除倒虹吸和渡槽等输水建筑物外，南水北调工程渠道的检测与监测也十分重要，如防渗体带来的渠道渗漏将会为国家造成经济损失，又如高填方段渠道的长期渗漏会导致溃堤，将直接影响沿线居民的生命财产安全等。在可预见的未来，常态化的渠道检测势在必行。本文提出的履带式水下智能检测机器人，克服了传统水下检测机器人的定位难度高、检测精度低等难题，为今后南水北调工程的全线常态化智能检测提供了解决方案。

参　考　文　献

［1］王芳，何勇军，李宏恩．基于系统动力学的引调水工程风险分析——以倒虹吸工程为例［J］．南水北调与水利科技，2020，18（3）：184－191. DOI：10.13476/j.cnki.nsbdqk. 2020.0063.

［2］段俊峰，关俊威，马建军. 交叉隧道倒虹吸工程设计及施工探索［J］. 现代隧道技术，2020，57（z1）：721－725. DOI：10.13807/j.cnki.mtt. 2020.S1.096.

［3］刘晓娜，窦常青，洪松．南水北调东线穿黄河隧洞工程检测检修方案研究［J］．水利技术监督，2019（5）：24－26，70. DOI：10.3969/j.issn. 1008－1305. 2019.05.007.

［4］张露凝，于洋，张航，等．水下机器人系统在北京市南水北调工程的应用［J］．北京水务，2020（6）：31－37. DOI：10.19671/j. 1673－4637. 2020.06.007.

［5］李鹏．南水北调配套工程质量监督工作的几点体会［J］．河南水利与南水北调，2020，49（9）：22－23.

［6］姚婧婧．南水北调倒虹吸平线管体应力状态有限元分析［J］．陕西水利，2019（6）：33－36.

某水电站泄水闸护坦板水下检修方式研究

向蕾蕾，蓝　鹏，但谨灵，朱全平

（中国长江电力股份有限公司，湖北 宜昌　443000）

摘　要：为深化“精益、高效”检修目标，提高泄洪消能建筑物过流面修补效率，优化水下检修方式，实现岁修作业科学化、标准化、高效化要求，对某水电站泄水闸护坦板特点及以往水下检修方式进行分析研究，提出“机器人检查＋气压沉柜水下修补”相结合的水下修补方式，精准定位护坦板缺陷位置。结果表明：该水下检修方式可缩减泄水闸护坦板近1/2工作量，大幅度提高气压沉柜水下检修效率，促进岁修管理水平的不断提升。

关键词：某水电站；护坦板；水下检修方式；检修效率

1　引言

某水电站泄水闸是某枢纽的要害工程，是该枢纽工程宣泄洪水的主要通道。然而，在大坝泄洪过程中，由于受大流量高流速水流冲刷及水中泥沙、悬移质撞击磨削，泄水闸闸室及护坦板混凝土过流面往往会出现不同程度的磨损，若不及时对磨损面进行修补维护，随着时间的推移，磨损程度加重，将直接威胁大坝安全运行。

根据枢纽安全运行管理规定，结合泄水闸运行特点，每年10月中旬至次年4月底，定期对该电站泄水闸闸室及护坦板进行检查维护。然而，由于水位涨跌影响、水下修补条件受限、修补作业面复杂、水下环境多样等原因，目前所应用的水下修补方式在人员组织、检修工艺、技术经济等方面还存在一定的短板，因此，分析改电站泄水闸护坦板特点，研究泄水闸护坦板水下修补方式，对提高护坦板水下修补质量、优化护坦板水下修补技术经济性指标，确保大坝安全运行等具有重要意义。

2　某水电站泄水闸护坦板特点

某水电站泄水闸闸室下游消能布置采用一级消力池型式（见图1），护坦长180m，前段为斜坡段，其后为水平段，池底高程30.5m，护坦末端设尾槛，槛

图1　某水电站泄水闸

作者简介：向蕾蕾（1993—），女，助理工程师。

顶高程 33.5m。护坦下游为 70m 长的护固段，高程 32.0～30.0m，护固段末端为防淘墙，护固段下游接 85m 长的海漫，海漫以 1∶10 的反坡与下游河床 37.0m 高程相衔接。整个消能防冲工程总长 335m。

该电站泄水闸护坦内设二道隔墙，隔墙将护坦分为左、中、右三区。从闸室墩头 049 缝（坝轴线距下游 49m 处）向下游延伸，结合护坦板纵缝分布情况，每 12m 为一段，依次将护坦划分为护 1 段、护 2 段……护 15 段。自 1981 年来，每年根据泄水闸运行情况，对左、中或右区护 1 段–护 2 段、护 2–护 4 段、护 4–护 6 段等混凝土过流面进行检修，截至 2020 年 4 月，已累计检修 39 次。

3 泄水闸护坦板水下检修方式研究

3.1 常见水下检修方式

水下混凝土面检修按作业环境不同大致可分为有水检修和无水检修两大类，目前常用的水下混凝土磨损面修补方式见表 1。

表 1 常见水下修补方式

检修方式	导管法	容器法	土石围堰	深潜器及潜水员	气压沉柜
作业环境	有水	有水	无水	有水	基本无水
修补工艺	用导管将混凝土材料送到修补面进行修补	用容器装载修补材料运至修补面，找到容器底部活门，将修补材料倾倒至修补面进行修补	填筑土石围堰，抽干护坦积水，对修补面进行全面检查维护	利用深潜器水下电视摄像，结合潜水员人工触摸，进行水下人工修补	由盾首、通道、浮箱、盾底等组成局部封闭空间，利用气压排除盾底内积水，实现局部无水修补
质量可控性	不直观可控，检修质量一般	不直观可控，检修质量差	直观可控，修补全面、彻底	不直观可控，检修质量受限	直观可控，局部修补，质量可控
工期	一般	一般	较长	短	较短
费用	较节省	较节省	高	节省	节省
修补面积	较大	较小	大，约 10 万 m^2	小	一般，约 30～42m^2
适用及限制	适用于水下大范围及修补层较厚的情况，不适宜憎水性材料修补和薄层修补	适用于修补少量的材料，质量无法保证，不适合憎水性材料，定位不准确	需要大量土方，人工需求较大，需充足经费	适用于清水作业，不能用憎水性材料，不适合大量的水下修补工作，需专业潜水作业人员	适用水深有限（视设备通道长度），平坡段和斜坡段修补须更换盾底装备，有较严格水面波高和水流速度限制

由表 1 可知，几种常见的水下修补方式各有优缺点，在进行水下修补方式选择时，需综合考虑实际检修条件、现场工况、破损程度、检修工期及检修费用等情况，结合技术经济性指标，进行论证比选。

3.2 水下检修方式选择

自 1981 年该电站泄水闸开始进行周期性检修以来，在护坦板水下检修中，实际应用到的水下检修方式有土石围堰抽干检修、气压沉柜检修和潜水员水下检修 3 种。其中，潜水员水下检修主要是对 049 缝进行修补，未应用于护坦板检修中，本文不做阐述。

（1）土石围堰抽干检修

1985 年汛期，该电站二期工程大江下游围堰拆除，大量土方需要开挖运走，此时，借助有利的

土石条件，利用围堰拆除的土石及废料，在泄水闸填筑土石混合围堰，抽干整个护坦积水，对护坦、尾槛、防冲护固段、中右区海漫及后缘河槽 50m 范围内大约 10 万 m^2 区域进行了全面检查，对混凝土破损面进行了全面修补维护。此次修补破损面 22636.3m^2，材料用量 2105.6m^3。

由于填筑土石围堰抽干检修需要有利的土石条件，且对人工、经费需求较大，除 1985 年应用土石围堰抽干检修方式外，泄水闸护坦板水下检修目前未广泛应用该检修方式。土石围堰抽干检修见图 2。

图 2　土石围堰抽干检修（图片来源于网络）

（2）气压沉柜水下检修

气压沉柜主要由盾首、通道、浮箱、盾底、配重块 5 个主要部位组成，是用于该电站泄水闸水深 3～15m 平坡段和坡度 1∶12 斜坡段检查、维修的水下专业工程机械。现有第二代气压沉柜（包含电气控制、监控、液压及导航系统），可实现重复利用、自浮移动、无水状态检修等多种功能，避免了筑拆围堰、抽干排水，耗费大量人力物力财力的弊端，节省了近 1/3 的检修费用，大大缩短了检修工期。自 1981 年该电站泄水闸周期性检修以来，气压沉柜检修方式已累计应用 36 次（1985 年土石围堰检修未使用，1987 年潜水器检修未使用，2008 年第二代气压沉柜制作未使用），是目前该电站泄水闸护坦板水下检修广泛应用的水下检修方式。

气压沉柜水下检修一般需要工程船配合施工。在气压沉柜开始检修前，预先进行检修策划，绘制护坦板检修计划点位图，拟定检查检修点位；然后，根据水位高低情况，遵循“减少工程船移动”的原则，规划气压沉柜检修路线；最后，依据检修点位图及检修路线，操作气压沉柜到达预定检修点位，实现无水状态检修。气压沉柜水下检修示意图见图 3。

3.3　水下检修方式探索

气压沉柜检修作为该电站泄水闸护坦板广泛应用的水下检修方式，具有一些独特的优点，它可以使水下待修补面充分暴露在无水环境中，创造与旱地修补类似的施工条件，从而能够直观准确地获取混凝土过流面冲磨信息及检修资料。但是，由于气压沉柜检修前，无法预先精准定位、确定缺陷点位，在实际气压沉柜检修过程中，往往会有气压沉柜覆盖面抽水后，护坦板混凝土冲磨情况良好，无须进一步处理和修复的情况，进而出现气压沉柜检查点位多、实际修补点位少的问题，导致气压沉柜检修综合利用率较低。

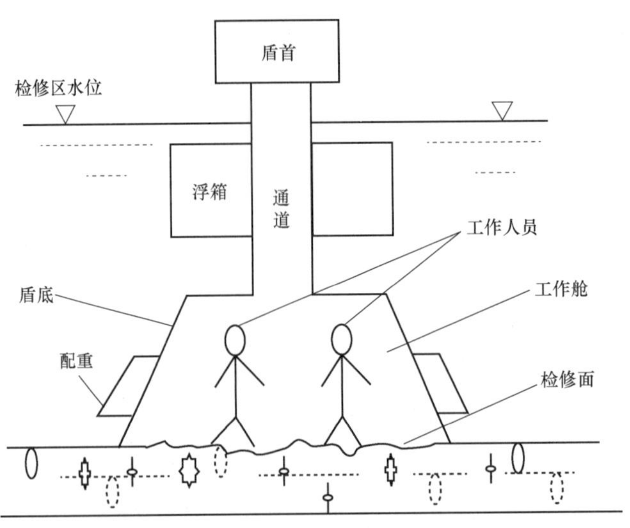

图 3　气压沉柜水下检修示意图

对该电站泄水闸护坦板气压沉柜历年检修情况进行统计，见表 2。

表 2　某水电站泄水闸护坦板气压沉柜水下检修历年修补情况统计

时间	检查点位	修补点位	点位修补率（%）	检查面积/m^2	修补面积/m^2	护坦板修补率（%）
1981—1982	—	—	—	1290	99.36	7.7
1982—1983	—	—	—	5490	15.94	0.3
1983—1984	—	—	—	5130	33.5	0.7
1984—1985	—	—	—	5430	735	13.5
1985—1986	未使用气压沉柜检修（土石围堰抽干检查）					
1986—1987	—	—	—	6630	92.1	1.4
1987—1988	未使用气压沉柜检修（潜水器检查）					
1988—1989	—	—	—	1984	109.62	5.5
1989—1990	—	—	—	1760	88.5	5.0
1990—1991	—	—	—	2496	56.98	2.3
1991—1992	—	—	—	1560	59.81	3.8
1992—1993	—	—	—	1728	58.2	3.4
1993—1994	—	—	—	1800	63.75	3.5
1994—1995	—	—	—	2240	22	1.0
1995—1996	—	—	—	3240	10.44	0.3
1996—1997	—	—	—	1260	11.47	0.9
1997—1998	123	16	13.0	3936	70.1	1.8
1998—1999	66	49	74.2	1980	366.19	18.5
1999—2000	44	22	50.0	1320	78.52	5.9
2000—2001	44	16	36.4	1320	81.03	6.1

时间	检查点位	修补点位	点位修补率（%）	检查面积/m^2	修补面积/m^2	护坦板修补率（%）
2001—2002	41	7	17.1	1230	19.12	1.6
2002—2003	68	15	22.1	2040	90.35	4.4
2003—2004	59	11	18.6	1770	75.81	4.3
2004—2005	57	14	24.6	1710	45.46	2.7
2005—2006	60	9	15.0	1800	21.19	1.2
2006—2007	72	11	15.3	2160	66.5	3.1
2007—2008	未使用气压沉柜检修（第二代气压沉柜制作）					
2008—2009	20	0	0	1296	0	0
2009—2010	64	2	3.1	2688	6.36	0.2
2010—2011	44	0	0	1848	0	0
2011—2012	71	0	0	2982	0	0
2012—2013	45	0	0	1890	0	0
2013—2014	52	0	0	2184	0	0
2014—2015	65	0	0	2730	0	0
2015—2016	40	3	7.5	1680	25.62	1.5
2016—2017	44	3	6.8	1848	25.66	1.4
2017—2018	53	2	3.8	2226	12.41	0.6
2018—2019	35	8	22.9	2226	127.47	5.7
2019—2020	18	5	27.8	756	39.6	5.2

注：点位修补率 = 修补点位/检查点位，护坦板修补率 = 修补面积/检查面积；“—”表示未统计数据。

气压沉柜检修时需要专业人员进行组装、移位、拆除，工程量较大。由表 2 可知，气压沉柜点位修补率在 0～74.2%，平均点位修补率 16.3%；护坦板修补率在 0～18.5%，历年修补率均不超过 20%。由此可见，气压沉柜在检修过程中还存在一定的人力、物力浪费现象，综合利用率相对较低，检修

效益还有待进一步提高。

针对此现象，在 2020～2021 年度（第 40 次）该电站泄洪消能建筑物检修过程中，对气压沉柜检修方式进行改进优化，事先采用 1800m 光缆水下机器人对电站泄水闸护坦区域进行全范围声呐扫描和网格式视频检查，结合第 40 次检修计划，精准定位护坦板缺陷区域，减少气压沉柜水下检查环节，采用“机器人检查＋气压沉柜水下修补”检修方式，实现护坦板水下定位检修。

4　泄水闸护坦板水下检修方式实施效果

2020—2021 年（第 40 次检修）该电站泄洪消能建筑物检修中计划对泄水闸中区护坦板共 40 个点位进行检查、维护。首先采用 1800m 光缆水下机器人对泄水闸区域进行全范围水下检查，其中，在原计划检查维护的护坦板区域内，共发现 5 处缺陷，部分缺陷检查情况如图 4 所示。

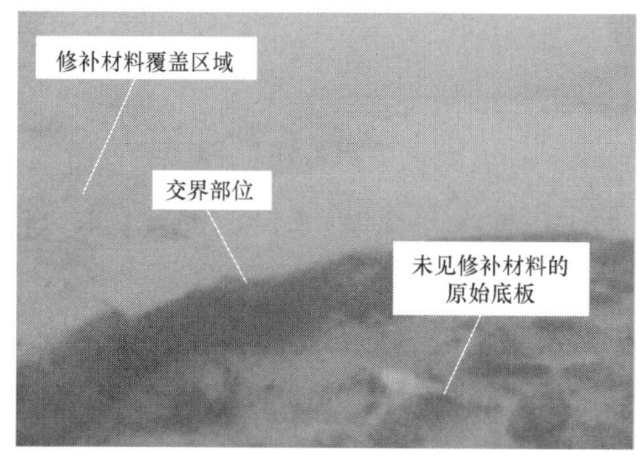

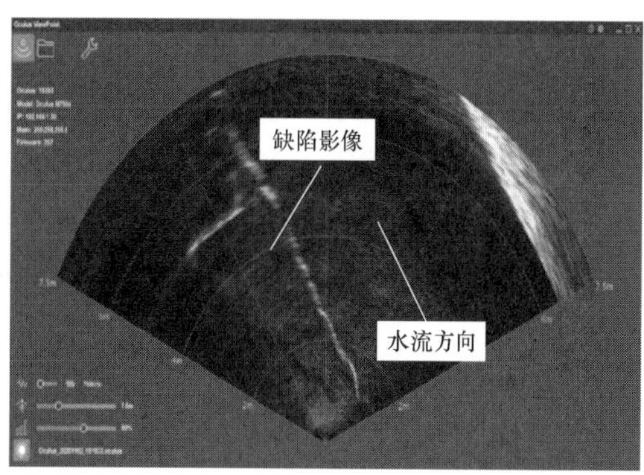

图 4　某缺陷检查情况

结合水下机器人检查缺陷及气压沉柜计划检修点位图，原计划检查维护区域未发现缺陷的部分不再进行气压沉柜水下检查；根据历史检查缺陷部位及修补情况，将原计划检查维护的 40 个点位，调整为气压沉柜水下修补 21 个点位，如图 5 所示。

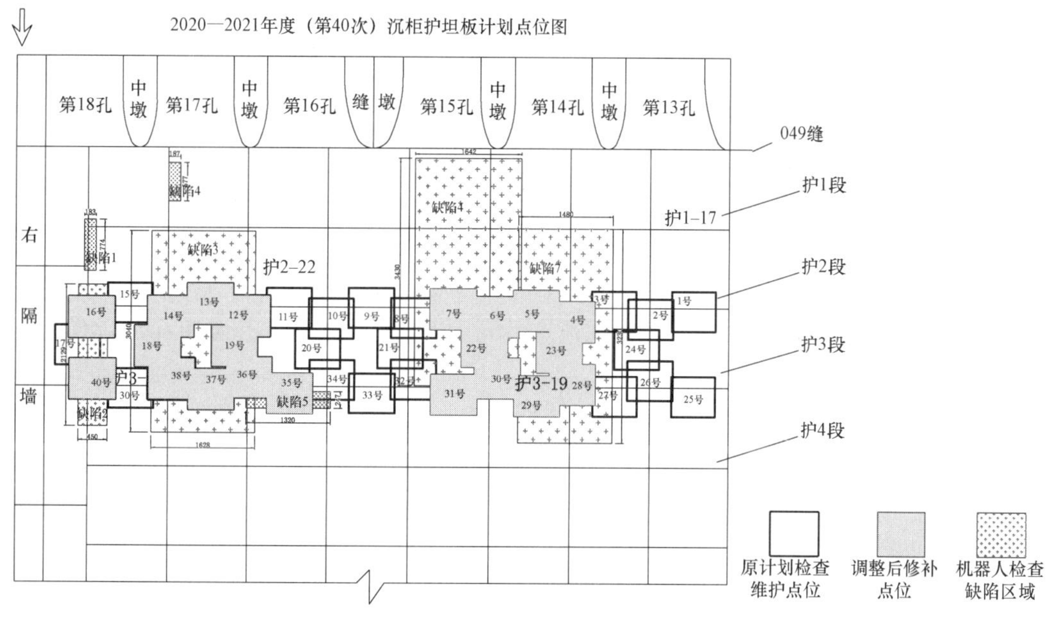

图 5　气压沉柜水下检修点位图

其次采用气压沉柜对预先定位的21个点位进行修补。目前，已采用气压沉柜修补5个点位，修补情况见表3。

表3　　气压沉柜护坦板已修补点位情况统计

点位	气压沉柜水下检查面积/m^2	气压沉柜水下修补面积/m^2	护坦板修补率
16号	42	14.28	34.0%
14号	42	14.45	34.4%
13号	42	10.5	25.0%
12号	42	10	23.8%
19号	42	9	21.4%
合计	252	58.23	23.1%

由表3可知，目前结合机器人检查情况，采用气压沉柜定位检查维护的点位中，已检查5个点位，5个点位均需进行修补，点位修补率为100%；5个点位共检查面积252m^2，修补面积58.23m^2，护坦板合计修补率为23.1%，每个点位护坦板修补率均超过20%。

与以往气压沉柜水下检修方式相比，机器人检查+气压沉柜水下修补相结合的检修方式，减少了人工操作沉柜进行水下检查的步骤，缩减了近1/2的工作量；且采用机器人进行全范围检查，预先精准定位护坦板缺陷位置，可以大幅度提高沉柜水下检修效率，减少人力、物力浪费现象。

5　结束语

截至2021年，某水电站泄洪消能建筑物已运行四十年，水工建筑物检修工作量日益加大，研究优化护坦板水下检修方式，探索科学合理的检查维护方法，对提高水下检修效率、保证水下修补质量、确保枢纽运行安全具有重大意义。采用“机器人检查+气压沉柜水下修补”相结合的水下修补方式，不仅可以大幅度提高气压沉柜水下检修效率，还可以精准定位护坦板缺陷位置，做到有的放矢，促进岁修管理水平不断提高。

参　考　文　献

[1] 关柳玉. 水下气压沉柜在葛洲坝二江泄水闸护坦检修工程中的应用［C］//中国土木工程学会混凝土及预应力混凝土分会混凝土耐久性专业委员会. 第五届全国混凝土耐久性学术交流会论文集，2000.4.

[2] 舒燕平. 浅议葛洲坝二江泄水闸护坦检修［J］. 华中电力，1991（01）：65－67.

[3] 薛松，杨慧，王豹，等. 开式围堰在三河闸消力池检修中的应用［J］. 江苏水利，2018（09）：61－63.

淡水壳菜在南水北调中线工程的分布规律及防治建议

罗华超，徐莉涵

（南水北调中线干线工程建设管理局河南分局，河南 郑州 450001）

摘 要：淡水壳菜是一种淡水贻贝，成簇聚集，喜阴，靠足丝附着在物体表面，以滤食浮游生物和有机碎屑为生。淡水壳菜的大量滋生不仅对水生态环境造成破坏，而且对附着的混凝土造成危害，还影响渠道的输水能力和水质。结合淡水壳菜的生活习性，本文主要介绍了淡水壳菜在南水北调中的分布规律、成因及危害，同时介绍了淡水壳菜的防治方法及优缺点，针对南水北调的防治给出了意见和建议。

关键词：淡水壳菜；影响；分布规律；防治方法

淡水壳菜是一种淡水贻贝，属于入侵物种，一般通过附着于出口水产品或远洋商船被带到世界各地的港口和河流中。淡水壳菜目前主要出现在我国长江中下游及长江以南的众多地区，如湖南、湖北、江西、安徽、江苏及广州、香港、台湾等地区。淡水壳菜的大量滋生不仅对河流生态造成破坏，而且影响原水水质，同时对输水渠道（管涵）等的使用功能也带来严重的影响。主要体现在：淡水壳菜的大量滋生影响水体中的原生物种，对与其产生食物竞争关系的双贝类影响最大，甚至导致双贝类灭绝；淡水壳菜生命周期较短，成活期间会分泌高级脂肪酸和萜类物质，死亡后贝壳腐烂会产生恶臭，影响水质；淡水壳菜附着在输水渠道混凝土表面，对渠道糙率、建筑物的运行及耐久性都有影响。据报道苏州就曾有水厂因淡水壳菜堵塞原水管道而报废[1]，因此淡水壳菜的防治刻不容缓。

1 淡水壳菜的生活习性

1.1 生物学特性

淡水壳菜壳质较薄，易碎，足丝发达，属群栖性软体动物，常形成非常稠密层层堆叠的群体，生长厚度可达 3～5cm。多栖息在流速较缓的淡水湖泊或河流中，在微咸水的河流中也能生长。以滤食水体中的硅藻、原生动物和有机碎屑等为生。研究认为，淡水壳菜每年有 1～2 次繁殖期，繁殖时间根据当地气温的不同而有差别。生长分为幼虫期、幼贝期和成贝期三个阶段：幼虫期从受精产生的幼体漂浮在水中开始至面盘幼虫结束，该阶段对于淡水壳菜的分布起到关键作用，此时，水温、水体溶解氧和水流速度是影响幼体的主要因素；幼贝期是指面盘幼虫结束后，幼体沉积下来并用足丝附着在坚硬物体表面至发育成性成熟的阶段；成贝期是指淡水壳菜达到性成熟后的成体阶段。淡

作者简介：罗华超（1977—），男，高级工程师。

水壳菜对水质的耐受范围见表 1。

表 1　　淡水壳菜对水质的耐受范围

水环境因子	成体或幼体	耐受范围
盐		0～12‰
钙		≥3.0mg/L
pH 值		≥6.4
温度	幼体	16～28℃
	成体	8～35℃
溶解氧		≥1.0mg/L

（引自 Ricciardi，1998）[2]

1.2　附着特性

淡水壳菜在水中靠分泌的足丝附着在其他物体上，足丝本身是一种结构蛋白，刚从足丝孔分泌出来时为胶态，与水相遇变硬而成丝状物，黏性很强。通过扫描电镜进一步观察发现，淡水壳菜足丝呈空心管状，单根直径约 10～50μm。淡水壳菜足丝腺分泌的具有强黏附性的特殊蛋白质正是通过足丝空心管运输到足丝末端，再与附着基材发生键合交联而固化，从而使淡水壳菜牢固地附着在固体表面。Ohkawa 等对淡水壳菜足丝的物理性质、分子结构以及人工合成等方面进行过的详细研究也表明，足丝蛋白还具有较高的强度、韧性、防水性及较好的生物相容性和可降解性。同时，足丝蛋白更趋向于吸附在具有较低表面能的物体表面，当硬物表面的表面能$\gamma_s^p > 10\text{mj/m}^2$时将不利于淡水壳菜的附着[1]。壳菜足丝附着图见图 1，扫描电镜下足丝图见图 2。

图 1　壳菜足丝附着图

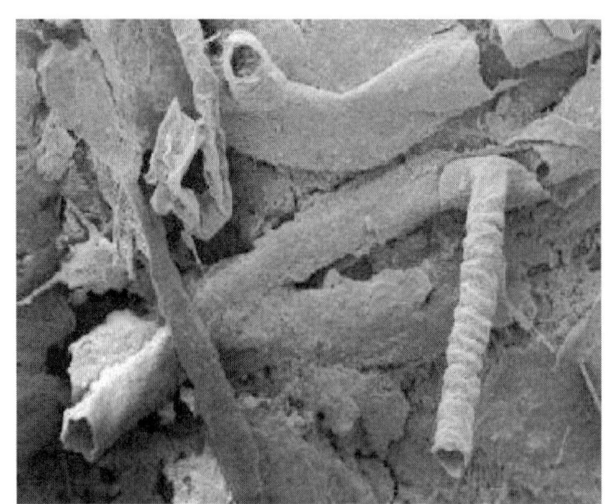
图 2　扫描电镜下足丝图[3]

2　淡水壳菜的分布特点及原因

研究表明淡水壳菜的生长、分布规律与水质、水温、水体流速、光照、附着物的性质、食物来源是否丰富等密切相关。当水体富营养化时，水体溶解氧含量低，不利于淡水壳菜的生长；当水体

水温在 16～28℃时，淡水壳菜的繁殖能力强，生长速度快；淡水壳菜喜生长在流速较缓的水环境中，流速大不易其附着；光照对淡水壳菜的生长有抑制作用，开放明渠水下一定深度处及地下涵管中淡水壳菜附着较为严重；附着物表面的粗糙度对淡水壳菜的附着有直接影响，粗糙度越大，附着密度越大。2017 年南水北调工程壳菜分布图见图 3，由图可知淡水壳菜在南水北调输水渠道中的分布呈如下规律：

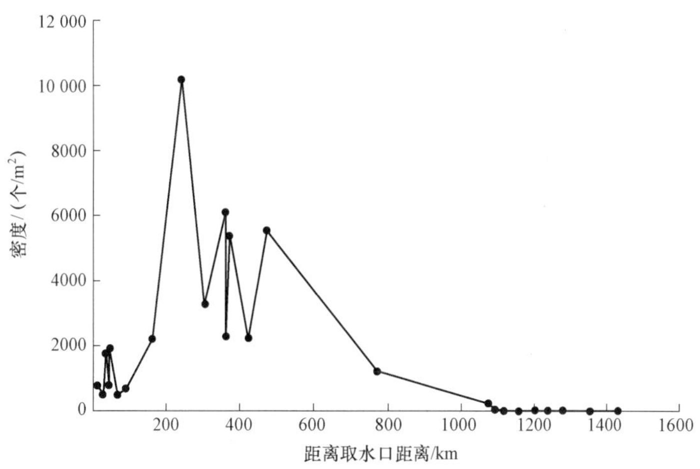

图 3　2017 年南水北调工程壳菜分布图[4]

1）水质优良的输水明渠中附着有大量壳菜，水体富营养化的区域无壳菜附着。水质优良的主要参考指标为水温、水体 pH 值、水体溶解氧（DO）、水体浑浊度及藻类含量等。南水北调中线工程水质长期优于地表Ⅱ类饮用水，为淡水壳菜的生长提供了优良的条件，调查中也发现明渠及建筑物水下有壳菜分布，但退水闸进口等水体长期不流动、富营养化的区域未发现壳菜分布。

2）流速较缓的明渠中附着有大量壳菜，流速较大、乱流区域壳菜不易附着。对于流速大小的界定，因地域、水流情况不一，目前还未有明确的限定值，如东深供水工程输水建筑物内流速 4.4m/s 时也发现厚度为 2cm 的壳菜分布。具体到南水北调工程，明渠流速多小于 1.0m/s，建筑物内流速多小于 2.0m/s。一般认为是流速较缓区域，易于壳菜附着；流速较缓的明渠中，流速越小越易于壳菜附着。如南水北调弯道渠段，顶冲区域壳菜附着相对较少，背冲区域壳菜附着相对较多；建筑物分缝处的聚硫密封胶处壳菜易附着；节制闸闸后的乱流区域很少发现壳菜分布。

3）渠道、渡槽水下 4m 以下及倒虹吸内部有壳菜分布集中，4m 以上壳菜分布较少。因光照对淡水壳菜的生长有抑制作用，水下越深，光线越弱，越适宜壳菜这类底栖动物的生长。南水北调中线工程中壳菜多分布在光线较弱的水下 4m 以下及光线照射不到的倒虹吸内部。

4）混凝土表面粗糙的部位和分缝处及其他表面能较低处更易附着壳菜。南水北调中线渠道及建筑物中面板及底板表面粗糙处、混凝土分缝处等表面能较低处均发现有壳菜分布，表面能较高的弧形闸门上等尚未发现壳菜分布。

5）浮游藻类丰富的混凝土面板处易附着壳菜。南水北调中线工程渠道和建筑物底板两侧及衬砌面板下部，流速相对缓和，浮游藻类丰富，此处发现壳菜分布。同时在该处也发现了大量的菌类和藻类附着在混凝土表面，该部位新浇筑的衬砌面板尚未附着有菌类和藻类，也未发现有壳菜分布。

6）藻类和壳菜共生共存。在南水北调中线工程中，有壳菜分布的地方均发现有藻类附着。相同部位新浇筑的混凝土面板上未发现藻类附着，同时也未发现壳菜分布，这说明藻类的附着是壳菜生长的必要条件，离开了藻类壳菜无法生存。

3 淡水壳菜的危害

壳菜密集分布对输水渠道或管涵的危害主要体现在以下几个方面：

（1）影响过水断面的糙率

壳菜的分布，影响了过水断面的平整度，增大了输水渠道或管涵的糙率，使输水能力降低。

（2）减小过水断面的过水面积

壳菜的分布厚度有时达 5～6cm，大面积的壳菜分布减少了过水断面的过水面积，使输水能力降低。清华大学徐梦珍团队模拟对比壳菜附着的流场实验也证明了上述结论[2]（见图 4）。

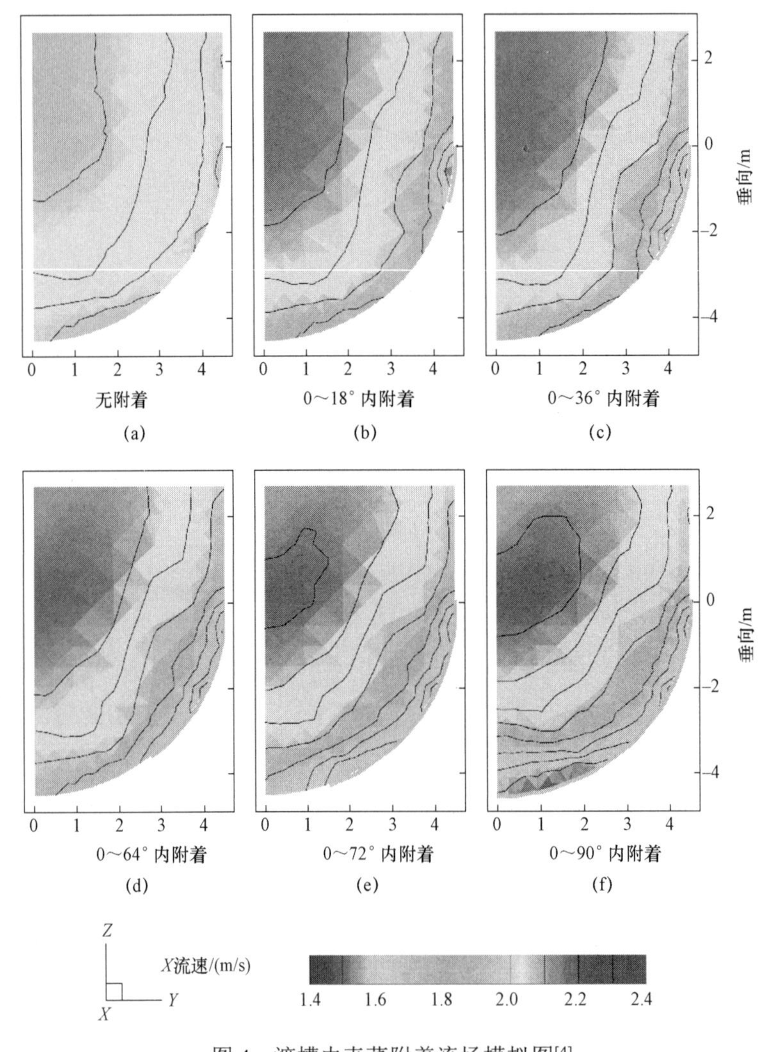

图 4 渡槽内壳菜附着流场模拟图[4]

（3）对接触面的混凝土造成破坏

Bertron 等人研究发现，混凝土表面一旦有稳定的菌类、壳菜附着，除了区域环境恶化外，微生物在生长繁殖中普遍会代谢有机酸，将对混凝土造成侵蚀危害，使 $Ca(OH)_2$ 和 $CaCO_3$ 分解溶出，混凝土孔隙率增大，大孔数量增多。清华大学徐梦珍研究团队污损物附着后混凝土质量损失实验和华

南理工大学李榕硕士污损物附着后混凝土孔隙率变化实验证明了上述结论[3][4]。现场芯样钙质溶出解图见图 5，扫描电镜下孔隙率变化图见 6。

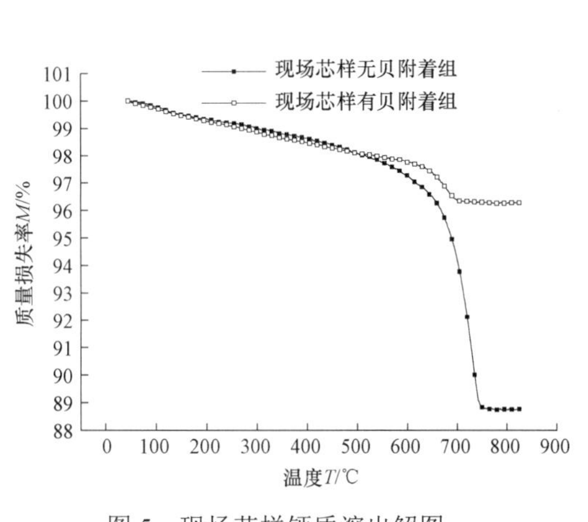

图 5　现场芯样钙质溶出解图

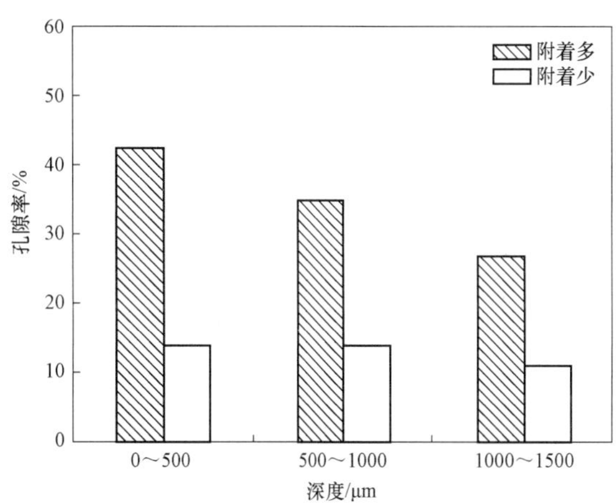

图 6　扫描电镜下孔隙率变化图

（4）影响水质

壳菜呼吸时消耗水中的溶解氧，代谢过程中排泄营养盐和氨氮化合物，这些物质在壳菜大量存在的条件下对水质的影响是不容忽视的。特别是壳菜死亡后会腐烂，产生恶臭，恶化水质。清华大学徐梦珍研究团队淡水壳菜对水质的影响实验证明了该结论[3]。壳菜代谢及腐败对水质影响图见图 7。

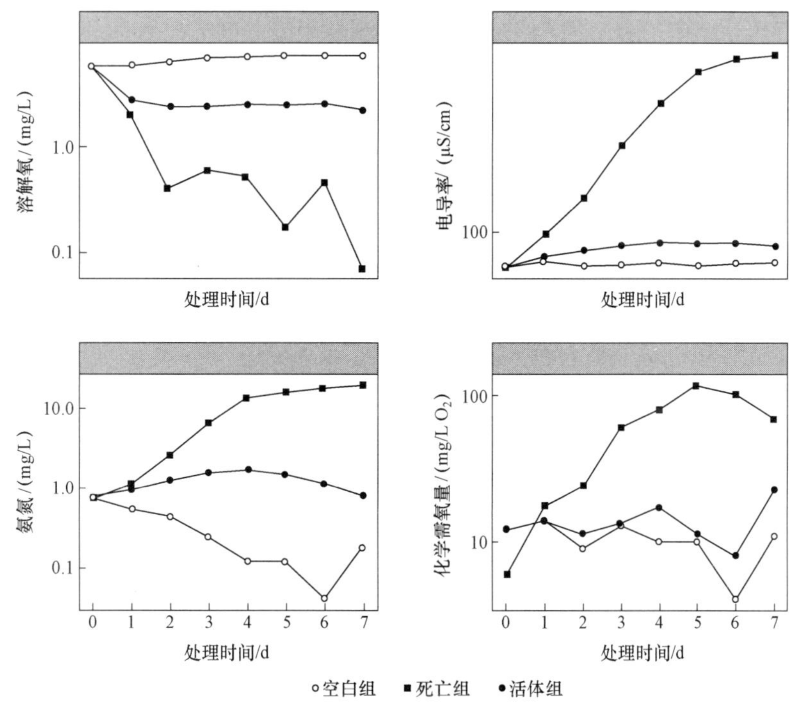

图 7　壳菜代谢及腐败对水质影响图

（5）对生态环境造成破坏

壳菜在水体靠大量滤食水中的浮游生物和有机碎屑为生，在一定程度上可以达到净化水质的效果，但同时壳菜繁殖量大且侵占性较强，其凭借分泌的足丝牢固地附着在其他生物表面，对原有生物的生存构成严重威胁，导致其数量下降，甚至灭绝。南美洲某些河流壳菜以每年 25km 的速度蔓延，导致两种腹足动物被取代，其中一种已经绝种，另一种已经成为稀有动物（Darrigan and Ezcurra，2000）。淡水壳菜入侵水体，还会改变某些鱼的食性（Garcla and Protogino，2005）[1]。

图 8　金属结构上附着的壳菜图

（6）对金属结构的影响

南水北调工程中闸门等金属结构形式复杂，流场丰富，为壳菜附着提供了良好的条件，一旦在闸门等金属结构上附着，往往形成厚层聚团，在门槽中附着影响闸门起闭，甚至造成工程运行风险。据调查在北京团城湖暗涵的金属结构上淡水壳菜附着密度高达 30000 个/m^2（见图 8）。同时，壳菜通过分泌蛋白质足丝在结构上附着，通过机械破坏、代谢废物和沉积物等加速微生物对金属结构的腐蚀[3]。

研究表明，淡水壳菜在不同地区存活期有较大差异，如在南美洲存活期一般不超 3 年，但在中国适宜的环境中存活期能达到 5～10 年[1]。南水北调工程水质优良、水流较缓、水域开敞，这为壳菜提供了适宜的存活环境。南水北调工程中的壳菜如不能及时防治，随着时间的推移壳菜会越来越多，堆积也会越来越厚，过水断面就会越来越小，渠道输水能力就无法保证，就会危及输水安全。

4　淡水壳菜的防治措施

壳菜的防治措施，根据方法的不同主要分为以下几种：

（1）物理方法

不借助化学药剂和其他生物，以人力为主采取的各种防治措施称为物理方法。主要包括人工机械清除法、增设预处理设施法、离水干燥法、水力冲刷法、高温水浸泡淋雨法、封闭缺氧法、超声波清洗法、超高频波灭杀法、防附着法（涂刷聚硅酸盐类、丙烯酸树脂类、环氧树脂类、聚脲类、聚氨酯类材料防附着）。具体到南水北调工程中线战线长、水量大、不能停水等情况，可考虑人工机械清除法、增设预处理设施法、超高频波灭杀法、防附着法等方法中的一种或几种方法同时应用。

（2）化学方法

借助化学药剂进行的防治方法称为化学方法。投加的化学药剂主要包括二氧化氯、双氧水、次氯酸钠、高锰酸钾、氯氨、硫酸铜等 40 多种化学药剂。其中二氧化氯是安全、无毒的消毒剂，可应用于南水北调工程中。

（3）生物方法

在原水中放养吞食淡水壳菜的鱼类，如鲤鱼、青鱼、三角鲂，既可保护具有商业性价值的贝类和鱼类的安全，也能很好地控制淡水壳菜的滋生。研究表明鱼类摄食淡水壳菜能力由大到小依次为鲤鱼、青鱼、三角鲂；青鱼和鲤鱼比三角鲂摄食的淡水壳菜个体稍大些。

5 意见建议

南水北调中线工程作为国内重要的调水工程，在国民经济、社会、生活中发挥着越来越重要的作用。渠道中淡水壳菜的大量滋生不仅危害输水安全，而且影响输水水质，必须进行防治。在众多处理方法中目前尚无可普遍推广应用的方法，结合到南水北调工程，化学方法破坏水质，不可取。因此，南水北调防治淡水壳菜可分两个区域同时进行。首先在渠首库区内进行物理和生物防治，在总干渠内同时采用物理和生物防治方法，见图9。渠首库区物理防治方法应考虑输水的需求，做到既能挂网过滤，又不能影响输水。根据已有试验研究结果，卵级幼虫可用超高频波杀灭，在渠首库区和总干渠内可进行试验。渠道内刷除后的壳菜应在建筑物进出口处及时打捞，防治壳菜尸体影响金属结构的正常运行。同时中线工程应对淡水壳菜的生长、生活、繁殖、附着规律进行研究，重点考虑生物净化技术，在渠道内投放对淡水壳菜从幼虫期、幼贝期至成贝期不同阶段同时进行吞噬和灭除的鱼类，直至把淡水壳菜控制在合理的范围内。当然，投放鱼类的同时也应防止对南水北调渠道内的生态造成新的破坏。

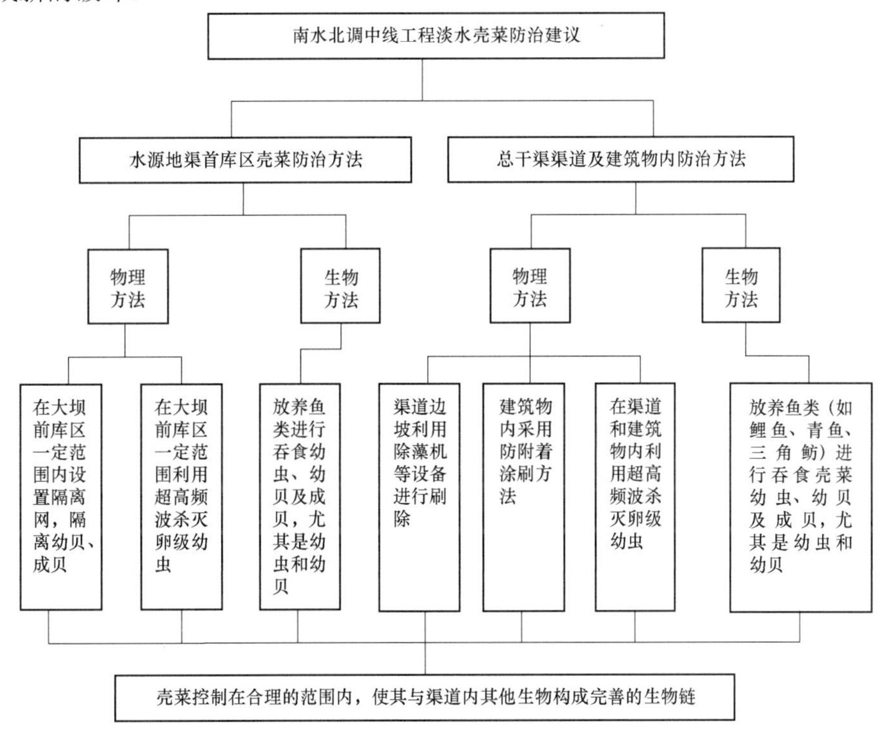

图9 南水北调中线工程淡水壳菜防治建议

参 考 文 献

[1] 罗凤明. 深圳市供水系统中淡水壳菜的生物学及其防治技术［D］. 南昌：南昌大学，2006.

[2] RICCIARDI A. Global range expansion of the Asian mussel Limnoperna fortunei（Mytilidae）：Another fouling threat to freshwater systems［J］. Biofouling，1998，13.

[3] 李榕. 输水工程中淡水壳菜为主的污损体系对混凝土的侵蚀及防护研究［D］. 广州：华南理工大学，2006.

[4] 徐梦珍，等. 南水北调中线干线工程总干渠淡水壳菜生态风险防控研究［R］. 北京，2020. 8.

浅谈混凝土高边墙清理施工技术安全措施

陈　思，邓良超

（中国安能集团第三工程局有限公司，四川 成都　611130）

摘　要：岸塔式进水塔是水工建筑物重要组成部分，在混凝土浇筑施工过程中，沿仓面布置各类安全防护措施和施工平台，在施工完成后，上述防护措施残留在闸门井及通气孔内，需要在二期金属结构施工前清除完毕。由于直立边墙高差大，清理施工造成很大的难度和安全风险。在清理施工过程中，要充分考虑作业人员人身安全，细化各级平台废弃物的拆除和转运措施，充分发挥各类支撑件的受力情况，做好警戒，确保绝对安全。本文以溪洛渡水电站右岸泄洪洞进水塔通气孔清理为例，重点介绍拆除作业的重难点及应对措施，详细介绍拆除作业过程中的吊装件的主要受力参数运算过程，以及主要的安全防护重点等。

关键词：高边墙；清理；施工技术；安全

1　工程概况

溪洛渡水电站右岸泄洪洞进口各布置了一座岸塔式进水塔，塔体尺寸为 30m×28m×70m（长×宽×高），两塔轴线平行布置，轴线间距为 50m，塔基高程为 540.00m，塔顶高程为 610.00m，进水口底高程为 545.00m。塔内设置一扇事故检修门及两个对称布置的通气孔。通气孔结构上部为弧形，进气口在塔体两侧。通气孔在高程 599m 以下为直立式结构，通气孔上升至 599m 高程后分别延伸至塔体两侧。在施工期内根据进水塔分仓高度，每间隔 2～3m 布置一处作业平台，现残留在通气孔内需要清除。平台采用ϕ16、ϕ20 钢筋支撑，布置有少量型钢，四周与混凝土预埋件焊接，顶部铺设竹夹板。

2　主要施工内容

2.1　施工内容

1）混凝土表面附着物清理、外露模板拉筋头割除及斜坎堆积的杂物清理；剩余防护平台拆除。

2）通气孔倒悬面支撑型钢牛腿拆除。

通气孔 EL599m～EL602m 范围内 1∶1 倒悬面混凝土浇筑模板主要采用外撑内拉组合式钢模板，

作者简介：陈思（1983—），女，工程师。

外撑利用预埋定位锥支撑三角桁架。三角桁架采用［12、［10 的槽钢焊接而成，内拉采用预埋 I22 工字钢、ϕ32 插筋、ϕ32 及ϕ20 拉筋进行内拉，因此，拆除内容主要为模板支撑系统的拆除。拆除主要构件如下：

a. 组合钢模板；

b.［12、［10 的槽钢桁架；

c. 三角支撑桁架；

d. 定位锥；

e. 通气孔内混凝土表面附着物清理、防护平台拆除。

2.2 拆除难点及采取的措施

1）闸门井内高差大，且中间无支撑平台。清理人员无作业平台，高空坠落风险大。

对井口材料进行清理后，首先采用高压水炮对闸门井进行全面冲洗。将局部悬挂松动的附着物及平台积渣等易形成自然脱落的松散小块全部冲洗干净，然后施工人员乘坐吊板系挂双保险后由顶部下行逐层进行清理。

2）闸门井内防护拆除后，在清理门槽底坎时上部存在坠物伤人等安全隐患。

底坎清理必须在闸门井清理完成后进行，上部坠物主要体现为井口坠物。在施工时闸门井顶部安排专职警戒人员，同时将井口周边杂物清理干净并沿排架柱四周采用竹夹板制作防护栏。

3）牛腿拆除施工难度大。通气孔范围 EL599～EL602m 范围内为 1∶1 倒悬面，其浇筑时所采用模板支撑系统复杂。拆除时需人工自塔体顶部下至操作平台上对其模板支撑系统层层分解，分解完成后人工辅助 25t 吊机将分解构件吊运至指定位置。

4）人员下至操作平台困难。通气孔浇筑完成后两侧为直立墙，人员无法下至操作平台。

在通气孔混凝土浇筑时在其一侧提前预埋钢板，模板拆除后利用外露钢板焊接钢筋爬梯，利用爬梯通道下至操作平台。在施工前需对爬梯进行一次全面检查及修复，对锈蚀严重的部位进行更换，对松脱的焊点进行补焊。

5）安全隐患突出。通气气孔倒悬部位模板拆除为高空作业，通气孔倒悬面距塔体底部基础最大高差达 59m，因此，在拆除施工中难以保证所分解的模板、型钢等细小构件的滑落，施工过程中，需落实相关安全措施，在做好下方安全防护后方可对其模板支撑系统进行分解。

3 拆除施工方法

3.1 闸门井及门槽底坎清理方法及要点

1）采用高压水炮对闸门井附着物及积渣进行冲洗。

主要利用消防车高压水炮由井口向下冲洗。所有作业人员均系挂双保险。系挂方法同上。

2）拆除井口顶部防护平台剩余材料。

目前 3 号泄洪洞进水塔井口防护平台剩余 I22a 支撑大梁未拆除完成。拟采用 25t 汽车吊配合人工吊装拆除。吊装时安排两名司索工在 I22a 支撑大梁两端挂设钢丝绳后指挥起吊至运输车辆。

注意拆除时按左右方向逐根进行。在吊装过程中原则上不允许拆除周边布置的防护栏杆，当防护栏杆确实影响吊装作业无法正常进行时需要请示当班安全员经同意后方可局部进行拆除。在施工过程中司索工需挂设双保险，安全母绳系挂在排架柱立柱上，绕立柱一周。为防止立柱边角划伤安全母绳，在缠绕前采用传输皮带（或沥青泡沫板）包裹立柱。

防护栏采用安全绳绑扎而成，高 1.2m，同时在底部采用竹夹板形成踢脚板。

3）人工对未冲洗干净的部位重点进行清理。

人工乘坐吊板由顶部垂放至工作面，由上至下逐层进行清理。吊板购买建筑用单人坐板。积渣直接采用铁锹或手工清除，由闸门井向下直接弃渣，底部做好警戒。外露钢筋头采用手砂轮或电焊割除。

吊板采用单绳固定，限载一人，采用锁绳器与吊绳连接，在下降时人工操作锁绳器缓缓下降至作业高程。人工乘坐吊板的同时系挂双保险，安全母绳系挂在排架柱立柱上，绕立柱一周。为防止立柱边角划伤安全母绳，在缠绕前采用传输皮带（或沥青泡沫板）包裹立柱。安全带与吊绳采用自锁器连接，当人员失稳时自锁器可即时制动，防止人员坠落。

吊板悬挂白棕绳型号选择计算如下：

设计承载力：

吊板自重 100kg，活动荷载按一名作业人员设计，75kg。另外考虑作业时冲击力，总体按 100kg 考虑。承载力按 200kg 计算。

安全系数按最大值选取：$K_2=10$。[参见《简明施工计算手册》，中国建筑工业出版社]

吊篮采用一根主绳左右悬挂。

麻绳容许拉应力：

$$S_0=\frac{S_2}{K_2} \tag{1}$$

$$S_2=S_0K_2/1=2\times10/1=20\text{kN} \tag{2}$$

根据白棕绳技术性能，直径 29mm 白棕绳破断拉力为 26kN。拟选取一根 29mm 白棕绳作为悬挂绳。安全系数为 $26\times1/2=13$，满足规范要求。

3.2 通气孔型钢牛腿支撑及模板拆除方法及要点

模板拆除拟按照自上而下、从里到外、从远到近的原则进行，其拆除顺序依次为：防护排架及安全网拆除→方钢拆除→组合钢模板面板拆除→槽钢桁架拆除→三角支撑桁架拆除→定位锥拆除。

1）在型钢牛腿的侧面预埋 12cm×12cm 钢板焊接ϕ25 钢筋爬梯，人工下至 EL599 高程施工通道对三角支撑桁架和模板逐层进行切割分解，25t 吊机在塔体 EL610 高程辅助拆除。在拆除模板前首先将防护钢管架及安全网清理，减少对吊装作业的干扰。

2）人工打掉横向方钢围檩下面成对的木抄楔，拆除横向方钢围檩，由人工按先立后拆、后立先拆的顺序拆除，将组合钢模板拆分吊离。拆模时操作人员的安全绳系在上部的拉条头上或连接牢固的围囹上。

3）一排模板拆完后，将起吊挂钩缓慢提升到下一个工作面，施工人员将安全绳系在拉条头上或连接牢固的围囹上，进行下一排模板拆除。

4）拆除槽钢桁架时，按照自上而下、从里到外、从远到近的原则，将支撑系统层层分离并吊走。吊装过程中，除吊机挂钩牵引外，人工采用钢丝绳或麻绳辅助牵引，防止构件在掉开时左右摆动，

确保施工安全。

5）拆除三角支撑桁架时，利用 25t 汽车吊起吊单榀三角架。由爬梯远端向爬梯方向边退边拆。拆除时首先清理该榀三角架上部杂物，焊接挂点，将钢丝绳穿过挂点后挂在吊车挂钩上。然后由人工辅助撬动三角架，使其脱离混凝土面并吊走。拆除过程采用倒退法向钢筋爬梯方向依次拆除，最后两榀三角支撑桁架同时拆除，拆除最后两榀三角支撑桁架时，人工在清理三角架定位锥附着物后顺绳梯上至钢筋爬梯通道，25t 汽车吊将三角架吊离至指定位置。在起吊前首先采用麻绳缠绕在钢管上固定三角架，钢管绑扎在未拆除的支架上，起吊后由人工转动三角架逐步松开，待吊车钢丝绳垂直后松开麻绳，正常起吊。

6）模板拆除后应及时割除拉条头，在平面拆除前，按有关修补要求处理。

7）在起吊型钢或三角架时需在相应位置焊接挂点。挂点均采用不小于ϕ12 的圆钢（或螺纹钢）制作成“O”形。型钢挂点布置在材料正中位置。三角架挂点布置在定位锥附近，具体位置可通过现场作业情况进行优化。

8）起吊时摆动安全稳定性计算及防护。在起吊过程中牵引麻绳失效时，起吊物件由于吊车钢丝绳具有一定的夹角，在稳绳失效时物件会发生小幅摆动。一是来回摆动会碰损作业人员；二是会在摆动过程中对吊车产生一定的离心力，造成起吊重量超出原构件重量。因此在起吊过程时人员应尽量站在平台靠混凝土面的位置并系挂好双保险，严禁在平台边缘处停留，与起吊物保持一定的距离，防止回摆时碰伤。同时不得与起吊物有任务固定连接，防止摆动时将作业人员连带导致高空坠落。针对第二点进行相应计算如下：

$$v=\sqrt{2gh}=\sqrt{2\times 9.8\times 1}=4.43\mathrm{m/s} \tag{3}$$

$$F=\frac{mv^2}{r}=\frac{200\times 4.43^2}{10}=392\mathrm{N} \tag{4}$$

式中 v——物件速度，m/s；

g——重车加速度，$\mathrm{m/s^2}$；

h——物件下降高度，本工程高差均在 0.5m 以下，本文按 1m 计算；

F——向心力，N；

m——物件质量，kg。本工程物件最大重量为三脚架，约 150kg，本文按 200kg 计算；

r——半径，m。物件摆动圆心点在吊车梁最远端，搞成在 EL610m 以上，物件高程在 EL599m，实际半径超过 11m，本文按 10m 计算。

由此可知，物件摆动产生的最大向心力为 392N。与物件自身重量累计后合力为：

$$F'=G+F=200\times 9.8+392=2352\mathrm{N} \tag{5}$$

25t 汽车吊可满足吊装作业要求。

3.3 通气孔内清理方法及要点

（1）圆弧上平段积渣清理

施工人员通过钢爬梯由塔体顶部进入通气孔内。采用铁锹及手工将弃渣收集，采用吊篮积渣后，25t 吊机配合人工将吊篮起吊至 EL610m 平台装车后，采用 20t 自卸车运输至豆沙溪沟弃渣场。

（2）竖井段积渣清理及防护平台拆除

1）圆弧上平段清理完成后采用［20、［10 槽钢及ϕ32 钢筋在圆弧段制作型钢平台延伸至竖井上方。

首先在通气孔上平段两侧及底板上采用手风钻钻孔布置锚筋。边墙锚杆规格为ϕ32，L=1m，入岩 50cm，采用 M30 砂浆锚固。底板锚杆规格为ϕ32，L=1．5m，入岩 1m，采用 M30 砂浆锚固，外露上端加工成 L 形。锚筋布置完成后布置三根 L=8m［20 槽钢向前延伸，锚固段长 4m，与边墙及底板锚筋满焊连接。悬挑部位采用逐步铺设木板、逐步向前布置锚筋的方式向前延伸。锚筋布置后即布置一根横跨的ϕ32 钢筋与三根［20 槽钢悬挑梁焊接，务必在锚筋布置完成后才能延伸作业平台，严禁在锚筋及作业平台布置前悬挑作业。

2）在平台悬挑端头制作吊点，安装一组定滑轮，布置白棕绳经由定滑轮垂向竖井内，上游端固定在轱辘上。吊点支架采用［20、［10 槽钢制作，顶部悬挂梁采用 2［20 槽钢制作，吊点采用ϕ32 圆钢制作，支架与悬挑梁焊接成整体。

3）目测杂物量。若杂物量较少，可直接由人工采用手工清理，将废弃物向下逐层清理。在圆弧上平段入口处布置两台手工轱辘卷扬白棕绳，人工乘坐坐板经白棕绳下到井内。另布置安全母绳固定在上平段边墙锚筋上，为确保人员安全，随人的移动，合理调整母绳长度，预留长度不超过 1.5m。人员上行时，在上平段安排至少 2 人转动轱辘提升作业人员上行。同时增设一条软梯作为人员自行辅助措施。

对焊接的防护平台采用电焊割除，直至清理完成。

杂物量较多时，需要制作钢筋吊笼起吊杂物。钢筋吊笼采用ϕ25 钢筋焊接。结构尺寸为 1m（长）×1m（宽）×2m（高），四周开放，方便人员作业。在 EL610m 平台布置两台 8t 慢速卷扬机，补钻一处起吊孔，在孔上方布置定滑轮变向后钢丝绳经由起吊孔进入竖井内起吊吊笼。一台卷扬机作主牵引，一台作为保险措施。

4）人工乘坐吊笼由上至下进入到作业面，逐层清理。将杂物清理至吊笼内，人物同时提升至平台处，由上平段运输至 EL610m 平台装车运至渣场。

5）竖井内清除完成后即拆除作业平台，清理 EL610m 平台设备及杂物等。

3.4 拆除过程安全防护

1）为了确保模板拆除的安全，每次模板拆除的斜面高度不大于 2.8m，即每次仅去除防护架通模板之间的 2 层拉杆，随后拆除背部防护，最后再拆除下部 2 层拉杆和钢模板。

2）拆除模板时要两个人同时操作，一人撬除模板的同时，另一个人要采用措施防止模板突然离开混凝土面掉落。

3）模板拆除必须同层操作，不准上下层交叉作业。

4）操作时用的工具应用绳拴在安全带上，以防落物伤人。

5）拆除的施工材料通过模板拆除通道及时运到指定位置，不准在模板背面操作平台上进行堆放。

6）在施工区域的上下方放安全哨，划出警戒区，严禁无关人员进入。在拆除作业时进口护坦平台上严禁人员及车辆设备等进入。

7）在施工过程中所有施工人员需挂设双保险，安全母绳系挂在排架柱立柱上，绕立柱一周。为防止立柱边角划伤安全母绳，在缠绕前采用传输皮带（或沥青泡沫板）包裹立柱。

4 结论

水工混凝土高边墙清理要求高，难度大，安全风险高。尤其是涉及倒悬面时，其混凝土浇筑完成后残留的模板支撑系统和作业平台自重大，给清理作业带来极大的难度。本文采用溪洛渡水电站右岸泄洪洞进水塔清理作业示例，介绍了高边墙混凝土清理作业的重难点及应对措施，详细介绍了倒悬面型钢牛腿支撑的拆除方法，并对相应的受力进行了详细的计算，对高边墙混凝土拆除作业有很大的借鉴意义。

参 考 文 献

[1] 李胜强，金仁和．施工过程中工程坍塌现场清理拆除施工技术［J］．建筑施工，2007（029）：40－42．

[2] 蔡传旭．深基坑工程施工技术过程中安全措施的探讨［J］．城市建设理论研究，2011（023）：1－4．

[3] 吴治文．浅谈高边坡防护施工及安全措施［J］．黑龙江交通科技，2015（038）：36．

[4] 戴雨，蔡厚平，孙明亮，等．122 m 预应力混凝土连续箱梁桥拆除施工安全措施［J］．四川建材，2013（006）：222－223．

大坝下游倾斜导墙综合治理措施

马文波，何建明

（中国安能集团第一工程局有限公司南宁分公司，广西 南宁 530000）

摘 要：那吉水电站经过多年运行，大坝下游纵向导墙基座混凝土基础底部遭受水流冲蚀、掏空，基础不均匀沉降导致导墙向坝左方向倾斜，存在倾覆危险，若不及时处理，进一步发展将威胁大坝安全，造成更大的损失。为保证大坝安全，通过采取水下混凝土回填底部空腔、回填灌浆充填密实、浇筑护底混凝土平台等综合治理措施，从根本上消除了导墙继续倾斜的不利条件，有效保证导墙长久稳定，从而确保了大坝安全。经过汛期冲放水考验，那吉水电站下游导墙基础稳定，未再次发生变形，说明采取的综合治理措施安全有效，可为类似工程提供借鉴。

关键词：大坝；倾斜导墙；综合治理

0 引言

我国已建成的部分小型水电站，大坝下游消力池、海曼、导墙、尾水等建筑物基础为砂卵石或泥岩，若对该类基础的处理采取的措施不足或不当，经过多年运行后，在水力淘刷作用下，建筑物基础很可能会逐渐掏空形成空腔，进一步发展将破坏建筑物结构，消力池底板、海曼等混凝土开裂、坍塌，并逐步由下游向上游延伸，若不及时处理，将有可能威胁大坝主体结构的安全。

本文以那吉水利枢纽下游水工结构技改项目为依托，以大坝下游导墙综合治理措施为例，简要叙述砂卵石或泥岩基础水工建筑物损坏后采取的部分修复措施，为类似工程项目提供参考。

1 工程概况

那吉航运枢纽工程位于右江上游广西田阳县那坡镇那吉村，坝址右岸距田阳县城 22km，距百色市 29km，上游距百色水利枢纽下游 56km，下游距鱼梁航运枢纽约 78km。那吉航运枢纽工程是一个以航运为主，兼有发电、灌溉、旅游等综合效益项目，坝址以上集雨面积为 23570km^2，坝址多年平均流量 330m^3/s，正常水位 115m，死水位 114.4m，水库总库容为 1.83 亿 m^3。工程于 2005 年 9 月正式开工，2007 年 10 月 30 日船闸通航。

经过多年运行，大坝下游消力池、海漫底板混凝土大面积沉降、移位、交叠，损坏较严重，纵向围堰兼导墙基座混凝土底部基础遭到冲蚀，基础不均匀沉降导致导墙产生内通长横向裂缝，纵向

作者简介：马文波（1980—），男，高级工程师。

伸缩缝开裂，可明显观察到下游导墙向坝左方向倾斜，存在倾覆危险。

下游纵向导墙加固处理长度 126.5m，导墙原底板高程 94.6m，底板下部分基础冲蚀破坏严重，具体缺陷为：

1）纵向导墙由于基础不均匀沉降导致导墙底部混凝土沿施工缝与周边混凝土脱离下沉，形成通长横向贯通裂缝，裂缝宽度达 29cm，并在该裂缝所在墙体附近伴随出现局部混凝土裂缝。

2）由于海漫底板损毁，导致导墙基座混凝土底部基础遭到冲蚀，形成较大冲蚀空腔，空腔高度自导墙基座混凝土底部以下高度 1.8m 至 0.2m 逐渐减少，最大深度可达 2.5m。

3）导墙纵向伸缩缝出现通长开裂，可明显观察到下游导墙向坝左方向倾斜。

2 综合治理措施

下游倾斜纵向导墙综合治理主要措施包括导墙底部冲蚀脱空部位水下不分散混凝土回填、回填灌浆充填密实、浇筑护底混凝土平台、沉降段贯通缝处理等，在导墙混凝土下部形成稳定基础，降低甚至消除导墙继续倾覆的危险。导墙综合治理措施见图 1。

导墙底部空腔水下不分散混凝土浇筑首先插打钢管桩作为模板支撑，再进行模板干地拼装，通过自制浮船运输、吊装、水下组立固定，最后采用导管法灌注混凝土。护底混凝土采用膜袋混凝土作为模板，导管法灌注混凝土。

为保证基础回填混凝土尽可能密实，水下混凝土浇筑前预埋灌浆管，混凝土初凝后无压力灌注砂浆；水下掏空区域混凝土强度达到 50%后，在原导墙底部平台钻孔进行有压灌浆；纵向导墙沉降段贯通缝采用先回填混凝土，再进行有压灌浆的方法处理施工。

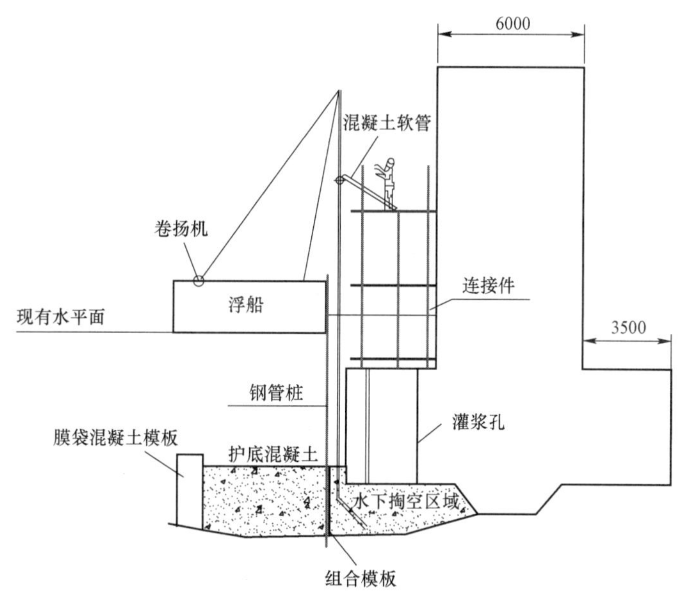

图 1　导墙综合治理示意图

3 水下混凝土浇筑

导墙水下混凝土浇筑包括导墙基础掏空部位回填混凝土和外侧护底混凝土两部分，其中基础掏空部位回填混凝土浇筑施工采用钢管桩支撑、水下组合模板、导管法浇筑混凝土的方法，外侧 5.0m 宽范围内护底混凝土采用膜袋混凝土作为模板，导管法浇筑混凝土的方法。

图 2 那吉航运枢纽过流面水下检查成果总览图

3.1 水下地形测量

为了解水下地形情况，掌握导墙基础的掏空范围及分布情况，对钢管桩施工及模板制作提供技术支撑，现场采用水下测深仪结合潜水员水下探摸的方法进行水下地形测量。

大面积水下地形测量采用 MS400 浅水多波束测深系统进行。多波束检测系统对指定区域进行全覆盖扫测，相邻测线覆盖范围重合至少 20%，对于重点部位进行多次覆盖扫测。测量成果分析后绘制水下地形图及剖面图。水下地形测量成果见图 2。

多波束测深系统无法测量的导墙底部脱空部位，采用人工测量的方法，由潜水员下水对导墙下施工区域范围内底板平整情况及导墙基础掏空的高度及深度进行探摸，并由测量人员根据探摸情况，绘制出导墙基础部位地形图及剖面图，为最终确定施工方案提供参考。

水下地形测量标准及具体要求按照《水运工程测量规范》(JTS 131—2012)、《水利水电工程施工测量规范》(DL/T 5173—2012) 相关条款执行。

3.2 施工作业准备

考虑下游水深，比较经济成本，结合围堰填筑工期需要，现场制作 3 艘浮船，为工程施工提供水上作业平台。浮船尺寸为 3.6m × 6m，采用角钢、槽钢及空油桶连接加固而成。浮船上配置 2 台 5t 卷扬机，并安装自制打桩和吊装设备，用于打钢管桩和吊装模板及其他材料。

根据现场实际，混凝土浇筑及灌浆平台采用脚手架搭设。脚手架整体宽度为 3m，长度为 150m，高度根据现场水深控制，要求作业平台高出水面 1.0m，整体牢固稳定，与墙体可靠连接，其他要求按照《建筑施工扣件式钢管脚手架安全技术规范》(JGJ 130—2011) 相关条款执行。

3.3 导墙基础掏空部位模板制安

水下模板采用组合模板，分缝处使用木模板。组合模板尺寸为 6m × 1.8m，采用槽钢、角钢和标准胶合木模板组装，为加强组合模板的强度，在槽钢凹槽内嵌入木方，再用铁丝固定。为加快施工进度，模板根据实际需要进行调整，全部模板一次制作完成，不考虑回收周转。

水下不分散混凝土立模线设置在导墙外侧 80cm 处，满足结构需要，同时便于潜水员水下作业。模板固定支撑系统采用钢管桩，钢管直径为 150mm，长度根据实际地形调整，钢管间距为 1.5m；为便于插打、增加钢管桩支撑力，钢管下部焊接两根长 1.0m 的 $\phi 32$ 钢筋；若遇坚硬岩石或大块石导致无法打进钢管桩则用水下锚筋固定。将模板紧贴基础面固定在钢管桩上，固定完成后，水下作业人员对水下模板底部缝隙用膜袋混凝土进行封堵。在纵向导墙混凝土上安装锚筋，钢管桩露出水面部分焊制拉筋与锚筋牢固焊接，拉撑钢管桩顶部。

3.4 膜袋混凝土模板施工

膜袋混凝土模板浇筑水下混凝土长度约 30m，模板宽度 1.0m，高度根据实际地形确定。为控制模板走向，利用浮船水上定位后，在水下插打钢筋固定位置，再拉绳定位。膜袋混凝土利用编织袋自制，内部填装混合料，混合料采用水泥、砂、小石按 1∶1∶1 比例掺拌均匀，干料装入编织袋后封口，投入水中后潜水员按要求摆放，在编织袋上插梅花孔，自然浸泡后固化。

3.5 导管法混凝土浇筑

水下混凝土采用导管法浇筑，由罐车运输至围堰顶部靠近导墙侧，通过混凝土拖泵泵送至浇筑平台上的集料斗内。

浇筑前，利用引出的铅丝把滑塞悬挂在承料漏斗下的导管中，埋入导管内 1～3m，且必须在仓位水面以上。当滑塞以上的导管及承料漏斗充满混凝土拌和物后，视水深及仓底情况不同，分别采取立即剪断铅丝、下滑至导管中部再切断铅丝或下至接近孔底后才剪断铅丝。在未剪断铅丝前，利用下放铅丝控制混凝土沿导管下滑速度。剪断后，依靠混凝土自重推动滑塞下落。

混凝土浇筑过程中应保持混凝土均匀上升，每根导管按顺序进行灌注混凝土，当导管中的混凝土无法自由下落时，采用两个 5t 手动葫芦对导管进行提升，提升过程中确保导管底部不露出混凝土面。浇筑过程中随时监测混凝土浇筑高度，避免导管提升过快；随时观察模板漏浆情况、混凝土浇筑质量，整个浇筑过程应连续进行，若混凝土拌和物的供应被迫中断，应及时下放导管，增加导管埋深，避免导管中空、水分侵入。若中断时间过长，又不能恢复正常灌注时，按施工缝处理。

水下不分散混凝土浇筑过程中采取防反窜逆流水的措施，将导管的下端插入已浇的混凝土中。如果施工需要将导管下端从混凝土中拔出，使混凝土在水中自由落下时，需确保导管内始终充满混凝土及保证混凝土连续供料，且水中自由落差不大于 500mm，并尽快将导管插入下层混凝土中。

随着水下混凝土浇筑面不断升高，需要提升并拆除部分导管节。拆除导管节后，先使导管内重新填满混凝土，再适当提升导管，恢复至正常位置，再开始浇筑。

水下混凝土浇筑按照《水电水利工程水下混凝土施工规范》（DL/T 5309—2013）相关条款要求执行。

4 灌浆加固处理

纵向导墙灌浆处理主要为回填灌浆，分两次灌入：第一次灌浆为无压灌浆，其目的主要为充填水下混凝土与原导墙混凝土间未浇筑饱满而形成的空隙；第二次为有压灌浆，灌浆的目的为充填水下混凝土与原导墙基础地面间的空隙及局部砂卵石固结，从而增强导墙基础承载力。因两次灌浆的目的不同，采取的方法也不尽相同。

（1）无压灌浆

纵向导墙第一次无压灌浆采取预埋灌浆管方式进行，在浇筑导墙水下不分散混凝土时预埋直径 ϕ50 钢管，单排布置，间距 2.0m；钢管上端与作业平台齐平，沿纵向导墙侧向下延伸至导墙底部空腔内部并紧贴原导墙混凝土，水下混凝土浇筑前依据水下影像资料，对预埋空腔进行检查，确定预埋管长度。预制钢管固定于模板上。待混凝土初凝后进行无压灌浆，无压灌浆采用 0.6∶1 的水灰比，浆液充分搅拌匀；结束标准以钢管上端口部浆液不再下降为准。后期基坑抽干水后，对预埋灌浆管割除处理。

（2）有压灌浆

水下不分散混凝土强度达到 50%后，在导墙平台上钻孔进行第二次有压灌浆。灌浆孔布设 2 排，孔径为直径ϕ50mm，间排距为 2m，灌浆孔深度按照导墙底部空腔大小确定，以钻入基岩 10cm 进行控制。有压灌浆采用 1∶1 的水灰比，有压灌浆灌浆压力为 0.3MPa，结束标准为在规定的压力下，灌浆孔停止吸浆，并继续灌注 10min 即可结束。灌浆结束后，排除孔内积水和污物，采用干硬性水泥砂浆将全孔封填密实，孔口抹平。

灌浆施工要求参见《水工建筑物水泥灌浆施工技术规范》（SL 62—2014）相关条款。

5　导墙沉降段施工

导墙沉降段横向贯通裂缝处理主要采取回填混凝土后再灌浆的施工方法。混凝土回填前对原混凝土面进行凿毛处理，模板采用木模板根据实际需要切割组立，缝内采用顶升螺旋拉杆固定，外侧利用脚手架施工平台支撑。混凝土采用 C40 二级配泵送混凝土。软轴振捣棒进行振捣，由模板上的浇筑孔插入混凝土进行振捣，逐点移动，顺序进行，不得遗漏，做到均匀振实。浇筑混凝土时注意模板情况，发生漏浆时及时进行处理。

混凝土浇筑完成后打斜孔进行回填灌浆，孔距为 5m，孔径为 DN50。灌浆前对施工部位混凝土缺陷等进行全面检查，对可能漏浆的部位进行处理。采用无压式灌浆，灌浆过程中严密监视灌浆情况，待模板缝隙处有水泥浆析出时停止灌浆。

6　结语

通过以上综合治理措施，在倾斜导墙掏空部位回填混凝土、灌浆密实后，导墙底部形成坚硬基础，从根本上消除导墙继续倾斜的不利条件，再在导墙外侧形成护底混凝土平台，减少后期电站运行对导墙基础再次冲刷掏空的可能，有效保证了导墙长久稳定。本工程对倾斜导墙的综合治理措施，可为类似工程提供借鉴。

水下修复检测设备

有线遥控水下机器人在南水北调中线干线工程水下检测中的应用研究

孙　斌，程　亮

（南水北调中线干线工程建设管理局稽察大队，河北　石家庄　050035）

摘　要：为保证中线干线工程安全运行，需要对已发现的水下工程缺陷隐患部位定期进行检查，并对中线干线工程沿线的明渠和建筑物进行必要的定期水下检测。中线建管局联合深之蓝公司，研发了适用于南水北调中线干线工程的有线遥控水下机器人。通过使用该水下机器人对明渠、倒虹吸、渡槽、隧洞等多种应用场景的水下结构形状、缺陷情况、淤积情况、淡水壳菜和微生物生长分布情况等进行检查。表明其已初步具备对南水北调中线干线工程沿线进行全方位的水下检查及作业的能力。通过近两年的使用，也发现其在检测精确度、水下维修、水下渗漏点检测、快速成像及自动识别、智能化等方面有值得改进之处。

关键词：有线遥控水下机器人；南水北调中线干线工程；水下缺陷；检测

1　引言

作为一项大型跨流域的调水工程，南水北调中线干线工程（以下简称中线干线工程）全长1432km（其中天津输水干线 156km），以自流的形式穿过明渠、长距离输水隧洞、倒虹吸、暗渠至北京、天津，具有规模大、渠线长、建筑物样式多的特点。随着中线干线工程的通水运行，沿线受水地区的缺水问题得到了有效解决，生态环境显著改善，为沿线受水区提供了强有力的水资源保障，并且逐渐成为北京、天津两座直辖市的主力水源。

中线干线工程从2014年通水至今，已不间断运行6年，期间渠道、建筑物运行平稳。但在运行过程中，也存在各种不利因素：输水途中穿越膨胀土、采空区等各种不良地段，同时受周边环境变换和人文环境影响，部分渠段产生了衬砌板局部滑塌，断裂，沉陷等缺陷；近几年在对工程进行检修时，发现渠道及输水建筑物水下部分的混凝土表面附着有淡水壳菜，对中线干线工程糙率有一定影响，并对混凝土表面造成侵蚀；中线干线工程从丹江口引水，途径5个省（直辖市），路线长，空间、环境变化大，沿线的微生物变化情况也是供水水质安全保障面临的一个重要问题。

因此，为保证工程安全运行，需要对已发现的水下工程缺陷隐患部位定期进行检查，并对中线干线工程沿线的明渠和建筑物进行必要的水下隐患排查。

作者简介：孙斌（1982—），男，高级工程师。

近年来随着水下机器人技术发展和水下检测技术的提升，水下机器人在水下检测方面得到了广泛的应用，在中线干线工程应急抢险中发挥了较大作用。与传统的水下作业相比，水下机器人具有以下优势：操作灵活，在水中可自由移动；检查直观，可直观分析判断目标水下情况；可实现长时间水下作业；可以快速行进至探测目标，并迅速开展工作，提高了工作效率；不受地域和环境限制，可进行全天候、多方位的水下检测。

综上，中线干线工程使用水下机器人对水下缺陷进行检测很有必要，对于中线干线工程的日常安全管理具备十分重要的应用价值。

2 适用于南水北调中线干线工程的水下机器人选型与研发

2.1 水下机器人选型

目前，国内外专家通常将水下机器人分为载人潜水器（Human Occupied Vehicle，HOV）和无人潜水器（Unmanned Underwater Vehicle，UUV）。考虑到中线干线工程长距离输水隧洞检测时的任务安全和潜水器的大小，目前适用于中线干线工程检测的主要为无人潜水器，而无人潜水器又可以进一步分为有线遥控水下机器人（Remotely Operated Vehicle，ROV）和自主水下机器人（Autonomous Underwater Vehicle，AUV）。水下机器人分类与特点见表 1。

表 1　　水下机器人分类与特点

类别		特点
载人潜水器		目前主要应用于深海探测作业
无人潜水器	有线遥控水下机器人	需脐带缆，操作灵活、长时间、高效进行水下工作
	自主水下机器人	无须脐带缆，但续航能力不足，信号传输受限

南水北调中线干线工程建设管理局（以下简称中线建管局）针对中线干线工程特点，会同深之蓝海洋科技有限公司（以下简称深之蓝）联合研发了进行水下检测的长距离有缆遥控水下机器人（以下简称水下机器人）。该水下机器人最大下潜深度可达 300m，最长观测距离可达 4.5km，可适用于 0～2.0m/s 流速的环境中进行水下检测，同时搭载二维和三维声呐、高清摄像头，可以在水下清晰地观测到毫米级的细部结构。对于局部质量缺陷，可以实现在高流速水流中进行悬停、抵近观察，并对缺陷位置摄像、拍照记录等操作。

可见，中线建管局目前使用的水下机器人，已经具备对南水北调中线明渠和渠道建筑物进行长时间、全方位水下检查及作业的能力，可以为日后安全管理和维护工作提供有效技术支撑材料。

2.2 适用于南水北调中线干线工程的水下机器人研发

结合中线工程不同建筑物的特点和水流流态等情况的水下检测需要，对水下机器人提出了操作灵活、多元组织导航精准定位、高精度声呐快速扫描识别、高清水下摄像、零浮力缆线和本体、抗高流速、大直径洞体全断面扫描和长距离航行等关键技术指标。

（1）水下目标的快速搜索与识别

根据中线干线工程特点，水下机器人在进行水下作业时，主要通过对声视觉系统（声呐系统）

和光视觉系统的联合应用，实现对水下检测目标的快速搜索和识别。

1）声视觉系统。当检测目标距离较远时，采用声视觉系统，以实现对检测目标的分类识别和相对位置的确定。目前中线建管局使用的水下机器人搭载了 Teledyne BlueView M900 集成平面多波束图像二维声呐和 Teledyne BlueView T2250 多波束三维扫测声呐。

a. Teledyne BlueView M900 集成平面多波束图像二维声呐，最大视角 130°，与高清摄像头成像信号同步输入至显示器，分辨率最高可达 0.6cm，最大探测范围为 100m，可远距离实现对目标部位的快速扫描成像，如图 1 所示。

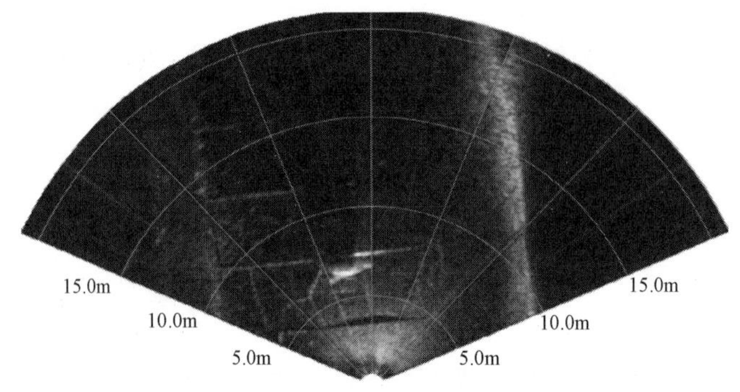

图 1　渠道底部声呐扫描成像

b. Teledyne BlueView T2250 多波束三维扫测系统，360° 视角，可用于隧道、倒虹吸的完整性扫测，并能提供连续的高分辨率图像。可以对中线干线工程倒虹吸和隧洞进行直观的缺陷评估和扫描，获得水下目标的形状信息，是进行水下目标快速识别和定位的高端设备，如图 2 所示。

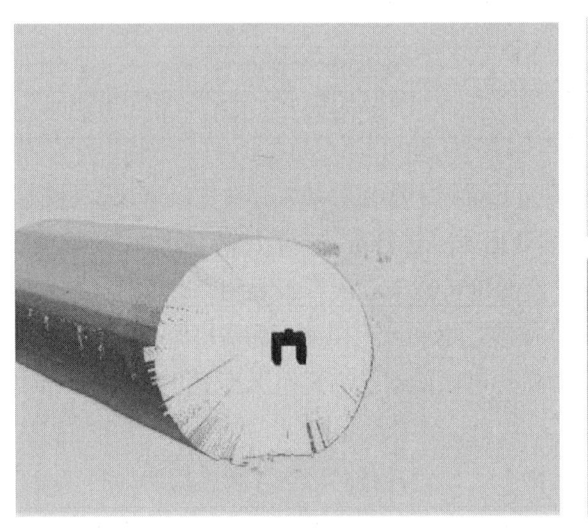
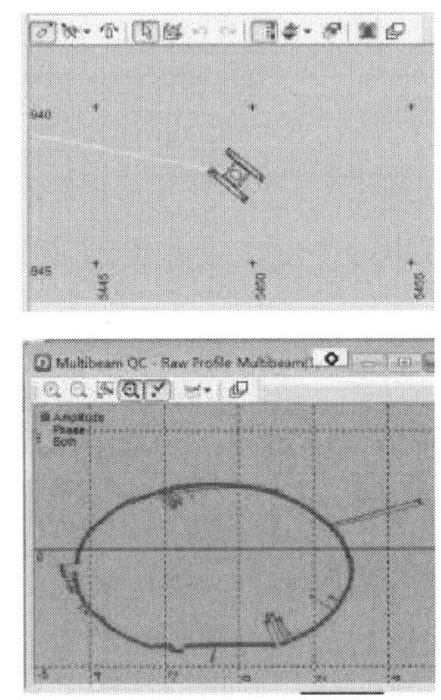

图 2　隧洞扫描成像

2）光视觉系统。光视觉系统主要是通过水下高清摄像头、水下照明等设备，近距离、快速准确获取水下目标相关信息，并对信息进行实时处理后传至显示屏，同时储存至笔记本电脑。

中线干线工程水质情况较好，长期保持在Ⅱ类水质，明渠水下清晰度较高。渠道倒虹吸、隧洞等建筑物内部能见度较低，是进行水下作业和检测的难点。目前在进行水下检测时对目标物的识别，采用光视觉系统和声视觉系统联合应用的方式，利用声呐系统对渠道明渠和建筑物轮廓进行快速扫描；对扫描出的异常高亮和阴影部位，利用水下机器人抵近观察。结合辅助光源照明配合高清摄像

头，可以在水中近距离，悬停抵近观测目标，检测技术人员可直观地通过电脑屏幕观察目标物，并依据目标物现状快速做出准确判断缺陷类型，如图3所示。

图3 水中近距离悬停、抵近观测

（2）水下目标的定位

中线干线工程渠线长，建筑物样式多，水下机器人不仅需要识别出缺陷，还需要得到缺陷的准确位置，为检测结果和后期精准维护提供依据，因此精准的导航与定位成为水下机器人的基本需求。在水下机器人研发初期就对检测目标定位情况进行了研究。目前水下定位技术分为惯导[1、2]、航位推算[3、4]、声学定位[5]、地球物理定位积累[6、7]，单一定位方法的精度、可靠性都无法满足水下机器人在检测中的需求，因此将多种定位系统进行组合成为水下机器人定位导航技术的重要发展方向[8]。中线建管局同深之蓝联合研发的水下机器基本以惯性导航系统（SINS）为主、多普勒计程仪（DVL）为辅，地球卫星定位（GPS）定期修正的方式来提高导航定位的精度和可靠性，同时能以SINS+DVL的方式，通过三维声呐扫描成像技术，对倒虹吸、隧洞、暗渠等建筑的内部结构扫描形成3D图像，可在显示器上同步显示，以达到目标物精准定位的目的。

（3）水流扰动下的运动控制

水下机器人的运行控制，涉及导航、推进、通信等系统的兼容作业。根据中线干线工程的特点，它的流速和流态相比于其他水利工程多有不同。比如：中线干线工程在设计流量350m^3/s条件下，相应明渠段平均流速约为0.9m/s；在加大流量420m^3/s条件下，相应明渠段平均流速约为1.1m/s。倒虹吸、渡槽等输水建筑物因尺寸、结构等原因，内部同流量条件下流速更大，流态也更加不稳定，这些都对水下机器人在水下作业时产生了扰动输入。经过同合作单位的控制算法研究，进行有针对性的设计，最终实现了通过控制台操控，水下机器人可以在水流扰动较大的情况下实现下潜、上升、前后、左右、旋转等稳定运动，并可以在水中悬停并抵近观察。

因此，中线建管局使用的水下机器人在声呐扫描成像、导航定位能力、视频摄像、控制性能等技术上已经基本满足中线干线工程水下检测的需要。

3 水下机器人在南水北调中线干线工程中应用效果

中线建管局会同深之蓝，通过比较选型、技术攻关，在解决了水下目标快速搜索与识别、水下目标定位、高流速下运动控制等关键技术问题基础上，联合研发了可针对明渠、渠道建筑物等进行全方位的水下检查，同时还可以用于应急抢险、救援等紧急环境的水下机器人。

3.1 明渠段水下检查

中线干线工程全线大多为明渠输水，渠道内水深为3.8～8.0m，涉及高填方、深挖方、高地下水及膨胀土等多种典型渠段，因此对明渠段进行水下缺陷检测，对确保中线干线工程运行安全，具有重要意义。

目前明渠段检查通过提前勘察现场情况，掌握作业任务、水下检测位置、水下环境、水深、流速、流量等基础数据，研究设备布放位置后，以人工布放的方式入水。操作人员驾驶水下机器人进行水下定位，通过声呐扫描对渠道断面进行整体观测、利用高清摄像头对检测目标进行水下观察、拍照、录像等技术手段，对前期已发现存在水下损坏且尚未修复的部位进行检查、确定检查区域损坏现状，并对检查结果进行对比分析，为下一步维护处理，提供了有效的资料支撑。对已修复的水下损坏部位的施工质量进行检查、确认水下施工修复效果，为水下工程的精准维护提供了技术保证。对明渠典型渠段等进行检查，内容包括水下衬砌板损坏情况、淡水壳菜和微生物生长分布情况等，为下一步采取的处理措施提供有效的技术支持。

3.2 输水建筑物的水下检查

中线干线工程输水建筑物形式多样，主要包括倒虹吸、渡槽、隧洞、暗渠等，检查过程需根据建筑物内流量和流速，在不影响正常供水计划的情况下，适当采取调度措施，对建筑物内部水下缺陷情况，淤积情况，淡水壳菜和微生物生长情况等进行检查。通过声呐扫描探测系统对建筑物结构进行扫描，获取声呐图像，并辅助机器人选择合适的水下检查路线。现场检测人员通过研判，检查声呐影像和数据确定目标位置，对建筑物存在缺陷部位进行重点摄像录像、拍照、测量。在水下行进过程中，确定检查区域流态现状和微生物分布情况。目前中线建管局已完成全线34座输水建筑物的检查工作，为日后的安全管理和维修养护提供了技术资料支持。

4 结论与展望

4.1 结论

中线建管局根据水下机器人特点，选择有线遥控水下机器人（ROV）进行水下缺陷检测，并会同相关单位联合解决了水下目标快速搜索与识别、水下目标定位、高流速下运动控制等关键技术问题，研发了适用于中线干线工程的有线遥控水下机器人。通过该水下机器人对明渠、倒虹吸、渡槽、隧洞等多种应用场景的水下结构形状、缺陷情况、淤积情况、淡水壳菜和微生物生长分布情况等进行检查。表明其已初步具备对中线干线工程沿线进行全方位的水下检查及作业的能力。

4.2 展望

虽然近两年来，通过水下机器人排查了南水北调中线干线上百处工程重点部位，足迹遍布渠道沿线上千公里。所收集的资料，为沿线渠道衬砌板修复、建筑物安全提供了可靠的资料保证。但其依然存在以下有待完善之处：

（1）水下维修

随着水下机器人的发展和各种关键技术的突破，本体的稳定性逐渐增强，操作更加灵活，通过搭载各种水下机械手臂和其他水下工具，替代潜水员对部分水下缺陷部位进行修复工作，能够进行破损水下逆止阀的修复、更换，拦污栅的清理，闸门门槽的维修等水下作业，进一步增强了中线干线工程水下缺陷的维护水平，为中线干线工程的安全运行提供了更有力保证。

（2）水下渗漏点的检测

水下渗漏一直是水库大坝“癌症”级的病害，中线干线工程因为渠线长，途径不良地段较多等原因，也深受其害。目前水下机器人搭载的水下高清摄像对缺陷进行录像，但不能精准定位水下渗漏点位置。随着科学技术的不断进步，检测仪器和技术方法的不断推陈出新和各种水下机械手臂和水下工具的不断发展和应用，通过水下机器人搭载水下渗漏示踪检测设备，可实现对渗漏点进行精准的定位，以满足中线干线工程大范围普查、自动化检测和精准化维护需求。

（3）快速成像及自动识别

由于目前采用的水下机器人移动速度较慢，中线干线工程线路长，对其进行全覆盖水下检查所需时间较长。随着三维扫描技术的日趋完善，利用高精度三维扫描技术，研发一套能够在水下快速移动，对渠道、建筑物进行水下全断面扫描成像的设备，通过该设备能够快速构建精准度较高的三维模型背景图谱，可在短周期内进行水下快速扫描时获取图像差异，再利用水下机器人的抵近观察确认缺陷类型，可有效地提高水下检查效率，实现短周期内定期检查。同时，在水下机器人收集大量的缺陷类型数据基础上，可利用 AI 大数据智能捕捉，标定各种水下缺陷，进而研发一种可以进行缺陷自动对比分析的系统。从而实现快速检查全线水下质量情况，进而做到定期、快速、大范围、全断面的检测，达到有效、快速发现水下质量缺陷的目的，为及时采取处理措施提供技术支撑，提高中线干线工程运行安全保障。

（4）水下机器人智能化

ROV 遥控水下机器人受制于电缆强度和长度、大大限制了其工作效率。随着人工智能，5G 技术的发展，基于 AUG 技术水下检测，将逐步完善，依靠传感器和人工智能，可实现远距离精准无线操作，实时画面传送等功能，可最大限度提高工作效率，实现自主完成水下检测任务。

参考文献

［1］高钟毓．惯性导航系统技术［M］．北京：清华大学出版社，2012．

［2］尹伟伟，郭士荦．非卫星水下导航定位技术综述［J］．舰船电子工程，2017，37（3）：8－11．

［3］周永余，许江宁，高敬东．舰船导航系统［M］．北京：国防工业出版社，2006．

［4］Jalving B，Gade K，Svartveit K，et al．DVL velocity aiding in the HUGIN1000 integrated inertial navigation system［J］．Modeling，Identification and Control，2004，25（4）：223－235．

［5］李守军，包更生，吴水根．水声定位技术的发展现状与展望［J］．海洋技术，2005，24（1）：130－135．

［6］彭富清，霍立业．海洋地球物理导航［J］．地球物理学进展，2007，22（3）：759－764．

［7］许昭霞，王泽元．国外水下导航技术发展现状及趋势［J］．舰船科学技术，2013，35（11）：154－157．

［8］李永龙，王皓冉，张华．水下机器人在水利水电工程检测中的应用现状及发展趋势［J］．中国水利水电科学研究院学报，2018，16（6）：586－590．

［9］温志坚，何志敏．广东沿海海洋流速测量实验案例研究［J］．科技教育，2018（15）：179－180．

渡槽小空间顶升专用装置

李英杰[1]，韩　晗[2]，张　畅[2,3]，周志勇[2,3]，丁　祥[1]，王嘉骏[1]

（1. 南水北调中线干线工程建设管理局，北京　100053；
2. 武大巨成结构股份有限公司，湖北 武汉　430223；
3. 武汉大学建筑物检测与加固教育部工程研究中心，湖北 武汉　430072）

摘　要：本文以南水北调工程河南境内澧河渡槽利用顶升法纠偏扶正、升级改造为背景，研制了一种专用于在小空间内，将超大型渡槽进行超大吨位顶升的装置；详细介绍了该顶升装置的构成及位移同步顶升控制策略，以及相应的施工步骤；通过顶升某一钢筋混凝土结构体作为试验验证，取得了良好的顶升效果。该顶升装置拟用于解决南水北调工程超大型输水渡槽在服役过程中出现的沉降倾斜、纠偏扶正及渡槽的升级改造，保证渡槽服役期间的结构安全和良好运行。预计将取得良好的经济效益和社会效益。

关键词：南水北调；大型输水渡槽；千斤顶；同步顶升；渡槽纠偏

1　引言

南水北调中线各渡槽为华北地区及北京市周边城市提供生活用水，因此维持各渡槽的健康运行，保证渡槽的正常输水功能十分重要，具有重大的社会意义、经济意义与生态意义。

南水北调中线各渡槽已通水运行 6 年，目前运行状况基本良好，但防患未然十分必要。随着城市和经济的发展，南水北调项目下游地区需水量逐渐增大，在不久的未来，渡槽将可能面临过饱和输水状态。如何提升现有渡槽的输水能力，可以预见是必须解决的一个问题。另外，渡槽在漫长的使用过程中，由于各种原因，例如地下水位下降、桩基基础土壤性能不稳定等原因，都可能造成渡槽槽墩发生沉降，导致渡槽纵向或横向倾斜，一方面影响正常输水功能，另一方面影响渡槽结构安全。

最原始的解决方案是采用修建渡槽反向施工的方法，先断水排空渡槽，使用大型设备将渡槽按照整垮拆下，处理完标高之后再将渡槽重新安装一次，恢复渡槽结构及恢复供水。期间需要的停水时间、所需的费用、施工难度均极大。因此研究一种能够在最低程度上影响渡槽供水，最短时间内完成施工的设备及方法，具有重大意义。采用同步顶升技术可以克服以上问题：使用液压千斤顶将渡槽顶升至设计高度，再对槽墩及渡槽进行处理，然后将渡槽固定。相比普通方法，采用同步顶升

基金项目：国家重点研发计划（2017YFC0405003）。

作者简介：李英杰（1963—），男，高级工程师。

施工周期短，成本低，占地少，甚至对于某些输水工况下，适当减少流量也可作业。本文提出了一种渡槽专用顶升装置，并对该装置同步顶升策略及施工方法进行探讨。

2 工程概况

南水北调中线一期总干渠澧河渡槽，是南水北调中线总干渠跨越澧河的大型河渠交叉建筑物，位于河南省平顶山市叶县常村乡坡里与店刘之间的澧河上，距叶县约 20km。渡槽槽身为双线双矩形槽，长度 540m，共 14 跨，两边边跨长 30m，其余每跨长 40m，单槽净宽 10m，最大槽高 8.52m，槽身最薄处为 50cm，设计流量为 320m^3/s，最大流量为 380m^3/s。

澧河渡槽单跨长度 40m 的渡槽净重达 2400t（边跨渡槽净重约 1800t），充水后重量可达 4400t（边跨渡槽充水重量约 3500t），渡槽每个支座负荷约为 600t（充水后约 1100t），相比公路桥梁，单跨 30m 长总负荷约 300t，渡槽顶升负荷远大于公路桥梁。使用液压千斤顶作为动作装置，可以用于控制超重设备及构件的升降，目前国内已经出现使用液压顶升系统控制液压千斤顶用于更换公路桥梁支座。

液压顶升系统的同步方式有两种，第一种是力学同步，第二种为位移同步。力学同步采用连通器的原理，一般情况下将千斤顶均匀布置（使各千斤顶负荷尽量相当），组内千斤顶受压基本相同，进而达到一种同步的控制方法，最直观表现为多个液压千斤顶（可以视为一组千斤顶）通过均流装置，共同使用同一组阀门控制升降。位移同步相比力学同步，在控制方面要求更高，采用闭环控制，一般情况下采集千斤顶作用的位移行程进行横向比较，依据一定的控制策略控制千斤顶的速度，使荷载平稳顶升。对于大型建筑物，位移同步方案在安全性方面优于力学同步方案。

3 渡槽小空间顶升专用装置

3.1 渡槽小空间顶升装置及控制策略

针对渡槽荷载大、结构统一的特性，设计出了一套液压同步顶升系统，该系统采用 PLC 作为主控制器，渡槽垮与垮连接的部位设置一台液压泵站－从站，液压泵站－从站包括油箱、电机、液压泵、液压阀组、压力检测装置、通信单元、I/O 模块以及变频器，在槽墩上合适位置安装液压千斤顶与高精度位移传感器。由于渡槽与槽墩间空间狭小，选用初始高度 360mm，额定负载 200t 的千斤顶，液压系统压力选择 63MPa。控制系统中主从站之间采用 ProfiNET 网络通信，实现 I/O 数据的高速稳定传输。渡槽小空间顶升装置系统原理图如图 1 所示。

位移传感器将渡槽顶升的位移量传递给 PLC，由 PLC 进行处理，通过滤波、整定、较零之后，进行统计处理，计算出当前测量的千斤顶有效行程及同步偏差。采用模糊控制与 PID 控制相结合的算法计算出电机需要的转速，并且通过变频器对电机进行调速，达到在顶升过程中控制甚至消除同步偏差的目的。控制系统实时监控液压系统压力变化，当压力出现异常变化趋势时禁止顶升动作。位移同步控制策略如图 2 所示。

3.2 施工方法

针对使用上述渡槽顶升设备顶升渡槽的施工，特别设计了以下施工方法：

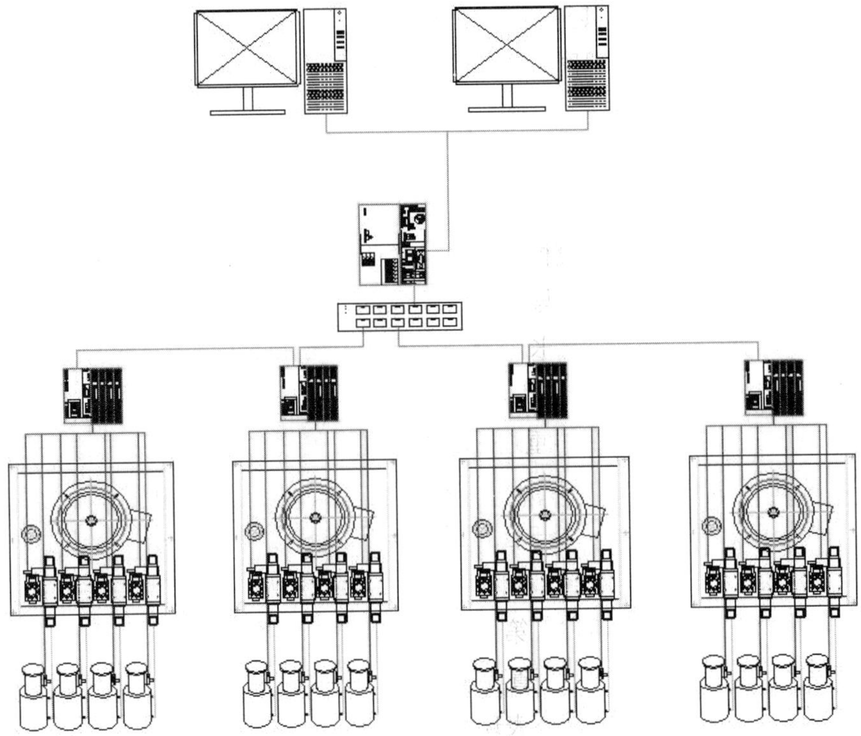

图 1　渡槽小空间顶升装置系统原理图

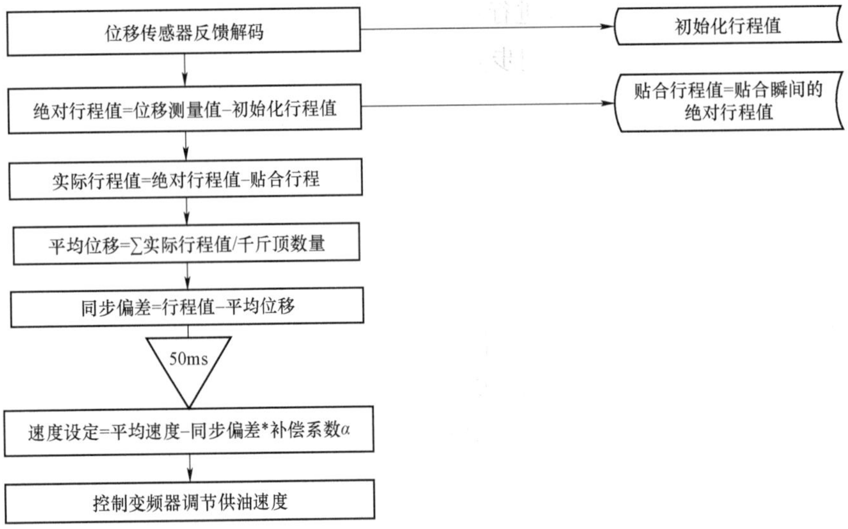

位移传感器反馈解码 → 初始化行程值

绝对行程值=位移测量值-初始化行程值 → 贴合行程值=贴合瞬间的绝对行程值

实际行程值=绝对行程值-贴合行程

平均位移=∑实际行程值/千斤顶数量

同步偏差=行程值-平均位移

50ms

速度设定=平均速度-同步偏差*补偿系数α

控制变频器调节供油速度

图 2　位移同步控制策略

第一步，调试顶升设备，液压泵、千斤顶完全充油排气；

第二步，在渡槽可承重部位下方，桥墩上支架周围布置厚钢板，安置千斤顶，千斤顶上方布置厚钢板，重新连接千斤顶与液压泵站；

第三步，千斤顶预顶升，将上钢板顶升至与渡槽完全贴合，并保持一定压力；

第四步，使用锯缝机或风镐将槽底与支座连接部位分离；

第五步，控制千斤顶位移同步（或等比例同步）将渡槽顶升至一定高度；

第六步，更换渡槽底座，或在原有支座顶升空间插入钢板或高强度垫块；

第七步，控制千斤顶同步回落在支撑物上，完全收回千斤顶并在千斤顶下方塞入同样高度支撑物；

第八步，重复第三，第五，第六，第七步直至渡槽达到要求标高；

第九步，在原有支座基础上浇筑新的支座；

第十步，控制千斤顶同步回落，将渡槽放在新筑支座上，将渡槽与支座连接；

最后拆除顶升设备，必要的情况下对操作面渡槽进行修复，整体施工完成。

图 3 为使用本文所述设备在大型顶升实验中的实验结果，将不均匀加载后的钢混结构体进行顶升操作。顶升过程中未见抖动，上升位移平稳，不同千斤顶压力变化趋势基本相同，位移偏差小于 0.3mm，能最大程度保证渡槽顶升的安全。

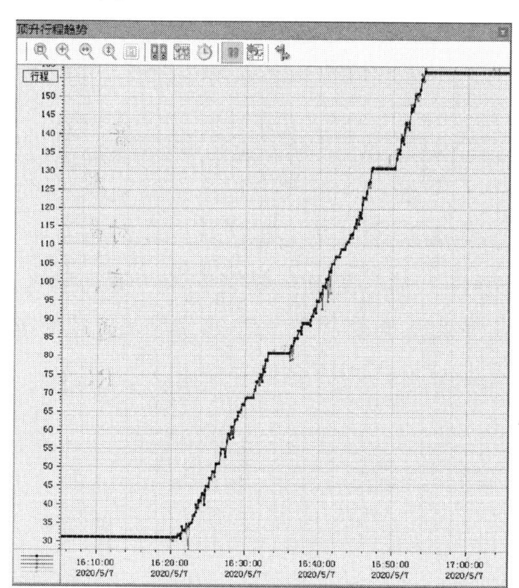

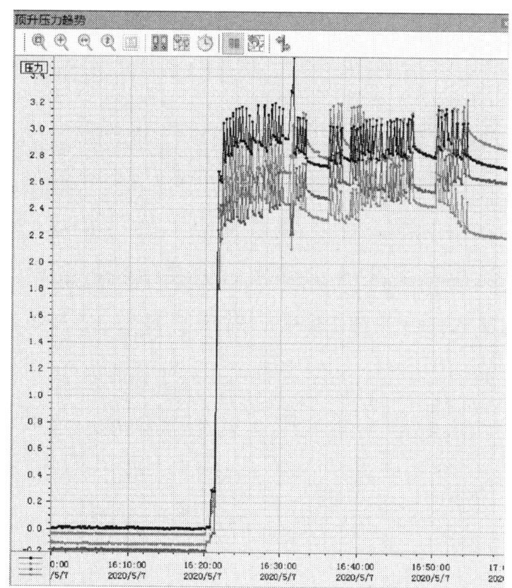

图 3　同步顶升实验结果

4　总结

本文介绍了一种渡槽小空间专用顶升装置，并探讨了其同步顶升控制策略及施工方法，应用该装置可对大型渡槽进行结构顶升。以澧河渡槽为例介绍了该方案的设计目标、工作原理和初步实验结果。改造方案拟用于解决南水北调工程大型输水渡槽在服役过程中出现的渡槽纠偏、调整渡槽倾斜度，实现渡槽的良好服役。

参　考　文　献

[1] 翟渊军，朱太山，冯光伟．南水北调中线沙河渡槽关键技术研究与应用［J］．人民长江，2013，44（16）：1-6.

[2] 陈浩，李小久，岳朝俊．南水北调中线工程沙河渡槽槽墩裂缝成因分析［J］．中国农村水利水电，2013（10）：64-67.

[3] 黄潇嵘，阮毅，李正，等．500kV 超高压架空输电线路巡线机器人的空间巡线方法研究［J］．机床与液压，2011，39（11）：36-39.

[4] 元小强，丁宁，张涛，等．便携式缆索机器人的研制［J］．机械设计与制造工程，2019，48（6）：32-36.

[5] 钱平，张永，徐街明．智能电网巡检机器人终端视觉巡检技术研究［J］．现代电子技术，2018，41（18）：113-116.

关于 ROV 在南水北调中线工程水下检测中的运用分析

韩晓光

（南水北调中线干线工程建设管理局河北分局，河北 石家庄 050035）

摘　要：南水北调中线工程自通水运行以来，社会、经济、生态效益日益显著。特别是提高了城市供水保证率，由原规划的城市补充水源转变为主力水源，为京津冀协同发展、雄安新区建设等国家重大战略实施提供了可靠支撑，保障其运行安全至关重要。水下检测作业是对南水北调中线工程设施的性能及安全作出评估的重要依据，ROV 检测方式相对于潜水检测方式而言，极大地克服了各种客观及人为因素的影响，对于提高检测作业的效率及质量发挥着重要的作用。通过对 ROV 检测方式的关键技术分析，结合南水北调中线工程水下检测作业的具体实践可以看出，ROV 检测方式在南水北调中线工程水下检测领域有着极为广阔的应用空间。

关键词：ROV 检测；南水北调；水下检测；运用分析

1　引言

南水北调中线工程是北京、天津等城市的重要水源工程，对保障城市经济社会发展、饮用水安全及提升生态水平具有重要作用，保证南水北调工程运行安全意义重大。随着南水北调中线工程设施使用年限的增加，为了保证其设施功能的正常发挥并延长其使用寿命，对于水下设施的定期检修维护是必不可少的。水下设施的检测是对工程设施的功能状况做出正确评估的依据，因此检测结果必须精确可靠。南水北调中线工程常年处于运行状态，水下设施的结构复杂且工作量巨大，如果仅仅依靠检修人员的人工检测很难保证检测结果的准确性。随着新型科技的发展应用，ROV 系统为水下检测工作提供了有效的手段。

2　ROV 系统的结构分析

ROV 系统即缆控水下机器人（remote operated vehicle），它是一种智能化的水下潜水器，可以实现水面与水下的能源供应和控制信号之间的传输。

ROV 系统的结构主要包括水下检测系统、水面控制系统以及连接系统三个部分（见图 1）。在设备组成上 ROV 系统配备了水下机械手、水下摄像设备以及水下检测设备和脐带缆等众多元件。ROV 系统的控制系统的终端设备可以向水下机器人下发操作指令，操控水下机器人的运动轨迹，调整水

作者简介：韩晓光（1985—），男，经济师。

下摄像设备的角度与焦距以及机械手的开合等。水下检测系统即水下机器人，它是按照控制系统的指令进行检测工作，并将采集的视频等数据实时返回到控制系统。水下机器人通常采用开放式的框架结构，可以在水下进固定深度或者固定方向的巡航检测。脐带缆是 ROV 系统的连接系统，控制系统与水下检测系统之间的指令下达，以及数据传输是通过脐带缆进行的。

在 ROV 系统的水下探测作业中，操作人员是在岸基或者作业船上进行操作的。水下机器人将获得的视频信号等数据通过脐带缆回传到控制屏幕上，控制人员通过对水下情况的观察和分析来具体下达水下机器人的作业指令。

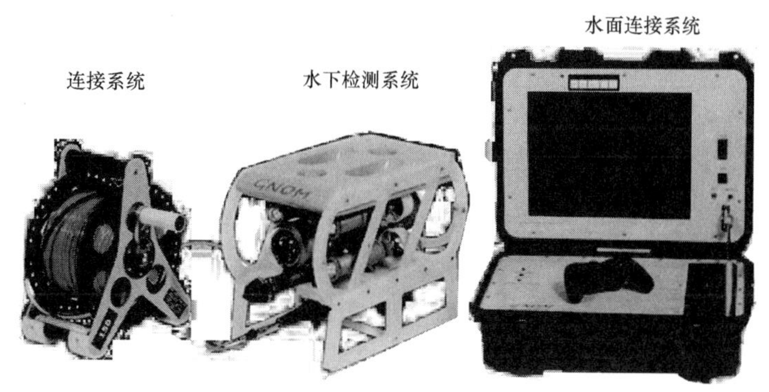

图 1　ROV 系统结构

3　ROV 系统的技术分析

3.1　FMD 检测技术

FMD 是 Flood Member Detection 的简称，一种水下无损检测新技术，中文可译为进水构件测试法。在 ROV 系统进行检测时，通过水下检测仪器的 FDM 探头可以实现目标结构完整性的检测。FMD 检测可以对目标结构的穿透性裂纹或者使水进到构件内部的缺陷进行检测，其原理是：当构件中存在穿透性裂纹或外水渗入到构件内部，使存在缺陷的构件充水，可以用超声波或射线探测构件内部是否有水，依此来判断是否存在缺陷。FMD 检测技术具有成本低、速度快、操作简单、效率高等优点，该方法在海域平台检测中已广泛使用。

3.2　MT 探测技术

MT 检测技术是通过水下检测仪器上的磁粉探测仪器，检测出水下目标物体的缺陷。ROV 系统主要是通过电磁轭法技术原理来进行检测的，其技术原理是通过对磁粉形状的信息进行分析来判断目标物体的缺陷。在进行磁粉探测时，目标物体会被磁化从而在内部产生较强的磁感应力，如果检测目标的结果存在缺陷，这些磁力线便会表现出不连续性并且发生畸变，形成磁漏场。并且这些磁漏场可以吸引铁磁材料，通过在目标缺陷部位播撒磁粉后就可以判断出缺陷的形状。在磁粉探测之前，需要首先获得标准的磁场强度，校对磁缝系统。

3.3　水下观察技术

ROV 系统的水下观察技术同潜水员进行水下检测的工作内容大体相同，其最大的特点在于是通过水下录像设备来完成水下观察的。ROV 系统的水下观察包括水下目标物体的搜寻确定，安装水下观察设备以及检测目标物体等内容。通过 ROV 系统的水下观察，可以在最大程度上克服人工水下观察的缺陷，ROV 系统的水下观察设备可以对其允许范围内的任何物体进行检测，同时通过机器手上的摄像设备还可以实现对目标物体的细节检测。

3.4 FMI 检测技术

FMI 技术是一种精确度极高的检测技术，可以适用于任何 ROV 系统，同时可以深达水下 3000m 的位置。FMI 检测技术是通过应用射线技术对目标物体进行扫描从而获得检测结果的，整个过程仅需数秒即可以完成，可以极大地节约水下检测的时间和成本。

3.5 ACFM 检测技术

ACFM 检测技术是一种电磁场无损检测技术，其主要是通过对旋转磁场的分析来检测目标物体的缺陷的[3]。ACFM 检测技术可以实现对目标物体缺陷的精确检测，其技术原理在于当目标物体的表面存在缺陷时，ROV 系统的仪器探头可以检测出目标物体表面的磁场畸变，并将这一信息传回控制系统进行分析，从而准确判断出存在缺陷的位置以及缺陷面积的大小、形状。

3.6 电位测量技术

电位测量技术主要是依靠 ROV 系统中机器手中的氯化银参考点位装置来对目标物体表面进行检测的。ROV 系统的电位测量技术在防腐蚀电位测量中的应用极为广泛，这种测量技术只需将氯化银参考电位装置送至目标物体测量出即可测出相关的数据信息，测量面积较广且测量耗时短，有着极高的检测效率[4]。

4 ROV 检测方式的优势

4.1 安全性高

潜水员进入深水区域进行检测作业有着较高的风险性，尤其是在水深超过 60m 的区域。在高压强和缺氧的水下环境中，如果氧气瓶等设备出现故障，将会直接威胁到潜水员的生命安全。而 ROV 系统的水下检测设备只会受到其设备自身的限制，只要对设备进行科学规范的操作，便可以保证整个检测任务的顺利完成，保障了检测人员的人身安全。

4.2 检测质量高

潜水员下水进行观察因为受到环境等因素的制约无法携带过多的观察器具，因此在对水利水电设施的水下结构进行检测时，难以精确地对设施的缺陷进行分析判断。同时加之氧气瓶所能支撑的氧气是有限的，因此检测工作的连续性较差，这也影响到了水利水电设施检测的质量。ROV 系统除了水下摄像设备之外，还可以搭载声呐扫描以及 FMD 探头等设备，通过多种检测技术与方式的结合，提高了检测的精确性与连续性。

4.3 检测成本较低

在潜水员进入深水检测时，需要氦气与氧气的支持，在检测作业结束后还需要水面的减压舱。因此整个检测任务所需要的准备的器材设备相对较为复杂，同时也增加了检测的成本。ROV 体统在检测中仅需要电压与一定的场地支持就可以完成，因此极大地方便了水利水电设施的水下检测作业，降低了检测的成本。

5 ROV 在南水北调中线工程水下设施检测中的运用分析

5.1 对混凝土管涵等过水建筑物的检查

南水北调中线工程中的倒虹吸、渡槽等涵管设施常年处于满水状态，结构面积相对较大且结构复杂，因此潜水员下水观察检测的工作效率十分低下，且不经济。同时加之水下环境的复杂性，当遇到水下流速混乱或者水质污浊的情况时，很难保证检测作业结果的准确性。这些客观因素对水下检测工作带了极大的难度。ROV 系统则克服了这些客观因素的限制，通过声呐检测等技术的应用，可以实现对水下设施全方位、大面积的检测，而且 ROV 系统的水下检测设备一般不受到水下环境等因素的影响，从而保证了检测结果的准确性。

5.2 对水下金属构件腐蚀状况的检测

南水北调中线工程整体结构中存在着大量的金属构件，主要包括金属闸门、金属拦污栅等。这些金属构件随着使用年限的增加会出现不同程度的腐蚀，从而导致构件的性能下降。如果水下金属构件的腐蚀程度过于严重，而未及时更换维修，会产生影响整个设备的正常运转。除了金属构件的腐蚀问题外，水下淤泥的堆积也会影响到设施的通透性，在汛期到来时如果水下淤积情况严重，会严重影响闸门的开启与落放。受水下环境等因素的影响，对金属构件腐蚀和淤泥堆积情况的检测，是水下设施的检测工作中的难点。在潜水作业观察的检测作业中，潜水员很难精确对金属构件的腐蚀情况，以及淤泥的堆积情况做出评估，检测结果的精确性较低。相对于潜水员下水观察的检测方式，ROV 检测系统有着精确性高、工作连续性强、作业面积广以及作业深度深等优势，因此随着 ROV 系统在水下设施检测中的应用，在很大程度上克服了各种自然以及人为因素的限制。通过在 ROV 系统的水下检测仪器上安装磁粉探测仪器，或者 ACFM 检测探头等检测设备，就可以准确检测到目标物体上的缺陷情况以及水下淤泥的堆积情况，从而对水下设施金属构件的腐蚀情况与淤积情况做出评估，为南水北调中线工程水下设施的维修保养提供数据信息的支持。

5.3 对水下衬砌等混凝土结构的检测

渠道是南水北调中线工程的重点结构。构成渠道的主要材料为混凝土材料，随着使用时间的延长，其表面结构受到水下压强及腐蚀等因素的影响会出现不同程度的裂缝与缺陷，这些缺陷会严重影响渠道衬砌板的安全性。因此在对南水北调中线工程水下设施的检测作业中，对水下混凝土衬砌结构的检测是重点内容。在潜水进行观察作业的方式中，潜水员需要借助水下照明设备对水下设施进行观察，在发现缺陷后需要通过标记等形式确定缺陷位置。这种检测方法的效率极为低下，而且难以保证检测结果的精确性。而在使用 ROV 系统对水下衬砌结构进行检测时，通过使用声呐检测系统就可以对整个衬砌结构进行检查，通过在检测中对相关的数据的分析即可判断出结构的完整性。在声呐检测设备检测到衬砌存在缺陷后，可以通过声呐图像对该区域进行定位观察。ROV 系统的水下检测设备可以搭载激光标尺等仪器，因此除了对缺陷的位置进行定位外，还可以测量出缺陷的大小面积等情况。对于坝体缺陷部位的止水情况则可以通过电动喷墨器进行检测试验，从而确定缺陷位置的渗漏大小以及方向等信息。

6 结束语

南水北调工程作为国家重大战略基础性工程，自建设之初就十分重视工程安全工作，中线工程自全面通水以来，坚持稳中求进、稳中求好，不断补短板、强弱项，开拓创新，实现了工程安全平稳运行、水质持续达标，圆满完成了历年输水任务目标。随着“两个所有”和“双精维护”工作的持续推进，工程面貌和维护质量都有很大进步。通过对 ROV 检测方式在南水北调中线工程中进行水下检测的技术分析，结合已开展的水下设施检测作业的具体实践可以看出 ROV 检测方式在南水北调中线工程中的适用性，相对于传统的潜水检测有着精确度高以及连续性强等诸多优势。今后，ROV 检测方式在渠道、管涵等水下设施开展边坡塌陷、金属结构锈蚀及混凝土裂缝等缺陷检测、水下淤积等领域有着广阔的应用空间。

参 考 文 献

[1] 张冲，曹雪峰．浅议 ROV 在水利水电设施检测中的应用［J］．山东水利，2019（9）．

[2] 张青莲．水下检测及缺陷处理技术在水利水电工程中的应用研究［C］//中国潜水打捞行业协会，国际潜水承包商协会，国际海事承包商协会．2014．

[3] 刘金龙，韩业飞．水利水电工程岩体检测技术的应用分析［J］．黑龙江科技信息，2014，03（3）：164－164．

[4] 弓永军，张立山，侯交义，等．ROV 及水下作业工具在深海搜寻打捞作业中的应用［C］//中国潜水打捞行业协会，国际潜水承包商协会，国际海事承包商协会．2015．

超声波流量计在南水北调中线明渠水下安装及应用

彭金辉，梁万平，商新永，李艳青，张俊武

（南水北调中线干线工程建设管理局北京分局，北京　102400）

摘　要：超声波流量计以其非接触、易于安装维护的优点在工业测量领域获得了广泛的应用。本文主要介绍超声波流量计在南水北调中线工程渠道中的应用及测量精度误差影响因素，重点介绍了时差式超声波流量计换能器在北拒马河暗渠节制闸前独特的安装方式。

关键词：超声波流量计；换能器；带水安装；误差影响因素

1　引言

南水北调中线干线工程全程 1432km，沿线分布 97 个分水口，64 座节制闸。自正式通水以来，沿线各省市引水量及受益人口日益增加，工程综合效益发挥显著。

北拒马河暗渠节制闸是南水北调中线干线工程上的一处关键节点，上游承接干线明渠工程，下游连接泵站暗渠工程，承担着重要供水计量任务。北拒马渠首流量计配置的是一套台 8 声路明渠超声波流量计，换能器的安装采用支架式带水安装方式，主机型号为 RSIONIC modular。流量监控系统的建立，对南水北调中线总干渠进京流量数据监测起到重要支撑作用，为调度输水工作提供了可靠性和便利性。

2　测量原理

超声波流量计按测量方法主要可分为时差式超声波流量计、多普勒超声波流量计和混合式超声波流量计三种。北拒马河暗渠节制闸闸前采用的是时差式超声波流量，此种类型的流量计是通过一对超声波换能器交替收发超声波，观测超声波在流体中的顺流和逆流的传播时间差与被测流体流速之间的关系求得流速，从而换算成流量的一种间接测量方法。

北拒马河暗渠节制闸闸前流量计是在渠道左右岸两侧各带有一个压电陶瓷振荡器的换能器 A 和 B 交替作为超声波发送和接收器（见图 1），产生的超声波脉冲在水流介质中传播。

换能器 A 向换能器 B 发射沿水流方向传播的超声波，传播时间为t_{AB}；换能器 B 接收到信号后向换能器 A 发射与水流方向反向传播的超声波，传播时间为t_{BA}。两个超声波波形的时间差$\Delta t\,(t_{AB}-t_{BA})$与介质的平均声路速度$\bar{v}$成正比，根据水流对声波正向传播有叠加速度、逆向传播有递

作者简介：彭金辉（1987—），男，工程师。

减速度的原理计算水流的线平均流速$\overline{v}$，如图 1 所示。

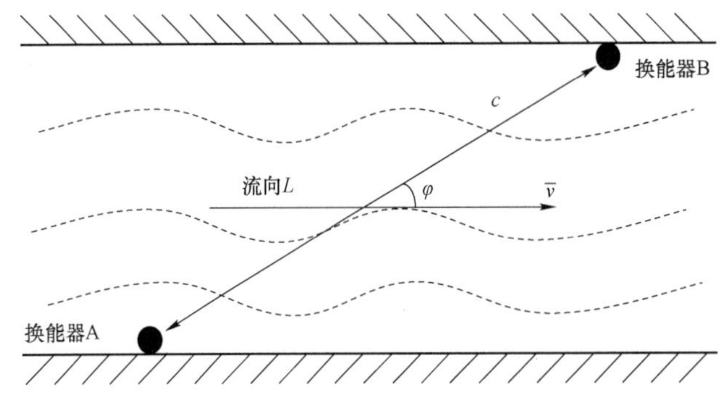

图 1　渠道水速示意图

$$t_{AB}=\frac{L}{c-\overline{v}\cdot\cos(\varphi)} \tag{1}$$

$$t_{BA}=\frac{L}{c+\overline{v}\cdot\cos(\varphi)} \tag{2}$$

$$\overline{v}=\frac{L}{2\cos(\varphi)}\cdot\left(\frac{1}{t_{AB}}-\frac{1}{t_{BA}}\right) \tag{3}$$

式中　t_{AB}——正向传播时间；

t_{BA}——逆向传播时间；

L——声路长度；

φ——声路角度；

c——净水声速；

$\overline{v}$——平均水流速度。

再根据多层流速积分得到节制闸的过水流量 Q，如图 2 所示。

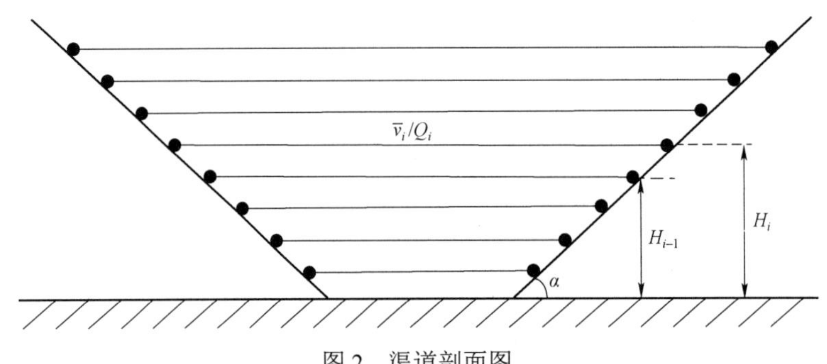

图 2　渠道剖面图

$$Q_i=\overline{v}_i\cdot S(H_i-H_{i-1}) \tag{4}$$

$$Q=\sum_{i}^{n}Q_i \tag{5}$$

式中　$\overline{v}_i$——第 i 层的平均水流速度；

H_i——第 i 层的水位高度；

$S(H_i-H_{i-1})$——第 i 层水流面积；

n——声路数量。

3 流量计的安装

3.1 测流点选取

北拒马河暗渠渠首节制闸超声波流量计系统结构图如图 3 所示。超声波流量计换能器的安装位置即为流量计测流点的位置，测流点的位置选择应符合流量计标况工作环境。测流点位置应远离闸门、弯道、浮桥、拦冰索等建筑物或设施，保证水流流态稳定，没有涡流，适合水文测量，为流量计测量提供良好的自然条件。

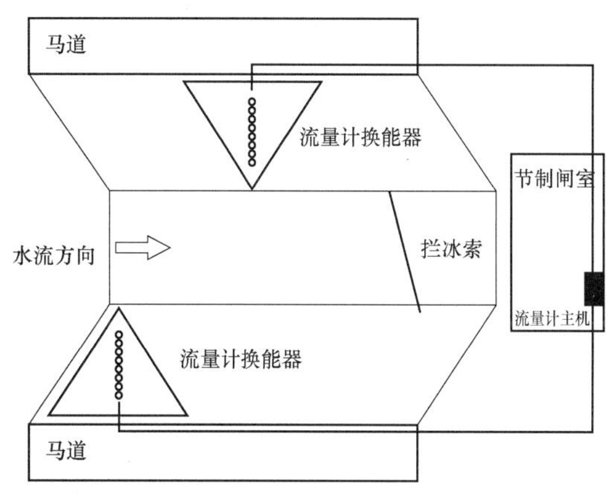

图 3　超声波流量计系统结构图

3.2 安装前准备工作

1）用万用表测试换能器电缆的导通性能。

2）根据声路布设位置用油性笔和标签纸对换能器和换能器电缆进行依次编号。

3）将换能器与电缆连接，并紧固换能器的密封螺母。

4）使用干式检测工具检测换能器信号是否正常。

5）检查所需的换能器底座、安装螺栓等附件是否完好。

3.3 换能器与支架的安装

流量计换能器采用带水安装的方式进行安装。安装步骤如下：

1）流量计换能器安装示意图如图 4 所示。在测流点位置渠道左、右岸分别用 50mm × 50mm 的热镀锌角铁和 ϕ50mm 热镀锌钢管分别制作一个带水安装支架，实物图如图 5 所示。

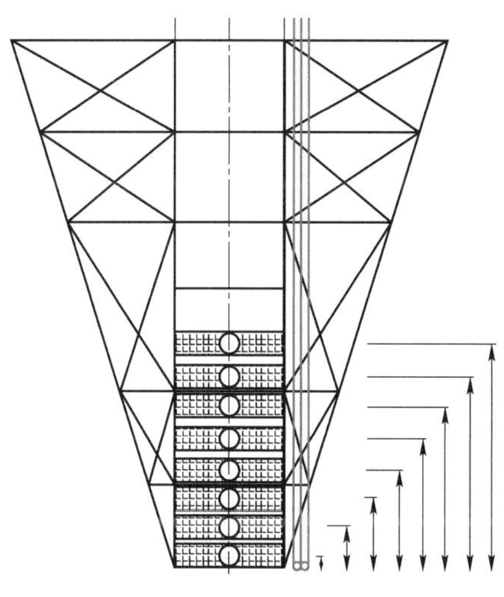

图 4　换能器安装示意图

图 5　换能器安装实物图

2）依据流量计设计安装高程，把每个换能器的不锈钢保护罩焊接在支架的相应位置上。

3）在支架的热镀锌钢管上（换能器安装位置处）开孔，以供穿接流量计信号线时使用。

4）将换能器固定在支架上的不锈钢保护罩内，将信号线缆穿至换能器位置。根据线缆标号与换能器对应关系进行接线。

5）对穿线孔周边进行防护，避免孔口划伤信号线缆。

6）将带换能器的支架沿渠道坡面整体下放至水中，并用膨胀螺栓整体固定，如图 6 所示。

图 6　换能器安装实际效果图

3.4　主机安装和系统调试

流量计主机安装在节制闸闸室内，包括一台控制器模块和两台超声波信号采集模块。因渠道内安装有 8 声路换能器，所以需要两台信号采集模块，每台信号采集模块接收 4 路换能器传输的信号。控制器模块计算渠道断面流量，并将数据传输至闸站监控系统。

流量计安装完成后对测量系统进行调试，并通过上下游建筑物的过流流量对测量结果进行校验，确保流量计测量准确。

另外，该流量计具有温度测量功能，温度测量不是通过增加温度计等测温元件，而是利用超声波本身的测量原理而计算出的水体温度，测量精度达±1℃。超声波流量计测量结果如图 7 所示。

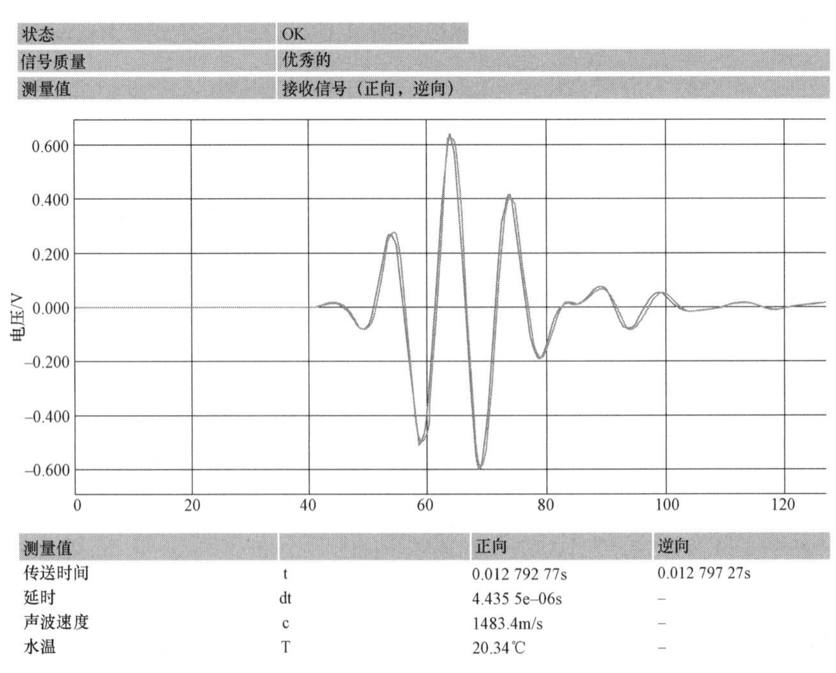

图 7　流量计测量结果

3.5 换能器带水安装的优点

1）不需排空渠道内的所有水体，只需将水位降低至一定位置即可。避免了因停水导致的水流中断，保证了下游用户的用水需求。

2）流量计安装支架面积大，受力点多，且呈倒三角形状沿渠道布置，支架外侧框架与水流方向一致，减小水流对支架的冲击力，保证了换能器的牢固性和测量稳定性。

3）便于后期换能器维护及备件更换。

4 安装对测量误差的影响

4.1 测量精度

超声波流量计的测量误差主要是由安装过程引起的。一般情况下，测量精度能控制在 5%就相当不错了，如果安装合适，测量精度能提高至 2%更好。这就需要有经验丰富的安装工人或更加科学合理的安装方式去实现。

4.2 误差影响因素

（1）安装位置的影响

安装时应选取流态稳定的断面，离输水建筑物、障碍物太近的断面及弯道断面易产生较大的横流，对换能器发射的信号造成干扰。另外，安装位置决定了声路长度大小和声路角度的大小，这些都会影响测量精度。

（2）时间信号测量误差

由式（3）可知，流量计的测量精度与超声波传播时间的准确测量密切相关。声路上除运动水体的传播时间误差之外，其余部分的传播时间会引起流速差，包括信号在线缆上的传播、逻辑电路与检波器的延时等。时间信号测量是由流量计系统本身测得，因此，时间信号测量误差就是超声波流量计的板级误差[1]。

（3）水位测量误差

由式（4）可知，水流流量与水位有关，水位数据是通过与换能器安装在一起的液位计提供。因此液位计的精度也影响流量测量结果。

（4）计数频率引起的误差

超声波脉冲计数频率越高，计数的准确性就越高，测量时由计数引起的误差就少。

5 结语

测量精度是每一种流量计都面临的共性问题。超声波流量计的优势相较其他类型的流量计更加突出，从 20 世纪 90 年代开始就已逐渐广泛应用于各个测量工程领域。超声波流量计在实际工程测量时过程十分复杂，其测量误差不可避免，只能尽可能减小误差，提高测量精度。通过科学合理的安装方式、提高流量计的制作工艺及程序优化等，可提高流量计的测量精度。

参 考 文 献

黄永峰. 时差式超声流量计新测量方法的设计与实现［D］. 哈尔滨工程大学，2007.

水下机器人在南水北调中线工程中的应用

宋继超，王庆磊，杜金山

（南水北调中线干线工程建设管理局河北分局，河北 石家庄 050000）

摘 要：为及时掌握南水北调中线干线工程重点部位水下部分运行情况，南水北调中线建管局联合相关单位研发了适合中线总干渠运行工况的水下机器人探测设备。通过水下机器人在中线总干渠水下部位损坏、水下项目施工质量、损坏部位修复效果、淡水壳菜和渠道淤积检测等方面的广泛应用，为南水北调中线工程在风险防控、日常安全管理、水下课题研究等方面提供了科学决策依据和技术保障。

关键词：水下机器人；检测；应用

1 概述

南水北调中线干线工程全长1432km，自丹江口水库引水，途经河南、河北、北京、天津四省（市），采用明渠单线输水、建筑物多槽（孔、洞）输水的总体布置方案。工程线路长，建筑物多，运行工况复杂，为有效监测渠道及建筑物的运行安全状况，及时发现异常现象并分析处理，采用仪器观测和人工巡视检查相结合的安全监测系统对渠道及建筑物运行状况进行监测，以确保工程安全运行。

中线工程于2014年12月12日正式通水，至今已连续运行6年多。通水以来，工程总体运行平稳，但也发生了衬砌板破损、壳菜附着、渠道渗漏、渠道淤积等情况，对工程运行造成了一定影响。长期以来，水下检测工作主要采用潜水员作为水下移动载体，通过潜水员人工作业经验或手持水下检测设备来完成，但受作业时长、作业半径、作业深度以及水下作业环境等诸多限制。

为及时掌握工程重点部位水下部分运行情况，并对水下修复项目施工质量及修复效果进行监管，南水北调中线建管局联合相关单位研发了适合中线总干渠运行工况的水下机器人探测设备开展水下检测工作。相较于潜水员作为水下载体开展的水下检测，水下机器人可自如应对水下环境的复杂多变，可覆盖大面积的检测工作任务，也不受作业时长的限制。

2 水下机器人设备组成及工作原理

南水北调中线工程当前主要使用 400m 缆遥控水下机器人对总干渠水下工程进行检测，设备由

作者简介：宋继超（1987—），男，工程师。

ROV 本体、电动脐带缆轴、DR3 控制箱、脐带缆、TMS、水下摄像头、声呐以及其他部分配件组成。DR3 控制箱、电动脐带缆轴、ROV 本体通过信号传输线缆、脐带缆进行连接，从而实现控制指令的转换与传输以及电源的转换与分配，使水下机器人按所期望的轨迹在水中行进，同时进行水下观察、检查和作业。

通过 ROV 本体配置的 4 个水平方向、2 个竖直方向大推力磁耦合推进器，机器人在水下能够完成前进后退、左右平移、上升下降、顺时针或逆时针转向等运动控制。为对水下目标进行探测，水下机器人配置 M900 图像声呐，检测人员根据声呐探测系统获取的声呐图像，可快速确定工程异常部位范围，并利用摄像系统进行录像、拍照。依靠 ROV 配备的多种传感器，可随时获取 ROV 相关状态信息，实现 ROV 定深、定向和姿态控制的功能，从而使设备具有较好的稳定性和环境适应能力。ROV 本体组成见图 1。

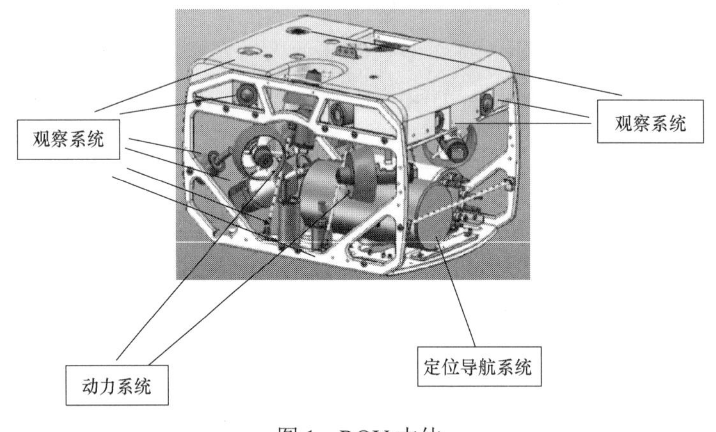

图 1　ROV 本体

3　水下机器人在南水北调中线工程中的应用

3.1　总干渠水下部位损坏检测及应用实例

工程巡查人员、运管人员现场巡视检查时，能够及时发现总干渠渠道及建筑物水面线以上部位损坏等异常情况，但受限于安全监测测点数量、监测项目和人工巡视检查的局限性，渠道及建筑物水下部位运行情况往往无法有效掌握。如在日常巡视检查过程中，高地下水位渠段渠底逆止阀运行情况是无法观测的，而逆止阀的完好程度又直接影响衬砌板的稳定性，逆止阀损坏较多可能还会造成渠道渗漏，对通水运行带来一定安全隐患。因此，开展工程重点部位水下检查十分必要。

水下机器人配置的由 M900 图像声呐和高清摄像机所组成的观察系统能够对工程水下部位进行有效观测，M900 图像声呐对水下衬砌面板、建筑物进行扫描获取声呐图像后，检测人员根据声呐图像可快速确定裂缝、错台、塌陷等异常部位范围，水下机器人对异常部位进行抵近观察，并利用高清摄像机对该部位进行录像、拍照、估测。通过水下机器人所采集的影像资料，可使运管人员全面、系统掌握总干渠水下损坏情况。同时通过有针对性的长期观测，可为进一步分析研判水下损坏问题产生的原因、发展趋势以及对通水运行安全造成的影响提供基础依据。声呐图像、摄像机拍摄照片见图 2、图 3。

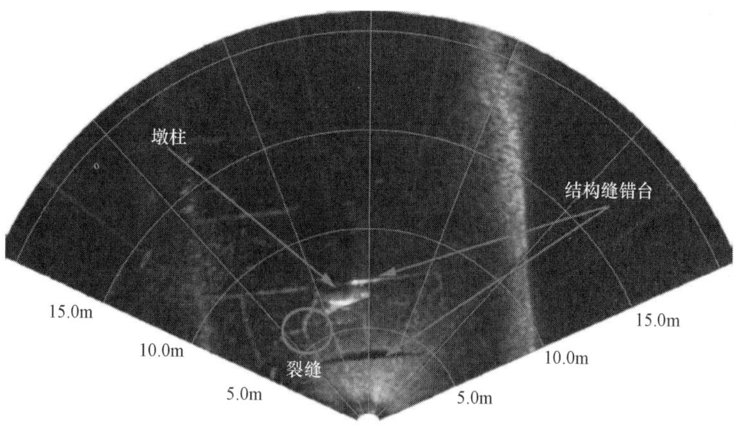

图 2　声呐图像

图 3　摄像机拍摄照片

【典型案例】某强排泵站集水井与渠道运行水位长期持平，根据近几年测压管和渠道水位观测资料分析，主要原因是渠道渗漏，泵站竖井与总干渠贯通。为查明渠道渗漏通道，检测人员利用水下机器人探测设备对强排泵站所在高地下水位渠段范围内的渠底逆止阀和水下衬砌板损坏情况进行了检查，发现该渠段范围内逆止阀损坏率较高。通过本次水下检测，确定损坏逆止阀为渠道主要渗漏通道，同时为后期开展水下修复工作提供了前期技术资料。损坏逆止阀照片见图 4。

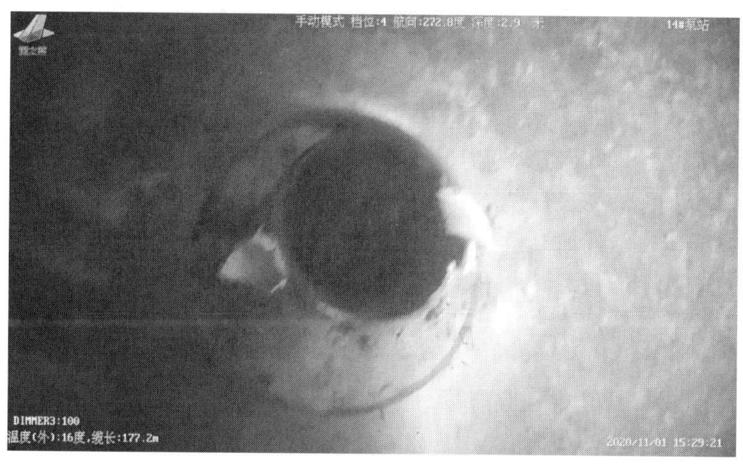

图 4　逆止阀阀盖缺失、阀体内无球阀

3.2 水下项目施工质量、修复效果检测

南水北调中线工程沿线目前暂无调蓄水库，不停水检修成为保障工程安全运行的重要措施。针对总干渠运行期间出现的衬砌板塌陷、渠道渗漏等问题，及时对损坏部位进行修复对保障工程安全运行尤为重要，因水下施工项目作业环境的特殊性，常规检查方式难以对施工过程及完工效果进行监督检查，采用水下机器人对水下修复项目进行监督检查十分必要。

加大流量输水期间，部分桥梁墩柱部位有明显水流旋涡，对渠道过流能力造成一定影响，现场采用在桥梁墩柱部位加装导流罩的方式对水体流态进行优化。检测人员通过水下机器人对导流罩安装过程进行了实时检查，依靠水下机器人采集的影像资料，不仅为导流罩安装流程及工艺优化提供了技术支撑，安装质量也得以有效控制。

通过水下机器人对渠道水下损坏部位修复效果进行检测，并对同类型缺陷的修复效果进行比较，可为管理人员在材料、修复方案、工艺等方面选择提供决策依据。

3.3 淡水壳菜、渠道淤积情况检测

中线总干渠自通水以来虽水质优于二类水标准，但水体内依然存在藻类，渠道也存在一定淤积情况。淡水壳菜附着于输水建筑物上将增大建筑物糙率，渠道淤积会造成输水断面尺寸减小，使过流面积减少，影响输水能力。以往对输水建筑物内部壳菜附着、淤积等情况进行检查时，需将输水建筑物逐孔排空后才可进行，耗时耗力且对正常调度运行带来影响。

水下机器人可省时高效地完成渠道、建筑物淤积及淡水壳菜分布情况排查。同时选取典型渠段和建筑物，采用水下机器人对淡水壳菜分布规律、影响因素进行长期观测，为淡水壳菜侵蚀影响及防治措施研究提供依据。某渡槽底部淡水壳菜声呐成像结果及水下摄像机拍摄照片见图 5、图 6。

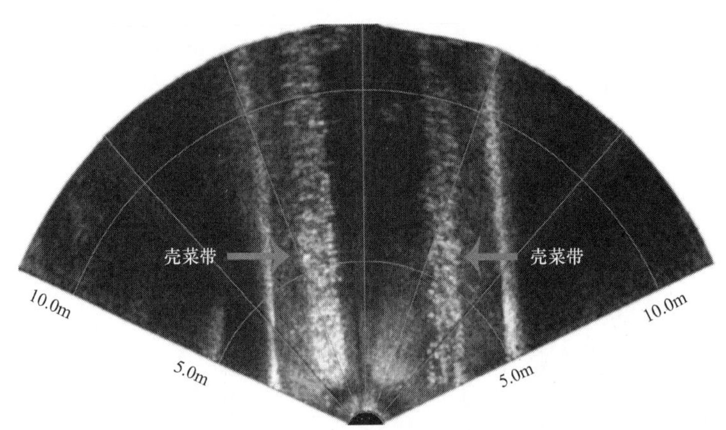

图 5　声呐扫描渡槽底部淡水壳菜成像结果

4 水下机器人存在的不足及建议

虽然水下机器人有诸多优点，但是仍有不少方面有待改进。第一，水下机器人对总干渠水下部分渠道及建筑物检测时，异常部位识别及影像资料采集均可高效清晰完成，但缺少对异常部位进行量测的功能，如损坏部位长度、高度、宽度等数据只能靠检测人员人为进行估测，这使得对某些问

图 6　水下摄像机拍摄渡槽底部壳菜分布图像

题描述的准确度降低。第二，当前所用的 400m 缆遥控水下机器人岸上操作设备（如控制箱、缆轴等），如果在恶劣天气对现场突发情况进行检测使用时，即使现场对设备进行遮盖防护，但用电线缆接口部位仍存在一定用电安全隐患。特别是在冬季气温降低至 0℃以下时，水下机器人在使用过程中部分系统运行不稳定，易出现数据传输延时、设备误报警等情况，影响设备正常使用。第三，传输距离问题。一般同轴脐带缆在 10～100 Mbps 的传输速率达 500m 的距离，但随着高清和 4K 摄像机在水下机器人中的应用，所需传输速率不断增加，通过同轴脐带缆传入/传出 ROV 的数据传输距离受到限制。第四，智能化程度不高。提高水下机器人行为的智能化水平一直是业内的目标，但是目前人工智能度不高，发展水平还不能完全满足不同环境的需求。

针对以上情况，可借鉴其他行业先进技术，增加目标量测系统，以提升问题描述准确度。优化升级操作控制系统、缆轴、线缆等设备部件连接方式，提高设备防水等级和各类传感器及传输信号稳定性，使探测设备在雨雪、寒冷天气时能够正常进行操作，以保障水下机器人在汛期、冰期及突发事件中能够及时发挥相应作用。

5　小结

随着科学技术的不断进步，不同类型的水下机器人将会以更快的速度发展起来。未来的水下机器人应该具更备高的推进效率兼顾灵活性，同时具有较高的智能化水平，可以根据一定的目标任务，在不同的外部环境下可靠地自主作业，能够代替人在复杂环境中担负起高度自动化的决策任务，以适应不同领域的应用需要。

总的来说，南水北调中线工程水下机器人的应用现在处在起步阶段，还有一些关键技术问题亟待解决。随着水下机器人应用的不断深入，水下机器人的用途将会越来越多，必将成为水利工程水下探测和修复的趋势。

参　考　文　献

李永龙. 水下机器人在水利水电工程检测中的应用现状及发展趋势[J]. 中国水利水电科学研究院学报，2018，6（06）：586－590.

多波束测深与水下无人潜航器联合检测技术在水工建筑物检测中的应用

夏旭东，张洪伟，杨先涛，申军成，李　刚

（华能澜沧江水电股份有限公司，云南　昆明　671500）

摘　要：从工作原理和作业方法方面，对多波束测深系统、水下无人潜航器进行介绍，并根据各自特点，提出联合检测技术思路，即采用高精度、高效率的多波束测深技术和水下无人潜航器对某电站进水口区域及消能塘进行联合水下检测实践，证明该方法在水工建筑物联合检测中可以得到更好的检查结果。

关键词：多波束测深技术；水下无人潜航器；水工建筑物；联合检测

1　前言

多波束测深集成了计算机技术、水声技术、导航定位技术等多种技术，相较于单波束测深设备具有更高的效率。多波束测深技术能够有效探测水下地形，得到高精度的三维地形图。该技术在海洋测绘、水利勘测、清淤治理、库区淤积测量等多个领域有着广泛的应用。多波束测深技术通过高精度的水深值给出水底三维地形图，具有以下优点：① 全面、动态反映水底微地形地貌。② 能获得高密度水底像素。③ 实时三维高精度水深点输出。

水下无人潜航器是没有人驾驶、靠遥控或自动控制在水下航行的器具。水下无人潜航器具有以下优点：① 灵活小巧。② 检查高效：潜水员在深水作业需加压减压，而水下无人潜航器能按照指令快速地进行至指定地点开展工作。③ 直观性高：通过配备的水下高清摄像头，可以直观地进行实时观测和储存照片。④ 可靠性好：在清澈的水环境下，水下机器人能够很清晰地显示水工建筑物的裂缝、破损、钢筋锈蚀情况等，并储存、记录位置。在水浑浊情况下，仍可通过水下机器人配备的二维多波束声呐进行定位及辨识。因此，该技术广泛应用于河道、水利水电工程结构的水下无损检测。

随着水利水电工程的老化，消力塘、海曼区会出现不同程度的淤积、冲蚀等现象，需定期检测、评估、加固，以确保其安全稳定运行。水下无损检测主要有多波束测深、水下无人潜航机器人、空气潜水等方法。以上方法均存在一定的局限性：多波束测深测量过程复杂，误差来源多；急流、大量垃圾杂物、旋涡等的环境下，水下无人潜航机器人较难操作、使用；深水潜水作业在工作时间、工作条件、工作环境有限制。单一方法无法全面了解水下情况，而多波束测深与水下无人潜航器的

作者简介：夏旭东（1986—），男，工程师。

联合水下检测，将面积性普查与局部详查相结合，可有效查明水工建筑物的破损、淤积等情况。

2 仪器设备简介

2.1 多波束测深设备作业过程

多波束测深系统通过声波发射与接收换能器阵进行声波广角度定向发射、接收，在与航向垂直的垂面内形成条幅式高密度水深数据，能精准、快速地测出沿航线一定宽度条带内水下目标的大小、形状和高低变化，从而精准可靠地描绘出水底地形地貌的精细特征。多波束测深原理见图1。

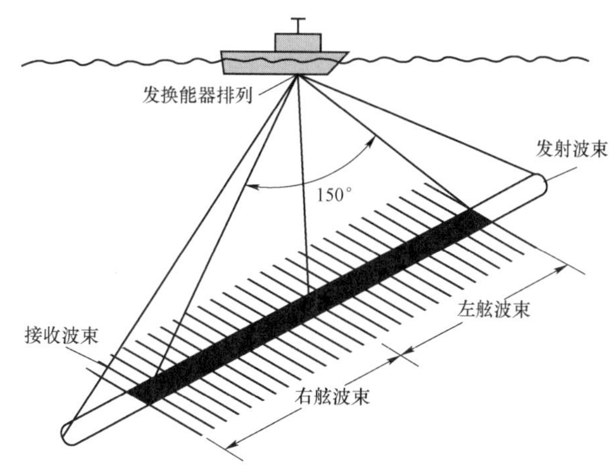

图1 多波束测深原理示意图

多波束测深主设备辅助设备见图2。

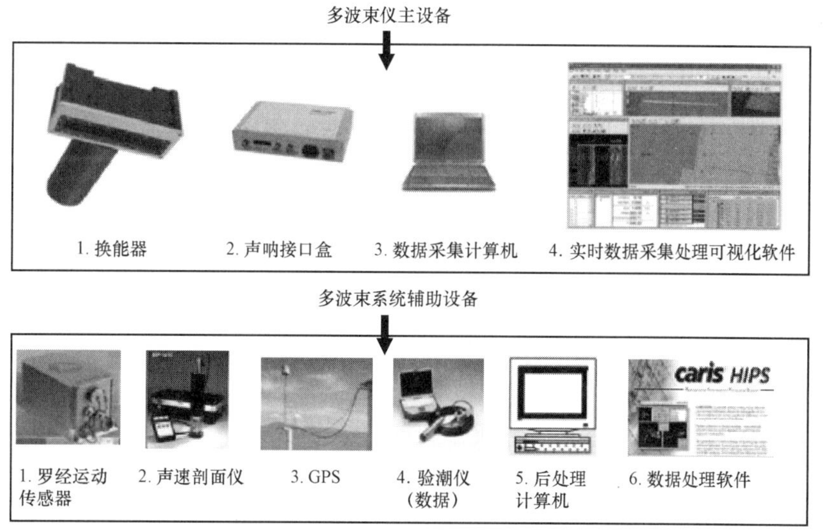

图2 多波束测深系统设备图

2.2 多波束测深系统作业过程

以 SONIC2024 型多波束设备为例，其水深测量作业过程如下：

1）在测量水底地形前，利用天宝 GNSS－RTK 根据提供的参数设立基站，基站架设在测区适当已知控制点上，流动站安装船上和测深换能器的连接杆相接。用PDS2000测量软件导航，用绘图软件南方CASS9.2布置好测线并导入多波束PDS2000软件，设置正确的参数，并实时采集数据。

2）安装测深仪换能器。

3）系统设备安装及连接：罗经（姿态传感器）及多波束主机安装在船舱内。安装GNSS流动站天线时，将连接天线的对中杆与换能器的安装杆捆绑在一块，使GNSS流动站接收机的定位中线与测深中心一致。各系统设备安装完成后用线缆进行连接。

4）建立测量船坐标系（VFS）。

5）设置多波束的脉宽、量程、增益等各项参数。

6）多波束设备校准测量。

7）数据采集：数据采集设置包括GNSS数据采集、水深数据采集，按设定记录距离间隔记录数据。使用多波束测深设备测深时，不仅要采集回波数据，还要测定完整的姿态信息，以便对测深及定位数据进行综合改正。

2.3 水下无人潜航器系统

无人遥控潜水器（Remote Operated Vehicle，ROV）主要分有缆遥控潜水器和无缆遥控潜水器两种。水下有缆机器人主要由主机、控制平台、控制通信脐带组成。其中，ROV主机是携带有水下高清摄像头、位置及水深传感器等探测传感器的水下运动平台。工作方式为：操作员通过脐带动力电缆，用操作手柄操控潜水器至水工建筑物各区域，通过高清摄像头对其进行观察。

3 联合检测技术思路与方法

多波束测深设备的探测成果是条带状水深图，可了解水底地形起伏，但无法直观地看到水底淤积物情况；水下无人潜航器可直观地观察到水下局部情况，但是无法全面、高效地了解整个探测区域的水下环境。因此，采用多波束探深系统大面积普查、水下无人潜航器局部详查的方式，可起到有效互补的作用。具体的检测方法如下：

1）采用多波束测深设备对被检查区域进行全覆盖的扫描，了解水深及其他变化情况，初步判断冲坑、杂物堆积等异常的空间分布。

2）根据多波束测深设备初步探测成果，使用水下无人潜航器对异常空间、可疑区域进行详查，进一步确认混凝土的裂缝、破损、露筋等情况，以及水下沉积物、杂物的性质、淤积情况。

3）部分护坡、导墙等水工建筑物，如存在底部纵向掏空时，安装于浮船上的多波束探深设备会存在一定的盲区，因此，对上述区域的掏空情况采用水下无人潜航器进行复查。

4）综合分析多波束探深和水下无人潜航器的检测结果，最终确定混凝土的缺陷、淤积物的类型、分布范围、性质，并进行综合分析，形成检测报告，为后期的施工处理提供相应的依据。

4 应用实例

4.1 工程概况

某电站装机容量900MW，为二等大(2)型工程，拦河坝为碾压混凝土重力坝，坝顶高程1310.00m，

最大坝高 105.00m。泄水坝段布置在主河床略靠右侧，由 5 孔表孔溢洪道和 1 孔底孔组成，5 孔表孔溢洪道集中布置，表孔溢洪道采用宽尾墩、消力戽消能，消力戽池尺寸（宽 × 长）为 90m × 30m，戽池底板高程 1225.0m，尾坎高程 1232.0m。海漫由混凝土海漫和宾格笼海漫组成，底部设计高程为 1212.0m。

电站进水口型式及布置：采用岸塔式进水口，进水口布置于右岸坝头上游、6 号沟下游山梁处，进水口顶高程 1310.00m，底部高程 1280.00m，进水闸顶部总长度 116m。

联合检测内容：

1）消力戽底部的冲刷、破损情况，以及消能塘护坦与消力戽尾坎连接段、左右岸体护坡边墙、尾坎等区域的冲刷、破损情况。

2）进水口混凝土底板淤积情况，底板与右岸混凝土护坡冲刷、破损情况，测区布置见图 3。

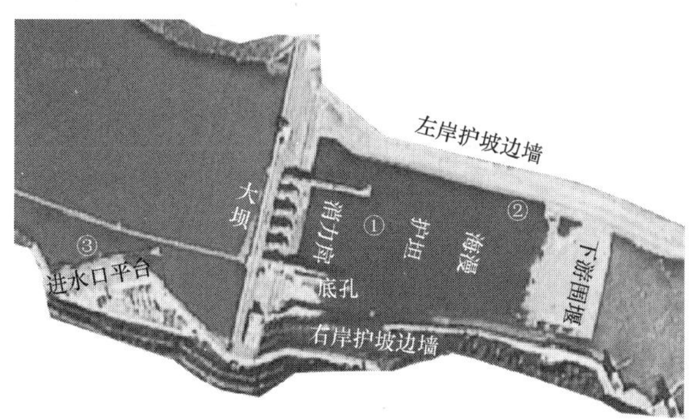

图 3　某电站进水口及消能塘异常分布区示意图

4.2　联合检测成果分析

（1）消能塘联合检测成果分析

多波束测深设备和水下无人潜航器联合检测成果显示：消力戽底部、消能塘护坦与消力戽尾坎连接段、左右岸体护坡边墙、尾坎等区域整体上没有开裂现象，左右岸体护坡边墙，结构总体完好。但在海漫区和左岸护坡各发现一处异常区（见图 3），异常区编号为①号、②号、③号。

①号异常区位于混凝土海漫（设计高程：1212m）与消力戽尾坎连接部位，多波束实测断面较设计断面出现明显的上凸（见图 4），凸出范围为 38m × 60m × 1.5m（坝横方向 × 坝纵方向 × 垂直高度）。经水下无人潜航器详细检查，观察到异常区靠右岸一侧平整，从水下无人潜航器图像拍摄显示①号异常区内堆积块石、碎石、沙土等沉积物以及破损的宾格网箱包塑菱形勾花网。

多波束测深成果与设计高程之间的差异见图 5。从图 5 可以看出：

1）坝 0 + 020.00m 至坝 0 + 000.00 区域内淤积厚度相对较大，等值线范围为 0～1.6m。

2）坝 0 + 035.00m 至坝 0 + 050.00 区域为 1∶2.8 的坡，该区域较为平整，等值线范围为 − 0.2～0.4m，无较大淤积。

3）坝 0 + 035.00m 至坝 0 + 073.00 区域较为平整，等值线范围为 0～ − 0.2m，几乎无淤积，原因分析为此部位旁是右岸冲砂底孔，底孔泄洪时，水流经消力戽消能后，对此部位的淤积物进行了冲刷，淤积物较少，而对坝 0 + 035.00m 左侧区域冲刷力量相对减弱，导致①号异常区淤积。

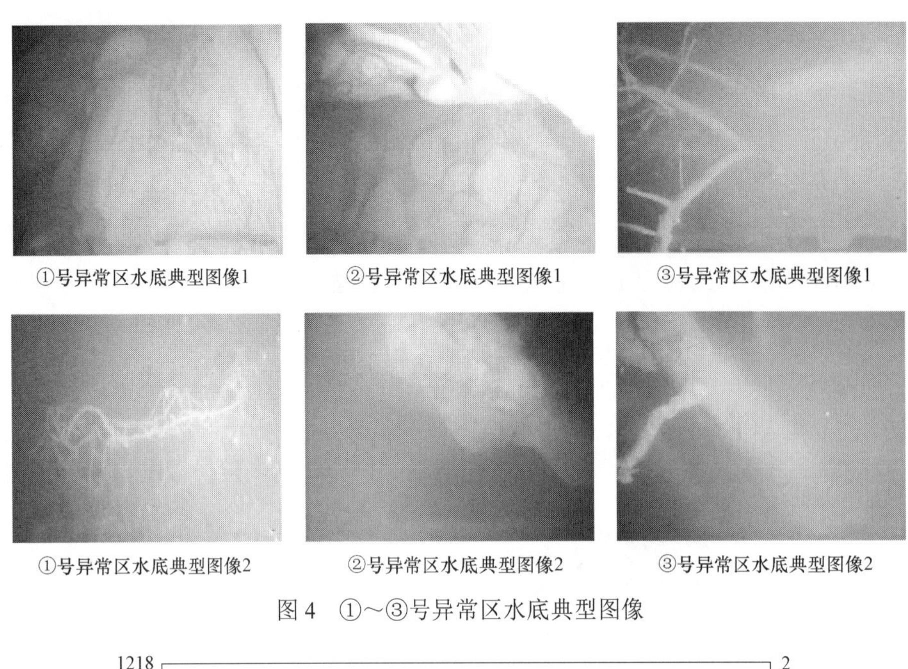
①号异常区水底典型图像1　②号异常区水底典型图像1　③号异常区水底典型图像1

①号异常区水底典型图像2　②号异常区水底典型图像2　③号异常区水底典型图像2

图4　①～③号异常区水底典型图像

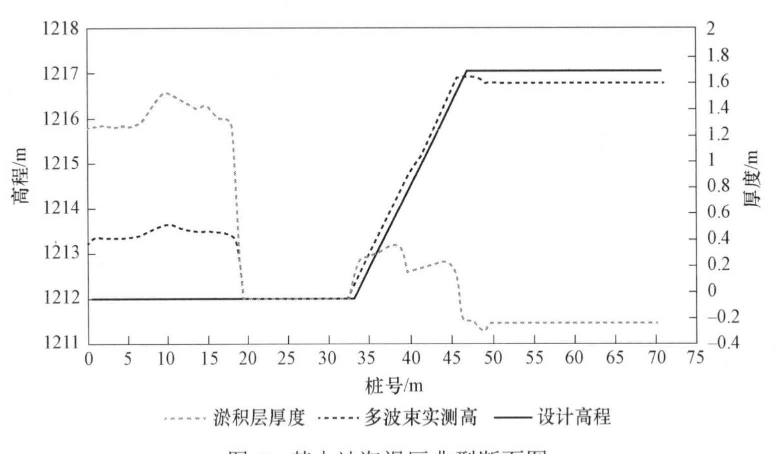

图5　某电站海漫区典型断面图

②号异常区位于坝下 0+200.00，坝左 0+010.00m，高程为 EL.1240.00m，该部位为左岸护坡混凝土平台压脚，底部存在掏空（见图 4），经水下无人潜航器详细检查，尺寸为：4m×7m×2.3m（坝横方向×坝纵方向×垂直高度），该部位延下游方向约 40m 范围内，存在多处掏空，掏空区域纵深 0.5～2m，高度 0.5～2.5m。原因分析为该平台与相邻护坡混凝土存在约 90°夹角，水流流态发生改变，对平台底部基础产生冲蚀破坏，形成掏空区域。

（2）进水口联合检测成果分析

多波束探深设备和水下无人潜航器联合检测成果显示：进水口平台底部与右岸边坡护坡挡墙连接段、进水口 1275 平台等区域整体结构完好（见图 6）。但在发现一处异常区，异常区编号为③号。③号异常区位于 3 号机进水口 1275 平台（设计高程：1275.50m），多波束实测断面较设计断面出现明显的上凸（见图 7），凸出范围为 5m×23.8m×1.5m（坝横方向×坝纵方向×垂直高度）。经水下无人潜航器详细检查：3 号机拦污栅底部淤积情况较为突出，榀栅前最高淤积至 EL.1279.91m，高出 1275 原平台 4.91m，低于进水口底板约 1m，从水下无人潜航器图像拍摄显示③号异常区内堆积树枝、沉木等沉积物。

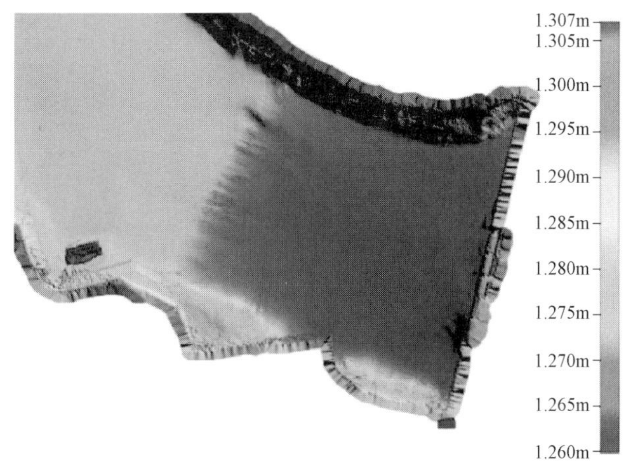

图 6　坝前进水口平台 DEM

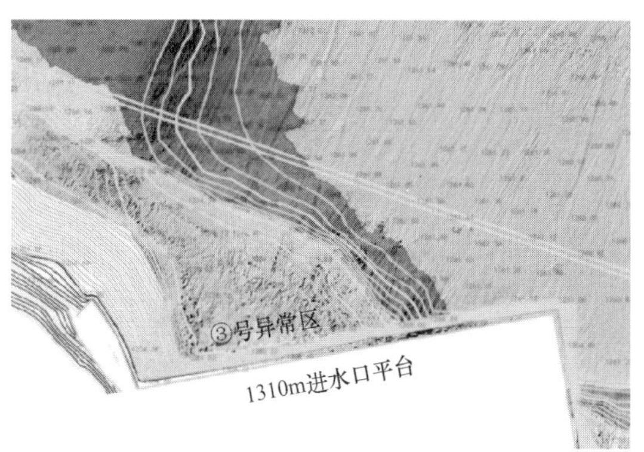

图 7　坝前进水口平台三维模型

5　结语

多波束测深设备和水下无人潜航器联合运用，通过整体全面的宏观检测与局部详查，能较为全面地检测水工建筑物混凝土破损、漏筋、裂缝等缺陷，以及水底淤积情况，取得了良好的效果。

参　考　文　献

[1] 唐力，肖长安，陈思宇，等. 多波束与水下无人潜航器联合检测技术在水工建筑物中的应用 [J]. 大坝与安全，2016：55.

[2] 熊荣军，孙杰，孙爱国，等. 多波束检测技术在水下隐蔽工程中的应用 [J]. 中国水运，2013：42-43.

[3] 沈勤. 水下机器人技术在水利工程检测中的应用 [J]. 中国战略新兴产业，2018：168-169+171.

[4] 李璐. 水下机器人在病险水利工程检测中的应用 [J]. 湖南水利水电，2015：50-53.

[5] 郑发顺. 遥控水下机器人系统在水库大坝水下检查中的应用 [J]. 水利信息化，2014：49-53.

[6] 陈思宇，唐力，曾宪强，肖长安，水下综合成像技术在水利水电工程中的应用研究 [C] //云南省水利学会.：云南省水利学会 2016 年度学术年会论文集. 昆明：云南人民出版社，2016：332-337.

[7] 周振辉. 水口库区断面泥沙淤积的分析 [J]. 区域治理，2018：195-196.

[8] 徐良玉，赖江波，邓亚新，等. 水下机器人在某水电厂尾水闸门门槽检测中的应用 [J]. 黑龙江科学，2018：94-95.

[9] 朱伟玺，马俊. 多波束联合遥控水下机器人在高土石坝水下检测中的应用 [J]. 水利水电快报，2019：57-60.

[10] 徐玉如，庞永杰，甘永，等. 智能水下机器人技术展望 [J]. 智能系统学报，2006：16-23.

[11] 关宇，汪良生. ROV 检测技术 [J]. 船舶工业技术经济信息，2002：24-27.

水下机器人在水库大坝渗漏检测中的应用

董芮佺[1]，林　红[1]，巩　宇[2]

（1. 中国电建集团昆明勘测设计研究院有限公司，云南 昆明　650033；
2. 南方电网调峰调频发电有限公司，广东 广州　510635）

摘　要：通过水下机器人系统在大坝渗漏检测中的实际应用，介绍了水下机器人搭载配备高清摄像设备、二维图像声呐、机械臂、示踪装置等设备，对大坝面板、趾板、溢洪道等水下构筑物进行全覆盖水下详细检查的过程。由此发现缺陷并通过示踪装置喷墨判断该部位是否存在渗漏，再利用二维图像声呐进行准确定位，为水下机器人在水库大坝渗漏检测中的应用积累经验。

关键词：大坝；渗漏；示踪装置；水下机器人

1　前言

我国是水利水电大国，现拥有近10万座水坝，大坝不仅能挡水防洪，减少洪涝灾害，还可以蓄水灌溉，储存并为人们生活提供水源等重要作用，它的存在给人类带来巨大的经济效益和社会效益，可见大坝与人类生产生活息息相关，正因如此大坝使用期间的安全状况更是直接影响到人们的生命财产安全[1]。

水库大坝投入使用后水下构筑物受水流冲刷等作用会产生裂缝、破损、冲蚀、掏蚀、表面剥落等问题，表面如果产生裂缝有可能就会成为渗漏通道，这些缺陷如果未被及时发现长期存在将有可能给大坝带来巨大的安全隐患。通过大坝定期检查能清楚了解到水下构筑物的情况，为评判大坝的安全提供可靠的依据[2]。

现今水下检查的方法主要为潜水员水下探摸观察和水下机器人检查两种，水下机器人检查比起潜水员优势在于更安全、方便、快捷、高效，其能够搭载配备光学高清摄像、声呐、机械手等设备适应并完成众多环境条件下的检查，现在水下机器人检查技术方法正逐步运用到更多水利水电工程领域[3]。本文主要通过水下机器人在水库大坝检测中的实际应用，阐述水下机器人在大坝检测中如何找到并准确判断出渗漏点或渗漏区域，再利用声呐进行准确定位。

2　方法技术

水下无人潜器（Remotely Operated Vehicle，ROV）也叫水下机器人，是能够在水下环境中长时

基金项目：国家重点研发计划（2019YFB1310502）。

作者简介：董芮佺（1997—），男，工程师。

间作业的高科技装备，尤其是在潜水员无法承担的高强度水下作业、潜水员不能到达的深度和危险条件下更显现出其明显的优势。

ROV作为水下作业平台，由于采用了可重组的开放式框架结构、数字传输的计算机控制方式、电力或液压动力的驱动形式，在其驱动功率和有效载荷允许的情况，几乎可以覆盖全部水下作业任务，针对不同的水下使命任务，在ROV上配置不同的仪器设备、作业工具和取样设备，即可准确、高效地完成各种调查、水下干预作业、勘探、观测与取样等作业任务。

本文中实际检测应用的是河豚IV－B水下无人潜器，它主要包括ROV主机和地面控制系统两部分。其中，ROV主机包括了高分辨率彩色摄像机、机械臂、推进器、照明灯等部件，此外还搭载了BlueView M900二维图像声呐用于机器人导航定位、目标识别与探测；地面控制系统包括了计算机控制系统、DV录像系统等部件。

为了能够找到并识别渗漏点我们自制了简易的示踪装置：矿泉水瓶内装满高锰酸钾溶液并在瓶口绑上丝线，再固定在机械爪内（见图1）。机器人携带示踪装置进行实时喷墨检查，通过摄像或声呐发现破损、裂缝等异常时，便可操作机械臂张合挤出高锰酸钾溶液示踪剂，此时目标点水域水体会被染色。假如破损部位存在渗漏则会通过机器人实时传回的摄像画面观察到带颜色的水体被吸入破损部位产生吸墨现象，再结合丝线摆动情况来综合判断该处是否存在渗漏。

该方法在新疆某水电站、云南某水电站及四川某水电站渗漏检测中得到成功应用，均准确查明了大坝渗漏点，为渗漏处理提供了可靠基础，下文主要介绍了几处应用实例的过程及成果。

图1　水下机器人机械臂携带示踪装置照片

3　应用实例

3.1　新疆某水电站应用实例

新疆某水电站装机160MW，水库正常蓄水位752m，拦河坝为混凝土面板堆石坝，坝顶高程EL756.3m，坝长446m，最大坝高140.30m。面板分三期施工，分期面板间设水平施工缝；趾板布置在坝体上游防渗面板周边，采用平趾板，混凝土面板垂直缝及周边缝均做了止水。根据渗漏量监测数据表明，当库水位从736m增至748m后，渗漏量也迅速增大，最大渗漏量达250L/s左右。

该项目采用水下机器人搭载高清摄像设备、二维图像声呐和示踪装置对大坝面板、两岸趾板、溢洪道进行全覆盖详细检查。大坝面板以面板垂直缝划分成独立的每块面板进行检查，每块面板平行于垂直缝布设 3 条竖直测线，水平方向每间隔 2m 布设一条测线，每条垂直缝上均布设 1 条测线；趾板上布设 2 条竖直测线，水平方向同样以间距 2m 布设测线，面板与趾板交接部位沿周边缝上布设 1 条测线，两岸趾板与岩体交接部位沿其交接部位布设 1 条测线；溢洪道底板采用二维图像声呐大面积扫查，发现异常再结合高清摄像局部详查的方式进行，溢洪道两边墙也布设若干水平测线。以上测线布置基本上覆盖了大坝面板、趾板、溢洪道所有水下区域，水下机器人则沿测线布置方向行进依次对其进行全覆盖检查。

水下机器人沿测线行进通过高清摄像头检查发现有裂缝、掏蚀、混凝土表观破损、垂直缝或周边缝上橡胶止水破损等异常时，则减小动力缓慢贴近定深驻足操控机械臂收合挤压瓶子对其进行喷墨检查，避免推进器转速过快搅动周围淤积使水体浑浊而影响到观察。当机器人贴近缺陷后先悬停片刻，待周围扰动的水体尽量趋于平静后再对其进行喷墨，喷墨时可多次调整喷墨装置相对于缺陷的距离或者位置进行喷墨，以便于更好观察喷墨的流动变化情况来准确判断该部位是否存在渗漏。以上步骤完成后通过二维图像声呐上周围有特征性的构筑物来量取判断两者的相对距离，并通过读取水深数据转化成高程从而确定该缺陷的位置。

水下机器人检查时发现混凝土面板堆石坝相对于重力坝来说面板表面更容易产生淤积或者树枝杂物等堆积物，深度越深可能越严重，给水下机器人检查带来很大困难。这些现象的存在虽然给检查带来很大弊端，但也给检查时发现判断该部位是否有渗漏情况存在带来了一定的参考价值。例如当面板表面有一定淤积存在时，可以通过观察淤积表面形态是否完整来判断是否有渗漏现象，若该部位有渗漏，则周围局部淤积可能较少或者没有；当面板表面局部有少量树枝或者杂物堆积时，该处可能存在渗漏以至于细小的树枝或者杂物吸附于此。当出现以上情况时水下机器人均可悬停对其进行喷墨检查验证该处是否确实存在渗漏。

本次水下机器人对该大坝面板、趾板、溢洪道全覆盖详细检查后共发现结构缝上橡胶止水破损、面板裂缝、掏蚀等缺陷共 90 处，在 90 处缺陷中进行示踪剂喷墨检查发现渗漏 4 处。其中较为典型的 2 处：

渗漏 1 位于右岸趾板周边缝上，高程约 722.00～720.00m。该部位从表观上看是橡胶止水破损，破损部位堆积有较多树枝杂物等，通过喷墨检查有明显吸墨现象，矿泉水瓶口悬挂的丝线也有往破损部位吸附摆动的现象，因此该部位存在渗漏，为集中式渗漏，并且从高程 722.00～711.00m 均发现周边缝橡胶止水断断续续有小程度破损，见图 2、图 3。

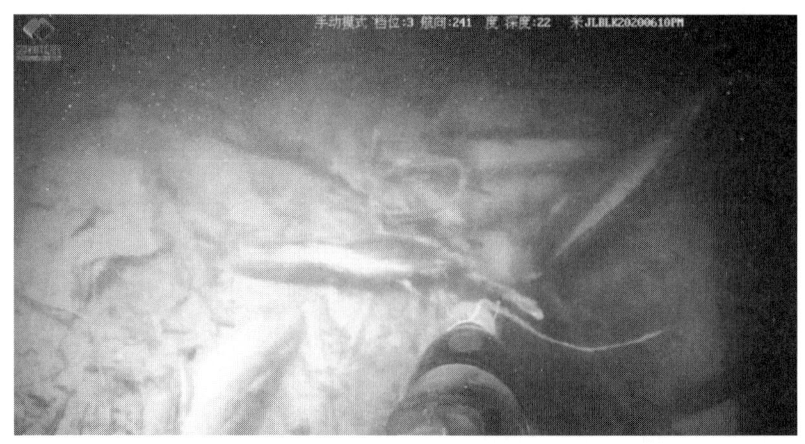

图 2　新疆某水电站水下机器人大坝渗漏 1 检测成果图 1

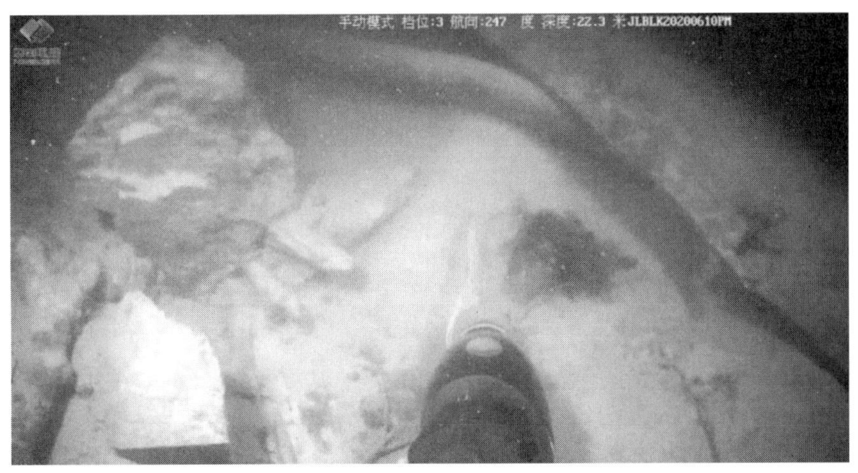

图 3　新疆某水电站水下机器人大坝渗漏 1 检测成果图 2

渗漏 2 位于溢洪道左侧喷锚边坡与混凝土底板交接部位，机器人检查发现该部位表面混凝土剥落，里面掏蚀较深，岩体破碎，支护钢筋出露，通过喷墨检查发现局部有轻微吸墨现象，因此判断该部位存在渗漏，为散浸式渗漏，见图 4。

图 4　新疆某水电站水下机器人大坝渗漏 2 检测成果图

3.2　云南某水电站应用实例

云南某水电站装机容量 1750MW（5×350MW），电站枢纽由碾压混凝土重力坝、泄洪冲沙建筑物、引水发电系统、垂直升船机等组成，重力坝最大坝高 108.0m，坝顶高程 612.00m，坝顶长 704.5m，自左向右共分 26 个坝段。该水电站在首次定期检查时，排水孔普查人工观测成果显示坝体渗流量为 5.575L/s，渗水主要来自 12 号～13 号坝段结构缝渗漏，渗流量约 5.36L/s，占总渗流量的 96.7%，渗漏高程位于 EL.570m 检查廊道顶部的结构横缝。大坝现场检查，除发现部分坝段横缝部位存在钙质析出、廊道墙面存在局部保护层损坏外，其他未见异常。

该项目采用水下机器人搭载高清摄像设备、二维图像声呐和示踪装置对 12 号～13 号坝段结构横缝进行全覆盖详细检查。现场检查从 12 号～13 号坝段横缝开始，往两侧每间隔 2m 从坝顶放置一根测线标定绳，标定绳所在部位为垂直检查测线，水平方向从水面至水底每间隔 2m 布置一条水平检查测线，水下机器人则沿测线布置方向行进依次对相应部位进行全覆盖检查。水下机器人沿测线行进通过高清摄像头检查发现有裂缝、孔洞、混凝土表观破损、结构横缝张开等异常时，控制机械臂对准异常点进行喷墨来判断该部位是否存在渗漏。

本次水下机器人对 12 号～13 号坝段全覆盖详细检查后在高程 EL.576.5～578.1m 范围内发现 5 处渗漏，其中较为典型的 2 处：

渗漏 1 位于 12 号～13 号坝段结构横缝高程 EL.577.7m 处，该处发现有树叶吸附在横缝中间，进行喷墨检查后观察到有明显的吸墨现象，由此判断该部位存在渗漏，为集中式渗漏，但渗漏量较小，见图 5。

图 5　云南某水电站水下机器人大坝渗漏 1 检测成果图

渗漏 2 位于 12 号～13 号坝段结构横缝高程 EL.577.9m 处，该处发现一个直径约 1cm 的孔洞，进行喷墨检查后观察到有明显的吸墨现象，由此判断该部位存在渗漏，为集中式渗漏，但渗漏量较小，见图 6。

图 6　云南某水电站水下机器人大坝渗漏 2 检测成果图

3.3　四川某水电站应用实例

四川某水电站装机容量 3000MW（5×600MW），正常蓄水位以下库容 20.72 亿 m^3。拦河坝为混凝土重力坝和心墙堆石坝相结合的组合坝型，最大坝高 159m，整个坝顶全长 1158m。该水电站大坝

建设过程中，已在灌浆廊道等部位发现有混凝土裂缝出现。为分析大坝上、下游坝面裂缝的分布情况和成因，消除隐患，并制定合理的施工处理措施，要求对整个混凝土大坝上游坝面结构缝和混凝土裂缝的分布及渗漏情况进行检查。

该项目采用水下机器人搭载高清摄像设备、二维图像声呐和示踪装置对全部坝段面板及结构缝进行全覆盖详细检查。检测发现多个坝段面板上发育有裂缝，其中14号坝段发现一处较大裂缝，裂缝顶端至EL.1082.7m，底端至EL.1031.7m（淤积层顶面），长度达51m以上，最宽部位约5mm，通过水下机器人搭载的示踪装置判断出其存在严重渗漏，见图7。

图7　四川某水电站水下机器人14号坝段裂缝渗漏检测成果图

4　结语

水下机器人因无人化使其可代替人在危险复杂的水域环境下工作，既保障了安全又提高了工作效率，再结合其搭载配备的高科技设备，拥有较强的技术优势。目前，水下机器人已经在海洋探索、渔业养殖、水下检测维修、搜救、考古、消费娱乐、军事、教育等众多领域广泛运用，近年来在水利水电领域水下构筑物的检查上也逐步运用较多。虽然其在某些方面还存在一定局限性，但随着科技的创新发展，水下机器人的技术与性能将不断提升，现存的问题和短板将逐步得以解决，所具备的功能将越来越完善，将会在更多的领域代替人更好地完成相关的工作，水利水电领域水库大坝或是其他水下构筑的检测也将更加容易与准确[4]。

参　考　文　献

[1] 郑发顺. 遥控水下机器人系统在水库大坝水下检查中的应用［J］. 水利信息化，2014，(02)：45-49.

[2] 马从计. 水下机器人在大坝水下表面裂缝检测中的应用［J］. 技术与市场，2012，19（09)：59.

[3] 李钟群，孙从炎. 水下机器人在浙江省水库大坝检测中的初步应用［J］. 浙江水利科技，2010（3)：57-59.

[4] 托尔斯滕. 基于无人水下机器人的水电站和大坝检测技术［J］. 水利水电快报，2015，36（07)：26-29.

多波束扫描技术在高土石坝水下检测中的应用

朱伟玺，卢　飞

（华能澜沧江水电股份有限公司糯扎渡水电厂，云南 普洱　665005）

摘　要：高土石坝水下坝面变形检测存在水下环境复杂、具有隐蔽性等难题，传统检测方法无法准确检测水下变形的变化量和范围，本文采用多波速扫描技术对坝面淤积进行监测点云数据的获取，再将扫描点云数据构建三维变形模型，建立检测区域的三维模型，对坝体的水下部分进行量化分析和精度评估，为评判水工建筑物缺陷等级和制定水下修复计划等提供了重要的基础数据支撑。

关键词：多波速扫描；水下变形监测；精度评估

1　引言

目前，高土石坝迎水面水下检测受限于水下环境的复杂性、检测区域范围大等因素，主要采用传统的蛙人水下检测技术和测深船单线测量。但该技术受下潜时间、下潜深度的限制，而且人员生命危险面临着巨大的考验。与传统蛙人和测深船水下检测技术相比，多波束扫描技术可快速、连续、全方位和多角度地获取采集数据，准确真实地描述水下异常情况，从而弥补了传统水下检测技术的弊端，克服了水下复杂环境的限制，为衡量缺陷等级和制定缺陷修复计划提供重要基础数数据。

2　多波束探测系统工作原理

多波束探测系统主要利用发射换能器阵列向海底发射宽扇区覆盖的声波，利用接收换能器阵列对声波进行窄波束接收，通过发射、接收扇区指向的正交性形成对水下地形的照射交叉区域（称为脚印），根据声波到达时间或相位即可测量出对应点的水下被测点的水深值，若干个测量周期组合形成带状水深图（见图 1），从而描绘出水下地形的三维特征。

3　水下部分作业方案

根据库水水位变化规律，在迎水面一侧的水下部分，分别在一个蓄水周期内低水位和高水位时进行多波束扫描观测，并对两期数据进行对比分析，确定大坝的水下部分的变形。

水下部分坝体的点云数据采集过程中，采用离测区最近的变形观测基点作为控制点，架设 RTK 基

作者简介：朱伟玺（1988—），男，硕士。

准站作为水下扫描基准点，在水下点云数据的扫描过程中，测线布置及数据采集流程遵循以下原则：

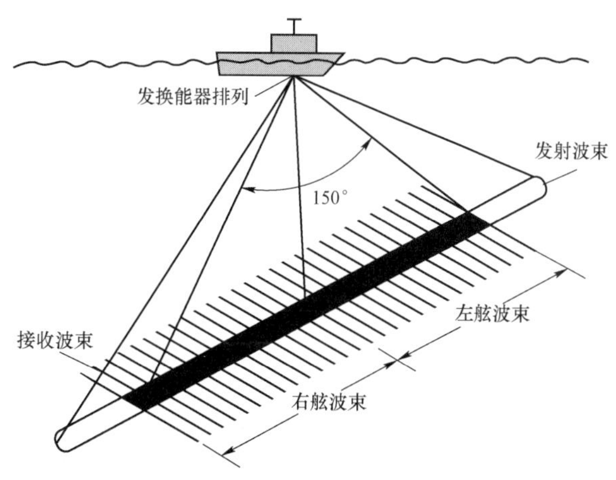

图 1　多波束探测系统工作原理示意图

1）最大水深时波束开角 25°，此时单测线点间距小于 0.4m，以确保每移动一条测线有足够的重叠度。

2）采用多波束施测检测线，检测线与主测深线垂直，测线间距 10m，保证获取数据全面准确。

3）在后期数据处理过程中进行了必要的姿态改正，包括时延的校正、横摇校正、纵摇校正、艏摇校正等。

4）根据实时数据采集工作站系统，对数据采集过程进行监控，并按布置的测线引导船只运行，保证水库环境变化，调整声呐的波束角、量程、中央波束方向、发射功率等，最后完成外业采集工作。

4　点云数据采集

2016 年 7 月 10 日～12 月 11 日，分别选取枯水期和丰水期，第一期水位 EL.777.00m，第二期水位 EL.812.00m，运用多波束扫描系统对大坝迎水面水位以下部分进行两期扫描观测。

以左岸上游面 DB－JQR－JD01S 观测房顶基点作为 RTK 工作基点，平均采集测线间距 20m，条带间覆盖率≥60%。水下数据的采集过程中，严格控制船速和航线，以保证水下多波束数据满足设计精度要求（见表 1）。

表 1　　水下多波束数据设计精度要求

水位	测量项目	完成面积/万 m^2	点云数目/亿	测站数	数据量/G	平均密度/（p/m^2）
高水位	点云数据量	80	1.66	3	1.94	207
低水位	点云数据量	75	1.34	3	1.85	178

5　数据处理及精度分析

5.1　数据处理

水下探测过程中，以离测区最近的变形观测基点（DB－JQR－JD01S 观测房顶基点）作为 RTK

工作基点，实际采集测线与设计一致，平均测线间距 10m，共计布设 10 条测线，测线间覆盖率≥75%。水下数据的采集过程中，严格控制船速和航线，以保证水下多波束数据满足设计精度要求。

根据既定的探测路径（见图 2）依次探测水下待测区域获取初始点云数据，并经过噪点剔除、点云配准、数据过滤、数据分类、过滤和抽稀等数据预处理过程后，得到水下区域整体结构化点云数据，进而构建水下待测区域三维模型。

经过两期多波束扫描检测可知，获取点云数据需经过去噪、滤波和粗差处理后形成平滑的第一、二期基础点云数据（见图 3）；对水下点云数据（见图 4）进行去噪处理后建立的模型；为了整体分析坝前库底的探测状况及其形成原因，可将水下扫描建模部分和大坝整体模型构建成整体可与竣工模型进行对比分析（见图 5）。

图 2　大坝水下区域探测路径

图 3　第一、二期迎水面多波束点云

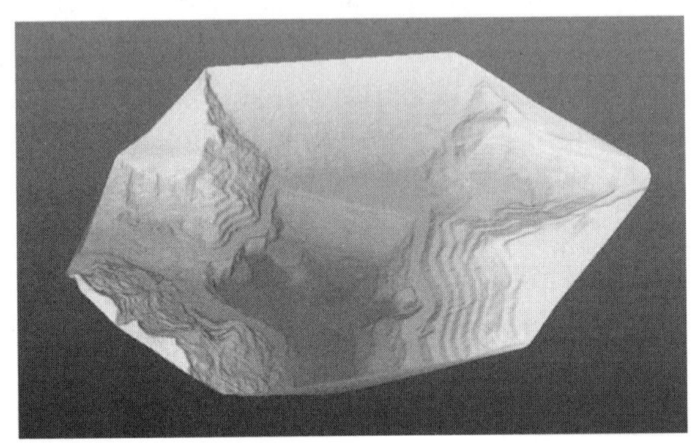

图 4　右岸泄洪洞点云数据建立模型

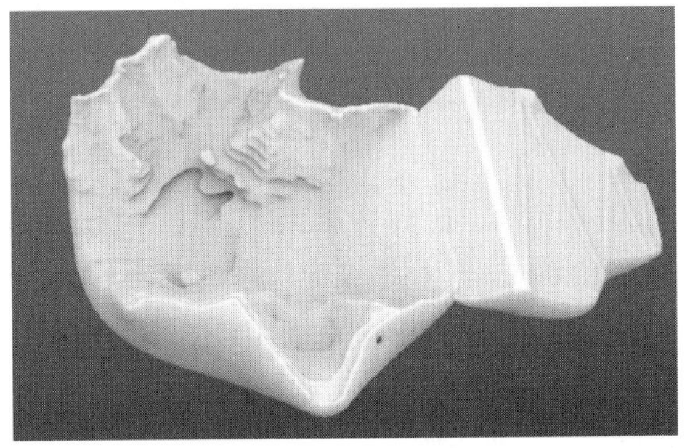

图 5　整体坝区三维重建示意图

通过本项目的前期设计、中期观测、后期数据处理及资料分析等环节，对于多波速水下检测成果分析：

1）大坝表面变形多波束扫描工作点位选择合理，通过高密度的点云扫描方式，在保证扫描距离的同时做到了坝面最大覆盖，工作整体质量处于较高标准。

2）使用 R2SONIC 2024 多波束测深系统、全站仪自动观测机器人等先进设备联合观测，大大提高了变形监测的精度和可靠性。

3）使用专业点云数据处理软件，对大坝表面点云进行建模，通过不同观测期的点云 mesh 构面成果叠加比较分析，排除噪点干扰影响，通过多期数据对比，得出大坝表面不同区域的变形规律及变形区间量值。

5.2 精度分析

多波束探测系统引起的误差主要因素包括换能器量程引起的误差、辅助传感器引起的误差（姿态测量误差、声速测量误差及 GPS 测量误差）。对于各种因素精度评估如下.

静态探测精度评估：反映系统深度重复测量精度，用来评价声呐测深系统的水深测量精度，但无法暴露整个系统各误差源引起的水深和位置误差，是有限项误差评估的方法。

相对探测精度评估：反映系统自身的测量数据间进行精度评估，由于系统的一些传感器误差对测量水深的影响自中央波束向边缘波束增加，使得中央波束精度明显高于边缘波束精度，该精度反映出影响波束水深精度各因素综合误差。

绝对探测精度评估：由于多波束测深系统采用了波束开角小于 3°窄波束技术，其中央波束的精度应高于单波束测深精度，在技术上不能采用由单波束系统来检验多波束系统的方法。绝对精度评估方法是对多波束测深系统的系统偏差和外侧波束精度的分析和评估。

综上所述，在多种误差的综合因素影响下，经过数据处理分析，水下多波束测深点云数据的精度≤10cm。

6 结语

该多波束扫描技术可建立一套用于高土石坝水下检测的技术方案，实现水下近距离、高精度的定量化扫描测量，准确真实地描述高土石坝坝水下坝面等异常情况，从而弥补了传统水下检测技术的弊端，克服了水下复杂环境的限制，为土石坝水下检测和分析提供重要的技术支撑。

参 考 文 献

[1] 孙新轩，佟杰，李磊．多波束水深数据不确定度研究［J］．测绘地理信息，2019，44（06）：48-50.

[2] 陈思宇，何世聪．多波束与水下无人潜器在水工建筑物联合检测中的应用［C］//中国水力发电工程学会．2015年会暨大坝安全检测技术与新仪器应用学术交流会论文集，2015.

[3] 曾广移，覃丹，巩宇，等．一种具备 ROV/AUV 双工模式的水电站检测水下机器人研究［J］．科技广场，2017（09）：74-78.

[4] 徐进军，余明辉，郑炎兵．地面三维激光扫描仪应用综述［J］．工程勘察，2008（12）：31-34.

[5] 刘兆权．多波束测深系统精度评估［J］．中国港湾建设，2017，37（05）：63-67.

[6] 陆俊．多波束系统在水下探测中的应用［D］．南京：河海大学，2006.

长距离封闭隧洞环境内机器人自主返航技术研究的理论和实践

周红坤[1]，杨　帆[1]，刘旭辉[2]，闫　超[1]

（1. 中国船舶七五〇试验场，云南 昆明　650000；
2. 水利部产品质量标准研究所，浙江 杭州　310024）

摘　要：本文针对缆控水下机器人在长距离输水隧洞内脐带缆被缠绕，通信中断后无法对其进行控制的问题，设计了基于高精度水声定位和六向测距声呐环境感知的水下机器人自主返航控制系统，实现信号中断后机器人沿输水隧洞自主返航到初始位置。机器人在正常工况下为缆控模式，信号中断后采用人工势场法（APF）根据实际应用环境进行路径规划，然后通过 PID 控制器实现对水下机器人的路径跟踪控制。在水电厂隧洞中的实航试验表明，水下机器人能够在通信中断后实现自主返航回到初始位置。

关键词：水下机器人；长距离输水隧洞；人工势场法；路径规划；自主返航控制

1　引言

缆控水下机器人（ROV）因其经济性好、水下作业灵活性高、环境适应性好、作业效率高等优点，在水下工程、打捞作业、海底调查、海洋资源开发等领域得到了广泛的应用。特别是对于水电厂长距离输水隧洞的巡检，目前比较有效可行的实施方案为通过缆控水下机器人远程操作巡检，但是由于长距离输水隧洞环境比较复杂，比如斜井、竖井、拐弯隧洞等，经常易发生机器人脐带缆被缠绕的情况，导致控制信号中断，水面操作人员无法对机器人进行远程控制。因此，信号中断以后的机器人自主返航控制就显得尤为重要，本文基于人工势场法进行水下机器人隧洞内自主返航控制研究。

2　工作原理

当水下机器人在进行水下作业时，若发生断缆或控制信号中断，控制系统自主启动返航控制模式。在自主返航控制模式下，机器人通过导引声呐，获取当前机器人相对于初始点的距离和方位信息，通过安装在机器人上、下、左、右、前、后六向的测距声呐实时获取机器人与周围洞壁的距离，通过深度传感获取机器人的深度数据，同时根据航向姿态仪获得机器人的航向与姿态数据，自主进

基金项目：国家重点研发计划（2019YFB1310500）。

作者简介：周红坤（1988—），男，工程师。

行返航的路径规划，并根据规划路径自主返航。控制流程如图 1 所示。

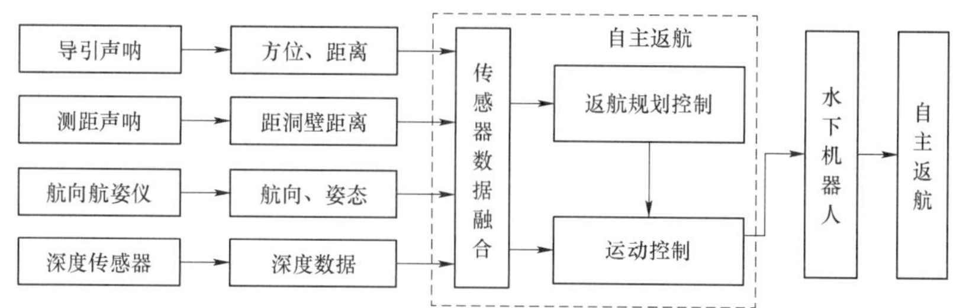

图 1 自主返航控制流程

莲蓄公司通过潜水的方式进入上水库水下 17m 深度，在主坝混凝土面板与趾板之间开展 6 套三向测缝计安装、调试施工作业，通过水下敷设电缆的方式接入大坝监测自动化系统，用于监测面板相对于趾板的水平、沉降及剪切位移。在充分考虑潜水作业施工安全、作业环境、劳动强度、水下检修工器具选型和诸多不确定性因素的基础上，有效克服了水下作业压强大、照明采光不足、视线差、水下施工工具操作困难、作业环境恶劣等重重困难，项目实施组织策划严密、指挥协调有力、作业工序衔接顺畅、人员配合紧密、安全管控措施得当，上库主坝面板三向测缝计安装潜水施工作业安全顺利完成，上水库主坝混凝土面板与趾板之间的位移变形得到科学有效实时监测，达到预期工作目标。

机器人在长距离输水隧洞内自主返航过程如图 2 所示，自主返航运动控制器控制机器人航向始终沿着声源的方向，根据自主避碰路径规划，控制机器人始终与侧面和底部保持一定的距离，避免与隧洞壁面发生碰撞，同时实时检测机器人深度和距离声源位置，判断机器人自主返航是否正常。

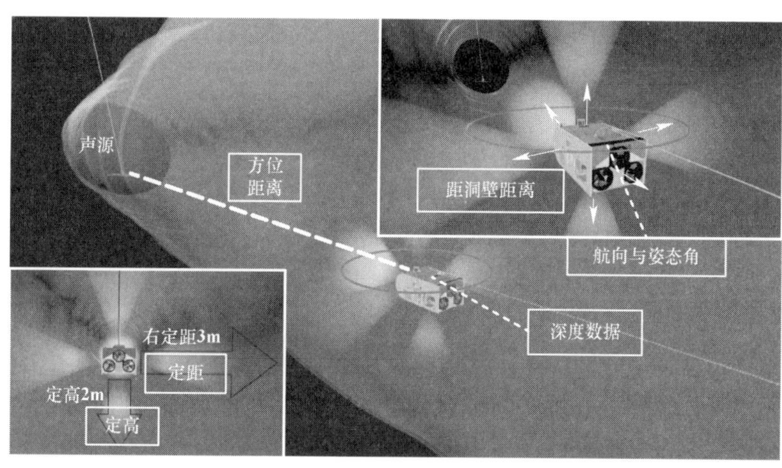

图 2 长隧洞内自主返航示意图

2.1 导引声呐原理

导引声呐的系统主要由导引机和应答机两部分组成，导引机放置在岸上，应答机安装在水下机器人上，工作原理如图 3 所示。

导引机接收到应答脉冲声信号，根据应答脉冲声信号与导引脉冲声信号之间的时延值，测量出导引机与应答机之间的距离，距离计算公式如式（1）：

$$d = \frac{(\tau - \tau_0) \times c}{2} \tag{1}$$

式中：d——导引机与应答机之间的距离；

τ——应答脉冲声信号滞后导引脉冲声信号的时延值；

τ_0——应答机信号处理所需的时间（固定为 538.2ms）；

c——声速（取 1465m/s）。

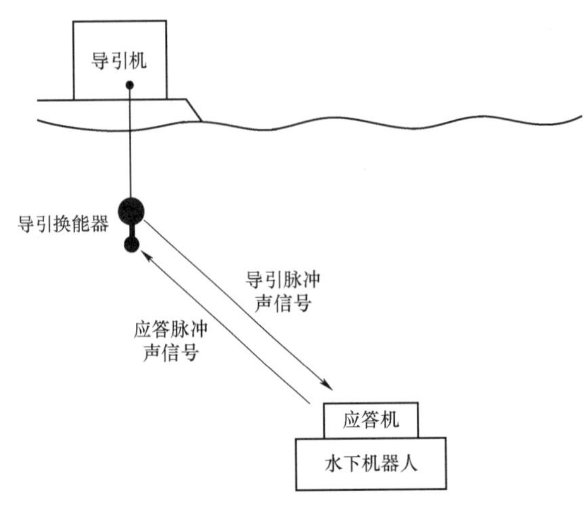

图 3　导引声呐工作示意图

在水下机器人上安装一台四波束指向性换能器，分别对准前、后、左、右四个方向，导引脉冲声信号由不同的方向入射到四波束指向性换能器时，4 个波束接收到的信号强度各不相同，根据 4 个波束接收信号的强度比值，计算出导引脉冲声信号的入射方向。

2.2　测距声呐原理

测距声呐是通过回声测距的一种测距传感器，利用声波测量载体离开海（湖）底、水道管壁等的距离，即载体的距障碍物的距离信息。单个测距声呐由控制单元、发射机、接收机及换能器组成，其组成框图如图 4 所示。

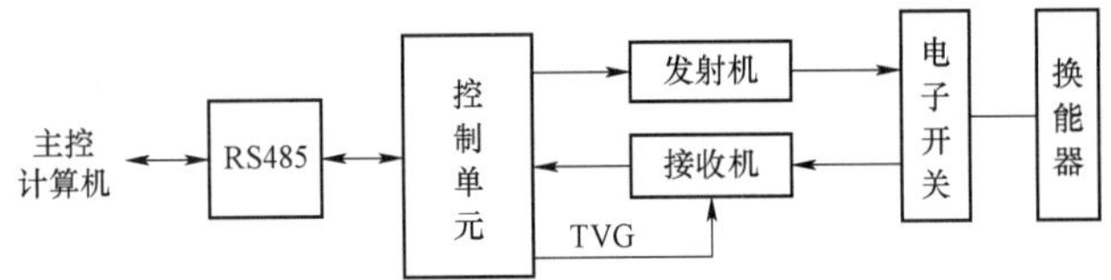

图 4　测距声呐组成原理图

水下机器人主体上、下、前、后、左、右分别安装 6 个测距声呐，6 个测距声呐的工作频率相同，采取同步工作模式解决声兼容问题，以并联方式工作，在平洞、垂洞、斜洞都能够测出距管道壁的距离。机器人在输水管道内作业时，与管道壁间保持一定的距离，实现其 6 个自由度方向的测距避碰。

2.3　人工势场法原理

人工势场法是在机器人的运动区域内构建一个人工的势能场（APF）：目标点（机器人入水点）建立一个吸引势场，对机器人产生一个吸引力作用；输水隧洞壁建立一个排斥力势场，对机器人施加一个排斥力作用，机器人在此势场中沿着势场梯度方向从高势能的起始点运动到低势能的目标点。这样机器人就能沿着隧洞返回入水点，同时又能避免与隧洞壁碰撞。机器人在人工势场合力作用下

位置和航向调整如图 5 所示。

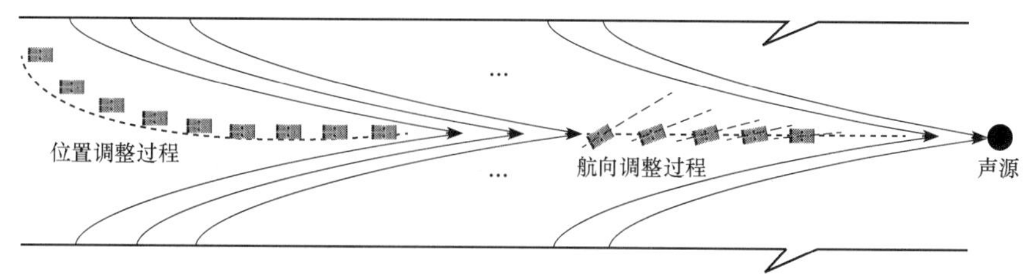

图 5　机器人在人工势场合力作用下位置和航向调整

3　基于人工势场的自主返航控制系统设计

假设机器人与目标之间的距离为：

$$\rho(q,q_{\text{goal}})=\left\|q_{\text{goal}}-q\right\| \tag{2}$$

式中：q 是水下机器人当前位置；q_{goal} 为目标点位置。

则水下机器人在人工势能场中所受到的吸引力 F_{att}：

$$F_{\text{att}}(q)=-\nabla U_{\text{att}}(q)=\frac{m}{2}\xi\rho^{m-1}(q,q_{\text{goal}}) \tag{3}$$

式中：ξ 是一个正的比例因子；m 为距离与吸引力作用参数，一般取 $m=1$。

机器人在势场中受到的排斥力为：

$$F_{\text{r}}=\begin{cases}\eta\left(\dfrac{1}{\rho(q,q_{\text{obs}})}-\dfrac{1}{\rho_0}\right)\times\dfrac{1}{\rho^2(q,q_{\text{obs}})}\nabla_{\rho}(q,q_{\text{obs}}) & \rho(q,q_{\text{obs}})\leqslant\rho_0\\ 0 & \text{其他}\end{cases} \tag{4}$$

式中：η 是排斥系数，$\eta=0.1$；$\rho(q,q_{\text{obs}})=\left|q-q_{\text{obs}}\right|$，为水下机器人与障碍物之间的距离。

机器人在隧洞内所受到吸引力和排斥力的合力为：

$$F=F_{\text{att}}+F_{\text{r}} \tag{5}$$

机器人在自主返航过程中始终沿着合力的方向运动，在实际运用过程中实时检测机器人当前距离障碍物最近距离，并判断是否到达排斥力作用域，如果不在排斥域内则认为是开阔水域。

4　现场应用

4.1　现场环境描述

为了检验上述自主返航控制系统的有效性，在南方电网调峰调频公司海南琼中抽水蓄能电站下库尾水隧洞内进行了输水隧洞内 300m 自主返航试验，现场试验环境如图 6 所示。

4.2　自主返航控制试验

在水下机器人的返航试验中，机器人在隧洞内距离下库出水洞口约 300m 处。此时，通过人为切断水下机器控制信号，机器人启动自主返航模式，循导引声源自主返航，并在无人工干预的情况下顺利返回起始点。机器人自主返航的数据曲线如图 7 所示。

图 6　水电厂现场试验场景

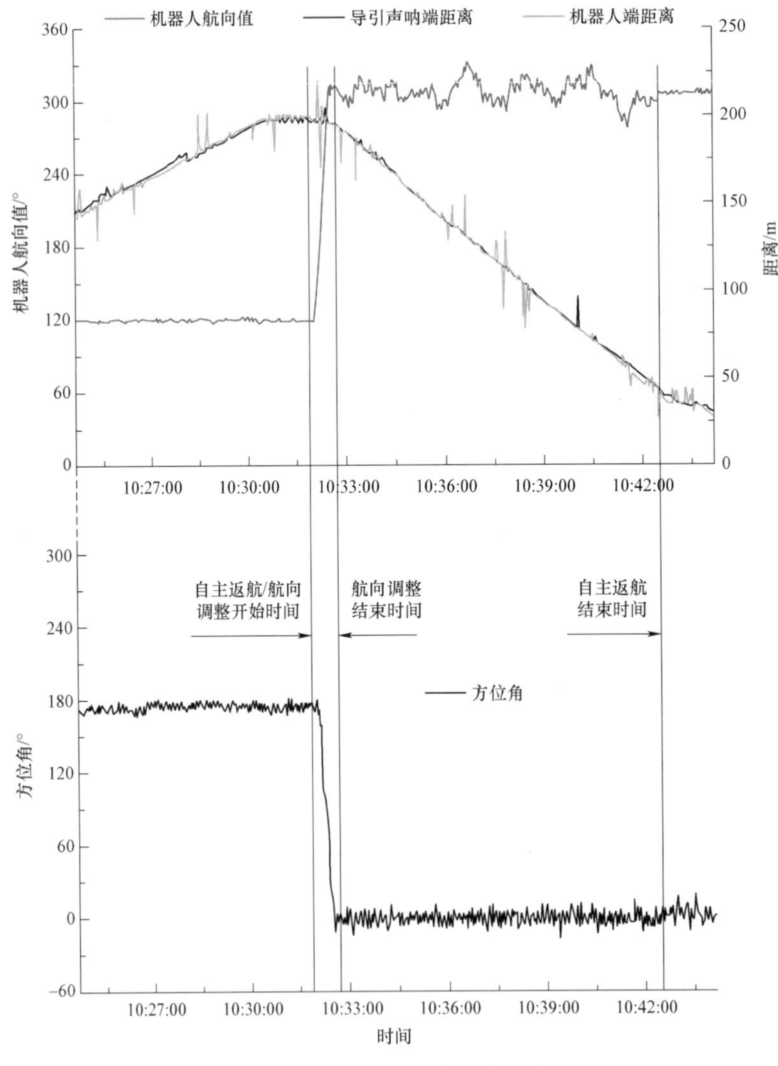

图 7　机器人自主返航控制数据曲线图

从上述自主返航控制数据曲线图中可以看出，在自主返航开始阶段，水下机器人将航向由 120°调整到了 300°，随后机器人基本保持该航向和方位角，沿着输水隧洞的方向往初始点靠近（见图 8)。导引声呐距离曲线反映了水下机器人在自主返航过程中与声源间的距离在不断缩小，即不断向声源行驶。通过导引声呐端距离测量值和机器人端距离测量值的对比可以看出，两者具有良好的一致性。

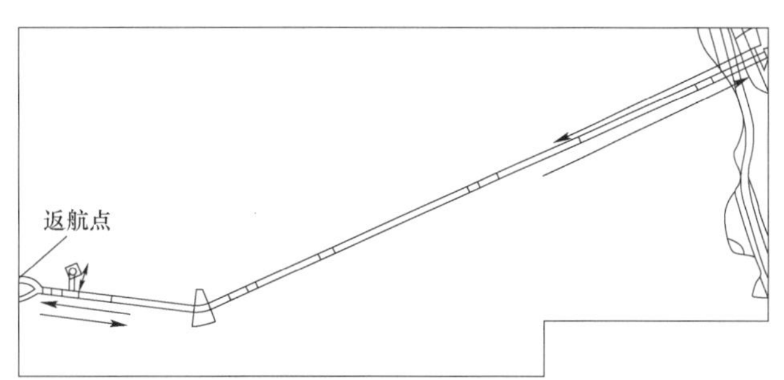

图 8　机器人自主返航路径

综上可知，在启动自主返航功能后，水下机器人自动调整了航向，并不断向声源行驶，最后在距导引声呐声源设定距离值处停机上浮（20m 处)，实现了自主返航。

4.3　电站检测应用

目前该机器人已应用于海蓄、广蓄、天生桥二级、鲁布革、锦屏二级（见图 9 和图 10）等 5 个电站 16 次检测，完成隧洞检测距离近 30km，突破了长距离、多弯段、低能见度的引水隧洞有水状态检测的技术瓶颈。

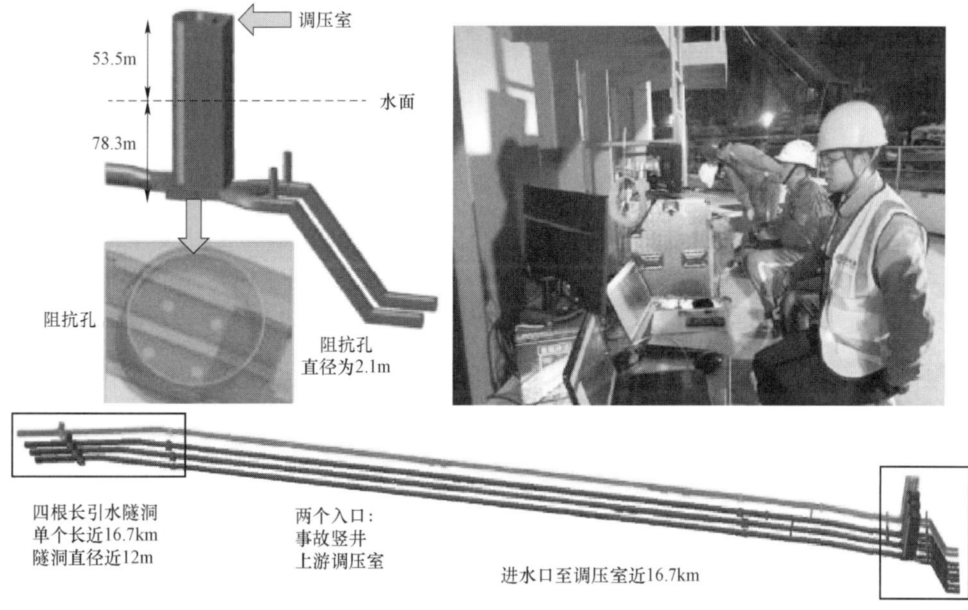

图 9　锦屏二级长隧洞内检测应用

5　总结

本文基于高精度水声定位与测距系统及人工势场法（APF）路径规划方法，对水电厂水下机器

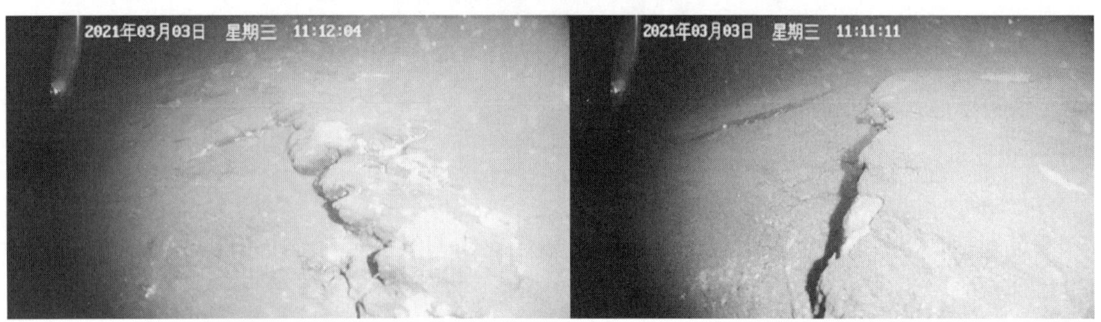

图 10　锦屏二级电站检测效果

人自主返航控制系统进行设计，实现信号中断后水下机器人沿输水隧洞自主返航功能。成功在水电厂隧洞真实环境下进行了水下机器人 300m 自主返航试验，有效验证了上述自主返航控制系统的实用性、有效性，并在多个电站进行了检测应用。该研究成果可应用于水利水电工程长隧洞检测水下机器人，也可应用于重型水下清淤机器人的开发。

参　考　文　献

[1] 边宇枢，高志慧，贠超. 6 自由度水下机器人动力学分析与运动控制［J］. 机械工程学报，2007，43（7）：87－92.

[2] 蒋新松，封锡盛，王棣棠. 水下机器人［M］. 沈阳：辽宁科学技术出版社，2000.

[3] 张燕，徐国华，徐筱龙，等. 微型开架式水下机器人水动力系数测定［J］. 中国造船，2010，51（1）：63－72.

[4] 施生达. 潜艇操纵性［M］. 北京：国防工业出版社，1995.

[5] 魏延辉，田海宝，杜振振，等. 微小型自主式水下机器人系统设计及试验［J］. 哈尔滨工程大学学报，2014（5）：566－570.

[6] 练军想，吴文启，李涛，等. UKF 滤波技术在 AUV 组合导航中的应用研究［J］. 中国惯性技术学报，2005，13（1）：30－34.

[7] 董升亮. 自主式水下机器人的滑模变结构控制研究与仿真［D］. 青岛：中国海洋大学，2012.

[8] ZHAO Side，YUH J. Experimental study on advanced underwater robot control［J］. IEEE Transactions on Robotics，2005，21（4）：695－703.

[9] 袁伟杰. 自治水下机器人动力学建模及参数辨识研究［D］. 青岛：中国海洋大学，2010.

潜水作业在大坝面板三向测缝计安装施工中的创新应用

江　涛，马　祥

（湖北白莲河抽水蓄能有限公司，湖北　罗田　438600）

摘　要：莲蓄电站通过潜水的方式进入上水库水下 17m 深度，在主坝混凝土面板与趾板之间开展 6 套三向测缝计安装、调试施工作业，通过水下敷设电缆的方式接入大坝监测自动化系统，用于监测面板相对于趾板的水平、沉降及剪切位移。该技术成果丰硕，总结提炼的亮点、创新点多。将潜水作业和水工监测仪器安装调试施工这两种不同的技术工作深度融合在一起；完成了水下施工工具技术优化改造；现场发明创造了一种可用于水下作业的"钻孔定位尺"实用新型专用工具。

关键词：潜水作业；三向测缝计安装；技术创新；实用新型专用工具发明

1　引言

莲蓄公司通过潜水方式进入上水库水下 17m 深度，在主坝混凝土面板与趾板之间开展 6 套三向测缝计安装、调试施工作业。在充分考虑潜水作业施工安全、作业环境、劳动强度、水下检修工器具选型和诸多不确定性因素的基础上，有效克服了水下作业压强大、照明采光不足、视线差、水下施工工具操作困难、作业环境恶劣等重重困难，项目实施组织策划严密、指挥协调有力、作业工序衔接顺畅、人员配合紧密、安全管控措施得当，上库主坝面板三向测缝计安装潜水施工作业安全顺利完成，达到预期工作目标。

该成果应用技术成果丰硕，总结提炼的亮点、创新点多。将潜水作业和水工监测仪器安装调试施工这两种不同的技术工作深度融合在一起；完成了水下施工工具技术优化改造；现场发明创造了一种可用于水下作业的"钻孔定位尺"实用新型专用工具。

2　实施背景

2.1　面临问题分析

1）莲蓄电站上库主坝为混凝土面板堆石坝，最大坝高 62.5m。水工管理人员无法正常采集上库主坝坝址的实际位移变形量，无法科学分析和掌握大坝的真实安全运行状况，有可能出现大坝渗漏量增大或者大坝变形等危害，产生影响较严重的安全事件。

作者简介：江涛（1988—），男，工程师。

2）莲蓄电站上水库库容为 2426m^3，上库正常蓄水位 308m，开展上库主坝混凝土面板与趾板之间安装 6 套三向测缝计施工作业的先决条件是放空上水库，作业人员进入大坝面板与趾板交界处实施作业，但因抽水蓄能电站服务电网调度"随调随启"的特殊业务属性，机组在"非停备"条件下，无法放空上水库。

2.2 潜水作业实施的必要性和紧迫性

莲蓄电站上水库为天然水库，库盆地形地质条件复杂，上库主坝投产运行 13 年，随着近年来抽水蓄能电站机组发电抽水运行频繁，上水库水位随机组启停变幅较大（日最大落差 15m），加之大坝坝址淤积泥沙较多，上库主坝混凝土面板与趾板之间缺乏有效的位移变形监测设施。根据《国家电网公司水电站水工设施运行维护导则》相关要求，须在上水库主坝混凝土面板与趾板之间设置 6 套三向测缝计，用于监测上库主坝面板相对于趾板的水平、沉降及剪切位移，确保上水库主坝混凝土面板与趾板之间的位移变形得到有效监测，实时掌握水工建筑物各项监测数据和运行指标，不发生水工建筑物安全事件。

2.3 预期目标

在上水库不放空的条件下，在主坝混凝土面板与趾板之间安装 6 套三向测缝计，用于监测面板相对于趾板的水平、沉降及剪切位移。

3 内涵和做法

3.1 潜水作业前准备工作

检查潜水作业人员正确佩戴使用有效、齐全、经检验合格的劳动安全防护用品（潜水服、潜水面罩、供氧设备、潜水电话、水深显示仪、水下监控系统、安全绳、安全带、压气压缩机等）。潜水员下水作业前应严格检查潜水装备、供氧器材、通信设施、可视通话设施等，确认配备齐全无误方可下水作业。供氧、供气空压机检查见图 1，三向测缝计下水前组装、检查见图 2。

3.2 施工材料下水

仪器下水前，工作人员在岸上将仪器与电缆一端连接牢固（电缆规格为 3×50mm^2，提前用透明缠绕带将 3 根电缆绑扎在仪器），并用防水绝缘胶布包扎，电缆的另一端与钢丝（长 30m）的一端连接牢靠。将三向测缝计基座支架底部安装 4 个滚动滑轮，用 ϕ14mm 安全绳栓系缓缓放入水下指定高程，其他气动冲击钻、螺钉等零星工具及小部件等全部放入工具袋内，随潜水员一起带入水中。

3.3 潜水员潜入下水

开启潜水员供气用柴油空压机，潜水员穿上干式潜水服，戴好潜水面罩，连接好空气胶管，戴好潜水深度表，调整空气阀，系好安全绳，安全绳的另一端系在防护栏杆上，通过专用绞盘装置操作安全绳，岸边操作人员通过操控绞盘缓缓放松安全绳，将潜水人员沿混凝土面板斜坡缓缓潜入水下（见图 3），潜入水下具体工作高程点由潜水人员通过水深仪表自行判断确定。

图 1　供氧、供气空压机检查

图 2　三向测缝计下水前组装、检查

图 3　潜水员在岸上人员辅助下潜入水中

根据混凝土面板坡比 1∶1.4，观测便道高程 309.3m，计算出仪器安全绳长度，将仪器下放至以下指定高程（见表 1）。

表 1　　三向测缝计安装位置表

序号	仪器编号	型号规格	位置	安装高程/m	计算仪器绳长度/m	备注
1	J3－1	SX－100	坝右	291.00	31.5	
2	J3－2	SX－100	坝右	293.00	28.0	
3	J3－3	SX－100	坝右	296.00	22.9	
4	J3－4	SX－100	坝左	291.00	31.5	
5	J3－5	SX－100	坝左	293.00	28.0	
6	J3－6	SX－100	坝左	296.00	22.9	

潜水员手腕佩戴潜水深度表，潜水深度表可查看潜水深度（见图 4），对上述方式拟定的高程进行复核。根据潜水员到达位置测得水深，当前库水位减水深确定安装高程（见图 5）。

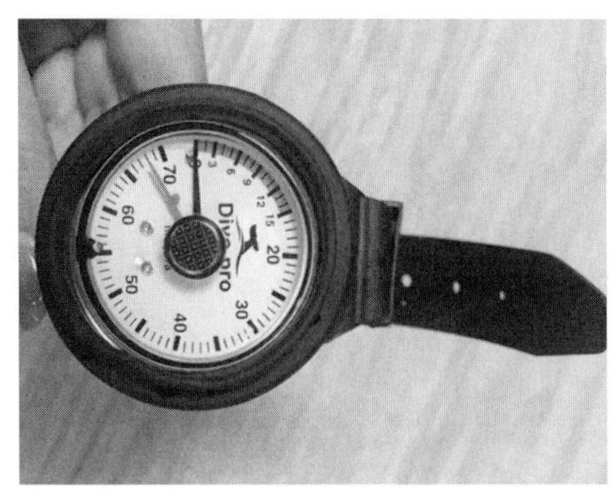

图 4　潜水深度表

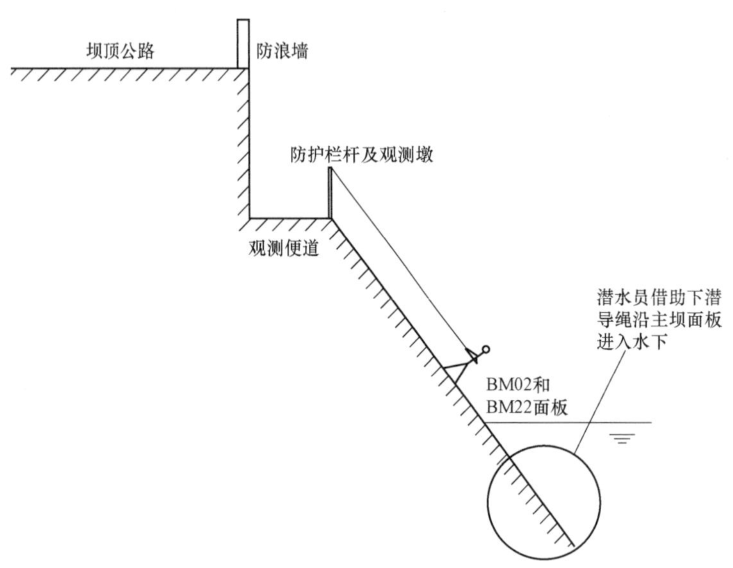

图 5　潜水员进入水下路径示意

3.4　主坝三向测缝计水下安装作业

三向测缝计安装布置图见图 6。

（1）监测仪器基座安装

监测仪器基座安装点处的场地表面必须平整，周边缝两侧的面积均不低于 1.2m × 1.2m 平面。

潜水人员在水下将面板与趾板表层的淤泥和杂物进行有效清除，确保施工场地平整完好。潜水人员在水下将基座的主支架、底座框架 A 与斜撑进行组装，主支架与基座框保持垂直，将连接主支架与底座框架的螺栓拧紧。使用气动冲击钻在面板和坝趾上钻孔，孔深 75mm，将基座的主支架、底座框架通过膨胀螺栓安装固定在面板和坝趾上，孔直径 12mm，确保监测仪器基座各个组成部件与面板、趾板连接固定形成整体。测缝计安装位置见图 7。

（2）三向测缝计安装

1）潜水员将三向测缝计的球形万向节与量程调节杆、测缝计连接，调整两球形螺杆的中心距离，距离以从零位起拉出测缝计传递杆 30mm。然后上紧量程调节杆螺螺母以锁定连接杆。

2）潜水员潜入水下指定高程，身体正向面对大坝面板，将底座 A 与支座 B 按图 8 中位置固定于面板上，底座 A 安装固定于面板距离周边缝边缘（左侧）250mm 处位置，支座 B 固定于坝趾距离

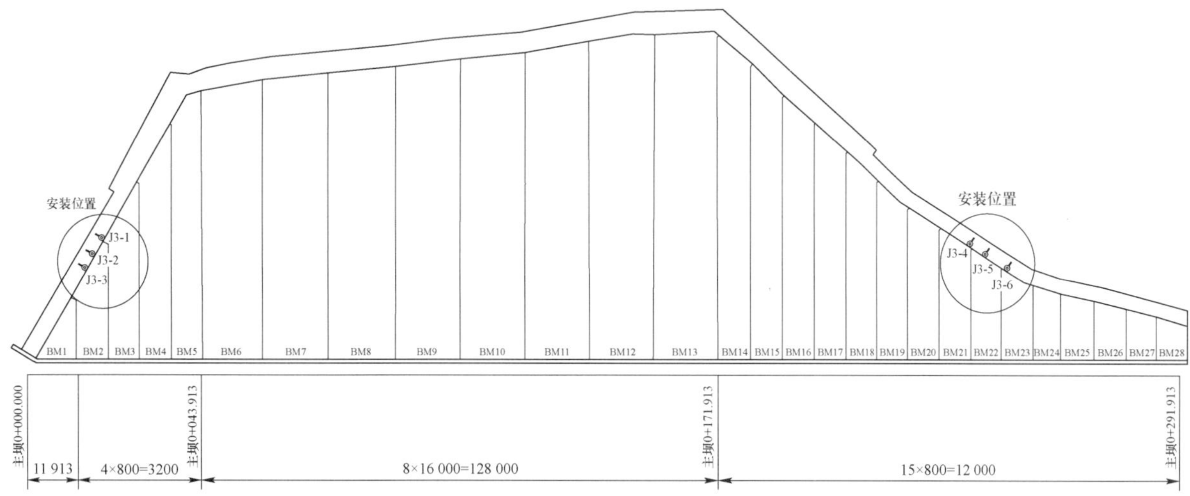

图 6　三向测缝计安装布置图

图 7　测缝计安装位置

周边缝边缘（右侧）300mm 处。分别调整好各自的位置，依次用气动冲击钻在固定支座上钻孔，孔深 75mm，底座上的膨胀固定孔直径 12mm，膨胀螺栓全部采用不锈钢螺栓，用螺栓连接固定形成整体。三向测缝计安装图见图 9。

（3）电缆敷设

三向测缝计采用四芯屏蔽电缆连接，根据现场测量及适当预留，四芯屏蔽电缆按照相同颜色芯线将仪器电缆接长，电缆接头采用热缩管密封电缆接头技术，见图 10。

潜水人员通过水下电话通知岸上操作人员仪器及支架全部安装完毕，岸上操作人员操控绞盘，拉拽安全绳辅助潜水人员浮出水面。岸上作业人员在观测便道上通过绳索将 5 根 DN40 镀锌钢管缓缓放入水下，将电缆钢管固定在面板中心位置，使用 U 形不锈钢抱箍将钢管固定在面板上，使用气动冲击钻在固定支座上钻孔、打膨胀螺栓固定牢靠，钻孔深 75mm，膨胀螺栓孔直径 12mm。每间隔 3m 距离安装固定一个抱箍。

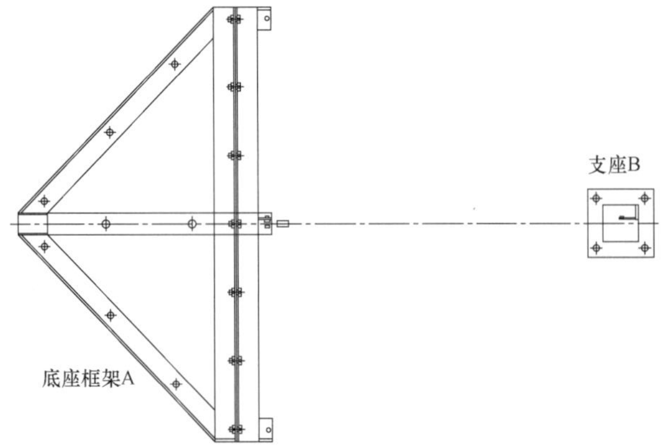

图 8　三向测缝计支架与底座安装平面示意图

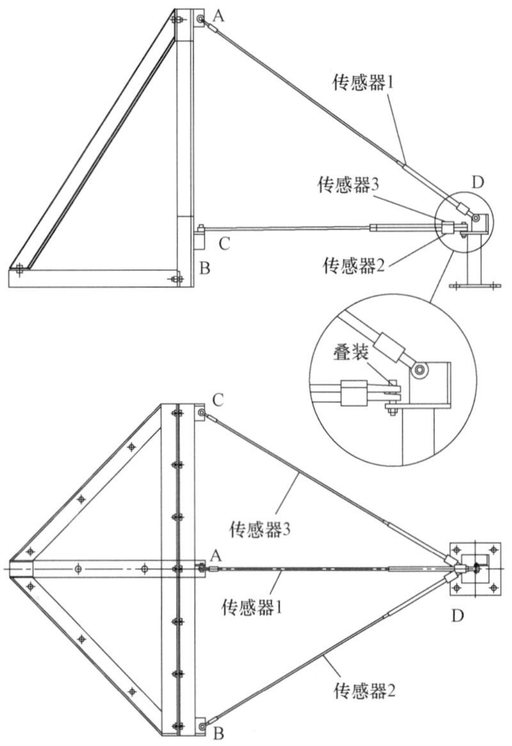

图 9　三向测缝计安装图

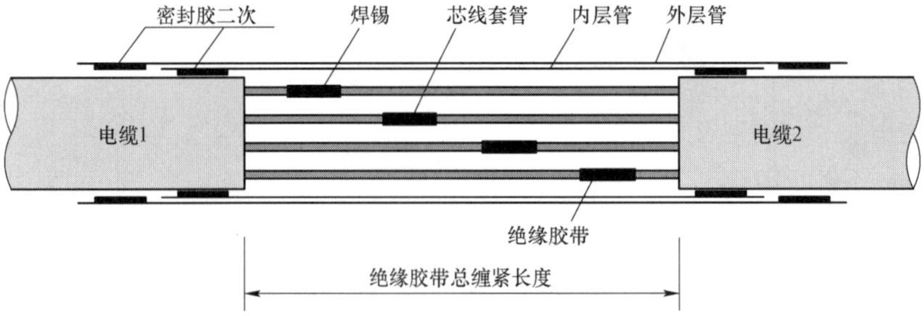

图 10　四芯屏蔽电缆接长

钢管布置形式为“9 芯 1 管”，即一根 DN40 镀锌钢管内穿入 3 套监测仪器的电缆（每套仪器有 3 根电缆，共 9 根电缆），钢管在水下的末端部位采用三岔支管（DN25 波纹管，同样使用 U 形不锈钢抱箍将其固定在面板上，钻孔深 75mm，膨胀螺栓孔直径 12mm）分别与 3 套监测仪器连接。仪器在水下安装完毕后，在其表层再包扎一层不锈钢铁皮，用铁丝捆绑牢靠，以防止仪器运行时间久而锈蚀或短路。

潜水员将仪器电缆钢丝的另一端全部穿入钢管内。岸上操作人员随即将电缆及其钢丝拉拽出来直至电缆全部进入钢管内部，最后沿坝面穿 DN40 镀锌钢管敷设至坝顶观测箱（见图 11）。镀锌钢管与大坝顶部的接地网可靠焊接牢固，且不少于 4 处。

（4）数据测量调试

主坝三向测缝计信号电缆顺利拉上岸后，用万用表对 6 套（共 18 支）仪器的输出测量电缆频率、电阻值信号进行测量，均显示正常（见图 12），未出现仪器电缆回路短路、断路等异常数据。将此次 18 支三向测缝计输出信号接入主坝坝顶的分布式数据采集箱，经反复测试、调试，自动化数据采集正常、稳定。

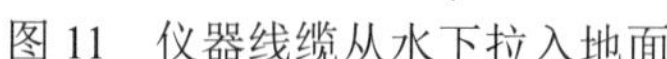

图 11　仪器线缆从水下拉入地面

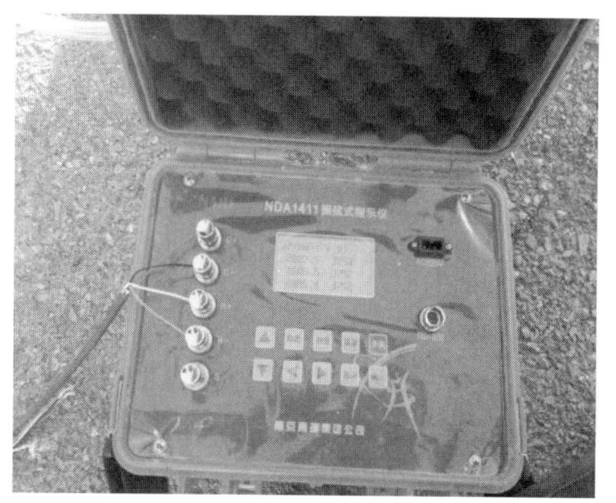

图 12　三向测缝计信号电缆测量电阻值正常

4　实施效果

此次上库主坝面板三向测缝计潜水安装施工作业技术成果丰硕，潜水作业过程总结提炼的亮点、创新点归纳为以下三个方面：

4.1　潜水技术与水工检修作业深度融合

莲蓄公司成功应用新技术、新工艺，将潜水作业和水工监测仪器安装调试施工这两种不同的技术工作成功深度融合在一起，具有突破性技术创新。在充分考虑潜水作业施工安全、作业环境、劳动强度和诸多不确定性因素的基础上，扎实开展项目立项可行性研究，反复讨论完善施工方案，积极开展专题技术研讨，狠抓落实作业现场安全管控，严格履行潜水作业重大安全风险管理措施。经过全体项目人员凝心聚力攻克重重技术难题和风险挑战，项目实施组织策划严密、指挥协调有力、作业工序衔接顺畅、人员配合紧密、安全管控措施得当，上库主坝面板三向测缝计安装潜水施工作业安全顺利完成。

4.2　水下施工工具技术优化改造

上库主坝混凝土面板三向测缝计安装载人潜水施工作业过程中，潜水员在水下使用气动冲击钻对混凝土面板进行钻孔时发现，气动冲击钻的冲击力明显不足，钻孔十分困难。项目人员及时开展技术研讨交流，对气动冲击钻在水下环境作业的工作机理进行研究分析，提出了有针对性的改进措施，在冲击钻上原仅有的一根供气管的基础上新增加一根排气管，排气管的末端引出至水面与大气相通（见图 13）。这样，经空压机给水下冲击钻供气后的及时排放至水面大气中，形成“气流闭环回路”。经现场实践证明，经技术优化改造后冲击钻在水下作业的动力明显加大，有效保障了水下钻孔施工安全顺利进行。

4.3　实用新型专用工具发明应用

潜水员在水下环境对混凝土面板进行钻孔作业原比陆面环境要艰巨复杂，水下 17m 的垂直深度，采光条件差、照明不足、水压阻力大、作业条件恶劣，这些不利因素均困扰潜水员正常开展水下钻孔作业，容易发生钻孔选点不准确、钻孔过程偏移等情况。项目人员积极开拓思路，发明创造了一种可用于水下可见度低的环境下的“钻孔定位尺”（见图 14），该工具是由一根长 80cm、宽 3cn、厚 5mm 的钢板制作的，该“钻孔定位尺”上有 4 个螺钉孔，是严格依照三向测缝计安装支架的螺钉孔的分布位置、孔径、间距等数据。潜水员在水下环境施工钻孔时将“钻孔定位尺”笔划在仪器的安装位置，使用冲击钻对准“钻孔定位尺”上的螺钉孔可以精准、顺畅地在面板上钻孔，从而大大提高了施工效率，有效保障了施工工艺质量。

图 13　水下作业气动冲击钻优化改造

图 14　水下作业钻孔定位尺

5　结束语

该成果技术适用于已投运抽水蓄能电站在无须放空上水库的条件下，可通过潜水方式完成大坝监测仪器安装作业，具有典型性和可推广性，可为其他同类型水电站水工建筑物检修作业提供参考借鉴。

新技术、新工艺的成功应用不是工作的终点，而是高质量、高标准技术革新的新开始。创新无止境，拓展思路、攻坚克难永远在路上！

渡槽专用隔水装置及施工方案的探讨

焦　康[1]，程海华[2]，廖杰洪[2,3]，周志勇[2,3]，李　剑[1]，刘建深[1]

（1. 南水北调中线干线工程建设管理局，北京　100053；2. 武大巨成结构股份有限公司，湖北武汉　430223；3. 武汉大学建筑物检测与加固教育部工程研究中心，湖北武汉　430072）

摘　要：本文以沙河、大朗河渡槽为例，介绍了一种可移动、重复利用渡槽施工隔水装置，适用于南水北调工程沙河、大朗河大型输水渡槽的结构修复及止水带更换施工方案。目标解决南水北调工程大型沙河、大朗河输水渡槽结构破损及止水带渗漏等问题，实现渡槽的不断水施工，并通过渡槽施工隔水装置隔离出无水区域实现在干地环境下进行结构修复及止水带更换的功能。

关键词：南水北调；渡槽；施工隔水装置；结构修复；止水带更换

1　引言

目前针对大型输水渡槽止水带更换及修复处理方案是关闭整条渡槽上下闸门，或者关闭某槽上下游闸门，再用水泵抽掉槽内的水，形成干地作业环境后对渡槽结构修复或止水带更换。采用此排水抽干的方案，抽水量大，施工效率低，施工周期长，成本高；同时这种方式需要在渡槽停水或局部停水条件下施工，给输水带来影响。通过使用渡槽施工隔水装置对结构修复或止水带更换的方案，可在不中断输水的条件下施工，将大大简化整个施工修复过程，提高效率，对确保渡槽快速恢复服役具有非常重要的意义，经济效益和社会效益显著。

2　工程概况

南水北调中线沙河渡槽工程位于中国河南省平顶山市鲁山县内。沙河梁式渡槽工程全长1410m，横跨沙河，跨河长度为720m，槽身结构采用预应力钢筋混凝土U形槽结构[1]，槽身空间受力复杂[2]，架设难度极大。该工程多项指标排名世界第一，沙河渡槽因而被誉为“世界第一渡槽”。槽身外型：高9m，宽9.3m，槽深内空净直径8m，净空高8.07m，单跨四槽，单槽结构截面如图1所示。在南水北调中线工程中，渡槽是输水的不可或缺的组成部分，

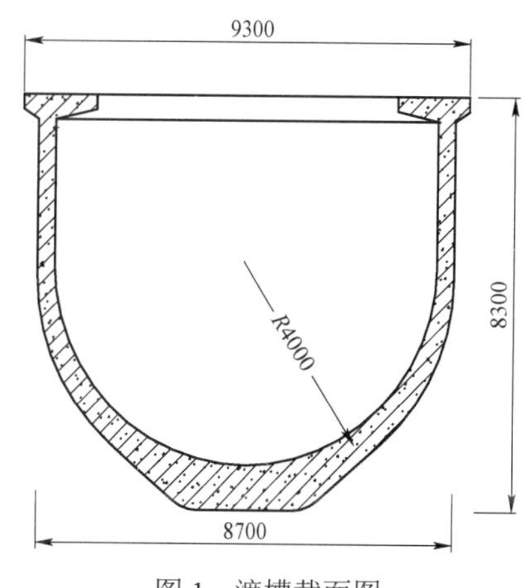

图1　渡槽截面图

基金项目：国家重点研发计划（2017YFC0405003）。

作者简介：焦康（1981—），男，高级工程师。

非常重要，但由于渡槽是钢筋混凝土 U 形槽结构，槽拼接位置需要设置止水带，止水带主要为橡胶材质，随着渡槽服役时长，受服役过程中温度等的影响止水带材料会变硬、易脆，密封性能变差，将会导致渡槽渗漏[3]。

3　结构修复及止水带更换施工方案的关键技术和解决方案

本文提出的结构修复及止水带更换施工方案，主要包括渡槽专用钢结构施工隔水装置主体、水压系统和转动闸门液压系统。

3.1　渡槽专用钢结构施工隔水装置主体

该方案提出的渡槽专用钢结构施工隔水装置主体如图 2 所示，用于在通水情况下对渡槽结构进行检测或止水带更换。渡槽专用钢结构施工隔水装置主体由围堰钢结构、转动闸门、密封组件三部分组成。围堰钢结构采用钢结构支撑骨架，除去与渡槽内表面接触之外的三面，采用钢板焊接在钢结构框架上，保证密封。转动闸门铰接安装在围堰钢结构四角，当渡槽专用施工隔水装置放入合适位置后，转动闸门旋转一定角度，挤压粘贴在围堰钢结构门缝表面的密封橡胶板，从而形成隔水闸门。密封组件由橡胶板、密封用高压软水管、刚性密封槽三部分组成。渡槽内壁与围堰间的接触面需密封防进水，为此设计特种密封结构形式。密封用高压软水管一侧采用特殊粘胶粘贴在焊接于施工隔水装置设钢结构上的钢管槽内，另一侧与合适硬度的橡胶板粘贴，橡胶板贴合渡槽内壁，当向密封用高压软水管注入压力水时，软管会由扁平膨胀成圆柱状，挤压钢管槽和橡胶板，橡胶板变形，一面挤压渡槽内壁表面，另一面挤压钢管槽形成密封。钢管槽凹面与密封用高压软水管黏结，另一面连续焊接于围堰钢结构，形成密封。

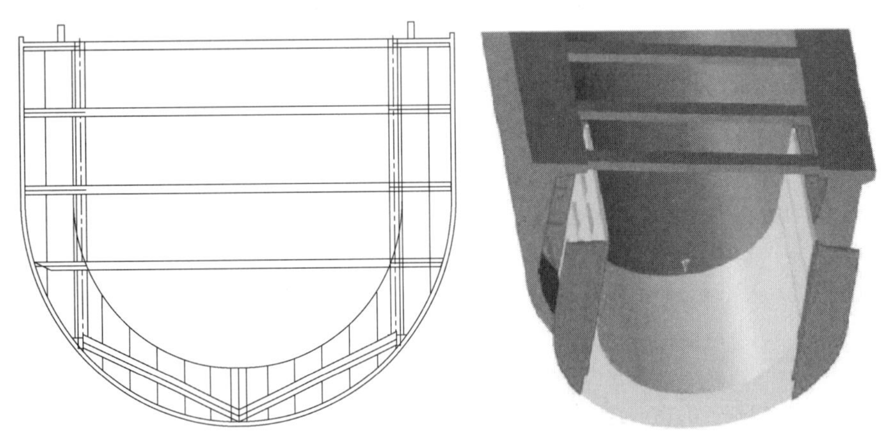

图 2　渡槽专用钢结构施工隔水装置主体图

3.2　水压系统

水压系统如图 3 所示，用于向渡槽专用钢结构施工隔水装置主体中的密封用高压软水管注高压水，使密封用高压软水管挤压刚性密封槽和渡槽内表面接触的橡胶板，形成挤压力密封。水压系统是该方案的关键部分，此系统直接关系到施工隔水装置的隔水效果。水压系统[4]由三部分组成：高压水泵电机组、水阀及管路和电控系统。该系统需在施工时保证密封用高压软水管内的水压在一定范

围内波动，如此才可保证密封用高压软水管挤压力长期有效，从而达到围堰长期密封隔水效果。高压水泵电机组输出高压水，经过水阀及管路注入密封用高压软水管，管路设置水压传感器，密封用高压水压力通过压力传感器传输到监视及控制系统，监视及控制系统参与水保压控制，保证密封用高压软水管内的水压恒定：低压补水、稳压停水、高压泄水，属于一种基于 PLC 和模糊 PID 控制的恒压供水系统设计[5]。

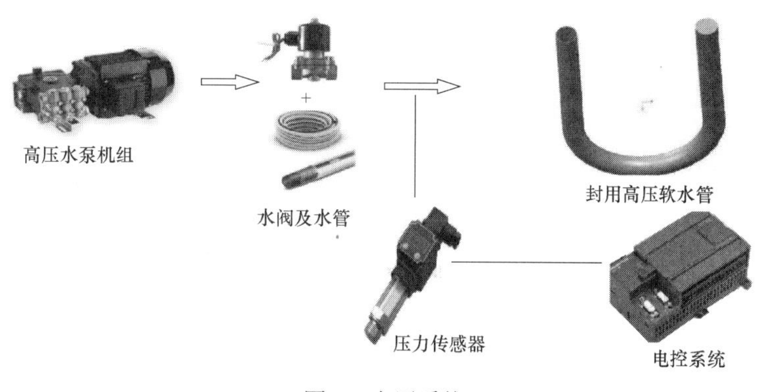

图 3　水压系统

3.3　转动闸门液压系统

转动闸门液压系统用于向渡槽专用钢结构施工隔水装置主体中的转动闸门提供机械开关门动力及关门保压。该系统有两个功能：一是提供关闭闸门板所需的力矩。转动闸门本体大而重，渡槽专用钢结构施工隔水装置主体装入渡槽后浸入水中，要关闭闸门，不但要克服转动摩擦阻力，还要可否水阻力，如此关闭闸门板所需力矩非常大，液压系统油缸推力可满足该需求。二是提供挤压门缝表面的密封橡胶板形成密封所需要的力。转动闸门液压系统由三部分组成：液压泵站系统、转门油缸和液压电控系统。液压泵站系统如图 4 所示，由液压泵、电机、油箱、阀、管路接头及附件组成[4]。转门油缸是提供转动闸门力矩及提高密封挤压力的执行元件。液压电控系统有两大工序：一是油缸动作控制，即控制着液压泵站系统的工作执行而间接控制着油缸的伸缩动作；二是保压，即保持挤压门缝表面的密封橡胶板形成密封所需要的力，保证低压补油、稳压停油、高压泄荷。如此根据施工时序，该系统选择合适的工序。

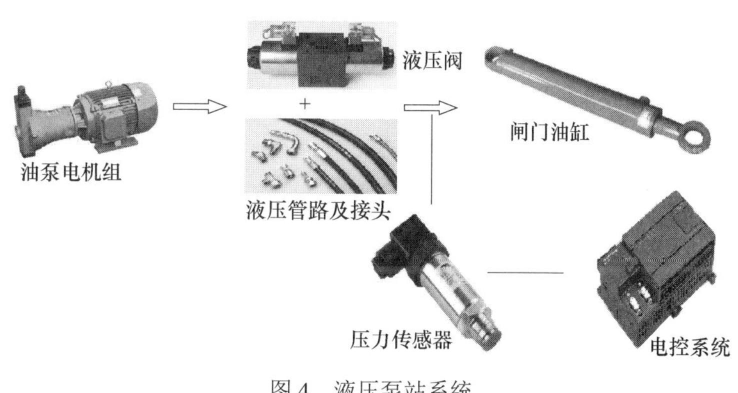

图 4　液压泵站系统

3.4 改进方案

为了提高装置的安装拆卸效率，该施工装置可设计成施工车辆的形式。该车辆具有以下几个功能：一是有提升和放落渡槽专用钢结构施工隔水装置主体的机械手，可在车架上安装机械手臂，车辆驶入渡槽合适位置，将该结构主体放入渡槽，当施工结束时提起该主体结构。二是水保压系统。三是转动闸门液压系统。四是走行驱动机构，可保证整个装置在渡槽上移动。

4 试验与分析

本装置应结合不同结构形式的渡槽进行施工图深化设计，装置试制完成后应先进行试验研究，包括室内试验和现场试验。室内试验主要包括水压系统及液压泵站系统的原理性和实用性研究，以及主体结构转动闸门的旋转等机械行为的可操作性等。现场测试时，该装置主要在停止供水、静水条件下安装，止水系统起作用后可恢复通水，再进行结构内壁修复或止水带施工。该过程主要研究装置安装过程及工艺、结构密封止水性能，以及安装过程、恢复供水后结构全程的内力监测。

5 总结

本文介绍了一种渡槽专用施工隔水装置用于结构修复及止水带更换施工方案。以沙河渡槽为例介绍了该施工方案的设计目标、工作原理和初步实验结果。该方案拟解决南水北调工程大型输水渡槽在服役过程中止水带老化破损等引起的渗水和渗漏等问题，及时机动性定点检测及更换止水带，实现渡槽的不断水服役。

参 考 文 献

[1] 扬春治. 沙河渡槽工程总体布置与结构选型 [J]. 南水北调与水利科技，2015，(8) 116-118.

[2] 翟渊军，朱太山，冯光伟. 南水北调中线沙河渡槽关键技术研究与应用 [J]. 人民长江，2013，44 (16)：1-6.

[3] 扬永民，陈泽鹏，张君禄，等. 工程使用条件因素对渡槽水封橡胶止水带老化影响 [J]. 广东水利水电，2014，(2) 15-19.

[4] 章宏甲，等. 液压与气压传动 [M]. 北京：机械工业出版社，2001.

[5] 孙玲，洪雪峰. 基于 PLC 和模糊 PID 控制的恒压供水系统设计[J]. 自动化与仪器仪表，2010(6)：35-36，39.

无人船搭载多波束技术在水电站水下检测中的应用研究

陈晓蓉，杨宗骏

（成都大汇云飞科技有限公司，四川 成都　610000）

摘　要：乐山某电站引进了无人船搭载多波束技术，来降低安全风险并提升水电站的水下检测成果。重点解决复杂结构的检测、峡谷卫星信号差等问题。

关键词：无人船；多波束；水电站；浅水域

1　引言

我国西南地区水电工程密度高，同时地质、水文条件复杂，因此水电站安全检测工作显得尤为重要。而在传统的水电站水下安全检测工作中主要是以潜水员水下探摸、近观目视、水下相机等的方式为主，存在人员安全风险高、成果不直观、检测盲区大等不足。

多波束测深系统作为一种多传感器的复杂组合系统，是现代信号处理技术、高性能计算机技术、高分辨显示技术、高精度导航定位技术、数字化传感器技术及其他相关高新技术等多种技术的高度集成，自 20 世纪 70 年代问世以来就一直以系统庞大、结构复杂和技术含量高著称。与传统的单波束测深系统每次测量只能获得测量船垂直下方一个海底测量深度值相比，多波束探测能获得一个条带覆盖区域内多个测量点的海底深度值，实现了从点—线测量到线—面测量的跨越。将其集成在吃水浅、转弯半径小、易于部署的小型无人船上，非常适合水电站浅水域的检测。乐山某电站引进了无人船搭载多波束技术，来降低安全检测风险并提升水下检测效果。

2　概述

2.1　工程概况

乐山某电站位于青衣江干流，是以发电为主，兼顾灌溉及灌区城镇工业和生活用水等综合利用的水电站，其全景三维模型见图 1。电站为堤坝式开发，水库正常蓄水位 430.00m，电站发电引用流量 654.60m^3/s，设计水头 18m，电站装机容量 102MW，总库容 2650 万 m^3，多年平均发电量（联合/单独）50588/31540 万 kW • h，年平均利用小时（联合/单独）4960/4638h。

作者简介：陈晓蓉（1989—），女，工程师。

图1 乐山某电站全景三维模型

2.2 历年检查情况

该水电站历年水下检查主要采用潜水员水下方法进行，通过水下探摸、近观目视、实时录像等对底板、消力坎、边墙、门槽等部位进行检查。

2.3 检测目的及范围

（1）检测目的

2019 年初，电站组织对消力池进行了修复，在修复期间采集了电站的三维数字模型。2020 年汛期，夹江流域遭遇百年一遇特大洪水，水电站也遭受一定程度影响。为查明水下具体毁伤情况，亟须对水电站的水下建筑物进行高精度的检测，为电站的健康运行提供数据。

（2）检测范围

本案例中检测部位包含泄洪闸下游 3 个混凝土消力池（第一级）以及泄洪闸至冲沙闸段消力池末端，如图 2 所示。

图 2 待检测区域示意图

检测范围包括以下两个方面：

1）消力塘（第一级）水下检测。检测部位包含消力塘护坦及底板等区域。

2）泄洪闸至冲沙闸段消力池末端水下检测。探测范围为：泄洪闸段（坝纵）0 至（坝纵）0+220，宽度为向下游延伸 50m；冲沙闸段（坝纵）220 至（坝纵）0+285，宽度为向下游延伸 50m。

3）重要缺陷详查。对消力池以及泄洪闸至冲沙闸段消力池末端检测中发现的重要缺陷进行详查。

（3）检测方法

本文案例采用了无人船搭载多波束完成水电站水下检测工作。

3 检测实施的难点及解决方案

本文案例中的水电站属于比较典型的山区浅水域水电站，在此类场景中通常会遇到以下重点和难点：① 基于多波束的测量原理，水工建筑的直立壁难以检测；② 超浅水域中水深值接近船只吃水深度；③ 峡谷卫星信号差；④ 设备的布放下水难度大；⑤ 检测中反复安装拆卸；⑥ 数据处理中缺陷和噪声的判读。

针对上述难点，我们做了以下准备工作。

3.1 复杂结构的检测

1）通常情况下声学信号在直立壁和凹腔部位会产生二次、多次回波，造成大量假信号，因此，在设备选取时，选择带有多点探测（multi-detection）功能的多波束，压制噪声信号。

2）在检测过程中，调节换能器的安装角度，改变波束入射角度，把更多的波束聚焦到待检测部位。

3.2 船只吃水深度

在超浅水情况下，多波束声呐窗口信号往往会饱和，造成脚印模糊；此外，能量太强会产生“击穿”水底的情形。针对上述问题，在现场采集过程中，适当降低发射功率；同时，降低采样频率，保证声呐能正常处理收发信号。

3.3 峡谷卫星信号

多波束系统要正常工作，需要精确的定位、姿态、航向、涌浪、时钟同步等信息，在山区峡谷中往往很难追踪到足够数量的卫星。针对上述难题，采用惯导技术，确保在卫星失锁短时间内，还能提供高精度的导航信息，同时，在采集过程中，操纵无人船反复进出信号差的区域的航线，配合惯导，来保证采集时的导航精度；此外，在定位方式的选取上，采取后差分的技术，提高定位可靠性。

3.4 布放下水

由于山区水电站作业环境复杂，往往很难找到合适船只安装和下水的位置，因此，在工作开展前期，需要充分的现场踏勘和环境分析，克服现场困难，找到相对合适的安装和下水位置。

3.5 反复安装拆卸

在水电站检测作业中，通常需要检测的部位不止一个点，需要反复安装、拆卸检测设备。多波束精确测量的前提是精确的安装偏移量[4]，传统多波束作业中，每次安装拆卸都不可能保证第二次安装在同样的位置。针对上述难题，采用预制固定的安装套件，与船体刚性连接；同时，在设备选取方面，选用内置姿态的多波束设备，这样可把安装拆卸带来的误差降到最低。

3.6 缺陷和噪声的判读

任何声学设备都不可避免地带来噪声信号。在内业资料处理判断声呐异常数据时，很难分辨缺陷和噪声。针对上述问题，需要内业人员提前做足功课，收集足够的基础资料、先验条件，如设计图纸、历年检测情况、损坏情况等，对水下建筑物基本形态做到心里有数，并且积极与水电站沟通了解现场情况。

4 检测方法与现场实施

4.1 项目实施思路

水下检测与检查工作主要为：

（1）泄洪闸至冲沙闸段消力池末端水下检查

该部位采用多波束检测。首先，采用声呐探头水平安装，对这部分水下地形全覆盖；其次为探测消力池末端混凝土结构与基岩交界处的细节，将声呐探头向右舷倾斜安装 15°，保证波束能聚焦到上述区域。

（2）消力池（第一级）检测探测

该部位采用无人船搭载多波束进行检测，分别对三个消力池进行全覆盖检测。这部分的难点在于设备的布放，通过前期踏勘对现场情况的了解，选择用可移动吊车将设备吊放进消力池。

4.2 探测设备

（1）多波束系统

本文中案例采用的多波束探测系统由换能器、定位定姿仪、表面声速仪、声呐导航操作上位机组成（见图 3），其详细参数见表 1。

表 1　多波束测深系统主要技术参数

技术参数	技术指标
探测主频	400kHz
探测深度	0.2～150m
深度分辨率	0.75cm
定位精度	使用 RTK GPS 定位技术 水平定位精度：$\pm 2cm+10^{-4}cm$
波束数目	512 个
最大波束扇开角	143°
配套传感器	三维姿态传感器、水表面声速计、水体声速断面仪、潮位计

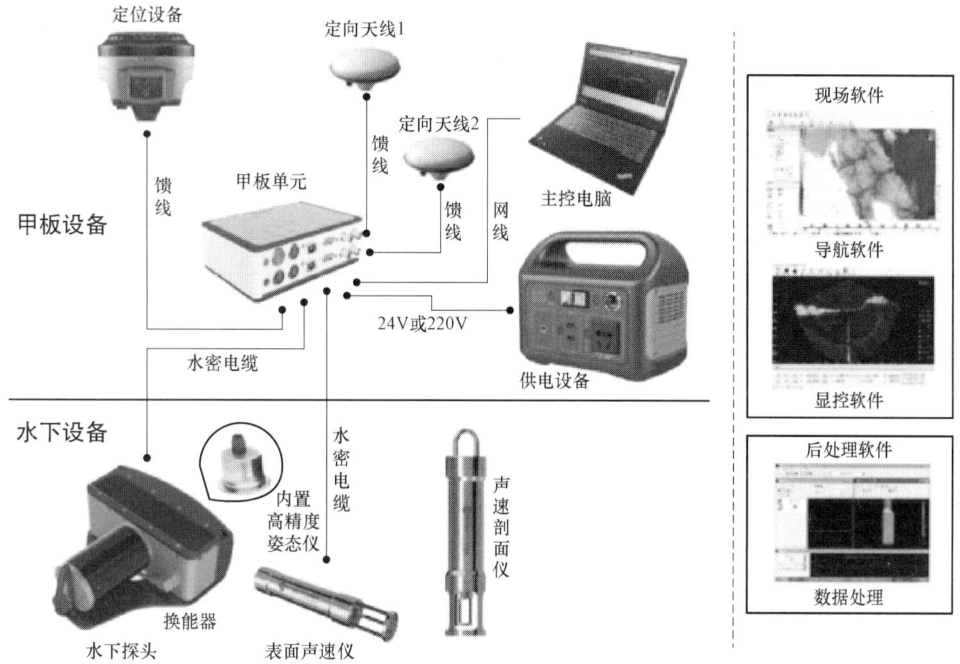

图3　多波束探测系统组成图

（2）无人船系统

本文中案例采用的无人船系统主要由船体、通信单元、动力单元、船控单元及控制电脑组成[6]。其主要技术参数见表2，外观见图4。

表2　　水上无人船主要技术参数

技术参数	技术指标
尺寸/mm	1650×890×540（充气后）
自重/kg	40
载荷/kg	75
通信距离/km	2
最大速度/（m/s）	4
工作速度/（m/s）	2m/s

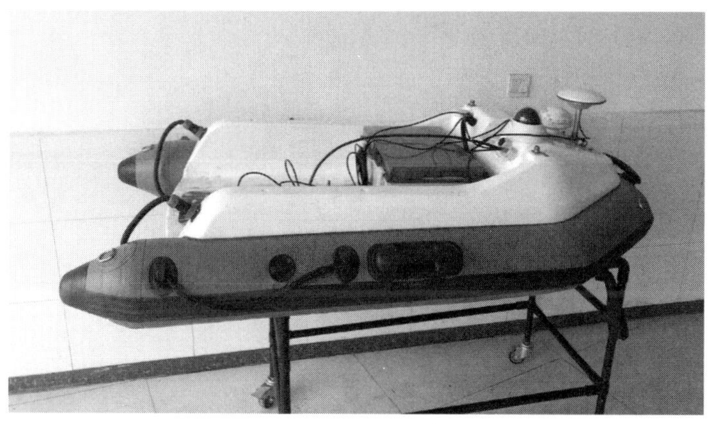

图4　无人船系统实物图

4.3 现场实施

（1）泄洪闸至冲沙闸段消力池末端无人船多波束水下检测实施

以无人船为多波束探测系统载体，安装多波束探测系统水下发射及接受换能器、表面声速探头、GNSS 双天线，各项安装须确保设备与船体刚性连接。考虑到换能器等精密设备的安全，将无人船和多波束分开运送到大坝下游右岸石滩附近安装，设备安装细节照片见图 5。

（2）消力池（第一级）无人船多波束水下检测实施水下检查实施

通过对作业环境的踏勘，确定了使用吊车将设备吊放进消力池的方案，吊放前，先在下游右岸公路附近，完成无人船和多波束的安装调试（见图 6）。

图 5　多波束探测系统换能器安装细节照片

图 6　无人船多波束吊装入水实施方案现场照片

4.4 航线布置

我们通过手动模式控制无人船对检测区域进行多波束全覆盖测量。探测测线以两相邻测线扫测范围至少有 20%重合为原则进行布设，测线尽量保持直线，特殊情况下，测线可以缓慢弯曲。同时，重点区域进行了多次复测，共计扫测 129 条（声呐水平安装 102 条，倾斜安装 27 条），探测范围 28000m^2。实际航迹线见图 7。

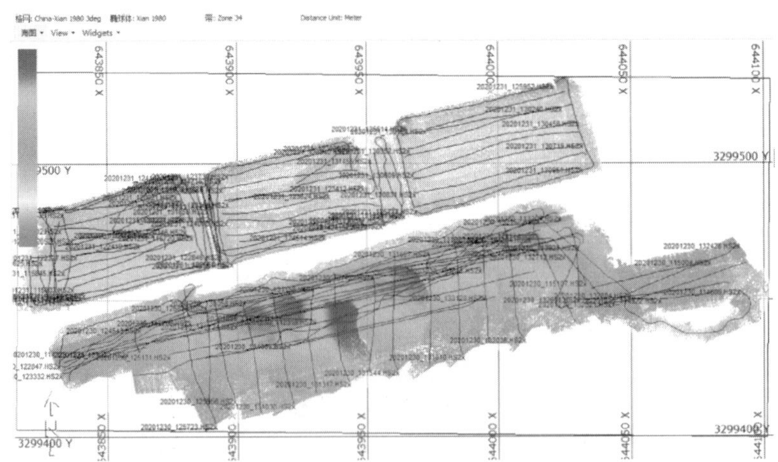

图 7　水电站多波束航迹示意图

5　检测成果分析

5.1　检测工作量

2020 年 12 月 29 日，相关技术人员进场；2020 年 12 月 29 日下午对现场情况进行踏勘，制定现场施放选择合适的设备下水位置，并在右岸公路进行了设备安装调试；2020 年 12 月 30 日完成了泄洪闸至冲沙闸段消力池末端的检测工作；2020 年 12 月 31 日，完成了第一级消力池的检测工作。

检测工作量见表 3。

表 3　　水下检测与检查项目完成实物工作量

序号	检查工作内容	检查方法	单位	完成的实物工作量
1	泄洪闸至冲沙闸段消力池末端检测	水下多波束检测技术	m^2	18000
2	消力池（第一级）检测	水下多波束检测技术	m^2	10000
3	结构精细扫描	水下多波束检测技术测线精细判读	条	129

本文水下检测案例，主要采用无人船多波束系统对泄洪闸至冲沙闸段消力池末端及消力池（第一级）进行全覆盖检测，后期通过逐条测线、逐帧，对水下情况进行判读，并结合 2019 年该电站水下修复方案对比分析，确定缺陷的准确位置、尺寸，以及近坝库区的淤积情况。检测成果总览见图 8～图 10。

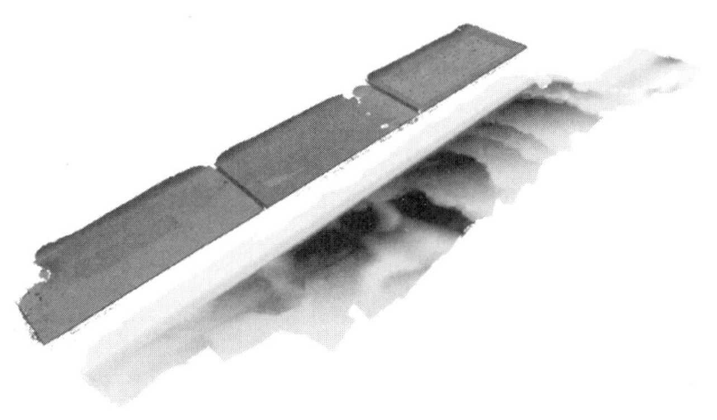

图 8　水下检测成果总览图

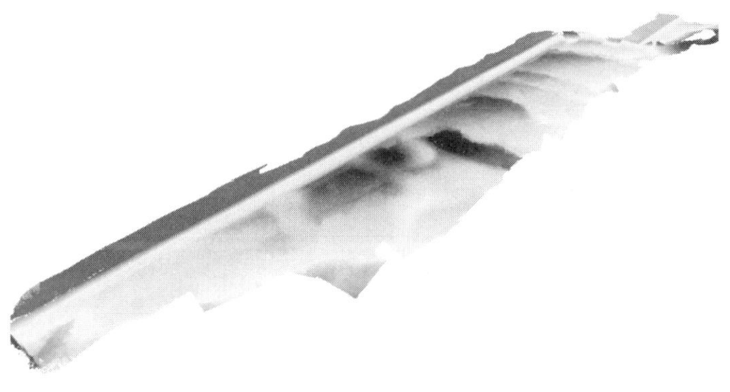

图 9　水电站泄洪闸至冲沙闸段消力池末端水下检测三维点云成果图

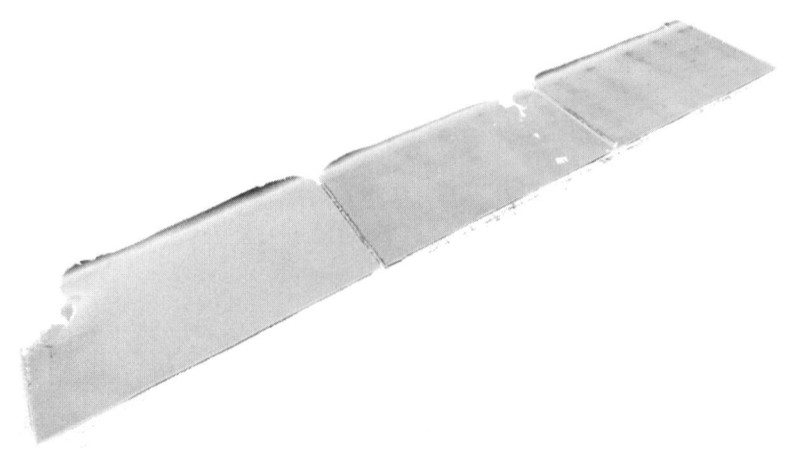

图 10　水电站消力池（第一级）水下检测成果总览图

5.2　泄洪闸至冲沙闸段消力池末端水下检测

首先，采用多波束换能器水平安装进行全覆盖检测；其次，采用多波束换能器向右舷倾斜 15°安装将波束聚焦到混凝土结构面扫测；最后，通过逐条测线、逐帧分析并结合修复方案对比，找出疑似缺陷隐患。

多波束探测成果显示，泄洪闸至冲沙闸段消力池探测范围内，修复后混凝土结构未见明显掏蚀现象，未发现影响结构整体性的裂缝，结构总体完好，与修复后照片一致。乐山某电站水电站 2019 年修复现场照片见图 11。但在从右岸到左岸数第一个消力塘下方存在具有一定规模的淤泥（见图 12 和图 13），推测可能与右岸的排污口中的污水携带大量淤泥物导致。除此之外，在冲沙闸段下游检测有 4 块异常块体，规模分别为 6.4m×5.0m×4.2m，3.1m×4.6m×2.6m，2.8m×2.8m×1.1m，3.6m×2.5m×0.8 m。右岸边坡排污口见图 14，冲沙闸段下游异常块体见图 15。

图 11　乐山某电站水电站 2019 年修复现场照片

图 12　消力池下方多波束扫测点云

图 13　泄洪闸段下游一号消力塘下方淤积情况

图 14　右岸边坡排污口

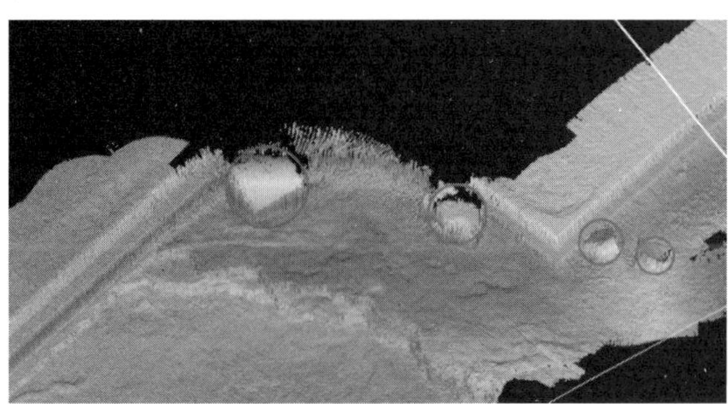

图 15　冲沙闸段下游异常块体

5.3 消力池（第一级）水下检测与检查

多波束探测成果显示：消力池（第一级）探测范围内，整体未见异常；水下点云质量好，三号池底板混凝土搭接缝清晰可见；在第一个消力池靠近第二消力池挡墙处下方存在水下异常块体，其性质不能确定，尺寸为 1.2m×0.9m×0.8m。多波束水下检测成果见图 16 和图 17。

图 16　一号消力池内异常块体

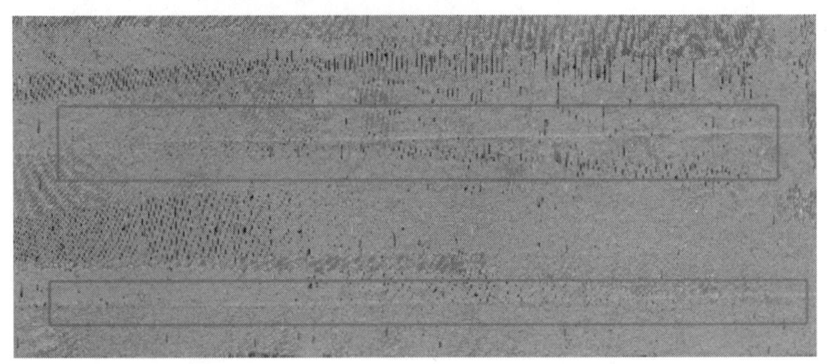

图 17　三号消力池混凝土搭接缝细节展示图

6　结论语

6.1 结论

本文通过无人船搭载多波束技术对水电站水下检测，查明水下情况，检验修复结果，找出三处影响较大的缺陷，分别为：一号消力池下游 1 处淤积；三号消力池下方 4 个异常块体；一号消力池内有一块异常块体。其中三号消力池下方块体，电站工作人员指出是 2020 年汛期 3 号消力池挡墙掉落的水泥块体，从侧面验证了该技术的准确性和可靠性。

在作业过程中，内置惯导技术的多波束给工作带来了极大的方便，在数据处理过程中，计算姿态补偿值时，其值都在 0.5° 以下，基本可以做到免校准，特别适合水电站这种找不到合适的校准港池的场景，值得推广。

6.2 不足

多波束系统属于声学设备，无法避免地存在噪声，此外，在直角处会产生大量多次回波，给判读缺陷带来极大困难。下一步计划采用水下二维、三维声呐、水下激光、水下相机等多系统、多手段融合联合探测。

参 考 文 献

[1] 付明亮. 无人船在水下地形测量中的应用与探讨 [J]. 城市地理. 2017 (20): 2-4.

[2] 陈宝枝，陈科，李正品，郑江. 多波束测深系统在水库测量中的应用 [J]. 地理空间信息. 2013 (04): 3-4.

[3] 赵春城，张彦昌. 8125 多波束系统在疏浚工程验收中的优势 [J]. 气象水文海洋仪器. 2007 (03) 4-6.

[4] 王闰成. 多波束测深系统的安装校准 [J]. 海洋测绘. 2003 (01): 1-2.

[5] 赵建虎，陆振波，王爱学. 海洋测绘技术发展现状 [J]. 测绘地理信息. 2017 (06): 1-2.

[6] 黄国良，徐恒，熊波，洪珺，杨传华. 内河无人航道测量船系统设计 [J]. 水运工程. 2016 (01): 3-4.

[7] 何广源，吴迪军，李剑坤. GPS 无验潮多波束水下地形测量技术的分析与应用 [J]. 地理空间信息. 2013 (02): 5-6.

[8] 金久才，张杰，马毅，官晟. 一种无人船水深测量系统及试验 [J]. 海洋测绘. 2013 (02): 5-6.

[9] 王德刚，叶银灿. CUBE 算法及其在多波束数据处理中的应用 [J]. 海洋学研究. 2008 (02): 3-4.

[10] 阳凡林，康志忠，独知行，赵建虎，吴自银. 海洋导航定位技术及其应用与展望 [J]. 海洋测绘. 2006 (01): 1-2.

离合卷筒启闭机的自动化控制设计优化与应用

郑春锋[1]，连振荣[1]，王　波[2]

（1. 太湖流域管理局苏州管理局，江苏 苏州　215011；2. 江苏省水利机械制造有限公司，江苏 扬州　225003）

摘　要：基于套闸启闭机工作级别更高、通航安全要求更高的实际需要，管理单位组织进行了设计优化和技术改进。经过改进开度传感器、离合器型式等设计优化，增设安全保护装置、改进安全保护设计、加强信息化技术防护等本质安全技术改进后，实现了这种联动启闭机在太浦闸套闸工程上的首次成功应用，而且通过采用成熟的闸控软件，首次实现了自动化控制运行。该设备经过六年多来的运行实践检验，可以在类似工程上推广应用。

关键词：离合卷筒启闭机；上下扉闸门；套闸工程；自动化控制；本质安全设计

1　引言

太浦闸，位于江苏省苏州市吴江区境内的太浦河进口段，距离太湖 2km，是太湖流域重要的防洪与供水控制性骨干工程。2011 年 12 月，水利部批准太浦闸除险加固工程初步设计，同意对原水闸建筑物进行原址拆除重建。重建后的太浦闸共 10 孔，每孔净宽 12m，总净宽 120m，其中 9 孔为节制闸，1 孔为套闸，采用平面钢闸门和固定卷扬式启闭机。受现场条件限制，套闸上闸首采用上下扉门型式来满足通航净高要求，但是上下扉门的启闭机选择是个难题。

按照以往的实践经验，上下扉门通常采用单独启闭方式，即采用两套驱动和两套卷扬装置的启闭机来分别控制上下扉闸门运行，上下扉门启闭各自独立、互不干扰，但是启闭机机架体积大、结构松散，联控难、成本高。经过调研，在江苏省江都万福闸（节制闸）上曾尝试采用过新型离合卷筒启闭机，将上下扉门的启闭装置合二为一，主卷筒垂直启闭下扉门，副卷筒通过导向滑轮启闭上扉门，主副卷筒安装在同一根轴上，并共用一套驱动装置。这种启闭机设备体积较小，易于布置，但是从未在套闸（或船闸）工程上使用过，且操作运行不频繁，未实现自动化控制。在太浦闸工程中，结合套闸工程启闭机运行频繁的特点，这种新型启闭机经过了自动化控制的设计优化和技术改进，增强了设备的本质安全设计，实现了启闭机运行的自动化控制应用，以适应套闸工程的运行管理需要。

2　离合卷筒启闭机工作原理

离合卷筒启闭机以 QP 系列双吊点平门卷扬式启闭机为基础，在启闭机卷筒边并列增设一套副卷

作者简介：郑春锋（1975—），男，高级工程师。

筒装置，主副卷筒在同一根轴上，在轴的末端装有一套离合装置，由电动推杆操纵牙嵌式离合器，实现主副卷筒的离合。其中，主卷筒用于下扉门的启闭，副卷筒用于上扉门的启闭。电动机通过制动轮联轴器与工业减速机相连，减速机直接通过卷筒联轴器带动装有两套卷筒装置的启升机构。

离合卷筒启闭机的启闭流程符合上下扉门有关设计规范和水闸技术管理规程，也符合“开闸时，先开启下扉门后开启上扉门；关闸时，顺序相反”的操作规程要求。

启门工作流程：启动电动机，主卷筒转动，钢丝绳带动下扉门上升，此时离合器处于分离位置；当下扉门到达离合点时，电动机停机，离合装置启动，推动主副卷筒完成啮合；电动机再次启动，上下扉门一起上升；当上下扉门均到达半自动搁门器的位置时，电动机停机。至此，启门动作完成。

闭门工作流程：闭门时，上下扉门继续一起上升，半自动搁门器松开，搁门锁定解除；当上下扉门到达上限位时，电动机停机；电动机反转，上下扉门一起下降；当上下扉门到达离合点时（此时，上扉门关闭到位），电动机停机，离合装置启动，推动主副卷筒完成分离；电动机再启动，下扉门单独向下，直到闭门位置。至此，闭门动作完成。

3 通航功能需求分析

虽然已有江都万福闸（节制闸）上下扉门离合卷筒启闭机的先例，但是太浦闸套闸工程对离合卷筒启闭机提出了适应通航功能的更高需求。

3.1 套闸启闭机工作级别要求更高

万福闸是节制闸，上扉门通常作为活动胸墙，使用频次低，启闭机的工作级别不超过“Q3－中”。而套闸启闭机的工作负荷高，使用频率则远大于节制闸的频率，工作级别可达到“Q4－重”；根据通航需求，每天甚至每小时都要启闭闸门；同时，若仅能够使用现场点动的方式进行闸门操作，将费时费力，影响船只过闸效率。

3.2 套闸启闭机的通航安全要求更高

套闸闸门下面需要过船，船上有人员，所以对于启闭机运行的安全性、可靠性要求更高，必须要对设备进行更全面的本质安全设计，以确保人员、船只安全。

因此，离合卷筒启闭机在套闸上使用，需要运行频繁、安全可靠，且能实现自动化控制，以满足通航功能的安全需求、效率需求。

4 设计优化与技术改进

4.1 自动化控制设计优化

（1）改进开度传感器，实现离合位置的精确控制

首次现场安装实验时，采用了普通开度传感器，虽经过多次调试，但是离合位置的控制难以满足要求。后改用高精度编码器（型号 AVM58N－011K1RHGN－1213），即每圈达到 8196 码值精度的绝对型数字编码器，离合成功率有一定提高，但通过钢丝绳运转后，每圈上最大误差仍要达到 5mm

以上，仍然难以达到理想效果。经现场多次研究、反复测试，再通过增加 1:3 的齿轮放大后，最终实现了每圈误差小于 2mm，达到精确控制的要求；后经多次试验，准确率达到 95%以上，实现了离合位置的精确控制，为实现自动化控制运行创造了条件。

（2）改进离合器型式，实现主副卷筒啮合精确同步

通过液压电动推杆提供的水平力和限位来实现牙嵌式离合器啮合，原离合器牙型采用等腰梯形，带有自锁的角度，以保证离合器接合以后不会自动分离。但是，在实验中，等腰梯形离合器对卷筒转动的精确度要求非常苛刻，每圈 2mm 的转动误差仍然会明显降低啮合成功率，不能够满足自动化控制需要。

经过多次实验研究后，我们将牙嵌式离合器由等腰梯形改进为不等腰梯形，提高了啮合成功率。在启门或闭门过程中，牙嵌式离合器都是单边受力，因此离合片受力的半边采用斜角 8° 导向角，保证啮合力和自锁功能，确保啮合以后靠自身就具有锁定功能，提高设备的安全性；而离合片不受力的另半边，则根据实践经验加大了导向角，以适应卷扬式启闭机运转精度不高的实际情况，允许在较大的转动误差情况下也能提高啮合成功率，保证了一次离合成功的可靠性。经现场试验，适当加大离合片不受力边的导向角后，即使转动误差达到 3～4mm 时，也不影响啮合的准确完成。

（3）采用成熟的闸控软件，实现闸门自动控制运行

离合卷筒启闭机经过改进后，采用高精度的数字编码器和精确控制的离合装置，实现闸门开度的毫米级控制和离合点的精确控制，为实现自动化控制创造了条件。

闸控系统采用符合开放系统国际标准的开放式环境下全分层分布计算机监控系统。整个监控网络网络结构选用冗余光纤以太环网，监控主计算机以及各现地控制单元 PLC（可编程控制器）均挂在以太网上，PLC 通过现场总线同各种智能仪表、自动化设备进行数据通信。套闸现地控制单元以 PLC 为控制核心，实现上下扉闸门开度、水位、限位开关以及荷重、电压电流信号等的采集和处理等功能；接收中控室主控级或现地命令，按照闸门操作规程和上下扉门启闭机工作流程，进行启闭闸门控制，以及对所控制设备进行故障监测等功能；同时将有关信息及时上送至中控室主控级计算机。当主控级设备发生故障时，现地控制单元脱离监控主机能独立进行工作，实现闸门的现场监控。

4.2 本质安全技术改进

（1）增设安全保护装置

按照船闸闸阀门设计规范和船闸启闭机设计规范等有关要求，离合卷筒启闭机采用机械传动，故而设置了电力液压块式制动器等安全制动装置；同时，在过船工况下，闸门门体也设置有半自动搁门器等安全锁定设施。

启闭机布设有总电源紧急开关、过流保护、短路保护、失压保护、零位保护、缺相保护和行程限制等电气保护，控制台（柜）设置了必要的空气断路器、紧急停机按钮和中间继电器等设备，在紧急状态下，当网络监控失效时，可直接按下紧急停机按钮，实现紧急停机。另外，还配置了必要的防止误操作装置及指示，防止工作人员误操作而引发运行安全事故。

（2）改进安全保护设计

根据套闸运行管理的要求，除按照规范要求配备机械、电气保护装置外，还增强了启闭机的本质安全设计。在这种新型离合卷筒式启闭机的运行过程中，还在自动化控制运行流程中，增加设置了多个安全控制环节。尤其是在最关键的离合过程中，在每个控制步骤上都设置了多重安全保护，

确保每一步操作不到位，下一步的操作就无法进行，只有每一步的操作到位后，才能执行下一步的操作。比如，控制离合器的电动推杆都具有行程控制功能，设置了脱开限位和接合限位，两侧都必须达到了设定的位置，才可以进入下一步的操作程序。

（3）加强信息化技术防护

PLC 编程软件带有故障自诊断功能，在系统运行的过程中故障诊断软件不断地监视系统运行的状态，通过轴销式荷重传感器、起升高度限制器和开度传感器等采集并监测运行数据，一旦发现错误或故障，可将详细的信息（包括故障种类、描述、位置和时间）登录到故障表中。不但可以诊断 PLC 系统的故障，还可以诊断输入/输出的故障。当发生故障时，在监控器画面上出现红灯闪烁、同时有语音报警，以汉语语言的方式提醒用户故障的类型级别等。在报警状态需要处理时，能自动发送 E-mail 到指定邮箱，提示报警，并可以结合 E-mail 服务中自动发送短信功能，从而实现短信报警功能。报警状态和处理记录能存入数据库，并能以 IE 方式进行查询。

5 应用成效与技术特点

太浦闸除险加固工程已经于 2015 年 6 月通过竣工验收，并且被授予 2015－2016 年度中国水利工程优质（大禹）奖。套闸上所采用的新型离合卷筒启闭机，自 2014 年 9 月就投入运行，并于 2015 年 6 月成功获得国家发明专利。六年多来，套闸上下扉闸门操作运行频繁，设备安全可靠，工程运行正常，发挥了重要的防洪和通航效益。

经过成功的设计优化和技术改进后，这种新型启闭机可以精确地控制上下扉闸门的离合启闭，能够满足套闸工况条件下的自动化控制运行需要，同时具有以下特点：

5.1 结构紧凑，外形美观

采用可以精确控制的离合装置，来实现主副卷筒的同轴离合；在一台机架上，实现了一台启闭机开启上下扉两扇闸门，设备体积小、结构紧凑。

5.2 精确控制，运行可靠

通过采用高精度的数字编码器，实现闸门开度和离合点的精确控制，克服了卷扬式启闭机的运行精度低、自动化控制不便的弊端。设备可以实现下扉门单独启闭和上下扉门的联动启闭，实现了启闭全过程的现地控制和远程控制，较少了人为操作失误，自动化程度高，设备运行安全可靠。

5.3 投资额小，维护方便

离合卷筒式启闭机比采用单独启闭方式的启闭方案节省总投资约 20%。同时，主次卷筒共用一套驱动装置，也减小了启闭机的电气控制设备投资，节省了日常的维护费用。

6 结语

结合套闸工程运行管理实际需要，在原有离合卷筒启闭机的基础上，经过进一步本质安全设计优化和自动控制技术改进，对卷扬式启闭机实现了闸门开度的毫米级精确控制和离合装置的精确控制，实现了在套闸工程上的自动化控制应用。在类似的套闸工程中，这种新型离合卷筒式启闭机具有较好的推广应用价值。

参 考 文 献

[1] 王波，蔡平，汤正军，姜超亿，周灿华，丁军，谢厚霓，陈军，尤宽山，张立明，一种联动启闭机：中国，ZL201110255328.4 [P]. 2015-06-24.

[2] 周灿华，王波，蔡平. 新型上下扉闸门固定卷扬式启闭机的研制 [J]. 中国农村水利水电，2012 (12)：99-102.

[3] 丁军. 离合单卷筒启闭机在上下扉门上的应用 [J]. 水利规划与设计，2014，(7)：96-97.

[4] 高兴和，周灿华. 江苏万福闸双扉门控制技术的演变与改进 [J]. 人民长江，2013 (13)：25-28.

惠南庄泵站前池水下导流拦污罩优化设计

彭　越，刘晓岭，刘晓林

（南水北调中线干线建设工程管理局，北京　102408）

摘　要：惠南庄泵站是南水北调中线干线工程唯一的大型加压泵站，机组技术供水取自泵站前池，取水口处安装有滤网用于拦污。水中藻类及其他悬浮物较多，易缠绕堵塞滤网，造成滤网变形损坏，技术供水系统流量异常，严重影响泵站主机组运行安全。为彻底解决滤网堵塞问题，设计了一款新型导流拦污罩替代原有取水口滤网，增加新的滤网反冲洗装置。投入运行后有效地解决了堵塞和流量减少的问题，保障了机组技术供水系统运行正常。本文介绍了导流拦污罩设计思路及优化过程，为解决水下滤网堵塞问题和同类拦污罩的设计优化提供了参考。

关键词：泵站；滤网堵塞；导流拦污罩；结构设计

1　引言

惠南庄泵站位于北京市房山区大石窝镇惠南庄村东，是南水北调中线干线工程唯一的大型加压泵站，泵站主机组为 8 台卧式单级双吸离心泵，配套 8 台三相异步电动机，总装机容量 58.4MW。机组技术供水系统主要为主电机提供冷却水，是泵站主机组的主要辅助系统。机组技术供水系统采用集中供水方式，水源取自泵站前池，泵站前池左右两侧各有一个技术供水取水口，位于运行水位以下 7m。机组技术供水系统设有两根取水管，一工一备，分别从东西侧前池取水，每根取水管入口处均设有一个长 2m、宽 0.5m 的滤网，滤网孔径 10mm。在运行过程中，因为滤网堵塞导致技术供水系统流量异常，严重影响泵站机组运行安全。为从根本上解决滤网堵塞问题，需研究设计一款新型滤网取代原取水口滤网。

2　主要问题及原因分析

2.1　运行过程中的问题

机组技术供水系统设有两根取水管，每根取水管上各安装有 1 台滤水器，在技术供水泵出口总管安装有 2 套精细过滤器。每年 4～5 月渠道中的水体含有大量藻类及悬浮物，由于取水口滤网无法进行有效过滤和反冲洗，导致体积较大的藻类缠绕在滤网上造成滤网堵塞，体积较小的藻类进入技

作者简介：彭越（1991—），男，大学本科。

术供水滤水器内部造成滤网堵塞，致使主电机冷却水流量异常，影响主电机的正常工作，威胁机组正常运行[1]。特别是2018年4月，渠道出现大量刚毛藻，数量多，体积大，繁殖速度快，对泵站正常运行构成了严重威胁。堵塞变形的滤网见图1。

图1　堵塞变形的滤网

2.2　滤网堵塞变形原因分析

技术供水水源取自泵站前池，其藻类的繁殖和爆发具有不可预见性。藻类一旦爆发，不仅可能穿过滤网堵塞滤水器，也可能缠绕在滤网上造成滤网堵塞和变形，导致供水流量异常。而发生该类情况主要与滤网自身材质及反冲洗结构有关。

（1）滤网结构形式存在缺陷

原滤网采用编织网结构，侧面外形为半圆形，上下为平面，在运行过程中，水藻或其他杂物易缠绕在滤网上，且不易掉落，容易造成滤网堵塞。

（2）滤网骨架材质强度不够

滤网骨架材料厚度较薄，自身强度不够，滤网一旦被水藻或其他杂物缠绕堵塞，取水口处水压增大，就会产生变形。

（3）取水口反冲效果差

原取水口滤网用技术供水泵通过技术供水取水管道进行反冲洗，需手动切换阀门，无法自动清洗。且由于技术供水取水管路较长、转弯较多，压力损失比较大，无法及时对滤网进行高效清洗。

3　导流拦污罩设计优化方案

为彻底解决泵站前池取水口滤网堵塞问题，结合原滤网自身缺陷和滤网工作环境等各方面因素考虑，设计了一款新型的导流拦污罩，同时在取水口处增设了反冲洗装置，设备安装布置如图2所示。

3.1　导流拦污罩设计

拦污罩总设计原则是：拦污效率高且便于清理维护；低流速，高过流率；高强度，耐腐蚀，抗

冲击[2]。

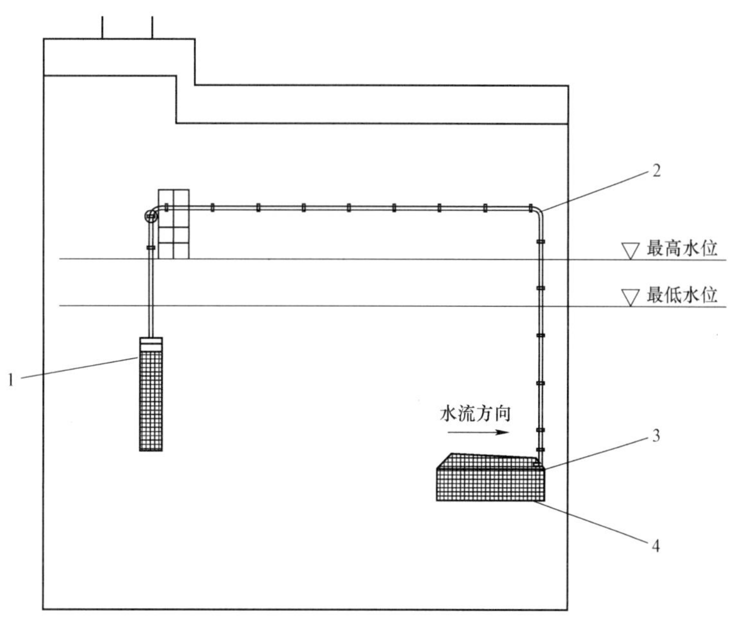

图 2　拦污罩及反冲系统设备布置示意图

1—反冲洗水泵；2—反冲洗管路；3—反冲喷头；4—导流拦污罩

（1）导流拦污罩结构形式设计

为了增加其强度，导流拦污罩采用 2mm 厚的不锈钢孔板焊接而成。孔板本身强度较高，不易变形，且表面光滑，杂物不易附着表面。

为了降低拦污罩对水流的阻力，同时也减少自身受到的水流冲击力，将导流拦污罩外形设计成流线型，顶面采用斜坡的形式。这样既能减少水流对导流拦污罩的冲击，又能使水中杂物不易在导流拦污罩顶部堆积，确保了导流拦污罩的有效发挥。导流拦污罩结构形式设计如图 3 所示。

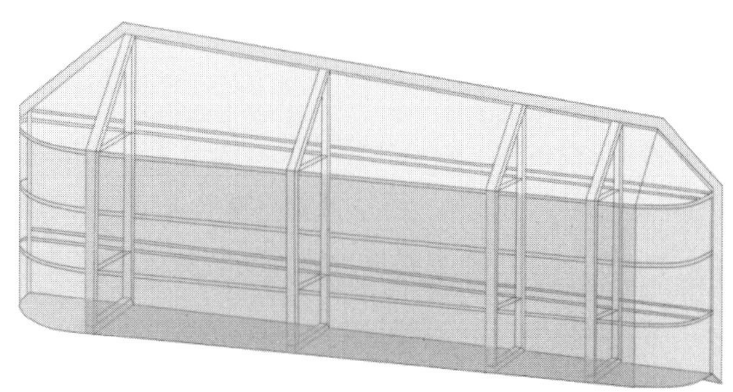

图 3　导流拦污罩外形结构示意图

（2）导流拦污罩孔板孔径设计

在综合考虑流量和流速的前提下，为了最大效率地阻拦杂物，导流拦污罩壳选用了两种孔径的孔板拼合而成，迎水面和顶面使用ϕ6mm 的孔板，其余面使用ϕ11mm 的孔板，板厚均为 2mm。如图 4 所示，黄色部位为ϕ6mm 孔板，绿色部位为ϕ11mm 孔板。

ϕ6mm 的孔板主要功能是拦截杂物，通水功能为辅助，拦住的杂物随水流流到ϕ11mm 孔板处，不会倒流回去堵住孔板。ϕ11mm 孔板主要功能就是通水，辅助阻拦杂物。孔板过流孔呈梅花状排列，这种过流孔排列方式在保证取水口流量的前提下，也可以尽量减少过流孔流速，从而减少水流对导流拦污罩的冲击，延长导流拦污罩使用寿命。这样既能保证取水口用水，水藻和杂物又不易附着在孔板上堵塞拦污罩，孔板过流孔排列如图 4 所示。

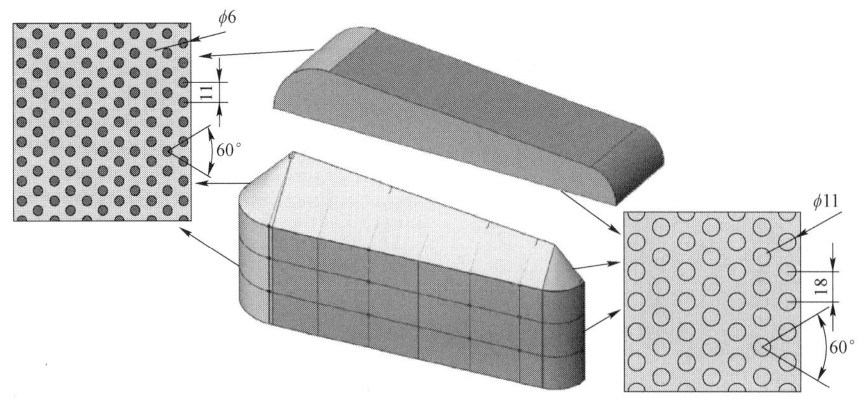

图 4　导流拦污罩孔板结构示意图

（3）导流拦污罩内部结构设计

导流拦污罩内部采用不锈钢方管钢和筋板焊接骨架，既能减轻自重又能保证强度，长期使用不会生锈，比较稳定可靠。

3.2　取水口处反冲洗装置设计

为了避免孔板堵塞情况的发生，导流拦污罩内增设反冲洗装置。反冲洗装置由高压水泵、反冲喷嘴和控制系统几部分构成。

（1）高压水泵

为保证冲洗压力，在前池进人孔下方检修平台处安装一套扬程 40m、流量 20m^3/h 的高压柱塞水泵，水泵出水口用内丝接头、一段可拆卸的管道、通过法兰连接到喷淋管，最大限度减少因管道和转弯造成的压力损失。

（2）反冲喷嘴

拦污罩面积较大，为有效冲洗拦污罩，结合实际情况，选用实心锥形的喷嘴进行反冲洗，实心锥形喷嘴如图 5 所示。锥形喷嘴带有球头调节座，可以调整喷嘴的角度，安装时调整到最合适喷射角度，保证喷射面积最大，调整完毕试喷后即可将导流拦污装置安装到墙壁上，喷嘴喷射面积如图 6 所示。

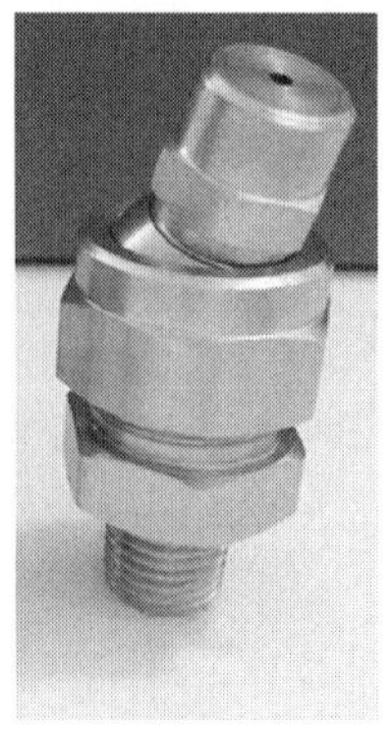

图 5　锥形喷嘴

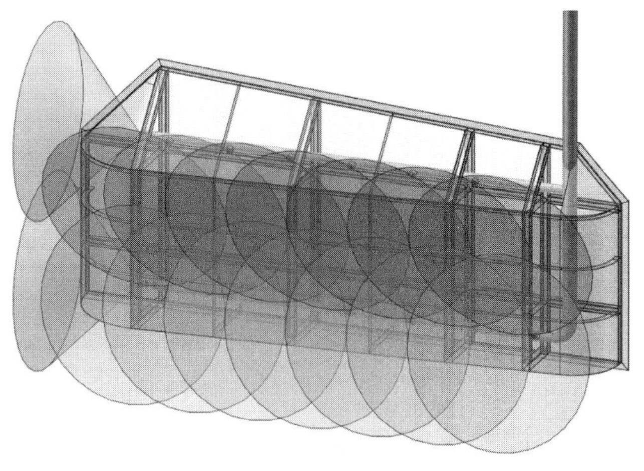

图 6　喷嘴内部喷射面积示意图

喷嘴迎着渠道水流进行反冲洗，为了避免喷嘴被堵以及保证充足的水量，采用大口径喷嘴。喷嘴规格参数见表 1。

表 1　喷嘴规格参数表

喷嘴孔径	4.5mm	喷射压力	0.5MPa
喷嘴锥角角度	90°	喷射流量	20L/min
喷嘴数量	16 个	总流量	$19.2m^3/h$

（3）反冲洗控制系统

为了提高反冲洗效果，电气控制系统采用“PLC+HMI”及变频调速的控制模式，实时采集高压水泵变频器的流量、压力等参数。监控反冲洗系统运行状态（运行、停止、泵运行状态、故障信息等）。反冲洗控制系统设计有手动模式、自动模式，可根据运行需求进行参数设置。

4　导流拦污罩安装后运行情况

2018 年惠南庄泵站冬季检修期间完成泵站前池取水口导流拦污罩安装和调试，调试完成后投入运行，至今已运行近 2 年时间。控制系统根据设定参数自动冲洗导流拦污罩，每天冲洗次数 24 次，每次间隔 50min，每次冲洗时长 10min。新型导流拦污罩及配套反冲洗系统安装至今，泵站前池取水口未出现堵塞情况，技术供水系统未出现流量异常情况，切实有效的改善了技术供水取水口堵塞问题，保障了机组的运行安全。

5　结语

惠南庄泵站设计的新型导流拦污罩，解决了取水口滤网堵塞问题，从根本上解决了技术供水系统流量异常问题，保证了机组技术供水系统运行的稳定性、可靠性，为惠南庄泵站水泵机组安全运行提供了保障，同时也为水利工程解决水下滤网堵塞问题和同类导流拦污罩的设计提供参考和借鉴。

参 考 文 献

[1] 张国辉，宋和航，穆阳阳．北方核电厂取水口堵塞原因分析及改进措施评价［J］．核动力工程，2019，40（05）：111－117．

[2] 林峰，王德厚．消除机组技术供水取水口堵塞的措施［J］．水电自动化与大坝监测，2010，34（03）：30－31＋34．

新型液压启闭机活塞杆污垢清理设备分析

翟自东，鲁建锋，程医博，韩鹏飞，李立翊

（南水北调中线干线工程建设管理局河南分局，河南 郑州　450000）

摘　要：南水北调中线工程日常输水运行中，工作闸门长时间处于入水状态，启闭闸门设备中液压油缸的活塞杆由于长期位于水下，表面易附着污垢，在遇紧急情况时，将影响活塞杆正常缩回，甚至磨损油封，从而影响输水安全。本文以南水北调中线鹤壁管理处淇河节制闸弧形闸门参与日常调度情况为例，针对活塞杆附着的污垢清理问题，设计了一种自动化水下液压活塞杆污垢清理结构，具有操作简单、安全高效、清理效果好等优点。

关键词：安全隐患；紧急情况；活塞杆；清理污垢设备

1　引言

南水北调中线干线工程在输水运行过程中，可能造成应急调度的突发事件主要有：工程事故、水质污染、设备故障、人员工作失误以及自然灾害。在遇到突发事件时，调度闸门是处理各类突发事件的主要因素。为不影响闸门参与应急调度，在保证液压启闭设备的日常维修养护的同时需定期对水下活塞杆进行污垢清理，避免污垢附着表面影响液压启闭机的正常运行。目前清理污垢主要采用人工进行清理作业，效率低，存在安全风险。亟待提出一种自动化清理活塞杆污垢设备，取代人工水下活塞杆清理作业，提高维护安全度，保证闸门运行正常。

2　工程概况

鹤壁管理处渠道段，起点桩号 K638＋184.75，终点桩号为 K669＋017.55，全长 30.833km，有节制闸 1 座，控制闸 3 座，弧形闸门 12 扇。在日常输水运行中，淇河节制闸渠段正常运行水位较高，工作闸门长时间处于入水状态，液压启闭机活塞杆处于伸长状态，长时间浸泡在水中，水中含有矿物质，活塞杆表层会产生一层附着物，随着时间的增长，附着物一层一层堆积，形成坚硬的污垢，一般情况下，是采取降低运行水位或在关闭进出口检修闸门条件下清理污垢。目前国内尚没有先进的设施设备，可以清理长期处于水下的活塞杆上附着的污垢，为保证工程运行安全，人员安全，提高运行效率，需在不降低运行水位或关闭进出口检修闸门的工况下进行水下清理污垢作业。

作者简介：翟自东（1989—），男，工程师。

针对活塞杆附着的污垢清理问题，研究设计了一种自动化水下液压活塞杆污垢清理装置，具有操作简单、安全高效、清理效果好等优点，可广泛应用于南水北调中线液压杆表层污垢清理工作。

3 清理活塞杆污垢的一般方法及存在问题

3.1 清理活塞杆污垢的一般方法

为保证南水北调总干渠输水调度运行安全，保证闸门正常启闭，需要定期对活塞杆进行清理。通常采用的方法为在低水位运行期，水位下降，活塞杆露出水面后，由运维单位安排经过安全教育的专业人员，穿救生衣、佩戴救生绳后下到闸门支臂上，采用醋等酸性材料浸泡活塞杆上部污垢，一段时间后，再用毛巾等柔软材料擦拭活塞杆，进一步清除污垢。图 1 为维护人员对活塞杆进行清理。

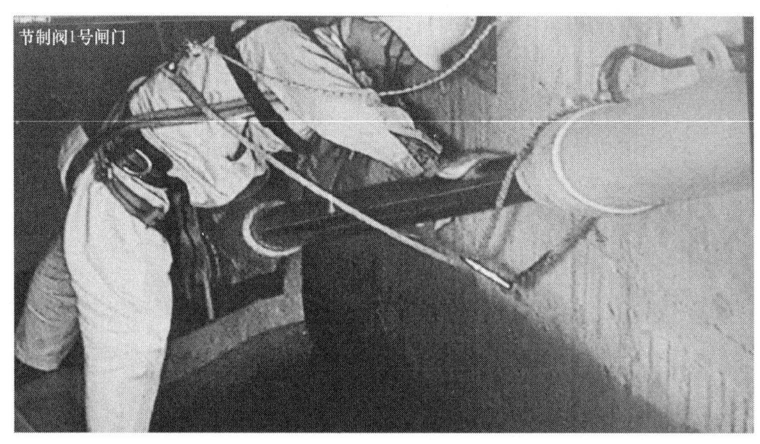

图 1　维护人员对活塞杆进行清理

3.2 存在问题

目前人工清理活塞杆上附着污垢，需采取降低运行水位，将活塞杆露出水面，在水上进行人工作业，而且需要进行反复操作，才能达到清理污垢的目的。如若遇到突发事件，将无法实现紧急情况下提升闸门，而且人员清理存在极大的安全隐患。

4 清理活塞杆污垢的设备研究

4.1 液压油缸概况

节制闸启闭机系统由弧形闸门、液压油缸、控制系统等组成，其中液压油缸结构由缸筒、缸盖、活塞、活塞杆等部分组成。闸门的启闭过程是将液压能转变为机械能使活塞杆做直线往复运动来实现的，淇河节制闸采用油缸直径 $R=299$mm，活塞杆 $R=140$mm，工作行程 4450mm，活塞杆与闸墩间距 200mm。图 2 为液压油缸结构。

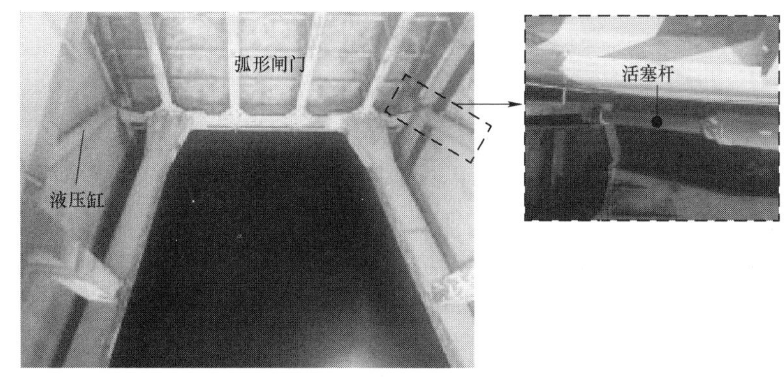

图 2 液压油缸结构

4.2 设备结构组成及用途

鹤壁管理处科技创新团队通过查找资料，结合活塞杆所在位置、环境，以及清理过程中注意事项，将污垢清理机设计为包括动力装置、工作装置、操作机构、行走装置、摄像装置、辅助设施等组成的自动化清理设备。从外观上看，污垢清理设备由外部动力装置、工作装置和控制系统三部分组成。新型液压伸缩杆除垢装置如图 3 所示。

动力装置采用闸室内电动葫芦将要下水工作的清理机进行吊运，并将设备吊运至闸墩的 U 形槽内，保证清理设备上下运动的平稳性；通过设备上的直线电机使得设备左右移动，达到设备到达活塞杆需要清理部位的上方；通过伸缩杆对清理设备进行调整，能够将设备与活塞杆保持平行状态（见图 4）。

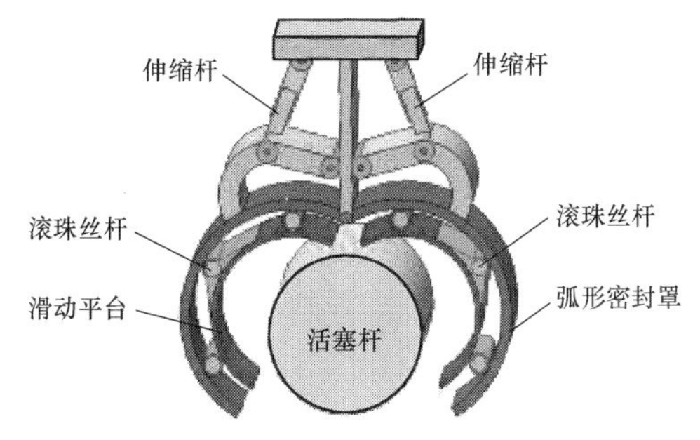

图 3 新型液压伸缩杆除垢装置

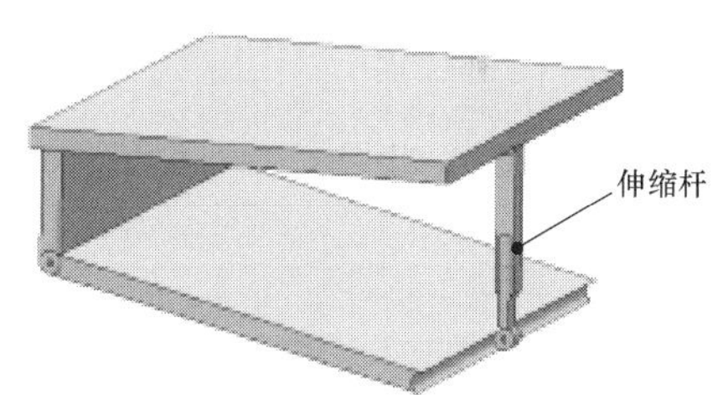

图 4 倾斜调节设备

工作装置采用两个半圆弧形外壳，通过全断面铰链连接。上下外壳采用连杆、摇杆、电动伸缩杆配合控制两个半圆弧形密封罩的张开及闭合。外壳开合处采用定位销与抓钩配合旋转电机进行自动紧固与松开，外壳内部由两套滚珠丝杆配备多套弧型滑动平台组成，通过电动机旋转，带动滑动平台在活塞杆上进行往复运动，起到擦拭污垢的作用；装置两端采用密封垫与活塞杆接触，对内部进行密封；外壳两端设置进水孔与排水孔，保证溶解液的注入及清理设备内部水能够及时排出，清理设备内外上下两侧及内部加装微型摄像头，更好地监控设备水下状态及清理污垢情况（见图 5）。全部构件采用防撞硅胶包裹。

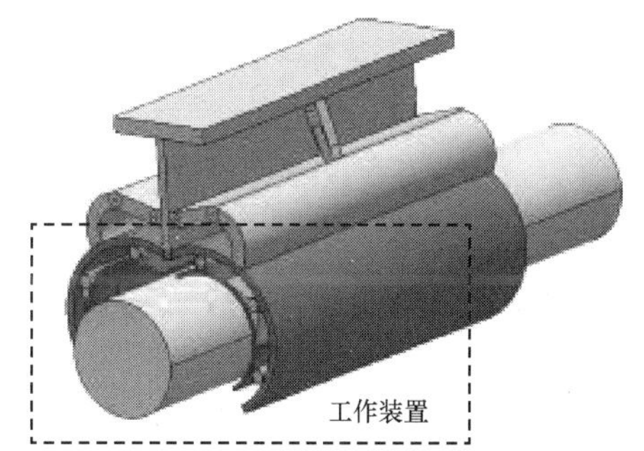

图 5 清理设备结构图

控制系统包括电机控制系统、内水抽排系统、视频监控系统等，共同来完成清理作业。本文仅对结构进行分析，未涉及控制系统研究。

4.3 主要结构参数

新型液压启闭机活塞污垢清理装置参数见表1。

表1 新型液压启闭机活塞污垢清理装置参数

序号	设备名称	材质	尺寸
1	弧形密封罩	金属，内外硅胶防护	$L=0.5$m 内 $R=0.2$m 外 $R=0.23$m
2	滑动平台	金属，橡胶	$L=0.05$m 内 $R=0.075$m 外 $R=0.08$m
3	滚珠丝杆	金属	$L=0.5$m $R=0.02$m

4.4 设备操作流程

新型液压启闭机活塞污垢清理装置操作步骤见表2。

表2 新型液压启闭机活塞污垢清理装置操作步骤

操作步骤	操作内容
第一步	启动液压启闭机操作系统，将设备外壳打开
第二步	启动电动葫芦吊运清理设备，由活塞杆顶部缓慢下放，直至外壳下部与活塞杆底部齐平，再次启动液压启闭机操作系统，使设备外壳进行闭合
第三步	当外壳进行闭合后，启动抓钩锁紧装置，使设备内部更加封闭
第四步	启动排水系统将设备内水排空并同时填充醋等有效消除污垢的无污染液体，对活塞杆进行浸泡，一段时间后，表层污垢能够分解、软化
第五步	启动设备内部滑动平台擦拭系统，对活塞杆表层进行往复擦拭，使活塞杆表层更加干净
第六步	启动排水系统，将设备内污垢进行抽出
第七步	通过监控装置，查看活塞杆清理干净
第八步	启动导向销操作系统，松开装置
第九步	启动液压启闭机操作系统，将设备外壳打开
第十步	清理完成后，重新操作第二步至第九步，直至液压杆全部清理完成
第十一步	启动电动葫芦将清理设备吊起，缓慢上升至闸室，人工对设备进行清理操作完成

5 结语

综上所述，研制的水下清理污垢设备，操作简单，清理便捷，可以替代人工，不受作业环境、水位等因素的影响，即可定期清理水下活塞杆，保证闸门正常启闭，从而保证工程运行安全。该设备可在类似工程中推广使用。

水下修复材料工艺

水下不分散水泥混凝土性能测试系统及方法研究

石　妍，刘　恒，李家正，曹　亚

（长江科学院，水利部水工程安全与病害防治工程技术研究中心，湖北 武汉　430010）

摘　要：本文设计了一种水下不分散混凝土性能测试系统及方法，模拟不同水温、水流状态及水深等现场工作条件，分析其对拌和物流动性、凝结时间、抗分散能力及硬化后力学性能的影响，并与现行标准方法测试结果进行对比分析。结果表明，水温、水流状态、水深等因素的变化均会影响水下不分散混凝土的性能，其中拌和物水下流动度和扩展度较现行方法检测的偏差率高达17.0%；随着水温增加，拌和物的凝结时间随之缩短；水深及水流速度越大，拌和物的抗分散性越差，抗压强度和水陆强度比越低；测试水深450mm时，7d、28d水陆强度比降至57.4%、63.8%。设计的测试系统及方法结果更加科学合理，为材料的方案比选、性能的真实评价提供技术支撑，也可为现行技术标准进行有益的补充。

关键词：水下不分散混凝土；性能测试方法；水下流动度；悬浊物含量；水陆强度比

1　前言

目前，随着水利水电工程的建设发展，水下不分散混凝土以其水下不分散、易施工、成本低、绿色环保等技术优势，逐步应用于围堰、防渗墙、水下基础找平等水下大面积无施工缝工程。同时，为满足涉水工程的维修维护、应急处置等技术需求，水下不分散混凝土也可用于水工建筑物缺陷、渗漏的封堵以及普通混凝土较难施工的水下工程等[1-3]。因此，其在电站、隧洞、桥梁及市政工程中得到了广泛的应用。对比普通混凝土，水下不分散混凝土通过在混凝土拌和物中掺入水下抗分散剂，可以大大提高拌和物的黏聚性，从而在根本上解决了普通混凝土在水下施工所遇到的分散、离析等问题[4]。因此，国内外同行开展了大量的相关研究[5-7]，包括水下不分散剂的开发和改进、水下不分散混凝土的配合比设计和应用技术等，但对水下不分散混凝土的性能评价及测试方法等方面研究却不多。

针对水下不分散混凝土的浇筑及服役环境，我国已有相关的性能测试及评价方法，现行标准主要是DL/T 5117—2000《水下不分散混凝土试验规程》和GB/T 37990—2019《水下不分散混凝土絮凝剂技术要求》，其中规定了水下试件的成型与养护方法，以及抗分散性、流动性及凝结时间等的性能试验方法，可作为试验操作、结果分析等工作的技术依据。但针对不同环境因素下的测试与评价，仍存在一定的问题。

基金项目：国家重点研发计划项目（2019YFC1510803）；国家自然科学基金（U2040222）；中央级公益性科研院所基本科研业务费项目（CKSF2019394/GC、CKSF2019374/CL）

作者简介：石妍，（1979—），女，博士，教授级高级工程师。

首先，规范中设定的水域温度是固定的，水下试件的成型和养护均在（20±3）℃的水中进行。事实上，根据现场环境以及具体工程的差异，水下不分散混凝土实际接触的水温差异较大，比如冬季施工，某些工程水下温度甚至接近 0℃，而夏季施工，水温可能高于 30℃。温度对水泥基材料的拌和物及硬化性能有显著影响。其次，规范中试件成型设定的水深是固定的。标准规定了两种抗压强度成型方式，即水下与空气中。空气中的成型与水下工作环境差异较大，而水下成型是将拌和物从水面落入试模中，而试模顶端距水面 150mm，也无法根据实际需求进行调节。再次，水体悬浊物含量测试与实际工况差异大。现行规范的做法是在烧杯中加入一定量水，然后将称好的拌和物贴近烧杯水面处缓慢落下，进而检测水体悬浊物含量。而施工现场可能存在较大的水流，水下不分散浆液将收到扰动，从而产生更大的悬浊物含量。最后，浆液拌和物性能的测试未在水下操作。规范规定，扩展度试验在试验台上进行，凝结时间是将拌和物成型在砂浆筒中，过程中均未接触水，不能充分体现水下环境差异的影响。

可见，水下不分散混凝土需要适应不同的水下作业环境，水温、水深及水流状态等因素均会影响水下不分散混凝土的性能，从而影响水下不分散混凝土的应用效果。而现行规范的测试方法，未能充分体现现场实际的施工环境，目前也未见相关的研究及报道。因此，基于 DL/T 5117—2000 和 GB/T 37990—2019 标准，本文设计了一种水下不分散水泥混凝土性能测试系统及方法，测试不同水温、水流状态、水深等条件下水下不分散水泥混凝土拌和物的流动性、凝结时间、抗分散性及力学性能，并与现行标准方法进行对比测试分析，旨在为水下不分散混凝土的材料方案比选、性能的真实评价提供技术支撑，也为现行技术标准进行有益的补充。

2 原材料及试验方法

2.1 原材料及试验配合比

（1）原材料

1）水泥：华新堡垒牌 P·O 42.5 水泥。

2）细集料：混凝土采用人工砂，细度模数 2.74；砂浆采用 ISO 标准砂。

3）粗集料：公称粒径 5～20mm 的碎石，其中 5～10mm 的质量占比为 40%，10～20mm 的质量占比为 60%。

4）水：普通自来水。

5）絮凝剂：市售两种絮凝剂 A、B，推荐掺量均为 3.0%。

（2）试验配合比

参照 GB/T 37990—2019 规定，采用不同品种的絮凝剂，设计了两组水下不分散混凝土的试验配合比，见表 1。其中，用水量为混凝土坍落度不小于 230mm，且扩展度为 500mm±30mm 的最小用水量。

表 1　水下不分散混凝土配合比

编号	絮凝剂	水胶比	砂率（%）	絮凝剂掺量（%）	混凝土材料用量/（kg/m³）				坍落度/mm	扩展度/mm
					水	水泥	砂	碎石		
H1	A	0.55	42	3.0	236.5	430	720	980	240	510
H2	B	0.53	42	3.0	228	430	720	980	230	500

参照 GB/T 17671—1999《水泥胶砂强度检验方法》规定，采用不同品种的絮凝剂，设计了两组水下不分散砂浆试验配合比，见表 2。

表 2　　水下不分散砂浆配合比

编号	絮凝剂品种	水胶比	胶砂比	絮凝剂掺量（%）	水泥/g	ISO 标准砂/g	水/g	流动度/mm
S1	A	0.5	1：3	3.0	450	1350	225	180
S2	B	0.5	1：3	3.0	450	1350	225	175

2.2　试验装置及试验方法

（1）试验装置

针对水温、水流状态、水深等因素的变化需求，试验设计了水下不分散水泥混凝土的性能测试装置系统，装置示意图如图 1 所示。

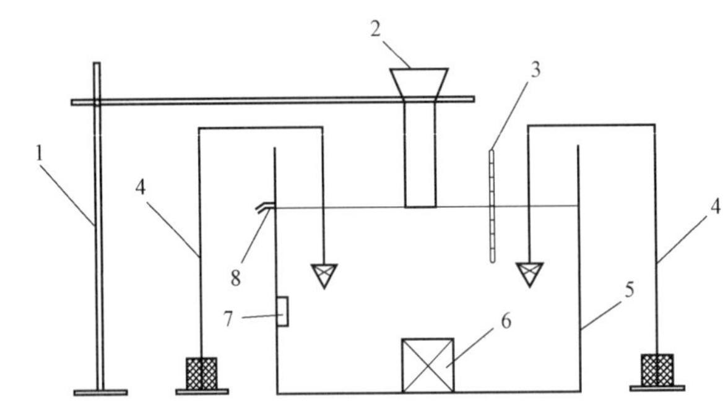

图 1　试验装置简易示意图

1—漏斗支架；2—注浆漏斗；3—温度监测装置；4—搅拌器；5—透明水箱；6—试模；7—加热元件；8—溢水孔

（2）试验方法

基于以上设计装置，进行水下不分散混凝土的性能试验。同时，参照 DL/T 5117—2000 规定，进行标准方法的对比试验。两者的主要区别在于前者均在水下完成，且能依据实际需求模拟设定试验环境，从而综合评价材料的真实性能。本设计的具体试验方法如下：

1）水下流动性。向水箱内注水，调节好试验所需的水位高度、水温、水流状态等条件，将测定流动性试模置于水箱底部，然后将拌和物通过注浆漏斗一次注入试模中，刮平试模表面，将试模垂直向上缓慢提起，60s 后用直尺在水箱底板两个垂直方向量出浆体扩展的直径，取两者的算术平均值作为流动度或扩展度。砂浆试模符合 GB/T 2419—2005《水泥胶砂流动度测定方法》中测量水泥胶砂流动的试模；混凝土试模符合 DL/T 5150—2017《水工混凝土试验规程》中坍落度试验的坍落度筒。

2）水下凝结时间。测量凝结时间的试模置于水箱底部，将已过孔径为 10mm 筛子的拌和物通过注浆漏斗连续注入试模，使试模中的拌和物表面略低于试模上边缘。缓慢从水箱中取出试模，轻轻振动使浆体表面平整，然后移入水中持续静置养护，除定期取出进行凝结时间测试外，直至浆体终凝。砂浆或混凝土试模及凝结时间测试方法，均参照 DL/T 5150—2017 中混凝土拌和物凝结时间试

验贯入阻力法进行。

3）悬浊物含量和 pH 值。将 1000mL 烧杯置入水箱底部，称取 500g 代表性拌和物试样，分成 10 等份，在 20～30s 内通过加料漏斗加入烧杯中，然后缓慢垂直拿出烧杯，静置 3min，随后在 1min 内从烧杯水面轻轻吸取 600mL 的水，其中 200mL 用于测定 pH 值，其余用于测定悬浊物含量。悬浊物含量及 pH 值的测定分别按照 GB/T 37990—2019、GB 6920—1986 规定进行。

4）水陆强度比。将抗压强度试模置于水箱底板上，通过注浆漏斗连续浇筑拌和物，试模装满后从水中取出，轻敲两侧促进排水，静置 5～10min，使浆液自流平、自密实而达到平稳状态。抹面后移入水中养护，终凝 1d 后拆模，直至测试时间。混凝土及砂浆抗压强度的测定按照 DL/T 5150—2017 相应规定进行。

水陆强度比应按式（1）计算，并精确至 0.1%：

$$R_S = \frac{f_W}{f_A} \times 100 \tag{1}$$

式中 R_S——水陆强度比，%；

f_W——水下成型的受检混凝土的抗压强度，MPa；

f_A——空气中成型的受检混凝土的抗压强度，MPa。

3 水下不分散混凝土性能测试及结果分析

3.1 拌和物流动性

采用本设计方法和标准方法，对比测试两组砂浆的流动度，以及两组混凝土的坍落度、扩展度，试验结果见表 3、表 4。以标准方法结果为基准，计算本设计方法所得测试结果的偏差率。

结果表明，对比现行标准测试方法，本设计方法得到的砂浆流动度结果略有降低，测试偏差率分别为 -11.1%、-8.6%。分析原因，本设计方法中，砂浆流动度的测试虽然在水下进行，水下保水引起拌和物黏稠度下降、流动度增加，但仍为自由流动状态。而标准规定的方法中，流动度检测是在跳桌上进行，存在外加动力的作用，因此流动度测值大一些。

分析混凝土的拌和物性能，对比标准方法的结果，本设计方法测得的坍落度和流动度均有增加，坍落度的偏差率分别为 4.2%、4.3%，扩展度偏差率分别为 13.7%、17.0%。偏差原因主要是水上、水下不同测试环境引起的。

表 3　不同试验方法下砂浆的流动度

编号	絮凝剂品种	试验方法	流动度 /mm	流动度偏差率（%）
S1-1	A	标准方法	180	-11.1
S1-2		本设计方法	160	
S2-1	B	标准方法	175	-8.6
S2-2		本设计方法	160	

表 4　　不同试验方法下混凝土的流动性

编号	絮凝剂品种	试验方式	坍落度/mm	扩展度/mm	坍落度偏差率（%）	扩展度偏差率（%）
H1－1	A	标准方法	240	510	—	—
H1－2		本设计方法	250	580	4.2	13.7
H2－1	B	标准方法	230	500	—	—
H2－2		本设计方法	240	585	4.3	17.0

3.2　拌和物凝结时间

采用本设计方法和标准方法，并设置不同的水域温度，对比测试掺不同絮凝剂水下不分散砂浆及混凝土的凝结时间，测试结果见表 5。以标准方法测得的凝结时间为基准，计算本设计方法所得测试结果的凝结时间差。

表 5　　不同养护方式下水下不分散浆液的凝结时间

类型	絮凝剂品种	试验方法		凝结时间（h:min）		凝结时间差（h:min）	
				初凝	终凝	初凝	终凝
砂浆	A	标准方法：20℃		11:40	13:30	—	—
		本设计方法	水温：10℃	14:50	18:30	＋3:10	＋5:00
			水温：20℃	12:30	15:10	＋0:50	＋1:40
			水温：30℃	9:30	11:00	－2:10	－2:30
	B	标准方法：20℃		9:45	11:20	—	—
		本设计方法	水温：10℃	13:55	17:20	＋4:10	＋5:00
			水温：20℃	11:10	13:30	＋1:25	＋2:10
			水温：30℃	7:00	9:25	－2:45	－1:55
混凝土	A	标准方法：20℃		22:50	28:30	—	—
		本设计方法	水温：10℃	30:15	38:00	＋7:15	＋9:30
			水温：20℃	24:20	30:45	＋1:30	＋2:15
			水温：30℃	18:30	25:10	－4:20	－3:20
	B	标准方法：20℃		21:40	27:00	—	—
		本设计方法	水温：10℃	29:50	37:30	＋8:10	＋10:30
			水温：20℃	24:15	30:10	＋2:35	＋3:10
			水温：30℃	18:00	22:40	－3:40	－4:20

根据表 5 的数据可知，两种测试方法所得的凝结时间存在不同程度的差异，且不同水温下，不同絮凝剂配制的水泥砂浆及混凝土的凝结时间也是不同的。养护温度同为 20℃的情况下，本设计方法测得的凝结时间有所延长，凝结时间差在＋0:50～＋3:10。分析而言，不同方法之间的结果差异，还是在于标准方法的试件养护是在非水环境下进行的。同时，随着水域温度的增加（10～30℃），水泥砂浆及混凝土的凝结时间是逐渐缩短的，差值甚至超过 10h。整体而言，絮凝剂 B 配制的砂浆及混凝土凝结时间对温度更敏感一些。

3.3 拌和物抗分散性

（1）静水状态下拌和物的抗分散性

采用本设计方法和标准方法，并设置不同的水深（标准方法非水下操作，直接在烧杯口加料，不考虑水深），对比测试掺不同絮凝剂水下不分散砂浆及混凝土通过水体的 pH 值与悬浊物含量，测试结果见表 6 和图 2、图 3。以标准方法测得的悬浊物含量为基准，计算本设计方法所得测试结果的偏差率。

表 6　静水状态下拌和物的抗分散性

类型	絮凝剂品种	试验方法	水深 /mm	pH 值	悬浊物含量 /（mg/L）	悬浊物含量偏差率（%）
砂浆	A	标准方法	—	7.9	102.5	—
		本设计方法	250	8.1	110.0	7.3
			350	8.2	115.0	12.2
			450	8.6	132.5	29.3
	B	标准方法	—	7.6	80.0	—
		本设计方法	250	7.7	87.5	9.4
			350	8.0	100.0	25.0
			450	8.2	112.5	40.6
混凝土	A	标准方法	—	8.8	157.5	—
		本设计方法	250	9.2	175.0	11.1
			350	9.6	210.0	33.3
			450	9.9	252.5	60.3
	B	标准方法	—	8.6	135.0	—
		本设计方法	250	8.9	160.0	18.5
			350	9.4	187.5	38.9
			450	9.7	225.0	66.7

试验结果表明，不同测试方法以及水深均会影响静水状态下砂浆及混凝土拌和物的抗分散性能，不同配合比的浆体受影响程度也是不同的。水体 pH 值和悬浊物含量随水深的增加而增加，呈现水深越大，水体 pH 值和悬浊物含量越大，悬浊物含量偏差率越大的规律。图 2 和图 3 的对比更为直观，且静水中絮凝剂 B 混凝土的抗分散性稍优于絮凝剂 A 混凝土。

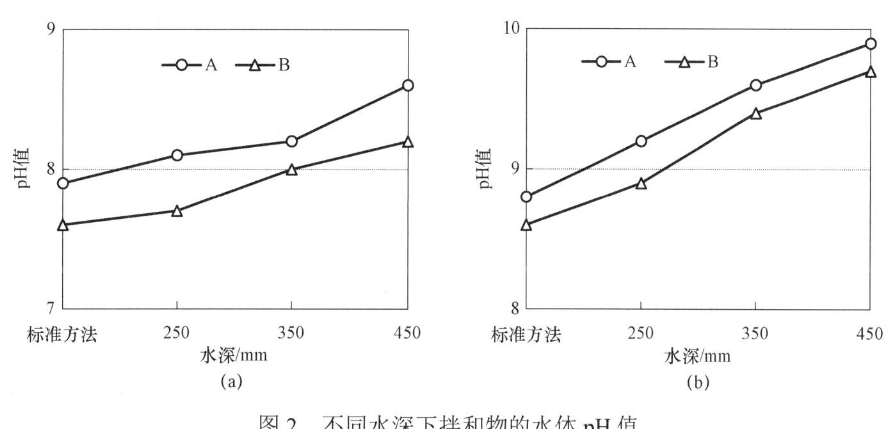

图 2　不同水深下拌和物的水体 pH 值

（a）砂浆拌和物；（b）混凝土拌和物

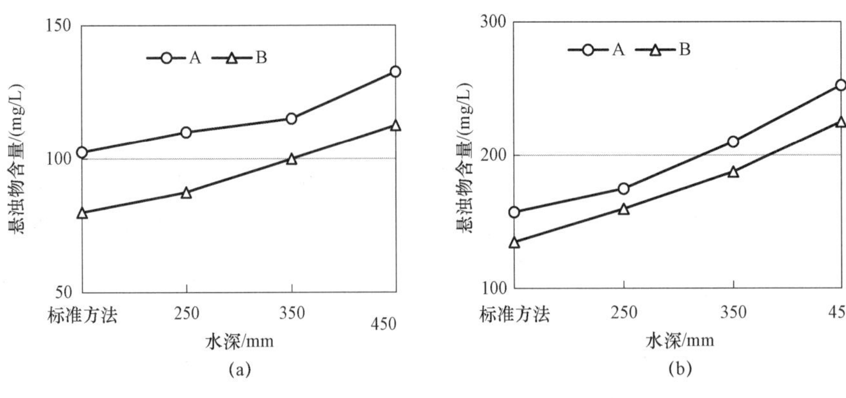

图 3　不同水深下拌和物的水体悬浊物含量

（a）砂浆拌和物；（b）混凝土拌和物

分析原因，这是因为在水下不分散浆液通过水体后，由于浆液经过水的冲刷，使得浆液中的水泥颗粒流失，导致水体变得浑浊，水溶液呈现碱性；而水深越大，则浆液通过水体时被冲刷的时间增加，水泥颗粒流失亦会增加，所以水体的悬浊物含量增加，pH 值增加。

（2）动水状态下拌和物的抗分散性

基于本设计系统，固定拌和物水深 250mm，通过调节搅拌器转速，模拟了施工中可能出现的动水环境，并测试不同动水状态下水泥砂浆及混凝土的水体 pH 值与悬浊物含量，以静水状态为基准，计算动水环境下的悬浊物含量偏差率，见表 7。

表 7　　　　动水状态下拌和物的抗分散性

类型	絮凝剂品种	搅拌器转速 /（r/min）	水深/mm	pH 值	悬浊物含量 /（mg/L）	悬浊物含量偏差率 （%）
砂浆	A	0	250	8.2	115.0	—
		1000		8.4	127.5	11.1
		2000		8.7	140.0	21.7
	B	0		7.8	97.5	—
		1000		8.0	105.0	7.7
		2000		8.2	115.0	17.9
混凝土	A	0	250	9.5	205.0	—
		1000		9.7	235.0	14.6
		2000		10.1	272.5	32.9
	B	0		9.3	185.0	—
		1000		9.6	220.0	18.9
		2000		9.8	242.5	31.1

测试结果见表 7 和图 4、图 5。试验结果表明：相比静水状态，动水状态下的水体 pH 值和悬浊物含量更大；随着搅拌器转速的增加，水体的 pH 值、悬浊物含量和悬浊物含量偏差率也随之增加，即水流速度越大，拌和物的抗分散性越差。且动水中絮凝剂 B 混凝土的抗分散性稍优于絮凝剂 A 混凝土。

分析认为，相比静水状态，动水状态下的拌和物在通过水体时所受到的水流冲刷更为严重，导致拌和物中的水泥颗粒流失更多，使得水体的 pH 值变大、悬浊物含量增加；随着搅拌器转速的增加，

水体的流动对不分散浆液的扰动也随之增加，相应的抗分散性指标值亦随之变大。实际工程施工中，水下不分散混凝土可能在动水状态下工作，因此相比现行标准中在静水状态下所测得的水体 pH 值和悬浊物含量，若能模拟实际动水状态检测拌和物的相应抗分散性指标，则对实际施工更有指导意义。

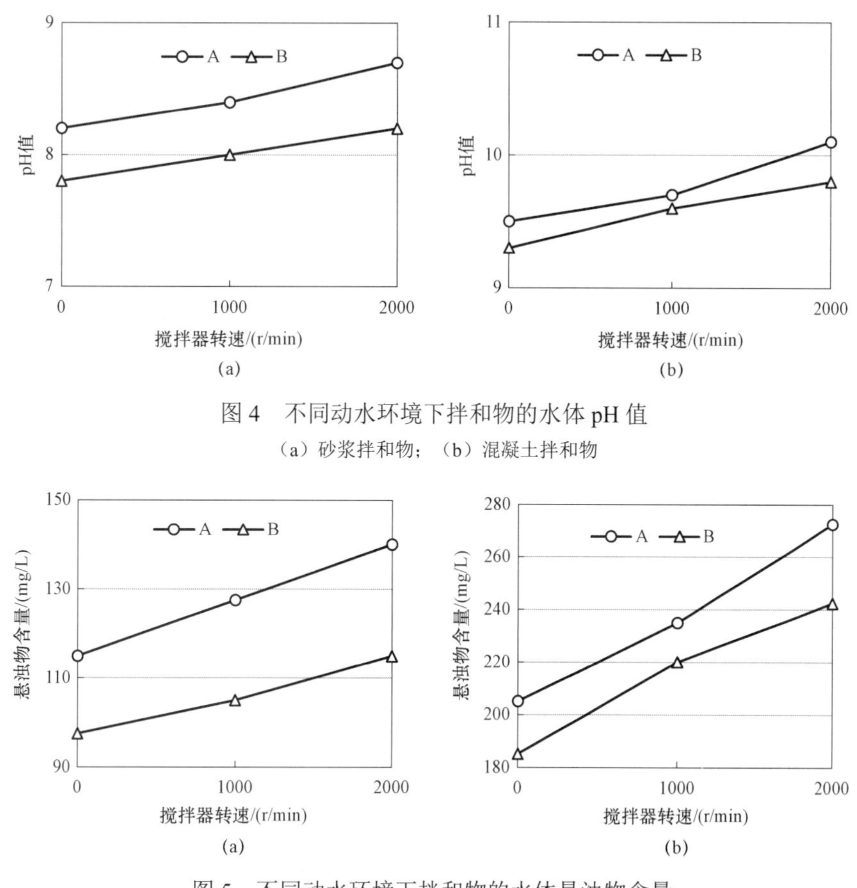

图 4　不同动水环境下拌和物的水体 pH 值

（a）砂浆拌和物；（b）混凝土拌和物

图 5　不同动水环境下拌和物的水体悬浊物含量

（a）砂浆拌和物；（b）混凝土拌和物

3.4　硬化混凝土力学性能

采用本设计方法和标准方法，并设置不同的水域温度，对比测试掺不同絮凝剂水下不分散混凝土的力学性能，不同工况下成型试件的力学性能结果见表 8。以标准方法（空气中）测得的抗压强度为基准，计算水下成型混凝土的水陆强度比。28d 抗压强度及水陆强度比柱状图见图 6、图 7。

表 8　　不同工况下成型试件的力学性能

类型	絮凝剂品种	编号	试验方法	成型方式	水深/mm	抗压强度/MPa		水陆强度比（%）	
						7d	28d	7d	28d
混凝土	A	AH1－1	标准方法	空气中	/	21.9	31.8	/	/
		AH1－2		水下	300	16.0	24.2	73.1	76.1
		AH2－1	本设计方法	水下	150	18.9	27.6	86.3	86.8
		AH2－2			250	17.1	25.8	78.1	81.1
		AH2－3			350	15.8	24.1	72.1	75.8
		AH2－4			450	14.2	22.3	64.8	70.1

续表

类型	絮凝剂品种	编号	试验方法	成型方式	水深/mm	抗压强度/MPa		水陆强度比（%）	
						7d	28d	7d	28d
混凝土	B	BH1－1	标准方法	空气中	/	19.7	30.1	/	/
		BH1－2		水下	300	13.8	22.3	70.1	74.1
		BH2－1	本设计方法	水下	150	16.0	25.8	81.2	85.7
		BH2－2			250	14.7	23.5	74.6	78.1
		BH2－3			350	13.2	22	67.0	73.1
		BH2－4			450	11.3	19.2	57.4	63.8

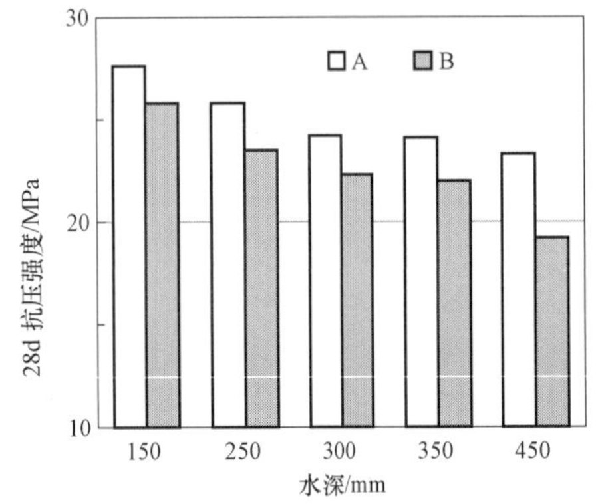

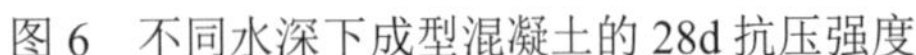

图 6　不同水深下成型混凝土的 28d 抗压强度

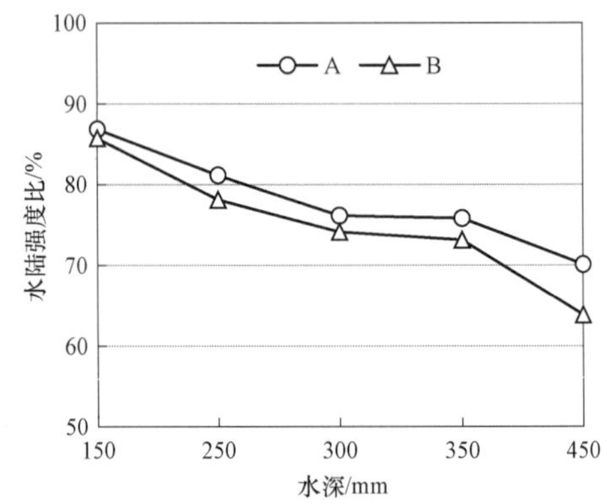

图 7　不同水深下成型混凝土的 28d 水陆强度比

结果表明，对比空气中成型的混凝土试件，水下成型的混凝土抗压强度均有不同程度地下降。随着水深的增加，水下不分散混凝土的抗压强度和水陆强度比也是逐渐降低的，水深 450mm 时，7d、28d 水陆强度比降至 57.4%、63.8%。同一水深时，掺絮凝剂 A 的混凝土强度高于掺絮凝剂 B。分析认为，拌和物通过水体的时间越长，这个过程中浆液流失的水泥颗粒也越多，同时拌和物在水体中所吸收的水变多，导致拌和物的水胶比变大，从而使得硬化后的混凝土试件抗压强度降低。

4　结论

本文设计的水下不分散混凝土性能测试系统及方法，可根据现场需求，模拟不同的水温、水流状态及水深。且对比现行标准方法，本设计方法的拌和物流动度、凝结时间、抗分散性以及试件的装模与养护，均在水下进行。试验结果如下：

1）本设计方法得到的两组砂浆流动度结果均略有降低，偏差率分别为－11.1%、－8.6%，主要因为标准方法为空气中的跳桌流动度；两组混凝土的拌和物性能指标均有增加，坍落度偏差率分别为 4.2%、4.3%，扩展度偏差率分别为 13.7%、17.0%。

2）养护温度同为 20℃的情况下，本设计方法测得的拌和物凝结时间均有所延长，凝结时间差在＋0:50～＋3:10。随着水域温度的增加，水泥砂浆及混凝土的凝结时间是逐渐缩短的。

3）本设计方法测得的抗分散性指标均大于标准方法，拌和物的水体 pH 值、悬浊物含量及偏差率随着水深的增加而逐渐增大。且动水状态下的水体 pH 值和悬浊物含量更大，水流速度越大，拌和

物的抗分散性越差。

4）对比空气中成型的试件，水下成型的混凝土抗压强度均有不同程度地下降。水下不分散混凝土的抗压强度和水陆强度随着水深的增加而逐渐越低。水深 450mm 时，7d、28d 水陆强度比降至57.4%、63.8%。

5）流动度相当时，不同絮凝剂配制的水下不分散混凝土其他性能也有差异，本试验中，掺絮凝剂 B 的拌和物抗分散性稍优，但凝结时间对水域温度更敏感，且水下成型养护的混凝土强度略低。

参 考 文 献

[1] 韦灼彬，唐军务，王文忠. 水下不分散混凝土性能的试验研究 [J]. 混凝土，2012（02）：124－126.

[2] 董芸，张艺清. 渠道衬砌板水下不分散混凝土的配合比设计与性能研究 [J]. 水利水电技术，2020，51（06）：150－159.

[3] 曹会彬，冯瑞军，张文峰，等. 水下不分散混凝土渠道岸坡修复施工方案比选 [J]. 人民黄河，2019，41（12）：133－137.

[4] 刘军，方惠琦，贺鸿珠. 水下不分散混凝土的应用研究 [J]. 建筑材料学报，2000（4）：360－365.

[5] 张鸣，王付鸣，叶坤，等. 粉煤灰和矿渣粉对水下不分散混凝土性能的影响研究 [J]. 硅酸盐通报，2016（8）：2611－2616.

[6] 刘娟. 水下不分散混凝土抗分散剂的研究 [D]. 长沙：湖南大学，2005.

[7] 唐军务，张琦彬，刘玉振. 掺 HF－I 早强型絮凝剂的水下不分散混凝土应用研究 [J]. 中国港湾建设，2015，35（12）：46－49.

水下不分散混凝土在水电站海漫区边墙淘刷处理中的应用

夏旭东，李　刚，杨骕騑，方　晗，卢　俊

（华能澜沧江水电股份有限公司，云南　昆明　671500）

摘　要：混凝土水下缺陷是一种普遍存在的现象，常规修补方法是利用围堰抽水后进行处理。本文根据GGQ水电站水下修补实际施工情况，对GGQ电站利用水下不分散混凝土对海漫区护坡边墙的水下修补工艺进行了阐述，包括水下检查及测量、水下修补区域的清理、水下凿除作业、水下模板安装、水下浇筑混凝土等。

关键词：UWB－Ⅱ型水下不分散混凝土；海漫区边墙；淘刷处理

1　工程概况

GGQ水电站位于云南省云龙县大栗树西侧，是澜沧江中下游河段梯级开发的第一级电站，工程以发电为主，正常蓄水1307m，相应库容3.16亿m^3，死水位1303m，具日调节能力。电站装机容量为900MW，为二等大（2）型工程，挡水、泄洪、引水及发电等永久性主要建筑物为2级建筑物，次要建筑物为3级建筑物。

GGQ水电站枢纽工程由碾压混凝土重力坝、河床坝身泄洪建筑物、右岸地下引水发电系统组成。拦河大坝为碾压混凝土重力坝，最大坝高105.00m，引水发电系统布置在右岸山体内。泄水坝段布置在主河床略靠右侧，由5孔表孔溢洪道和1孔底孔组成，5孔表孔溢洪道集中布置；底孔布置在表孔坝段右侧，设计水位时可宣泄流量873m^3/s。表孔溢洪道采用宽尾墩和消力戽消能。

2　海漫区边墙的破坏情况

2011年10月31日，GGQ电站首台机组（4号机组）投产发电，经过多次汛期泄洪，海漫、护坡挡墙出现了不同程度的破坏。为全面了解海漫的破坏现状，2020年，对海漫、护坡挡墙进行了水下录像检查（见图1），初步查明了海漫区护坡挡墙的破坏情况：护坡边墙（混凝土平台压脚）坝下0＋200.00，坝左0＋010.00m，高程为EL.1230.00m（水面以下约10m），底部存在淘空，尺寸为：4m×7m×2.3m（坝横方向×坝纵方向×垂直高度），该部位延下游方向约40m范围内，存在多处淘空，淘空区域纵深0.5～2m，高度0.5～2.5m。破坏位置见图2。

作者简介：夏旭东（1986—），男，工程师。

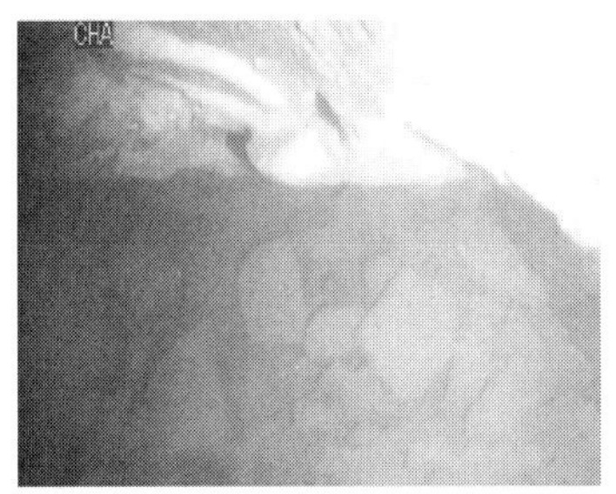

②号异常区水底典型图像1

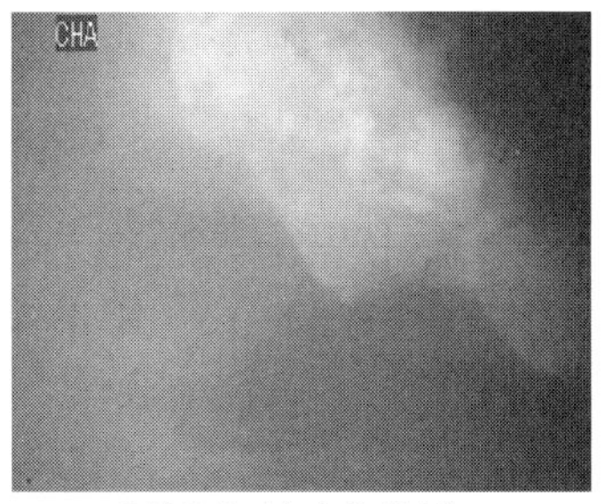

②号异常区水底典型图像2

图 1　海漫区边墙淘刷情况照片

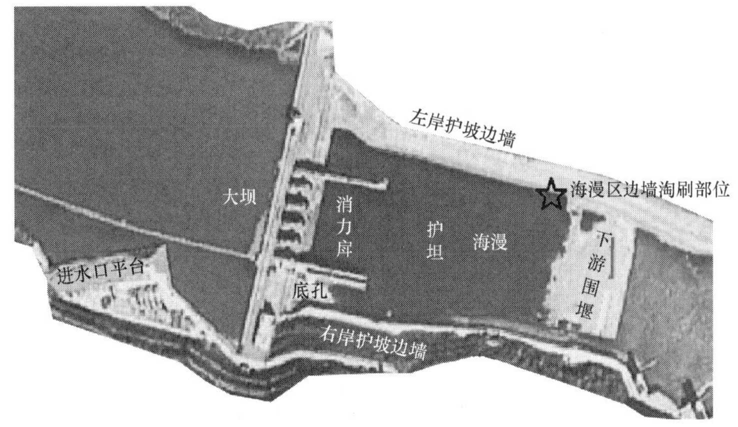

图 2　左岸海漫区护坡边墙（混凝土平台压脚）淘空示意图

3　破坏原因分析

GGQ 电站底孔采用挑流消能。鼻坎为贴角导向型挑流鼻坎，该挑坎水舌向河道中部偏转，落在表孔消力池下游水垫较厚的护坦和海漫段区域内，同时具有横向和纵向扩散形态进行消能。

GGQ 电站多年平均悬移质输沙量 2912 万 t，多年平均含沙量为 0.914kg/m^3。其中主汛期 6～9 月悬移质输沙量 2641 万 t，占年输沙量的 90.7%，平均含沙量 1.33 kg/m^3。为减少水库淤积，电站每年不定期进行排沙，而底孔又是主要排沙设施，使用频率很高，每年都要多次排沙。因此，冲沙及泄洪时含有泥沙的水流横向和纵向扩散，该平台与相邻护坡混凝土存在约 90° 夹角，水流流态发生改变，对海漫区护坡边墙底部基础产生冲蚀破坏，形成掏空区域。

4　海漫区护坡边墙修补的必要性

海漫区护坡边墙作为水工建筑物中重要的消能防冲设施，如果放任其继续破坏，高速水流必将冲刷河床及河岸，破坏低线公路，影响到电站枢纽正常运行，故应及时给予处理，以消除安全隐患。

5　海漫区边墙补强加固方案的研究及选择

传统的水下混凝土施工方法通常有两类：一类是先围堰后排水，混凝土的施工与陆地相同，存在先期工程量大，工程造价高，工期长等缺点；另一类是利用专用施工机具把混凝土和环境水隔开，将混凝土拌和物直接送至水下工程部位，主要有导管法、预填骨料灌浆法、模袋法、开底容器法等。这些施工方法使混凝土拌和物容易受到水的冲刷造成材料严重离析，水泥流失，混凝土质量下降，同时造成环境污染。水下不分散混凝土技术填补了以上不足和缺陷，使浇筑的混凝土拌和物在水中浇筑不离析、不分散、水泥不流失，能自流平、自密实，凝结硬化后其物理力学性能和耐久性与普通混凝土相近。

对于护坡边墙补强加固修复，如果采用干地施工，必须设置约 15m 高的临时围堰，防治尾水倒灌，又因破坏面位于海漫区消能池内，需抽排消能池内数万立方积水，不但费用高，基坑难封闭，渗漏大，而且工期长，因此不选择干地施工方案。

6 UWB－Ⅱ型水下不分散混凝土修补技术方案

6.1 UWB－Ⅱ型水下不分散混凝土修补方案

水下不分散混凝土的配合比和施工方案应根据固结毛石深度和现场水深而定。一般有装袋叠置法、滑槽法、压浆法、导管法、吊罐法、泵送法等。本工程施工地点附近有商品混凝土拌和站，有施工便道直接到达施工现场，交通便利，通过比对，决定使用导管法进行水下不分散混凝土施工。

掏空区域加固采用沿压脚混凝土平台外侧新浇 UWB－Ⅱ型水下不分散混凝土加固，考虑到淘刷孔洞内水下回填难以密实，在 3 个淘刷洞上部悬挑岩坎上钻ϕ200 孔，导管穿越钻孔回填孔洞。

水下不分散混凝土强度等级 C30，总长 40m，分 2 段浇筑，为提高混凝土抗冲蚀性能，在外侧及顶部配置ϕ25@200 钢筋网，考虑基础岩石较为完整，计划不进行固结灌浆。考虑到淘刷孔洞内水下混凝土充填密实性较难保证，利用ϕ200 导管孔进行回填接触灌浆处理。

6.2 UWB－Ⅱ型水下不分散混凝土性能

1）UWB－Ⅱ型水下不分散混凝土具有与陆上施工的普通混凝土同等的强度特性。

2）UWB－Ⅱ型水下不分散混凝土施工缝部位强度比陆上施工的普通混凝土略高。

3）UWB－Ⅱ型水下不分散混凝土的静压弹性模量与陆上施工的普通混凝土相同或略小些。

4）UWB－Ⅱ型水下不分散混凝土富于保水性，并且泌水少。干缩量比普通混凝土略大 10%左右（标准测试）。

5）UWB－Ⅱ型水下不分散混凝土抗冻性比普通混凝土略差，掺适量引气剂可改善水下混凝土的抗冻性能。

6）UWB－Ⅱ型水下不分散混凝土耐蚀性、抗渗性等与普通混凝土类同。

6.3 材料特点

1）抗分散性。UWB－Ⅱ型水下不分散混凝土，即使受到水的冲刷作用仍具有很强的抗分散性，可有效抑制水下混凝土施工时产生的 pH 值及浊度上升。

2）优良的施工性。UWB－Ⅱ型水下不分散混凝土、砂浆富于黏稠和塑性，具有优良的自流平

性及填充性，可在密布的钢筋之间、骨架及模板的缝隙靠自重填充。

3）较好的保水性。UWB－Ⅱ型水下不分散混凝土可提高混凝土的保水性，不会出现泌水或浮浆。

4）凝结时间略有延长。UWB－Ⅱ型水下不分散混凝土与普通混凝土相比凝结时间略有延长。

5）可长距离泵送。UWB－Ⅱ型水下不分散混凝土容易泵送，通过调整水下不分散混凝土流动性的方法，可保证泵送距离200m左右。

6）适应性强。新拌 UWB－Ⅱ型水下不分散混凝土可用不同的施工方法进行浇筑并可通过各种外加剂的复配，满足不同施工性能的要求。

7）安全环保。UWB－Ⅱ型水下不分散混凝土絮凝剂经卫生检疫部门检测，对人体无毒无害，可用于饮用水工程。

7 施工

7.1 施工条件

损毁区域上方为左岸低线公路，场地开阔平整，可作为施工场地，设备和车辆可方便到达，水下混凝土浇筑时，考虑到电站运行水位变幅的影响，尽量在晚间电站仅单台机组运行时施工，减少尾水波动对混凝土浇筑质量的影响。

7.2 清基及凿毛

对与新浇混凝土接触的基岩面、老混凝土面上的石碴、松动块体均应清除干净，尖角应削平。老混凝土及岩石凿除考虑采用手风钻人工凿除，两侧及顶部新老混凝土接合部位应尽量凿成平台状，表面应清理干净。

7.3 模板

外侧模板采用拼装式钢模板，水下立模可设置导向柱，模板应固定牢靠，下部与基岩缝隙应在外侧采用麻包混凝土封堵，但麻包混凝土不许伸入模板内侧（见图3）。分段浇筑的两侧可采用沙包叠放形成侧模。

图3　模板施工照片

7.4 混凝土施工

1）水下不分散混凝土，要求强度等级达到 C30，坍落度 200～250 mm，扩展度 400～550 mm，抗冲磨性能达到C30 常态混凝土的标准。

2）材料：水泥采用 P.O.42.5 普通硅酸盐水泥，砂为中粗砂，石子为5～20mm 连续级配，UWB－Ⅱ型水下混凝土不分散剂主要性能指标（见表 1），施工配合比见表 2。为检查水下混凝土不分散效果，在江边静水留样进行不分散试验，结果证明，江边水下试样不分散效果良好，见表 3。

表 1　UWB－Ⅱ型水下混凝土不分散剂主要性能指标

项目	坍落度/mm	扩展度/mm	凝结时间/h 初凝　终凝	抗压强度/MPa	28d 水陆抗压强度比%
指标	≥220	≥420	＞5　＜24	≥40	≥70

表 2　水下不分散混凝土配合比　kg/m³

项目	水泥	砂	石子	UWB 絮凝剂	水	水灰比	砂率
数量	460	697	963	12.5	225	0.49	0.45

表 3　水下不分散混凝土试验成果

试验项目		坍落度/mm	扩展度/mm
试验结果	水上	200～230	420～450
试验结果	水下	210～230	460～490

工程施工前共做混凝土试块 2 组，其中水上取样 1 组，水下取样 1 组，进行 3d、7d 强度试验，其成果见表 4。

表 4　水下不分散混凝土试验成果

试块编号	试件龄期/d	设计强度等级	单块抗压强度/MPa 1　2　3	折算成 28d 龄期强度/MPa	说明
1	7	C30	21.5　21.7　20.4	36.3	水上
2	3	C30	12.5　13.3　13.3	39.1	水下

3）浇筑水下混凝土。

a. 混凝土运输。混凝土采用商品混凝土，并用混凝土泵将混凝土泵送入仓。

b. 导管的配制与安装。导管采用壁厚 5mm 的钢管制作，导管直径为 125mm。为使导管便于拆装和搬运，导管分节连接，中间节长 2m 左右，下端节可根据施工现场实际情况加长，中间节两端焊有法兰，以便用螺栓互相连接。导管在使用前，除对其规格、质量和拼接构造进行认真的检查外，还要做拼接、过球、水密、承压、接头、抗拉等试验，保证施工的顺利进行。导管安装在水上平台上，间距 2.0m 左右，导管下口距基岩面约 30cm 左右。

c. 浇筑混凝土。为了能浇筑好淘刷洞，根据设计要求，先在淘刷洞上部的混凝土内造好导管孔，孔径 130m。混凝土采用混凝土输送泵泵送入仓，混凝土浇筑前，为防导管内进水而影响浇筑质量，在导管顶部放置球栓，利用混凝土逐渐推动球栓至导管口，并保持连续下料。混凝土浇筑过程中，导管提升时保持轴线竖直和位置居中，逐步提升。提升前先测量混凝土浇筑高度以确定导管提升高

度，保证导管口始终埋入混凝土中 1 m 左右，随混凝土上升而上升。总共分三个浇筑段。一个浇筑段内，导管基本同时上升；导管拆除动作要快，时间不宜超过 15 min，拆下的导管立即冲洗干净；根据仓面面积及混凝土入仓强度采用平铺法施工；潜水员在水下观察、守模，确保混凝土不扩散，无冲洗现象发生。混凝土浇筑照片见图 4。

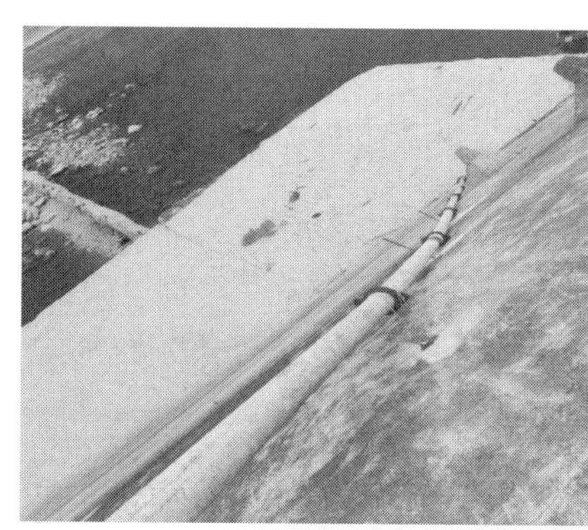

图 4　混凝土浇筑照片

施工过程中共取混凝土试样 4 组，其中水上 2 组、水下 2 组，28d 强度试验成果见表 5。

表 5　　水下不分散混凝土试验成果

试块编号	试件龄期/d	设计强度等级	单块抗压强度/MPa	备注
1	28	C30	36.1	水上
2	28	C30	33.2	水下

8　结束语

海漫区护坡挡墙位于水下，是长期处于水下运行的建筑物，平时难以监测、维修，且易出现病害隐患，本次水下工程通过详细的前期工期计划、材料准备、施工布置、技术交底，顺利地对海漫区护坡挡墙的淘空、破损缺陷进行了系统的修复处理。

本工程完工后，经测量数据分析，水下不分散混凝土与老混凝土联结紧密成一整体，混凝土稳定，没有进一步的淘空、切割现象，本次水下修复作业内容、施工工艺符合相关技术规范要求，成功消除了危及大坝安全稳定运行的隐患。

通过实践表明，水下不分散混凝土具有如下特点：

1）施工简便。

2）具有良好的抗分散性，在水中能形成优质、均匀的混凝土。

3）施工速度较快，可在短时间内得到明显的效果。

本次海漫区护坡挡墙水下修补工程，为该电站首次应用水下不分散混凝土修补方法，无须创造旱地施工条件，不需抽排消力戽积水，不需要设置临时围堰，用先进的水下施工工艺和施工材料，保证新老结合强度和本体强度，在水下 10m 直接对护坡挡墙进行补强加固，在节约工期的同时也答复降低了工程造价。同时，通过参与本次项目的管理，通过项目的前期筹备，施工管理，现场协调、质量管控、资料整理等方面也积累了大量且宝贵的工程经验。

参 考 文 献

[1] 钟汉华，桂剑平，冷涛. 水下不分散混凝土在水电站尾水渠淘刷处理中的应用 [J]. 水利水电技术，2008，039（003）：48-51.

[2] 李军，吕子义，邓初晴. 水下混凝土裂缝修补技术的进展 [J]. 新型建筑材料，2007，034（010）：9-12.

[3] 颜建，赵佃君，李明. 水下不扩散混凝土在大浦副闸冲坑工程中的应用 [J]. 企业技术开发：中旬刊，2012，000（001）：153-153，155.

[4] 梁玉生. 水下不分散混凝土在堤岸护脚工程中的应用 [J]. 城市建设理论研究（电子版），2012，（001）：31-36.

[5] 夏峰，邹少军. 水工建筑物水下修补技术在青铜峡水电站的应用[C]//2020 年水工专委会学术交流会议论文集. 北京：中国水利水电出版社，2002：199-203.

[6] 但其宝. 水下修补技术在喜河水电站工程的应用 [C] //中国水利发电工程学会大坝安全专委会 2015 年会暨大坝安全检测技术与新仪器应用学术交流会论文集. 北京：中国水力发电工程学会，2015：377-382.

某水利工程水下混凝土缺陷汛前应急修复实践与思考

赵文龙[1]，刘钢钢[2]，郭群力[1]

（1. 黄河水利水电开发集团有限公司，河南 郑州 450000；
2. 水利部小浪底水利枢纽管理中心，河南 郑州 450000）

摘 要：某水利工程位于高含沙河流，泄洪排沙系统长期低水位运行，排沙洞挡土墙和泄洪闸铺盖存在冲毁、下沉、断裂、淘空等缺陷。为避免缺陷继续扩大影响水利工程主体结构，确保水利工程当年安全度汛，进行水下混凝土缺陷应急修复处理，经过当年汛期运用后检查发现修复后的水下混凝土完整，整体效果良好。主要论述本工程水下混凝土缺陷应急修复处理过程及质量控制要点，为今后类似抢险工程提供借鉴意义。

关键词：水利工程；水下混凝土缺陷；应急修复

1 工程概况

1.1 水利工程简介

某水利工程为河床式电站，自左至右依次为左岸土石坝段、左岸排沙系统、发电厂房坝段、右岸排沙系统、泄洪闸坝段、右岸土石坝段。水利工程位于高含沙河流，近年来为减少库区淤积，长期采用低水位运行，水流直冲右岸排沙系统与泄洪闸坝段上游铺盖的夹角处。

1.2 缺陷情况

2020 年 3 月，对水利工程泄洪排沙系统进行水下检查发现，右排沙系统上游挡土墙、泄洪闸坝段上游铺盖、干砌石护脚等部位发生严重冲蚀、损毁，破坏主要形式包括：挡土墙断裂脱开，铺盖冲毁、下沉、断裂、淘空。

1.3 缺陷原因

水利工程上游挡墙、铺盖产生冲蚀、破坏的主要原因：① 铺盖上游多是鹅卵石河床，地质情况薄弱；② 铺盖护脚只用干摆石做护脚，抗水流冲击、淘刷能力较弱；③ 过流区域流态多变、区域回流等原因交互作用；④ 近年来为减少库区淤积，水利工程长期低水位运行，特别是 2018 年和 2019 年，降水位泄洪排沙运用导致大量推移质对建筑物冲击、淘刷。

作者简介：赵文龙（1988—），男，工程师。

1.4 必要性

挡土墙和铺盖与泄洪系统相连，靠近发电厂房，如果不能及时修复处理，汛期到来将发生进一步淘刷破坏，进而影响水利工程主体结构安全，甚至诱发溃坝。鉴于此对其进行修复处理极为必要。

泄洪系统铺盖冲坑水深超过 20m，按照常规水下浇筑混凝土，需要尽量隔断混凝土与水的接触，但这将使施工工艺变得复杂，工期变长，施工成本大大增加，且难以保证水中混凝土的质量。水下不分散混凝土在水环境中浇筑不会离析、分散，且能够自流平、自密实[1]，可有效克服上述难题。水下不分散混凝土已经成功用于海港、交通、水利水电工程[2-6]，且取得良好效果。

2 水下混凝土缺陷应急抢险修复

目前常用的水下混凝土浇筑方法有装袋叠置法、开袋吊桶法、模袋混凝土法和导管法[7]。其中装袋叠置法多用于水下堵漏与临时性抢险工程，开袋吊桶法适用于小量水下灌注混凝土工程，模袋混凝土法需要开挖河床覆盖层，而导管法效率高、方法简便，对工艺要求不高，整体性好，适用水下大体积混凝土应急修复处理。本次水下混凝土浇筑采用导管法施工。混凝土缺陷水下修复工艺流程：水下检查—清理基面—水下钢筋笼挡土墙施工—水下混凝土浇筑—钢筋石笼抛护。

2.1 水下检查

先后采用多波束测深仪探测与潜水员水下探摸的方式确定缺陷情况。

1）多波束测深仪。首先使用无人船搭载多波束测深仪对枢纽上游建筑物进行探测，绘制三维水下地形图，确定混凝土建筑物冲蚀、破坏主范围。

2）潜水员探摸：依据三维水下地形图，对冲蚀破坏区域采用人工水下探摸的方法，进行详细排查，缺陷类型、范围见表 1、图 1。

表 1　排沙洞上游挡土墙及胸墙式泄洪闸上游铺盖冲蚀破坏情况

缺陷部位	桩　　号	缺陷类型
6 号排沙洞上游挡土墙	坝上 0－049 以上	16m 挡土墙断裂、倾倒
A 铺盖	坝上 0－053～0－072 D1＋931～D1＋943.35	铺盖损坏、下沉
B 铺盖	坝上 0－053～0－072、D1＋943.35～D1＋958.35	铺盖边缘下部局部被淘空
C 铺盖	0－034～0－053、D1＋931～D1＋943.35	铺盖边缘下部局部被淘空
铺盖上游侧	坝上 0－072 以上 D1＋931～D1＋943	12m 干砌石被冲垮

2.2 清理基面

由潜水员配合浮吊将基面上树根、渔网等较大的杂物运出水面清走，利用反气举将基面上的淤积、浮渣等抽排至施工区域以外，确保混凝土浇筑前，基面无淤泥、杂物。

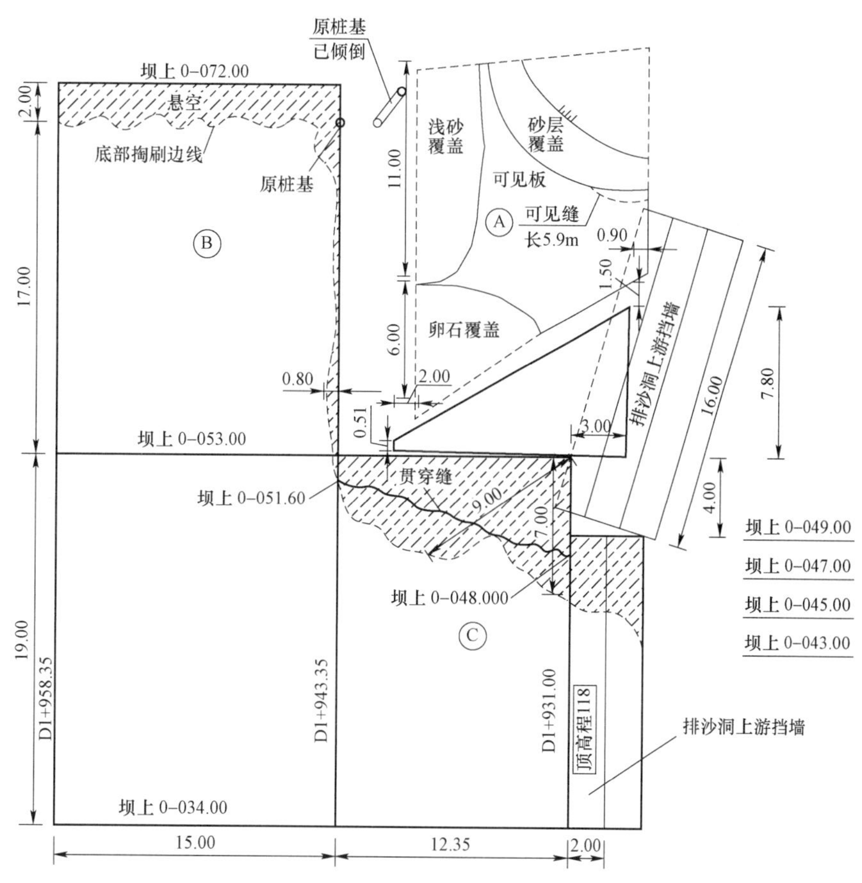

图 1　排沙洞上游挡土墙及胸墙式泄洪闸上游铺盖冲蚀破坏（m）

2.3　水下钢筋笼挡土墙施工

目前常见的水下混凝土浇筑模板有钢筋混凝土模板、大型钢模板和钢木模板[8-10]。考虑到水利工程所在地区夏季常伴有 5 级以上大风，大尺寸模板吊装困难；基面最大深度为水下 24m，在水下不透水模板将承受较大侧压力，潜水员水下移动、焊接模板困难；基面形状不规则等原因，故采用体积大、重量轻、易于现场加工、吊运且方便水下移动钢筋笼作为模板。钢筋笼尺寸规格依据混凝土缺陷尺寸、水下混凝土浇筑能力等进行确定，本次选用钢筋笼尺寸 2m × 2m × 2m。

2.4　水下混凝土浇筑

铺盖 A、铺盖 B 和 C 边缘下部局部淘空采用水下混凝土回填进行修复，混凝土采用水下不分散混凝土，混凝土强度等级为 C30，一级配。一层挡土墙浇筑完成并具有一定强度后进行挡土墙内侧水下混凝土回填浇筑，然后再进行下一层钢筋笼挡土墙和水下混凝土回填施工。

（1）混凝土配合比试验

为改进混凝土的性能，确保其在水中不离析、不溶解，且能自动流平、自动密实，满足水工混凝土的强度和耐久性的要求，开展水下不分散混凝土配合比试验研究，进行组合试验确定最优配合比为：水泥:砂:石:水 = 1:1.63:2.09:0.5，每立方米混凝土加入 UWB – Ⅱ高性能絮凝剂 12.5kg。

（2）钢筋笼挡土墙生产性试验

为确保水下混凝土施工质量，在大面积施工前对混凝土强度、扩散度、和易性、初凝时间等参数进行验证试验，对钢筋笼特别是钢丝网的强度进行生产性试验研究，并根据试验结果优化钢筋笼结构。

本工程钢筋笼模板采用ϕ22mm 的 HRB400 热轧钢筋，钢筋间排距 250mm，钢筋笼尺寸 2m×2m×2m；内嵌钢丝网选用热镀锌钢丝网，钢丝直径为 3mm，强度不小于 380MPa，网孔孔径不大于 10mm；内嵌钢筋网预留插筋孔，插筋采用 HRB400 热轧钢筋，钢筋直径 20mm，长度 1.5m，间排距 0.5m，梅花形布置，插筋伸入相邻两钢筋笼各 0.75m，深入内侧混凝土 0.75m。

（3）水下混凝土浇筑工艺

1）浇筑方案。本工程水深 16～24m，采用导管法水下浇筑混凝土，根据仓面大小、混凝土入仓速度、平仓、混凝土初凝时间、气候条件等确定每层 2.0m，分四层浇筑。一层挡土墙浇筑完成并具有一定强度后进行挡土墙内侧水下混凝土回填浇筑，然后再进行下一层钢筋笼挡土墙和水下混凝土回填施工。

2）导管的布设。根据浇筑范围和导管的作用半径来布设导管，如图 2 所示，输送泵管由交通桥上开始沿“L 形栈道搭设 2 根直径为 160mm 泵管，每根长度 130m，一用一备，栈桥不同标高及不规则拐弯处采用柔性泵管连接。

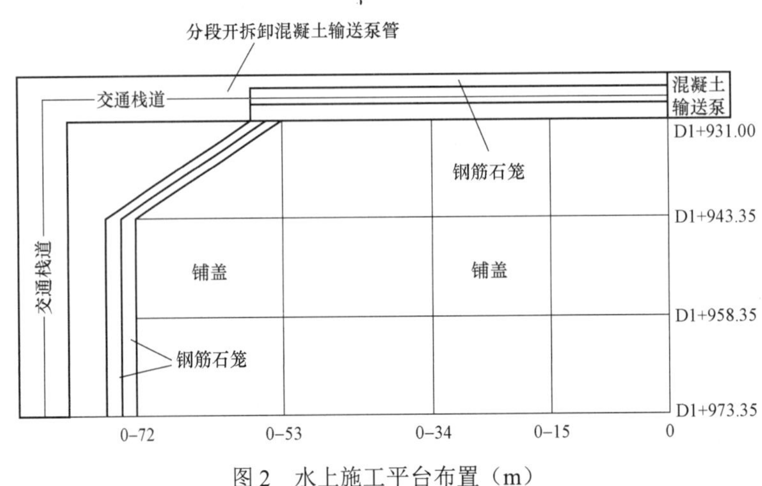

图 2　水上施工平台布置（m）

3）水下混凝土浇筑前检查。浇筑前，对前面工序进行水下检查，确定基面、钢筋笼摆放位置及高程等合格后进行混凝土浇筑。

4）水下混凝土浇筑。钢筋笼采用吊车悬吊导管法依次浇筑，每个钢筋笼一次浇筑完成。挡土墙浇筑完成并具有一定强度后进行挡土墙内侧水下大仓混凝土回填浇筑。为了提高大仓混凝土浇筑效率，在可移动水上工作平台一端设置分料仓，通过溜槽连接分料仓与 3 根水下浇筑导管，以吊车配合导管入水深度完成大仓混凝土浇筑。通过移动水上工作平台控制浇筑位置，实现了水下大仓混凝土连续浇筑，及时测量混凝土面高度，控制混凝土每层混凝土面，避免超灌，有利于下一层墙体钢筋笼的安装。重复上述挡土墙浇筑、内侧大仓混凝土浇筑过程，完成冲蚀淘刷部位修复。导管法浇筑混凝土施工质量检查项目、标准及方法见表 2。

表 2　导管法浇筑混凝土施工质量检查项目、标准及方法

检查项目		质量标准	检测方法
混凝土浇筑	导管埋深	＞1m	测绳测量
	混凝土上升速度	＞2m/h	测绳测量
	混凝土最终高度	高于设计高程 300mm 以上	测锤、钢尺
混凝土性能	混凝土抗压强度	F_{cu}≥30MPa	取样试验
	混凝土配合比	水泥:砂:石:水＝1:1.63:2.09:0.5	取样试验
	混凝土坍落扩展度	360～450mm	钢尺测量

2.5　钢筋石笼抛护

为加强对混凝土铺盖和混凝土挡土墙的保护，在原设计干砌石护脚冲坏位置及上游、新修复钢筋笼挡土墙上游等部位（坝上 0－072 以上），抛掷两层钢筋石笼。

3　质量控制要点

1）浇筑前基面清洁，无淤泥、无杂物。

2）混凝土原材料、配合比、拌和、运输与浇筑符合要求。

3）钢筋笼尺寸、规格满足要求，摆放位置准确，钢筋笼之间连接密实有效。

4）混凝土浇筑采用分层施工，每层混凝土表面质量、强度满足要求，混凝土无空洞、漏填，浇筑密实。

5）混凝土浇筑范围、建筑物外形尺寸满足要求，修复后挡土墙顶部高程、铺盖顶部高程及抛掷钢筋石笼顶部高程达到 EL.118m。

6）每仓混凝土浇筑要取样制作试块，检验混凝土浇筑效果，本项目取样 117 组，试块抗压强度≥30MPa 为 100%，满足要求。

4　施工特点

本工程为水下应急修复工程，基本原则是防止已发现建筑物缺陷进一步发展、扩大，确保水利工程当年的安全度汛及工程运用安全，具有工期短、组织迅速、操作性强、容易推广的特点。

1）工期短。2020 年 3 月发现问题到 5 月底施工完成，工期不足 70d。

2）组织迅速。利用水利工程附近码头的泊船搭设水上施工平台，利用当地现有的材料、设备资源，快速形成抢险能力。

3）操作性强。潜水队水下定位，混凝土灌浆泵车完成大体积混凝土水下浇筑，浇筑效率高。

4）解决技术难点。制作灌浆漏斗，采用水上浮吊辅助灌浆，提高灌注效率，解决不分散混凝土施工过程中不连续问题。

5 结语

2020 年汛后，通过多波束测深仪探测与潜水员水下探摸两种方式对修复部位检查，发现水下浇筑的不分散混凝土整体效果良好，未见明显破坏。

1）充分利用水利工程周边大型船只等资源，有利于快速形成水下混凝土缺陷汛前应急修复力量。

2）加入 UWB－II 高性能絮凝剂的水下不分散混凝土具有较大黏稠性，能有效防止水下浇筑过程中水泥砂浆的流失和骨料的离析，适用于水下混凝土缺陷汛前应急修复。

3）预制钢筋笼作为水下混凝土浇筑模板，具有时间短、质量轻、体积大、易加工、好吊运且便于潜水员水下摆设、焊接操作的特点，适用于水下混凝土缺陷汛前应急修复。

4）该水下混凝土缺陷应急抢险修复处理工程，工期短、操作性强、效率高、工艺相对简单、质量保证性高，为类似水利工程水工建筑物混凝土水下应急修复处理提供了借鉴。

参 考 文 献

[1] 陶国荣，王梦赛，王宝民．水下不分散混凝土研究与开发进展［J］．建筑材料科学与技术，2019（6）：25－30．

[2] 孙振平，蒋正武，陈海燕，等．TJS 水下抗分散混凝土外加剂在钻孔灌注桩中的应用［J］．建筑技术，2004，35（1）：40－41．

[3] 邱卫民，刘黎明，徐睿．葛洲坝三江航道水下护坡修复技术应用研究［J］．水运工程，2008（8）：131－134．

[4] 陈铁山，彭巨湘．水下不分散混凝土及在水工沉箱工程中的应用［J］．中国新技术新产品，2011（14）：76．

[5] 林志光．水下不分散混凝土在堤防加固中的应用［J］．中国农村水利水电，2003（2）：47－48．

[6] 杨敏．水下不分散混凝土在吴川抢险工程中的应用［J］．广东水利水电，2004（s1）：35－36．

[7] 邱子轩，郭磊，等．大坝水下修复进展——以水下混凝土施工为例［C］//第六届全国先进混凝土技术及工程应用研讨会论文集．北京：工业建筑，2018．11：84－96．

[8] 李建强．浅谈水下不分散混凝土施工技术的应用及质量控制要点［J］．中国水运，2019．10：94－95．

[9] 石炯涛，仝秀林．轻型钢结构拼装模板在水下混凝土浇筑施工中的应用［J］．人民黄河，1996（06）：40－41．

[10] 李丽英，杨若彬．浅谈水下混凝土模板［J］．水运工程，2004（12）：118－119．

C30F100 不分散混凝土配合比研究及应用

郭群力，赵文龙

（黄河水利水电开发集团有限公司，河南 济源 454650）

摘　要：为满足某工程水下修复用 C30F100 不分散混凝土要求，在工程所在地选取了砂、水泥、石子各两种，市场调研选取了两种絮凝剂，加施工用水，通过对原材料的检测、试验，选取、研究出适合工程需要的原材料和配合比，成功应用于某水下修复工程。

关键词：C30F100 不分散混凝土；配合比研究及应用

1　工程概况

某水利工程位于黄河干流上，其任务主要是以反调节为主，结合发电，兼顾供水、灌溉等综合利用。汛后，在对其水工建筑物水下检查中发现，排沙洞和胸墙式泄洪闸上游建筑物局部存在冲蚀、损毁等问题，包括 6 号排沙洞上游混凝土挡土墙、胸墙式泄洪闸上游混凝土铺盖、胸墙式泄洪闸上游干砌石护脚等部位。6 号排沙洞上游混凝土挡土墙，桩号坝上 49 以上挡墙损坏、倾倒；桩号坝上 4m～坝上 49m 挡土墙靠上游端底部局部淘空；胸墙式泄洪闸上游混凝土铺盖损坏、下沉 8m，与之相邻的两个混凝土铺盖下部局部被淘空；胸墙式泄洪闸桩号坝上 72 以上干砌石被冲垮。

为确保安全度汛和枢纽工程长期稳定，汛前需完成该区域的紧急抢修。经调研对比国内类似工程水下修复的相关经验[1]，确定通过浇筑水下不分散混凝土方式将该冲蚀、损毁部位回填、恢复到原高程。

水下不分散混凝土是指在新拌普通混凝土中掺入纤维素系列或丙烯系列水溶性高分子物质为主要成分的抗分散剂，使其与水泥颗粒表面生成离子键或共价键，起到压缩双电层、吸附水泥颗粒和保护水泥的作用[2]。同时，水泥颗粒之间、水泥与骨料之间，可通过抗分散剂的高分子长链的桥架作用，使拌和物粗分散体系联系起来，形成稳定的空间柔性网络结构，以使混凝土黏稠性好、黏聚力强，具有自密实性，能抑制混凝土在水中水泥浆液和骨料的分离，确保混凝土在水下浇筑过程中不离析、不分散[3][4]。

2　水下不分散混凝土性能要求

由于冲蚀、损毁区域在坝前泄洪闸上游水下，距坝轴线 60～170m 范围，水深 16～24m，水流速

作者简介：郭群力（1987—），男，工程师。

度 0.6m/s，初步估计方量约 5000m^3。根据现场实际，确定采用泵送+导管法浇筑水下混凝土，按照一定的厚度、顺序和方向，分层进行，单层最大 800m^2，浇筑区域需要下设多套浇筑导管。在浇筑范围内面积小的部位采用平铺法，大面积采用台阶法浇筑。

为确保该区域具有高强度、抗冲刷的要求，混凝体浇筑前需对水下不分散混凝的所用的原材料、配合比进行专门研究确定。具体要求如下：

2.1 水下不分散混凝土指标

本工程所用水下不分散混凝土，C30F100，一级配，水下混凝土配置强度宜提高 10%～20%；胶凝材料用量不宜低于 400kg/m^3。水下混凝土应具有自密实性能、自流平的功能，坍扩度要求 500mm±50mm；粗骨料最大粒径不宜超过 20mm。

2.2 水下混凝土材料要求

水泥采用普通硅酸盐水泥，强度等级不低于 42.5；骨料应选用质地坚硬、清洁、级配良好的骨料，粗骨料采用一级配天然卵石或人工碎石；细骨料宜用水洗河砂，细度模数为 2.6～2.9。

2.3 抗分散剂按生产厂推荐的掺量掺入

掺入抗分散剂后应使混凝土达到的质量标准见表 1。

表 1　　掺抗分散剂水下不分散混凝土的性能要求

试验项目		性能要求
泌水率（%）		＜0.5
含气量（%）		＜4.5
坍落度/mm	30s	230±20
	2min	230±20
坍落扩展度/mm	30s	450±20
	2min	500±50
抗分散剂	水泥流失量（%）	＜1.5
	悬浊物含量（mg/L）	＜150
	pH 值	＜12
凝结时间/h	初凝	≥5
	终凝	≤30
水下成型试件与空气中成型试件抗压强度比（%）	7d	＞60
	28d	＞70
水下成型试件与空气中成型试件抗折强度比（%）	7d	＞50
	28d	＞60

3 水下不分散混凝土配合比研究

结合工程实际情况、混凝土性能要求和试验操作规程，在工程所在地进行了配合比类型论证及

原材料取样。在工程所在底选取符合要求的水泥、砂、石子等原材料各两种，当地拌制水样一种，总重量约 4t；选取试验用絮凝剂两种，在实验室进行组合试验，选取最优配合比。为更好地反映混凝土水下情况，试验室加工定做水下成型装置及专用试模。

3.1 原材料选择

原材料选择主要分两阶段进行。第一阶段是对在工程所在地选取的水泥、砂、石子、水等原材料进行初选，第二阶段为原材料优选。

（1）原材料初选

本试验对选取的两种水泥的标准稠度用水量、比表面积、安定性、氧化镁、三氧化硫、烧失量、碱含量、氯离子、初凝终凝时间、抗压抗折强度等项目进行检测。对选取的两种细骨料的表观密度、堆积密度、吸水率、云母含量、细度模数、含泥量、颗粒级配等项目进行了检测。对选取的两种粗骨料的粒径、堆积密度、针片状颗粒含量、饱和面干表观密度、泥块含量、含泥量、吸水率等项目进行了检测。对选取的絮凝剂的 pH 值、含气量、泌水率、悬浊物含量、凝结时间、坍落扩展度、水下成型抗压强度、水陆抗压强度比等项目进行检测。对选取的施工用水的不溶物、可溶物、氯化物、硫酸盐、碱含量等项目进行检测。其中一种细骨料检测结果为不良级配，其余检测结果均满足相关规范要求。

（2）原材料优选

胶凝材料优选试验主要通过水泥与絮凝剂的适应性方面考虑，通过用水量、抗分散性和流动性损失这些性能指标上可以看出，确定了水泥种类。细骨料的优选试验根据混凝土拌和物的和易性、坍落扩展度进行综合考量，试验结果表明采用不良级配的砂会对混凝土的和易性、坍落扩展度等造成不利影响，同时也会增加用水量、增加胶凝材料用量，造成工程成本的浪费。粗骨料的优选试验主要从混凝土拌和物的流动性以及自密实性方面考虑，流动性主要通过坍落扩展度试验确定，自密实性主要通过混凝土拌和物的容重、抗压强度等试验确定。试验初选定粗骨料为（5～20）mm 碎石和（5～15）mm 碎石，试验结果表明，在水胶比、用水量、砂率一定的情况下，（5～20）mm 碎石在混凝土拌和物的流动性、自密实性等性能指标方面明显优于（5～15）mm 碎石，因而确定了（5～20）mm 碎石作为粗骨料。絮凝剂优选试验主要从水下不分散混凝土的搅拌时间、流动性损失、水陆强度比、胶凝材料用量等性能方面对两种外加剂进行优选，确定了所采用的絮凝剂。

3.2 砂率的选择

本试验混凝土砂率的选择采用最大坍落扩展度法，综合考虑混凝土和易性等因素，从中选择最优砂率。试验分五组进行，固定水胶比 0.50，坍落扩展度按 500～550mm 控制。具体试验成果见表 2。

表 2　　混凝土最优砂率试验成果表

试验编号	级配	砂率（%）	水胶比	用水量 /（kg/m³）	和易性			析水情况	坍落扩展度 /mm
					含砂情况	黏聚性	流动性		
S－1	一	42	0.50	230	较少	较好	较差	少	505
S－2		43			中	较好	较好	无	515
S－3		44			中	好	好	无	540
S－4		45			较大	较好	好	无	525
S－5		46			大	较差	较差	无	500

表 2 试验成果表明，用水量取 230kg/m³ 时混凝土和易性及工作性符合工程施工要求。砂率为 44% 时混凝土拌和物流动性好，坍落扩展度满足要求，且具有良好的和易性及保水性，故最终选择最优砂率为 44%。

3.3 絮凝剂掺量选定

本试验通过对选择的 UWB－Ⅰ型和 UWB－Ⅱ型两种混凝土絮凝剂的三种不同掺量的拌制过程、坍落扩展度等综合分析，从中选择最优絮凝剂。每种絮凝剂试验分三组进行，固定用水量 230kg、砂率 44%、水胶比胶比 0.50。具体试验成果见表 3。

表 3　絮凝剂最佳掺量试验成果

试验编号	絮凝剂种类	级配	用水量/kg	砂率（%）	水胶比	絮凝剂掺量/（kg/m³）	坍落扩展度/mm	含气量（%）	泌水率（%）	悬浊物含量/（mg/L）	pH 值
W－1	UWB－I	—	230	44	0.50	12.0	475	3.0	0	136	11.5
W－2						12.5	530	3.8	0	119	10.0
W－3						13.0	560	4.2	0	112	9.5
W－4	UWB－II	—	230	44	0.50	12.0	490	3.1	0	108	11.0
W－5						12.5	545	4.0	0	90	9.5
W－6						13.0	570	4.4	0	83	9.0

表 3 试验结果表明，结合试拌试验过程中现场观察混凝土拌和物的和易性、拌制设备的工作性及工程施工工艺等因素，同时考虑到 F100 的混凝土抗冻等级，编号 W－2、W－5 絮凝剂掺量符合施工要求且拌和物性能良好，因此确定两种絮凝剂掺量选择 12.5kg/m³。

3.4 水下不分散混凝土配合比试验研究

（1）混凝土配制强度

根据混凝土设计强度等级、强度保证率及混凝土强度标准差确定混凝土的配制强度，混凝土的配制强度计算公式为：

$$f_{cu,o}=f_{cu,k}+t\sigma$$

式中 $f_{cu,o}$——混凝土配制强度 MPa；

$f_{cu,k}$——混凝土设计强度 MPa；

t——概率度系数；

σ——混凝土强度标准差 MPa。

本试验中，设计强度等级为 C30，概率度系数 t 选取为 1.645，强度标准差 σ 选取为 4.5，计算出混凝土配制强度为 37.45MPa。

（2）水胶比确定

本次水下 C30F100 不分散混凝土配合比试验共拟定了 5 个不同水胶比：0.44、0.47、0.5、0.53、0.56，对应试验编号为 P－1、P－2、P－3、P－4、P－5。混凝土坍落扩散度按 500～550mm 控制。试验共进行了 3d、7d、14d、28d 四个不同龄期的混凝土强度试验。所有相关试验均模拟水下环境实施，待混凝土水下养护到达试验龄期后进行力学性能、耐久性试验。详细检测成果见表 4 和图 1～图 3。

表 4　　不同水胶比的混凝土坍落扩散度

试验编号	P－1	P－2	P－3	P－4	P－5
水胶比	0.44	0.47	0.5	0.53	0.56
坍落扩散度/mm	510	520	535	550	525
抗冻等级	＞F100	＞F100	＞F100	＞F100	＞F100

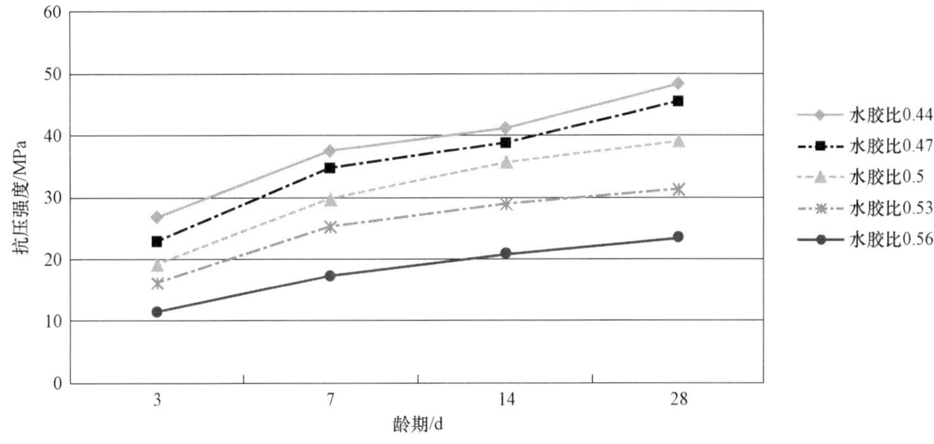

图 1　不同水胶比下龄期与抗压强度关系图

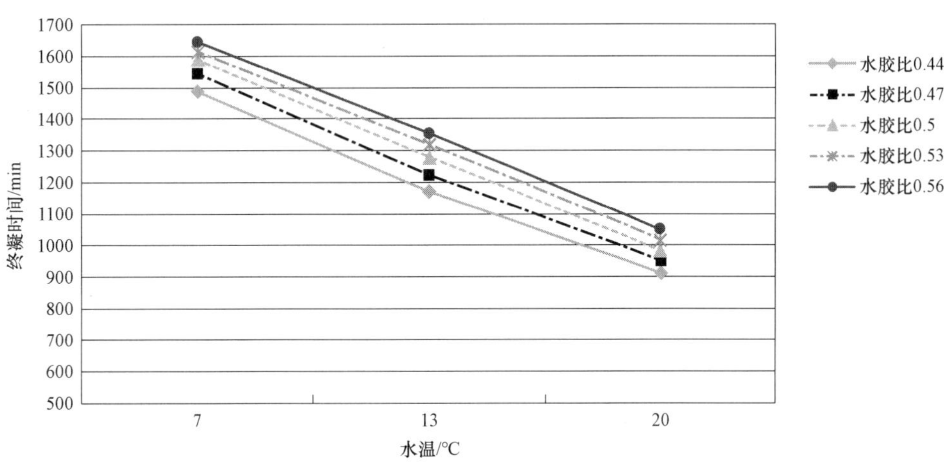

图 2　不同水胶比下水温与初凝时间关系图

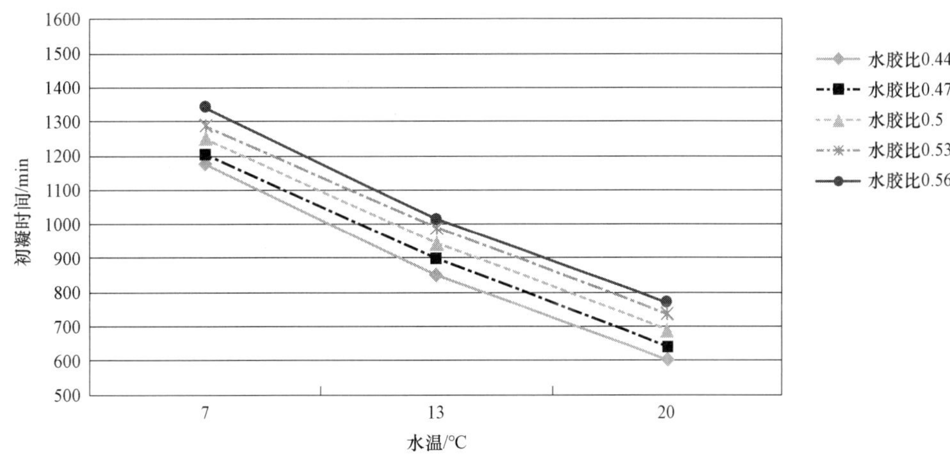

图 3　不同水胶比下水温与终时间关系图

从表 4 和图 1～图 3 可知：水下不分散混凝土拌和物坍落扩散度、耐久性满足设计要求；水下不分散混凝土抗压强度随水胶比的变化规律性较好；水下不分散混凝土的凝结时间能满足施工要求。水下不分散混凝土凝结时间随着水温的增高凝结时间呈下降趋势，且随水胶比的降低凝结时间也降低，规律性良好。

根据水下不分散混凝土 28d 抗压强度及其对应的水胶比，进行混凝土抗压强度与水胶比的线性回归分析，28d 抗压强度与水胶比关系曲线如图 4 所示。采用作图法计算水胶比、选定水胶比见表 5。

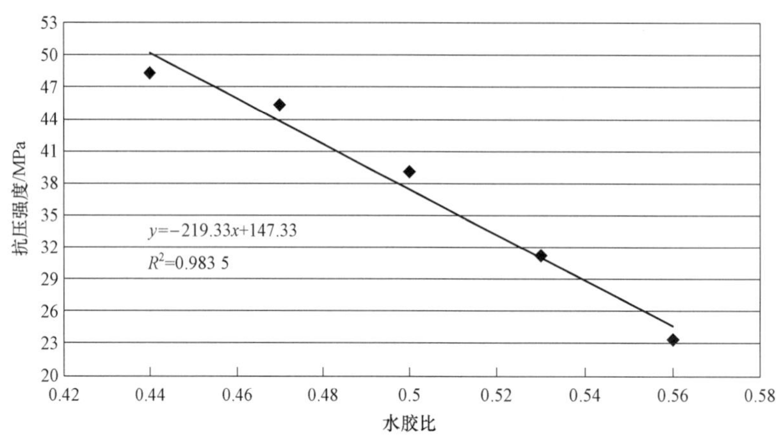

图 4　28d 抗压强度与水胶比关系曲线图

表 5　抗压强度与水胶比线性回归方程式

试件编号	水泥品种	回归方程式	强度等级	计算水胶比	最终选定水胶比
P－1～P－5	P.O 42.5	$y=-219.33x+147.33$	水下 C30F100	0.50	0.50

按照表 3.4.1 中混凝土 28d 抗压强度与水胶比线性回归方程式计算，水下不分散混凝土强度等级在水下 C30F100 时，水胶比在 0.50 时可以满足强度、耐久性及设计施工技术要求，所以本修复工程所使用的水下不分散混凝土（C30F100）最终选定水胶比为 0.50。

3.5　混凝土配合比确定

通过水下不分散混凝土配合比试验采用优选出的原材料进行室内拌和试验，混凝土拌和物的流动性良好，能够达到施工过程中混凝土自流的扩展半径要求，符合该工程对混凝土的流动性，该水下 C30F100 不分散混凝土的配合比见表 6。

表 6　本工程水下不分散混凝土施工配合比参数表

混凝土强度等级	级配	配合比参数		材料用量/（kg/m^3）				
		水胶比	砂率（%）	水	水泥	砂	小石	絮凝剂
水下 C30F100	—	0.5	44	230	460	753	959	12.5

4　水下 C30F100 不分散混凝土在某工程中的实际应用效果

该工程水下修复部位从浇筑开始到结束共计 46d，浇筑过程顺利。

试验确定的 C30F100 不分散混凝土具有较好的和易性。功率 186kW 汽车泵，泵送最远距离 170m 情况下，没有出现泵管堵塞现象。

试验确定的 C30F100 不分散混凝土，具有较好的坍落扩散度。浇筑过程中通过潜水员水下观测及水上高清摄像头观察，混凝土具有较大的流动性、最大扩散半径达 10m。浇筑完成通过钻孔检查，盖板底部掏空部位充填良好，新老混凝土有效结合。

试验确定的 C30F100 不分散混凝土黏稠性好，黏聚力强，不离析。通过观察浇筑水域变浑浊现场，在最大流速 0.6m/s 最大自由落差 34m 水中，采用埋管法浇筑过程中水泥浆液和骨料的分离。

试验确定的 C30F100 不分散混凝土初凝时间满足连续施工要求。经实际测算水下混凝土浇筑 18h 后混凝土出现初凝。

试验确定的 C30F100 不分散混凝土强度和耐久性符合要求。混凝土在浇筑过程中共取抗压试块空气和水中各 60 组，其中水中 $R_{max}=37.8$MPa，$R_{min}=32.0$MPa，$R_{n}=35.6$MPa，混凝土强度标准差 $\sigma=1.53$，混凝土离差系数 $C_{V}=0.043$，混凝土强度保证率为 99.9%，混凝土试块质量评定优良；抗冻试块共取 2 组，抗冻等级均大于 F100，满足设计要求。

参 考 文 献

[1] 邱子轩，郭磊，刘中伟，刘秋常，何启东，邱子恒. 大坝水下修复进展——以水下混凝土施工为例［C］//中国冶金建设协会混凝土专业委员会，中冶高性能混凝土工程技术中心. 第六届“全国先进混凝土技术及工程应用”研讨会论文集. 2018：86－98.

[2] 覃维祖. 水泥—高效减水剂相容性及其检测方法研究［J］. 混凝土，1996（2）：11－17.

[3] 曹会彬，冯瑞军，张文峰，申黎平. 水下不分散混凝土渠道岸坡修复施工方案比选［J］. 人民黄河，2019，41（12）：133－137.

[4] 仲伟秋，张庆亮. 水下不分散混凝土的基本力学性能试验研究［J］. 混凝土，2009（10）：105－107.

浅谈电站河床修复水下混凝土施工工艺及质量控制

吴文勇，闵四海，杨银辉

（雅砻江流域水电开发有限公司，四川成都　610051）

摘　要：随着高坝的不断建设，高水头、高流量、高流速势必会对电站下游护岸造成冲击，岸坡和护岸掏蚀也成了电站常见缺陷之一。为避免缺陷的进一步发展和扩大，应采取有效措施及时修复，而护岸缺陷一般位于水下，常规混凝土难以达到效果，需采用水下混凝土，这对水下混凝土施工提出了要求。本文以二滩水电站尾水河床护岸掏蚀区域的水下修复为例，对水下混凝土的施工工艺进行了介绍，并就水下混凝土浇筑质量控制及检验提出了相应的措施、标准，通过实践证明该项目水下混凝土浇筑工艺和质量控制措施的合理性和科学性，供同类工程借鉴参考。

关键词：水电站；河床护岸掏蚀；水下不分散混凝土

1　引言

雅砻江二滩水电站位于四川省攀枝花市米易、盐边两县境内，坝址距雅砻江与金沙江交汇口33km，距攀枝花市区46km，距成昆铁路桐子林车站18km。电站枢纽由混凝土双曲拱坝、泄洪建筑物、地下厂房、引水建筑物等组成。电站水库正常高水位为1200m，总库容58亿m^3，电站装机容量3300MW（6×550MW）。

2018年采用多波束声呐、水下无人潜航器、三维激光等方法对二滩水电站二道坝至三滩沟出口段尾水河床（含1号、2号尾水渠）的水下地形、岸坡地形进行了全覆盖检查探测，发现有5处岸坡及护岸存在掏蚀现象，同时下游两岸护脚抛石部分被洪水冲走。为防止缺陷进一步扩大，需要对尾水河床护岸进行水下修复。

本项目设计修复方案为对混凝土护坡基础范围以内的空腔采用C30水下混凝土进行回填，回填区护岸设置锚杆$\phi 25$，$L=4.5$m/ $\phi 22$，$L=3$m，间距1.5m，露头1m。水下混凝土施工的安全和质量成了管控的难点和重点。

2　水下混凝土施工工艺与要点

2.1　施工前水下复查

修复工作开始前，为了进一步核实缺陷的分布情况，同时为后续的科学施工提供可靠依据，需

作者简介：吴文勇（1993—），男，大学本科。

由潜水员下水对修复部位进行详细的水下复查，查明缺陷位置、范围、破坏形式及程度，同时也为后续施工查明作业水流、水温及水深等，确保施工安全。

水下复查工作十分重要，受限于检查方式、检查条件等，很多水下缺陷在项目实施前很有可能发生变化或未被发现，水下复查在项目招标阶段很容易被忽略，因此在项目招标阶段即要提出要求，将水下复查作为一项主要工作列入合同清单项目。

2.2　水下基面清理要求

水下基面清理可用高压水枪和吸泥机（负压提升原理）等方式对淘空区进行清理，首先使用吸泥机（负压提升原理）将淘空区里面的淤积物抽离后再用高压水枪对淘空区进行深层的冲洗。待潜水员水下摄像资料通过相关方验收合格后，方可进行下一道工序。淘空区域内的情况一般比较复杂，潜水人员不得随意进入，否则易发生气管缠绕等情况。

吸泥机工作原理：打开高压气开关，高压气进入吸泥管，吸泥管内形成负压，将淤泥吸入吸泥管内，排出水面，如图 1 所示。

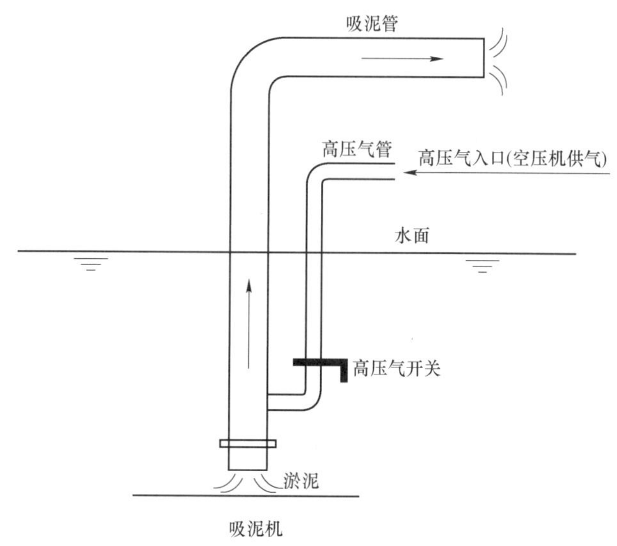

图 1　吸泥机原理示意图

2.3　锚杆施工要求

（1）锚杆定位

为保证钻孔间距精确，水下布设坐标网格以确定钻孔位置。网格布设方法即在破损部位顺水流方向安装两根测绳作为纵坐标绳，并拉紧纵坐标绳。在坐标绳上每 1.5m 做一个标记，并按逆水流方向进行编号（0、1.5、3.0……）。然后将拴有锚块的横坐标绳沿 0－0 两点下放到水底，在坐标绳上每 1.5m 做一个标记，这样在底面上形成定位的横纵坐标网格。网格进行标记并写上编号，同时陆上的工作人员与潜水员进行沟通，在坐标草图上同时记录编号，对于同一坐标点陆上工作人员记录的编号须与潜水员的水下编号保持一致。

（2）锚杆钻孔

钻孔前先在陆地上试钻，排查完钻机无气压异常或漏气等故障后进行钻孔作业。为便于操作，钻杆一般由短至长，换杆时注意钻机稳定后再进行。钻孔结束后，采用高压水枪对孔内进行冲洗，冲除钻孔内的渣屑等杂物，保证孔内清洁无异物，以防止渣屑附着在锚孔内形成软弱夹层，用纱布堵孔。锚杆孔深度及孔位偏差须满足设计要求。

（3）锚杆安装

为了增加钢筋与原混凝土（或岩石）的黏结力，采用先注浆后插筋的方式，向锚孔内灌入锚固剂，随后插入锚筋。锚筋到达锚孔底部后，潜水员需将锚筋转动几圈，使锚筋能够与锚固剂充分、有效黏结。如果插入锚筋后，未发现锚固剂溢出，则需要向锚孔补灌锚固剂，直至锚固剂溢出锚孔。

2.4 模板安装要求

（1）模板设计及吊放

根据水下复查情况定制钢模板，因根据水下情况进行受力计算，确保模板安全。焊接吊耳，由吊车进行提吊，提吊前须符合吊车使用要求，选择合适的吊车。缓慢将模板放入水中，在吊装的过程中，为了保证潜水员的人身安全，潜水员应远离吊装区域。待模板下沉至水底后，潜水员方可下水观察模板是否吊装到位。模板位置如需调整，潜水员与陆上工作人员相互配合，对模板进行调整，保证模板间连接严密。

（2）模板固定

本工程因缺陷多为基岩淘刷，岩面凹凸不平且十分坚硬，直接打锚杆固定模板难以实现，故采取堆垒沙模袋浇筑找平层，浇筑一层约 0.5m 厚的垫层找平。在垫层混凝土初凝之前，预埋ϕ16 插筋，埋入深度不低于 40cm，预埋后间隔 3d，混凝土具备强度后用于后期模板的支撑固定。模板内侧也可根据情况通过拉环和预设的钢筋进行连接。两侧模板与主模板要平顺连接，边角处加倒角。模板底部、侧面有漏空处时拿纱布封堵，防止浇筑时漏浆。缺陷处模板安装示意图如图 2 所示。

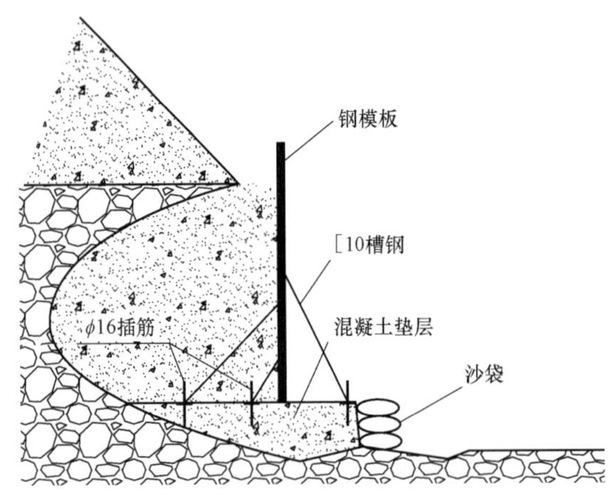

图 2　缺陷处模板安装示意图

2.5 混凝土施工要求

（1）混凝土配合比设计

混凝土配合比应进行设计，并委托试验，选择最佳的配合比同时应满足设计强度，具有极佳的流动性能和抗分散性能，且施工方便。混凝土初凝时间根据当地气温、运距及灌注时间长短等因素确定。

（2）混凝土运输控制

水下不分散混凝土的搅拌时间根据试验决定，不宜少于 120s。混凝土浇筑强度须进行计算，混凝土拌运能力应不小于平均计划浇筑强度的 1.5 倍，确保混凝土供应连续。

（3）混凝土浇筑方法

1）导管法。水下混凝土浇筑大多采用导管法。施工前，对首批水下混凝土数量及导管作用半径计算，根据计算情况，布设导管，混凝土通过泵送进入仓口，使导管口尽可能与混凝土地面接近，且保证导管口应始终埋入混凝土中不低于 0.5m。导管的提升根据现场实际情况，可采用手拉葫芦或起重机械设备等，顶托混凝土不断上升与扩散，防止和水之间的接触。导管剖面布置图见图 3，导管通球示意图见图 4。

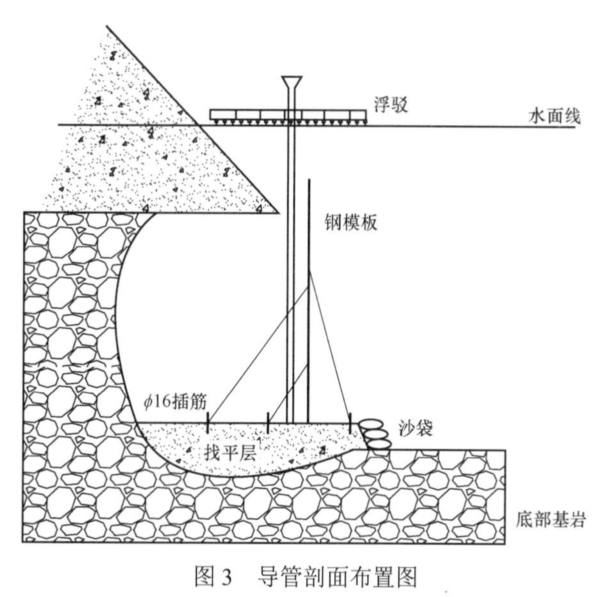

图 3　导管剖面布置图

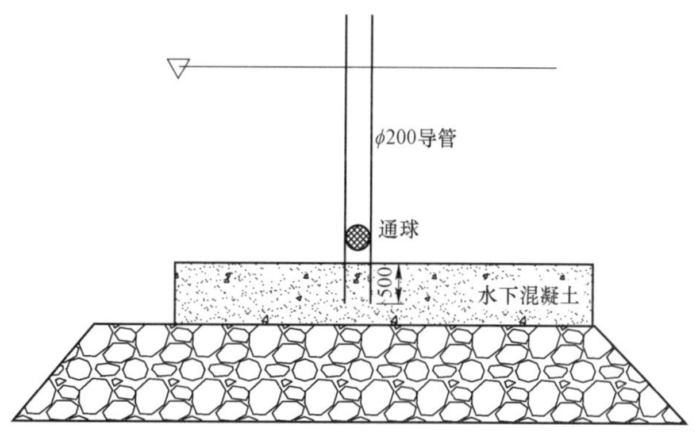

图 4　导管通球示意图

2）泵送法。如使用泵送法，在开始浇筑第一罐混凝土之前，先使用挡板将泵管出口封堵，同时控制泵管距离浇筑底部的距离，保证第一泵混凝土浇筑后能将泵管埋入混凝土中。将泵管出口封堵后泵管内的混凝土不与水接触，混凝土中的胶黏颗粒不受损失，大大有利于混凝土水陆强度比的提高。混凝土充满泵管后，提起挡板，泵管内的混凝土流出开始浇筑，既避免了水流对流态混凝土的冲洗，也避免了浇筑过程中的骨料离析。浇筑过程中，潜水员水下观察浇筑情况，并根据浇筑情况进行泵管的移动、调整等工作，保证整个仓内充满混凝土。

3 水下混凝土浇筑质量控制

3.1 导管施工控制

1）导管直径宜不小于 200mm，间距一般不大于 4.0m，底部用滑塞或软球塞住，导管口应始终保持埋入混凝土中不低于 0.5m，随混凝土不断抬升而上升。

混凝土在灌注过程中应严格控制埋管深度，且满足相关规范要求。若埋深不足，则混凝土流出时，势头很强，有可能把上面的浮浆层卷到混凝土里面去；若埋深过甚，流出阻力大，则混凝土不能通畅流出，同时，提管费力，故在浇筑过程随着浇筑的进行不断提升泵管，保证埋管深度在合理范围内。

2）导管在使用前要进行密闭试验，选用密闭情况良好，管壁光滑、平直，无穿孔裂纹的导管。采用泵送法的浇筑泵管要具备足够的强度和刚度，避免浇筑过程中出现爆裂，且密封性要好，泵管接口处用弹性垫圈进行密封。施工前应开展密封、承压和接头抗拉等试验，以避免泵管因密封不严，焊缝破裂，水从接头或焊缝中浸入引起人身伤亡或质量事故。

3）在浇筑过程中，导管只应上下升降，不得左右移动。

4）开始浇筑时，导管底部应离地基面不宜太高，以软球刚好能脱出导管为宜，并应尽量安置在地基较为低洼处。

5）灌注过程中，应使混凝土徐缓的倾倒进料斗，连续浇筑，防止不连续倒入。导管内应充满混凝土，以保证后注入的混凝土与水隔离。施工过程中不得不停顿时，为避免出现施工冷缝，续浇的时间间隔不宜超过水下不分散混凝土的初凝时间。在分层连续浇筑上一层时，应在水下不分散混凝土还有流动性的情况下浇筑后续的混凝土，水下不分散混凝土自流平的终止时间一般在浇筑后 30min 到 1h。

3.2 混凝土泵送控制

1）混凝土泵运转后，先泵送少量水进行泵管的内部湿润。

2）经泵送水检查，确认混凝土泵和输送管中没有异物后，泵送水泥砂浆润滑混凝土泵和输送管内壁，润滑用的水泥砂浆应分散布料，不要集中浇筑在同一位置。

3）泵送混凝土时，如输送管内吸入了空气，应立即反泵吸出混凝土至料斗中并重新搅拌，排出空气后再行泵送。

4）当出现输送管堵塞时，可交替重复进行反泵和正泵，或用木槌敲击等方法，逐步吸出混凝土至料斗中，重新搅拌后再次泵送。

3.3 水下不分散混凝土浇筑控制

1）浇筑混凝土前用高压水枪和负压提升等方式对结合部位及基底进行清理，保证界面结合质量。

2）水下不分散混凝土的水中自由落差：混凝土在水中自由落下时，应对水中自由落差进行严格的管理，水中自由落差不应大于 0.3m；浇筑必须注意尽可能不扰动混凝土。

3）混凝土配合比严格按照审批的配合比拌制。灌注过程中，开始坍落度取小值，结束时酌量放大，以使混凝土表面能自动摊平。

4）混凝土试验：水下不分散混凝土须添加絮凝剂（水下抗分散剂），应严格把控材料质量及添加量，同时依据试验规程要求进行空气及水下成型、养护工作。

5）混凝土在水下的流动状态：对浇筑的混凝土流动面的形状、混凝土的扩展状态及填充状态由潜水员配合进行检查。

6）混凝土的表面状态：浇筑完的混凝土上表面应平坦，并且每个角落都浇筑密实。施工时留有富裕度，浇筑高度超出缺陷顶部 0.5m，以便清除其强度低的表层混凝土。

7）混凝土的浇筑量：混凝土按计划进行浇筑，在浇筑中及浇筑后须对混凝土实际浇筑量进行复查，准确计量混凝土的浇筑量。

8）水下混凝土浇筑完成后与水接触面保持静水养护 14d 以下。

4　水下混凝土浇筑质量检验

4.1　质量检验标准

水下浇筑混凝土施工质量的检查项目、标准及方法按表 1 执行。

表 1　　浇筑混凝土施工质量检查项目、标准及方法

序号	检查项目		质量标准	检查方法
1	混凝土浇筑	导管埋深	＞0.5m	测绳量测
2		混凝土上升速度	＞2m/h	测绳量测
3		混凝土最终高度	高于设计高程 0.5m 以上	测锤、钢尺
4	混凝土性能	混凝土抗压强度	符合设计要求	取样试验
5		混凝土配合比	符合设计要求	取样试验

4.2　水下复查

为进一步验证水下混凝土的浇筑情况，水下浇筑完成后 1～2d 内开展潜水员水下复查，对浇筑情况进行摄像（见图 5）。通过水下摄像可以看出，本次水下混凝土浇筑饱满、表面平整，表观质量较好，浇筑质量得到了有效的控制。

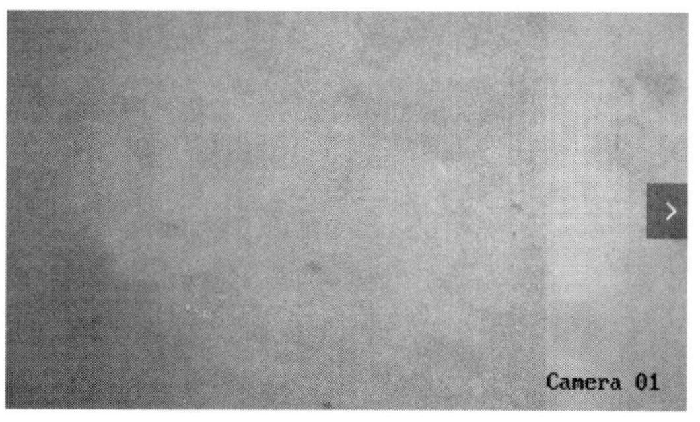

图 5　水下摄像混凝土情况

5　结论

随着电站运行年限的增加，水电站泄洪影响区域防冲加固将是一项重要工作，本工程对尾水河床护岸掏蚀区域采用水下混凝土进行浇筑，并严格控制施工工艺，加强过程中的质量管理，顺利完成项目目标，水下混凝土的浇筑质量优良。上述施工的工艺及质量控制方法，供同类工程借鉴参考。

参 考 文 献

[1] 于涛．水下不分散混凝土施工工艺介绍及监理控制要点［J］．中国水运，2019，(7)：100－101．

[2] 陈海珍，武选正．浅谈水下混凝土施工技术在桐子林水电站明渠底板加固中的应用［J］．福建建材．2018，(01)：57－59．

[3] 张鸣，周思通，王付鸣，叶坤，陈佳强，曹郭俊．水下不分散混凝土主要参数对性能的影响研究［J］．混凝土．2017(08)：140－144＋155．

[4] 王超杰，万磊，贾丽娟．孔头水电站尾水渠检修门槽水下补强加固［J］．大坝与安全．2018(02)：68－71．

高流速泄洪洞流道混凝土过流面修补材料选择及应用

周正清，罗　勇

（中国安能集团第三工程局有限公司武汉分公司，湖北 武汉　430200）

摘　要：高流速泄洪洞对流道混凝土过流面质量要求非常高，但是，在施工过程中由于自然因素、施工条件或人为等因素的影响，混凝土表面难免存在缺陷瑕疵，为确保高流速水工隧洞运行安全，需对流混凝土过流面缺陷进行修补处理。缺陷修补前，需积极筹划、提前研究确定处理方案，保证流道面混凝土缺陷修补工作顺利开展和修补质量满足高流速水工隧洞运行要求。本文通过试验研究比选确定了适合高流速水工隧洞修补材料及其处理工艺，并通过溪洛渡水电站泄洪洞流道混凝土过流面处理的选用及泄洪过流验证，确定材料选取得当、工艺先进，处理效果总体优良，可供类似工程参考。

关键词：高流速泄洪洞；流道混凝土过流面；修补材料；选择及应用

1　概述

溪洛渡水电站左右岸共布置四条泄洪洞，总泄量约16700m³/s，单洞泄量约4200m³/s，最大单宽泄量约307m³/（s.m），最高泄洪水头205m，最大流速约50m/s。洞内均为有压接无压形式布置，依次由岸塔式进水塔、圆形有压隧洞段、地下工作闸门室、圆拱直墙形无压隧洞段、龙落尾段和出口明渠挑坎等组成。

对于高流速大型水工隧洞薄壁衬砌结构而言，混凝土的整体性和表观质量十分重要。由于水流速高，混凝土表面的小幅错台、施工缝及不平整部位均会成为混凝土破坏的薄弱环节和切入点。

2　基本情况

溪洛渡水电站泄洪洞流道面修补的主要内容包括有气泡处理、孔洞填补、薄层贴补、施工缝/裂缝灌浆等。为选取适宜的修补材料及修补工艺，需通过试验总结得出一种性能最优、施工方法操作简单的修补材料，并验证其主要性能。主要检验项目有：

1）检验各类外观缺陷的修补工艺、材料施工性能、工人操作技能是否满足要求；

2）检验各类修补材料的抗冲刷性能；

3）检验各类修补材料与混凝土面黏结强度；

作者简介：周正清（1996—），男，助理工程师。

4）检验修补材料 7d 强度各项力学指标，并做 28d 强度试验修正；

5）取芯检验施工缝灌浆效果。

2.1 混凝土过流面不平整度控制标准

根据水流空化数的大小确定的过流表面的不平整度控制标准见表 1，并按纵向坡度控制在 1:20 以下，横向坡度控制在 1:10 以下。

表 1 泄洪洞过流表面不平整度控制标准

部位	流速/（m/s）	不平整度最大允许高度/mm	垂直水流磨平坡度	平行水流磨平坡度
进水口、有压段	20～30	5	—	—
工作闸室、无压上平段	20～30	5	1/30	1/10
奥奇曲线段、斜坡段	30～40	3	1/30	1/10
反弧段、下平段及出口	40～50	3	1/50	1/30

2.2 浇筑混凝土成型后的偏差控制及处理

过流面成型后的偏差（指成型表面与设计轮廓之间的偏差）不应超过模板安装允许偏差的 1.5 倍，即不超过 10mm，并按平整坡度控制进行打磨。

3 试验修补材料及场地

3.1 试验修补材料

溪洛渡水电站右岸泄洪洞流道面修补前选取了 29 种材料进行了工艺试验，论证其各种材料在高流速水工隧洞中的适用性，工艺试验主要包括四大项，为薄层贴补、孔洞、气泡、施工缝/裂缝化灌。

3.2 工艺试验场地的选取

为达到试验的目的，获取准确的施工参数和数据，选择了溪洛渡水电站右岸泄洪洞 3 号、4 号泄洪洞出口明渠边墙背水面为试验区，如图 1、图 2 所示。

图 1 工艺试验场地现场

图 2 工艺试验场地现场

4 试验实施工艺

4.1 薄层贴补工艺试验及材料

薄层贴补试验方式主要是采取选取两块 50cm×50cm 大小的混凝土面，每块混凝土面根据材料要求厚度一半与老混凝土平顺连接，另一半在老混凝土上直接贴补形成直坎。共选取了 14 种材料进行试验，其中包括有水泥基类材料 4 种，包括：RCS120 抗冲击耐磨蚀饰面砂浆、GP 岩补（富斯乐）高性能修补砂浆、巴斯夫砂浆和马贝触变砂浆 302；环氧类材料 9 种，包括：Nitomotar FC 高性能修补砂浆（富斯乐）、马贝环氧腻子、SK－1 环氧砂浆、NE－Ⅱ型环氧砂浆、DP40 环氧树脂（底基液）与 JN－CE 建筑胶黏剂、MS－1086ST 弹性环氧砂浆、NHEM－Ⅲ型抗冲磨环氧胶泥、NHEM－Ⅰ型抗冲磨环氧砂浆和德国 KOSTER POX－CMC 贴补材料；无机陶瓷粉末类材料 1 种，为爱涂超陶 AM－SKJ 修补剂。

所有薄层贴补试验材料处理流程总结归纳为：基面处理→材料拌制→材料涂抹→材料养护。

4.2 孔洞修补工艺试验

孔洞修补试验方式主要是在混凝土面选取定位锥孔进行，对混凝土面定位锥孔进行修补。共选取了 6 种材料进行试验，其中包括水泥基类材料 2 种：RCS120 抗冲击耐磨蚀饰面砂浆和 GP 岩补（富斯乐）高性能修补砂浆。环氧类材料 3 种，包括：马贝环氧腻子、马贝触变砂浆 302、NE－Ⅱ型环氧砂浆；无机陶瓷粉末类材料 1 种，为爱涂超陶 AM－SKJ 修补剂。

所有孔洞修补试验材料处理流程总结归纳为：基面处理→材料拌制→材料填充→材料养护。

4.3 气泡修补工艺试验

孔洞修补试验方式主要是选取混凝土表面气泡密集区域进行，对混凝土表面气泡进行修补。共选取了 9 种材料进行试验，其中包括有水泥基类材料 2 种：GP 岩补（富斯乐）高性能修补砂浆和马贝触变砂浆 302；环氧类材料 7 种，包括：NE－Ⅱ型环氧砂浆、环氧混凝土添加剂 HK－UW－3、Nitomotar FC 高性能修补砂浆（富斯乐）、马贝环氧腻子、DP40 环氧树脂（底基液）与 JN－CE 建筑胶黏剂、SCBK 高性能改性环氧胶泥和液体橡胶。

所有气泡修补试验材料处理流程总结归纳为：基面处理→材料拌制→材料涂抹→材料养护。

4.4 施工缝/裂缝化灌工艺试验

化灌工艺试验主要是选取施工缝、裂缝进行，对混凝土表面裂缝、施工进行化学灌浆。共选取了 7 种化学灌浆材料进行试验，其中包括聚氨酯类材料 1 种、为 LW/HW 聚氨酯，其他均为环氧类材料，主要包括：NE－Ⅳ 型环氧灌浆材料、NHEM－Ⅱ型混凝土裂缝修补用灌浆材料、德国 KOSTER KB－Pur（2 合 1）、德国 KOSETER KB－Pur（II－7 型）、Tam Rez440 弹性环氧灌浆料和比利时 DPENEPOX 40。

所有施工缝试验材料处理流程总结归纳为：缝面处理→造孔/开槽→安装注浆嘴/针头→封缝→配制浆液→注浆→缝面处理。

5 试验检测成果及分析

5.1 试验完成表面效评价

为检验、说明各修补材料外观平整情况，对薄层贴补、孔洞及气泡修补完成 7d 强度后对各类修补材料外观进行了评价，具体如下：

（1）薄层修补材料试验完成表面效果评价

薄层修补各类材料试验完成表面效果综合评价主要包括表面平整及光滑度、表面裂纹情况，具体见表 2。

表 2　薄层修补材料试验完成表面效果评价汇总表

序号	修补材料名称	薄层修补完成表面效果综合评价	
		表面平整及光滑度	表面裂纹情况
一	水泥基类材料		
1	RCS120 抗冲击耐磨蚀饰面砂浆	表面光滑、平整	无裂纹
2	GP 岩补（富斯乐）高性能修补砂浆	表面光滑、平整	无裂纹
3	巴斯夫砂浆	表面平整	表面存在裂纹
4	马贝触变砂浆 302	表面粗糙	无裂纹
二	环氧类材料		
1	Nitomotar FC 高性能修补砂浆（富斯乐）	表面光滑、平整	无裂纹
2	马贝环氧腻子	表面较光滑，刮刀痕迹明显	无裂纹
3	SK－1 环氧砂浆	表面光滑，局部不平有坑槽	无裂纹
4	NE－Ⅱ型环氧砂浆	表面平整、光滑度中等	无裂纹
5	DP40 环氧树脂（底基液）与 JN－CE 建筑胶黏剂	表面涂刷后光滑，不涂刷粗糙，周边结合紧密	无裂纹
6	MS－1086ST 弹性环氧砂浆	表面流挂，不平整	无裂纹
7	NHEM－Ⅲ型抗冲磨环氧胶泥	表面光滑、材料胶凝时间长（7d 后表面还未干）	无裂纹
8	NHEM－Ⅰ型抗冲磨环氧砂浆	表面粗糙，不平整	无裂纹
9	德国 KOSTER POX－CMC 贴补材料	表面流挂，不平整	无裂纹
三	无机陶瓷粉末类材料		
1	爱涂超陶 AM－SKJ 修补剂	表面光滑、流挂、不平整	无裂纹

（2）孔洞修补材料试验完成表面效果评价

孔洞修补各类材料试验完成表面效果综合评价主要包括表面结合情况、表面情况及表面裂纹，具体评价见表 3。

表 3　孔洞修补材料试验完成表面效果评价汇总表

序号	修补材料名称	孔洞修补完成表面效果综合评价		
		结合情况	表面情况	表面裂纹
1	RCS120 抗冲击耐磨蚀饰面砂浆	结合紧密、周边无张开	表面平整、光滑度中等	无裂纹
2	GP 岩补（富斯乐）高性能修补砂浆	与周边结合良好	表面平整、光滑度中等	有一孔出现小裂纹
3	马贝环氧腻子	与周边结合良好	表面平整、光滑度中等	无裂纹
4	马贝触变砂浆 302	与周边结合良好	表面比较粗糙、光洁度差	无裂纹
5	爱涂超陶 AM－SKJ 修补剂	结合紧密、周边无张开	平整度较差，材料存在往下流挂	无裂纹
6	NE－Ⅱ型环氧砂浆	结合紧密、周边无张开	表面平整、光滑度中等	无裂纹

（3）气泡修补材料试验完成表面效果评价

气泡修补材料试验完成表面效果综合评价具体见表 4。

表 4　气泡修补材料试验完成表面效果评价汇总表

序号	修补材料名称	气泡修补完成表面效果综合评价
1	NE－Ⅱ型环氧砂浆	材料涂抹较厚、存在气泡，气泡填补不密实
2	环氧混凝土添加剂 HK－UW－3	涂抹较厚，表面光滑
3	GP 岩补（富斯乐）	表面较光滑、平整
4	Nitomotar FC 高性能修补砂浆（富斯乐）	表面光滑、填充完整
5	马贝环氧腻子	表面光滑、平整
6	马贝触变砂浆 302	表面光滑度中等、平整
7	SCBK 高性能改性环氧胶泥	表面光滑
8	液体橡胶	表面光滑
9	JN－CE 建筑胶黏剂	刀痕明显、有鼓包

5.2　试件抗压强度检测成果

为验证各修补材料力学指标，在工艺试验现场选取了部分材料拌制完成后即进行了试件取样（试块尺寸为 6cm×6cm×6cm），在标养试验室养护 7d 龄期后在进行抗压强度试验，并与材料供应商提供的抗压强度值进行了对比，具体见表 5。

表 5　选取试验材料现场试验检测强度指标

序号	试验材料	材料供应商提供抗压强度值/MPa	试验检测 7d 抗压强度值/MPa
1	JN－CE 建筑胶黏剂	—	74.1
2	NE－Ⅱ型环氧砂浆	＞80MPa（28d）	61.8
3	爱涂超陶 AM－SKJ 修补剂	82MPa（28d）	54.5
4	SK－1 环氧砂浆	—	56.0
5	＃101 密封环氧砂浆	—	87.2

续表

序号	试验材料	材料供应商提供抗压强度值/MPa	试验检测 7d 抗压强度值/MPa
6	NHEM－Ⅰ型抗冲磨环氧砂浆	≥80MPa（28d）	49.5
7	马贝触变砂浆 302	＞20MPa	49.2
8	马贝环氧腻子	≥60MPa（28d）	39.0
9	GP 岩补（富斯乐）	35MPa（7d）	34.5
10	RCS120 抗冲击耐磨蚀饰面砂浆	≥60MPa（28d）	32.5
11	巴斯夫砂浆	73.2MPa（28d）	30.6
12	德国 KOSTER POX－CMC 贴补材料	＞55MPa（28d）	87.0
13	V 缝填缝砂浆	—	23.6
14	SCBK 高性能改性环氧胶泥	—	69.4

5.3 拉拔仪拉拔检测

为验证薄层贴补修补材料与混凝土面黏结强度，在各修补材料达到 7d 强度后采用拉拔仪进行了拉拔，拉拔组数三组，拉拔仪最大量程 8.0MPa、控制量程 6.0MPa，各材料具体拉拔数值见表 6。

表 6　　薄层修补材料抗拉拔检测汇总表

序号	材料名称	拉拔组数	第一组/MPa	第二组/MPa	第三组/MPa
1	RCS120 抗冲击耐磨蚀饰面砂浆	拉拔值	2.20	1.14	0.75
		拉拔情况	表层脱落	与混凝土黏结面脱离	与混凝土黏结面脱离
2	GP 岩补（富斯乐）高性能修补砂浆	拉拔值	2.04	0.63	1.34
		拉拔情况	修补材料断裂	混凝土断裂	与混凝土黏结面脱离
3	Nitomotar FC 高性能修补砂浆（富斯乐）（基底做打磨）	拉拔值	5.91	4.45	3.09
		拉拔情况	未脱落	与混凝土黏结面脱离	与混凝土黏结面脱离
4	Nitomotar FC 高性能修补砂浆（富斯乐）（基底未打磨）	拉拔值	6.84	4.55	1.50
		拉拔情况	（试拉）未脱落	与混凝土黏结面脱离	与混凝土黏结面脱离
5	马贝环氧腻子	拉拔值	5.63	1.39	3.47
		拉拔情况	混凝土断裂	混凝土断裂	混凝土断裂
6	马贝触变砂浆 302	拉拔值	2.04	0.67	3.58
		拉拔情况	表面粘胶脱落	与混凝土黏结面脱离	混凝土断裂
7	SK－1 环氧砂浆	拉拔值	5.24	4.18	3.85
		拉拔情况	修补材料断裂	与混凝土黏结面脱离	修补材料断裂
8	爱涂超陶 AM－SKJ 修补剂	拉拔值	5.53	3.84	3.85
		拉拔情况	修补材料断裂	表面粘胶脱落	混凝土断裂
9	NE－Ⅱ型环氧砂浆	拉拔值	5.91	5.33	5.91
		拉拔情况	未脱落	与混凝土黏结面脱离	未脱落

续表

序号	材料名称	拉拔组数	第一组/MPa	第二组/MPa	第三组/MPa
10	JN－CE 建筑胶黏剂	拉拔值	5.91	5.91	4.71
		拉拔情况	未脱落	混凝土断裂	混凝土断裂＋表层局部脱落
11	MS－1086ST 弹性环氧砂浆	拉拔值	3.75	2.32	3.24
		拉拔情况	与混凝土黏结面脱离	与混凝土黏结面脱离	与混凝土黏结面脱离
12	巴斯夫砂浆	拉拔值	3.33	1.47	1.76
		拉拔情况	表面粘胶脱落	与混凝土黏接面脱离	混凝土断裂
13	NHEM－Ⅲ型抗冲磨环氧胶泥	拉拔值	0.14	0.13	—
		拉拔情况	修补层脱落	修补层脱落	—
14	NHEM－Ⅰ型抗冲磨环氧砂浆	拉拔值	3.74	1.51	1.17
		拉拔情况	修补材料断裂	粘胶脱落	修补材料断裂
15	德国 KOSTER POX－CMC 贴补材料	拉拔值	5.24	3.67	4.71
		拉拔情况	混凝土断裂	混凝土断裂	混凝土断裂
16	SCBK 高性能改性环氧胶泥（按气泡修补薄层）	拉拔值	4.99	2.37	3.78
		拉拔情况	混凝土断裂	混凝土断裂	混凝土断裂

5.4 材料抗冲磨性能检测

为验证各修补材料抗冲磨性能，试验在薄层抗拉拔检测完成后采用高压冲毛机对修补层模拟进行了高压冲磨，模拟冲磨方案为：将高压冲毛机压机力值分别调至 28MPa、20MPa 对修补层边角及表面进行冲磨，高压冲毛机压机孔口距离固定为 5cm、冲刷时间为 5min。由于设计条件下抗冲磨性难以实际模拟，28MPa 压力下冲毛机孔口流速约 170m/s，20MPa 压力下冲毛机孔口流速约 100m/s，冲刷距离为冲刷点距孔口 5cm，且水泥基类材料强度增长慢，而环氧类材料 7d 基本达到设计强度。本项试验主要作相对性横向比较，同时对水泥基类材料 28d 强度时再进行一次冲刷。

1）薄层修补材料在两种压力值情况下冲磨效果见 7。

表 7　　薄层修补材料冲磨性能检测汇总表

序号	材料名称	冲毛效果描述	
		28MPa 冲刷/5min	20MPa 冲刷/5min
1	RCS120 抗冲击耐磨蚀饰面砂浆	冲刷掉角	修补材料与混凝土之间轻微损伤
2	GP 岩补（富斯乐）高性能修补砂浆	—	表层轻微损伤
3	马贝环氧腻子	—	表层完好
4	马贝触变砂浆 302	—	表层完好
5	＃101 密封环氧砂浆	表层完好	修补区域内完好、修补区域外表面脱落
6	爱涂超陶 AM－SKJ 修补剂	表层掉块	表层掉块
7	NE－Ⅱ型环氧砂浆	黏结面脱空	修补区域内完好、修补区域外表面脱落

续表

序号	材料名称	冲毛效果描述	
		28MPa 冲刷/5min	20MPa 冲刷/5min
8	JN－CE 建筑胶黏剂	表层完好	表层完好
9	MS－1086ST 弹性环氧砂浆	—	表层完好
10	巴斯夫砂浆	—	表层轻微损伤
11	NHEM－Ⅲ型抗冲磨环氧胶泥	—	—
12	NHEM－Ⅰ型抗冲磨环氧砂浆	—	表面基本完好
13	德国 KOSTER POX－CMC 贴补材料	表层掉块	表面完好
14	德国 KOSTER POX－BS 抗冲磨蚀	—	表面磨损

2）孔洞修补材料在两种压力值情况下冲磨效果见表 8。

表 8　　孔洞修补材料冲磨性能检测汇总表

序号	材料名称	冲毛效果描述	
		28MPa 首次冲刷/5min	20MPa 二次冲刷/5min
1	RCS120 抗冲击耐磨蚀饰面砂浆	表层损伤	表层轻微损伤
2	GP 岩补（富斯乐）高性能修补砂浆	表层损伤	表层轻微损伤
3	马贝环氧腻子	表层完好	—
4	马贝触变砂浆 302	表层损伤	混凝土及表层轻微损伤
5	＃101 密封环氧砂浆	表层损伤	表层完好
6	爱涂超陶 AM－SKJ 修补剂	表层完好	—
7	NE－Ⅱ型环氧砂浆	表层损伤	修补区域内完好、区域外表面脱落

3）气泡部分修补材料在 20MPa 压力值情况下冲磨效果见表 9。

表 9　　气泡修补材料冲磨性能检测汇总表

序号	材料名称	冲毛效果描述（20MPa 冲刷/5min）
1	NE－Ⅱ型环氧砂浆	表层脱落
2	马贝环氧腻子	表面完好
3	Nitomotar FC 高性能修补砂浆（富斯乐）	表面完好
4	SCBK 高性能改性环氧胶泥	表面完好

4）施工缝化灌缝面处理材料在 20MPa 压力值情况下冲磨效果简述。由于本次施工缝化灌试验实施单位缝面处理多数采用环氧胶泥类，因此，试验仅对 3 组施工缝面处理材料采用 20MPa 压力值、时间为 5min，对其表面及边角进行了冲水试验，效果如下：

a.“KOSTER 封堵砂浆”冲刷 5min 后其表面脱落；

b.“KOSTER CMC 贴补材料”冲刷 5min 后其表面损伤；

c.“环氧胶泥” 冲刷 5min 后其表面轻微损伤。

5.5 施工缝/裂缝化灌取芯检测

为检验施工缝/裂缝各类化灌材料可灌性、弹性和密封性能等，试验在施工缝/裂缝化灌完成后对其进行取芯，取芯长度为12～51cm不等，各类材料取芯及评定情况见表10。

表10　各类化灌材料取芯情况汇总表

序号	化灌材料	取芯长度/cm	灌注缝宽/mm	灌缝饱满度
1	TR440弹性环氧	30	0.9/0.75/0.6	基本饱满
2	德国KOSTER KB－Pur（2合1）（凿槽）	17	1.5/1.4/1.3	饱满、局部有缝隙
3	NHEM－Ⅱ型混凝土裂缝修补用灌浆材料（凿槽）	22	0.6/0.2/0.2	饱满、结合紧密
4	LW/HW聚氨酯	30	0.9/0.9/0.8	基本饱满
5	NE－Ⅳ型环氧灌浆材料	12	0.2/0.2/0.2	基本饱满
6	LW/HW聚氨酯	28	2.0/1.5/2.2	饱满、局部有缝隙
7	LW/HW聚氨酯	31	0.6/0.3/0.25	饱满、局部有缝隙
8	德国KOSETER KB－Pur（Ⅱ－7型）	35	0.5/0.5/0.6	饱满、结合紧密
9	LW/HW聚氨酯	51	1.6/1.0/1.2	饱满、局部有缝隙
10	比利时DPENEPOX 40（灌注裂缝）	20	0.7/0.7/0.4	饱满、结合紧密

6 结论

1）水电工程混凝土浇筑过程中出现的质量缺陷包括蜂窝麻面、气洞孔洞、错台、陡坎、漏水点、气泡密集区、预留坑、表面裂缝等，应根据不同情况下运用与之相适应的方法进行处理，使之符合混凝土缺陷修补质量要求。

2）通过研究比较混凝土修补材料，在施工中进行试验比选，对比出各类修补材料的修补效果，为类似工程混凝土修复的材料选择提供参考。

3）经过溪洛渡泄洪洞多次泄洪检验，混凝土本体和过流面处理质量优良，没有因高速流水的冲刷、磨损和渗透、侵蚀等作用，影响泄洪洞的安全性及耐久性，对类似的工程具有参考和借鉴作用。

参考文献

[1] 王立军. 葛洲坝枢纽泄水过流面检修方法［J］. 中国三峡建设，2004，06：57－59＋78.

[2] 刘林广，王波，汪鹏鹏，屈大功. 三峡大坝泄洪深孔过流面检修技术［J］. 水电与新能源，2010，02：30－31＋33.

[3] 刘林广. 葛洲坝水利枢纽过流面修补材料试验研究［J］. 水力发电，2007，12：82－84＋88.

[4] 李轶玉. 瓦屋山水电站大坝左岸泄洪洞混凝土缺陷处理［J］. 水利水电技术，2008，39（11）：11－14.

[5] 邱焕峰，黄振科，李惠玲，向文锦. 长河坝水电站导流洞混凝土缺陷分析及修补［J］. 湖北水力发电，2008，04：48－50.

[6] 周厚贵，李焰，王端明. 三峡工程泄洪坝段导流底孔过流面防护层施工及运行[J]. 水利与建筑工程学报，2008，6（04）：49-53+57.

[7] 王迎春，丁福珍，颜金娥，范五一. 修补过流面混凝土缺陷的新型抗冲耐磨材料研究［J］. 人民长江，2009，40（1）：69-71+112.

[8] 梁凯，胡斌，赵大明. 环氧材料在三峡大坝导流底孔修补中的应用［J］. 人民长江，2006，05：30-31+41.